比较沉积学

（下册）

任明达 ◎ 编著

石油工业出版社

内容提要

本书系统阐述沉积学理论体系与研究方法，聚焦沉积相基础理论及沉积特征分析。全书从学科发展脉络切入，深入解析粒度成分、颗粒形态、沉积构造、矿物与生物特征等核心要素，为沉积环境识别与演化提供科学依据。本书以多类型沉积环境为框架，对比研究冲积扇、河流、三角洲及海岸等典型沉积体系，探讨其沉积模式、岩性特征及与油气富集的内在关联，结合现代与古代沉积记录，构建理论模型。分为上、下两册。

本书可供从事地质学、沉积学、油气勘探等领域的研究人员及高等院校相关师生参考使用。

图书在版编目（CIP）数据

比较沉积学．下册／任明达编著．—北京：石油工业出版社，2025.5.—ISBN 978-7-5183-7487-8

Ⅰ.P588.2

中国国家版本馆CIP数据核字第2025AR9768号

出版发行：石油工业出版社

（北京安定门外安华里2区1号　100011）

网　　址：www.petropub.com

编辑部：（010）64523841　　图书营销中心：（010）64523633

经　　销：全国新华书店

印　　刷：北京中石油彩色印刷有限责任公司

2025年5月第1版　2025年5月第1次印刷

787×1092毫米　开本：1/16　印张：21.25

字数：505千字

定价：150.00元

（如出现印装质量问题，我社图书营销中心负责调换）

版权所有，翻印必究

目录
CONTENTS

上 册

第一章　比较沉积学的发展历史 …………………………………………………… 1
第二章　沉积相的基本理论 ………………………………………………………… 4
第三章　沉积特征 …………………………………………………………………… 14
 第一节　粒度成分 ……………………………………………………………… 14
 第二节　颗粒形态 ……………………………………………………………… 34
 第三节　颗粒排列 ……………………………………………………………… 49
 第四节　沉积构造 ……………………………………………………………… 52
 第五节　矿物特征 ……………………………………………………………… 71
 第六节　颜色特征 ……………………………………………………………… 77
 第七节　生物特征 ……………………………………………………………… 78
 第八节　植物群落与孢粉 ……………………………………………………… 82
 第九节　环境物理—化学特征 ………………………………………………… 84
第四章　冲积扇比较沉积学 ………………………………………………………… 92
 第一节　现代冲积扇沉积 ……………………………………………………… 92
 第二节　冲积扇沉积的岩性模式 ……………………………………………… 105
 第三节　古代冲积扇沉积 ……………………………………………………… 107
 第四节　冲积扇沉积与油气富集规律 ………………………………………… 112
第五章　河流比较沉积学 …………………………………………………………… 117
 第一节　河型与河流水动力基本特征 ………………………………………… 117
 第二节　现代河流沉积 ………………………………………………………… 122
 第三节　古代河流沉积的识别标志与案例 …………………………………… 134

第四节	国外几个油气田的河流沉积实例	148
第五节	我国几个油气田与煤田网状河流沉积	151
第六节	加拿大洛伊德敏斯特地区的网状河沉积油藏	159
第七节	南莫坎姆气田河流相沉积油藏	161
第八节	酒西盆地玉门老君庙油田中新统 M 油藏辫状河沉积	173
第九节	孤岛油田新近系中新统上馆陶组河流相油藏	218

第六章 入海河流三角洲比较沉积学 …… 221

第一节	现代河流三角洲的沉积环境	221
第二节	影响三角洲的环境因素与三角洲类型	224
第三节	三角洲沉积体系	230
第四节	古代河流三角洲沉积	234
第五节	我国的三角洲沉积	235
第六节	三角洲油气藏	275

第七章 海岸比较沉积学 …… 285

第一节	现代碎屑海岸沉积	286
第二节	在潮汐作用下粉沙淤泥质海岸沉积	306
第三节	我国粉沙淤泥质海岸沉积	312
第四节	海南省澄迈县马村下更新统湛江组古代潮滩沉积	326
第五节	荷兰瓦特海的贝壳质障壁岛海岸沉积	330
第六节	西班牙古代沙质障壁岛海岸的潮流三角洲沉积	333
第七节	Hoadley 障壁岛海岸沉积油藏	336
第八节	中国海大陆架沉积	347

下　册

第八章 湖泊比较沉积学 …… 353

第一节	现代湖泊沉积	353
第二节	抚仙湖沉积	356
第三节	青海湖沉积	364
第四节	岱海湖沉积	372
第五节	吉尔伯特型三角洲沉积	375
第六节	古代湖泊沉积的识别标志与案例	382
第七节	塔里木盆地沉积层序特征及其演化	391

第八节　酒西盆地白垩系储层沉积相研究　404
　　第九节　吐哈盆地鄯善油田侏罗系油藏储层沉积相研究　422
　　第十节　丘陵油田中侏罗统油藏储层沉积相研究　437
　　第十一节　青海柴西南区储层勘探沉积相研究　449
　　第十二节　青海柴西南区储层勘探细分沉积相研究　462
　　第十三节　青海尕斯库勒油田 E_3^1 油藏开发沉积相研究　509
　　第十四节　柴达木盆地第四系湖相天然气藏　515

第九章　风沙比较沉积学　520
　　第一节　现代风沙沉积　520
　　第二节　塔克拉玛干沙漠的风沙沉积　526
　　第三节　华南信江盆地晚白垩世风沙沉积　530
　　第四节　鄂尔多斯高原第四纪古风成沙　535
　　第五节　风沙油气藏储层沉积　539

第十章　冰川比较沉积学　553
　　第一节　现代冰川沉积　553
　　第二节　古代冰川沉积　561
　　第三节　冰川沉积油藏　569

第十一章　浊流比较沉积学　584
　　第一节　现代浊流沉积　584
　　第二节　古代浊流沉积　591
　　第三节　辽河盆地沙三段储层浊流沉积相　601

第十二章　比较沉积学的研究方法　603
　　第一节　岩屑岩性数字滤波技术　603
　　第二节　重砂矿物鉴定　609
　　第三节　砾石产状的赤平极射投影表示法　621
　　第四节　地面激发极化法　624
　　第五节　电测井法　635
　　第六节　机械式野外用微型渗透率仪　644
　　第七节　数学地质方法在沉积相研究中的应用　646

后记　681

参考文献　683

第八章　湖泊比较沉积学

　　湖泊沉积是陆相沉积物中分布最连续、层位最稳定的沉积类型之一。我国广泛发育中生代和新生代大型沉积盆地，如四川盆地的侏罗纪湖泊沉积、山西大同盆地的泥河湾湖泊沉积等。湖泊沉积中经常有富含有机质的黑色页岩，是良好的生油层。与湖心亚相页岩共生的湖滨亚相、入湖三角洲亚相和河床亚相的砂岩常构成油气储层。我国陆相沉积盆地中的油气大多在湖泊沉积中生成，然后运移到储油层内，形成工业性油气田。在我国的地质条件下，湖泊沉积配合河流沉积，是重要的生油、储油岩系之一，因此研究湖泊沉积具有重要的经济意义。

第一节　现代湖泊沉积

一、水文条件

1. 湖浪

　　开阔湖面在风的作用下产生湖浪。相对于海浪而言，湖浪的吹程短，波浪规模小，在相当于波长的水深处，振幅近于零。我们把这种深度称为波浪基面。我国青海湖湖域面积 4625.6km^2，其最大波高 1.5m，波长 15m。湖泊的波浪基面比较浅，水深超过 20m 的地方基本不受波浪扰动，系静水环境，造成湖心深水相。波浪基面以上的湖泊沿岸带，由波浪作用形成湖滨浅水相。湖浪对湖盆河流三角洲的改造作用影响很大，是尖头形和平直形三角洲的主要塑造者。

　　根据上述湖泊中波浪作用的特征，理想的湖泊沉积形式应该是环带状的：边缘为激浪作用的砾石带，中间是波浪基面以上的沙质带，内部为波浪基面下方的沙泥质带。以上三带构成湖滨浅水相，中心部分是软泥，构成湖心深水相。我国青海湖的底质分布符合上述规律。该湖的最大水深 29.5m，平均水深 23m，处于半干旱气候区，湖水年平均蒸发量约为年降水量的三倍，碳酸盐沉积显著。青海湖的碎屑沉积中砾石较少见，沙质带自湖滨至水深 12m 内环湖分布；12～19m 的广大湖底依次出现粉沙质淤泥带和灰质淤泥，沙岛附近有鲕状沙（图 8-1）。

2. 湖水温度

　　温带湖泊常有温度分层现象，这是由于湖水的密度在 4℃时最大，故 4℃的湖水沉于湖底，而高于或低于 4℃的水留于表层，形成湖泊的温度分层。由于湖水温度的季节变

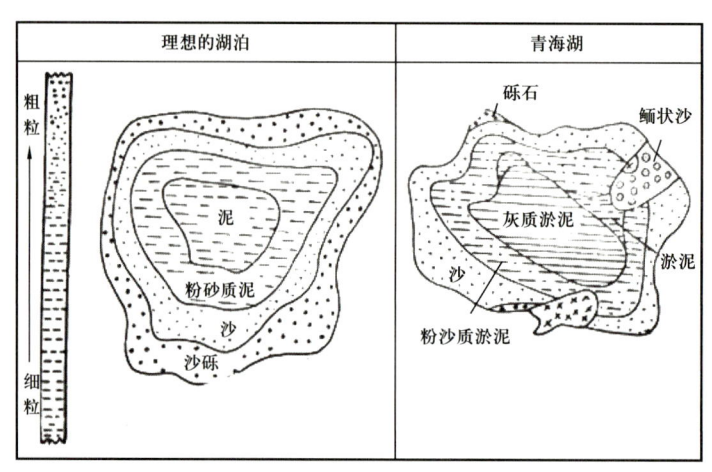

图 8-1 环带状的湖泊沉积

化，造成湖水分层与混合现象。温带湖泊在春季冰融后，表层湖水开始变暖、密度增大，含氧的表层水被带到底层，而下层的低温、低密度水则向表层流动，使上下水层间产生缓慢的循环流动，直至整个湖泊的水具有同样的温度。夏季，表层水温度高、密度低；底层水则较冷而重，故上下层湖水不能混合，湖泊出现分层现象。在下层，由于生物呼吸与有机质腐烂作用消耗水中的溶解氧，水中的 CO_2 增多。如果这种分层现象持续很长时间，下层水中的溶解氧全部耗完，则水中的 H_2S 逐渐增多。秋季，上层湖水逐渐降温，直到与下层水温一致，这时湖水又开始产生与春季相同的环流。冬季，当环流使整个湖泊水温降到4℃后，如果上层水继续冷却，则密度变小，留于表层，使湖水又产生明显的分层（图8-2）。青海湖在冬、夏季节就有明显的分层现象。据1962年实测，夏季表层水的最高温度18.9℃，底层水的最低温度6℃；冬季表层水温0℃左右，底层水温3～4℃。青海湖的表层水与底层水的温度差异大致以20～23m水深为界。可见，无论是波浪作用还是湖水环流，20m左右的水深都是一条重要的分界线。

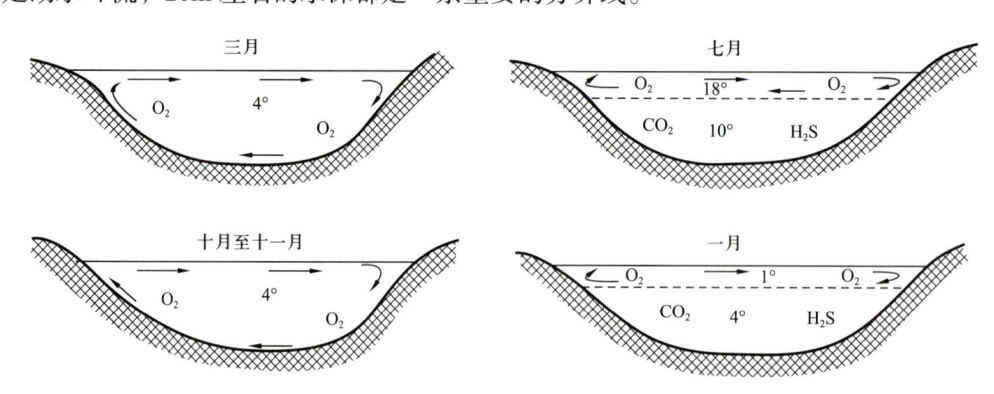

图 8-2 温带湖泊水文的季节变化

湖水温度分层现象对湖泊深水沉积物的特征有重要影响，使其经常具有季节层理（纹泥）的特征。例如武昌东湖的湖心沉积物也具有季节层理，夏季为物理沉积（灰色），秋冬季动植物大量死亡，为生物沉积（黑色）。热带湖泊的水体没有季节性的环流，故其底部非常缺氧，多腐烂的有机质，CO_2 增多使 $CaCO_3$ 沉淀困难。亚热带的湖泊，冬季时可能有湖水环流。极地湖泊下部水的密度最高，湖面水比湖底冷，没有明显的环流。

3. 湖水密度

湖水密度与河水密度的对比关系是塑造各种入湖河流三角洲类型的重要因素。

淡水湖泊以碎屑沉积为主，主要分布在构造湖盆中。湖泊四周紧邻陆地，碎屑物供应十分丰富，沙体很发育。在湖泊沉积中，沙体所占比例远比海相的高，它们是湖泊比较沉积学的重要研究对象。

二、湖泊沉积类型

一般说来，湖盆周围常有一些河流注入，形成湖泊三角洲沉积。所以从湖滨向湖心，相分布模式通常是河流相—三角洲相—湖滨浅水相—湖心深水相。

波浪基面下方是泥质的湖心相，沉积物多为富含有机质的黑色淤泥或黏土，如青海湖的湖底沉积物中，这种黑色淤泥约占湖底面积的 60%。现代湖心深水相有以下几个主要特征：（1）粒径细，多为黏土或淤泥；（2）颜色较深，多为深灰或黑色；（3）有机质含量远较湖滨浅水区高，如武昌东湖的湖滨粗沙、细沙的有机质含量为 2%～4%，粉沙为 2%～6%，湖中软泥为 10%，湖心腐泥大于 10%。可见，沉积物中的有机质含量与粒径有关；（4）有些湖泊的湖底淤泥含大量碳酸盐，如青海湖的湖底淤泥含 20.2% 的 CaO 和 2.98% 的 MgO，达到了泥灰岩的水平；（5）具有纹理，有的有明显的季节层理。如死海的底质具有韵律整齐的黑色与白色季节层理。白色层是强烈蒸发季节形成的，含有大量文石与较重的碳、氧同位素及锶；黑色层则为蒸发较弱的季节所产生，缺乏文石，锶的含量也较少，但有丰富的较轻的碳、氧同位素；（6）沉积物中常含有黄铁矿。

上述沉积特征与湖心深水环境有密切关系。由于湖心的近湖底水层处于波浪基面以下，且有永久的或季节的分层现象，故近湖底的水停滞不动，缺氧，形成强烈的还原环境，有机质被大量保存下来，并产生硫化氢。这种环境不宜于动物生长，无底栖动物扰动和破坏沉积层理，因此，湖心深水相沉积物常保存着完整的纹理或季节层理。

1. 河流—三角洲相

由于湖泊水动力作用较弱，入湖河流的三角洲一般以河流作用为主，可见典型的三角洲沉积单元：顶积层、前积层和底积层。

顶积层由沙波层理与页理沙组成，几乎无有机物质，粗粒物质主要沉积在分流河道的轴部，分选好；轴部以外地区沉积细粒物质。例如流入青海湖的最大河流布哈河，河口主流线上沉积分选好的粗沙，而主流线两侧沉积分选较差的细沙或粉沙。生物扰动构造频繁，有机质成分增加，由有机质分解放出的气体形成的气泡孔洞较多。

底积层与前积层类似，但常见不明显层理、递变层理、页理黏土质粉沙，无沙波层理。由于湖泊水动力作用较弱，河流带来的某些重矿物往往循主流线方向，向湖中呈长带状延伸。如布哈河带来的角闪石在青海湖底自西向东呈长带状分布，几乎占青海湖长的 3/4。因此，也可以根据一些特征矿物的分布来追溯古湖泊的河口主流线。河流—三角洲相多呈鸟足状或锯齿状。

2. 滨浅湖相

滨浅湖相沉积物与海滨浅水相沉积物类似，凡有丰富沙源供给的湖泊（如有大河注入），湖滩常为沙质的（也有砾质的）。湖滩沙受湖浪作用，分选好，磨圆度较高，间有重矿物层或粗贝壳屑层，构成条带状构造。湖滩沙的堆积层理作有规则的向湖缓斜，倾角一般不到 10°，沙粒的长轴一般与湖岸垂直。在隐蔽的湖湾区，浅水相也可以细粒为主，主要为淤泥。有的大湖湖滨有广阔的泥滩，由于周期性地露出湖面，有干裂缝等构造。

3. 湖心深水相

大湖中部的深水地区（水深超过 30m），湖底沉积物多为富含有机质的黑色淤泥或黏土，如青海湖的湖底沉积物中，这种黑色淤泥约占湖底面积的 60%。现代湖心深水相沉积有以下几个主要特征：（1）粒径细，多为黏土或淤泥；（2）颜色较深，多为深灰或黑色；（3）有机质含量远较湖滨浅水区高，如武昌东湖的湖滨粗沙、细沙的有机质含量为 2%~4%，粉沙为 2%~6%，湖中软泥为 10%，湖心腐泥大于 10%。可见，沉积物中的有机质含量与粒径有关；（4）有些湖泊的湖底淤泥含大量碳酸盐，如青海湖的湖底淤泥含 20.2% 的 CaO 和 2.98% 的 MgO，达到了泥灰岩的水平；（5）具有纹理，有的有明显的季节层理，如死海的底质具有韵律整齐的黑色与白色季节层理。白色层在强烈蒸发季节形成，含有大量文石与较重的碳、氧同位素及银；黑色层则在蒸发较弱的季节形成，缺乏文石，但有丰富的较轻的碳、氧同位素；（6）沉积物中常含有黄铁矿。

上述沉积特征与湖心深水环境有密切关系。由于湖心的近湖底水层处于波浪基面以下，且有永久的或季节的分层现象，故近湖底的水停滞不动，缺氧，形成强烈的还原环境。有机质被大量保存下来，并产生硫化氢。这种环境不宜于动物生长，无底栖动物扰动和破坏沉积层理，因此，湖心深水相沉积物常保存有完整的纹理或季节层理。

综上所述，湖泊沉积的分布一般呈环状，湖滨粗，湖心细；河口粗，湖湾细。沉积物的颜色由湖滨向湖心随着氧化条件减弱而发生相应地变化。例如青海湖的水深大于 25m，呈黑色；15~25m 呈灰色；5~8m 呈灰黄、灰绿色；湖滩砾石杂色。

第二节　抚仙湖沉积

抚仙湖是我国第二大深水湖泊（图 8-3），在地质构造上位于滇东凹陷。自古生代至三叠纪，滇东凹陷基本处于沉降状态，沉积了八、九千米厚的盖层。三叠纪晚期，滇东凹陷周围开始大面积隆起，四周群山环绕，山体走向北北东，与构造线方向一致。因山麓濒临湖岸，四周入湖小溪形成一系列小型扇三角洲。

一、抚仙湖的构造地质背景

在地质构造上，抚仙湖位于扬子地台滇桂台向斜的滇东凹陷。自古生代至三叠纪，滇东凹陷基本处于沉降状态，三叠纪晚期才开始大面积隆起，燕山运动使盖层发生全面褶皱。喜马拉雅运动在区内主要表现为升降运动和断裂运动。滇东台凹构造线方向在抚仙湖一带近于南北向或北东向，抚仙湖就是上新世以来构造断裂形成的地堑盆地。

湖岔四周出露的地层主要有：泥盆系、石炭系和二叠系石灰岩与白云岩、三叠系砂岩和砂砾岩（图8-3）。

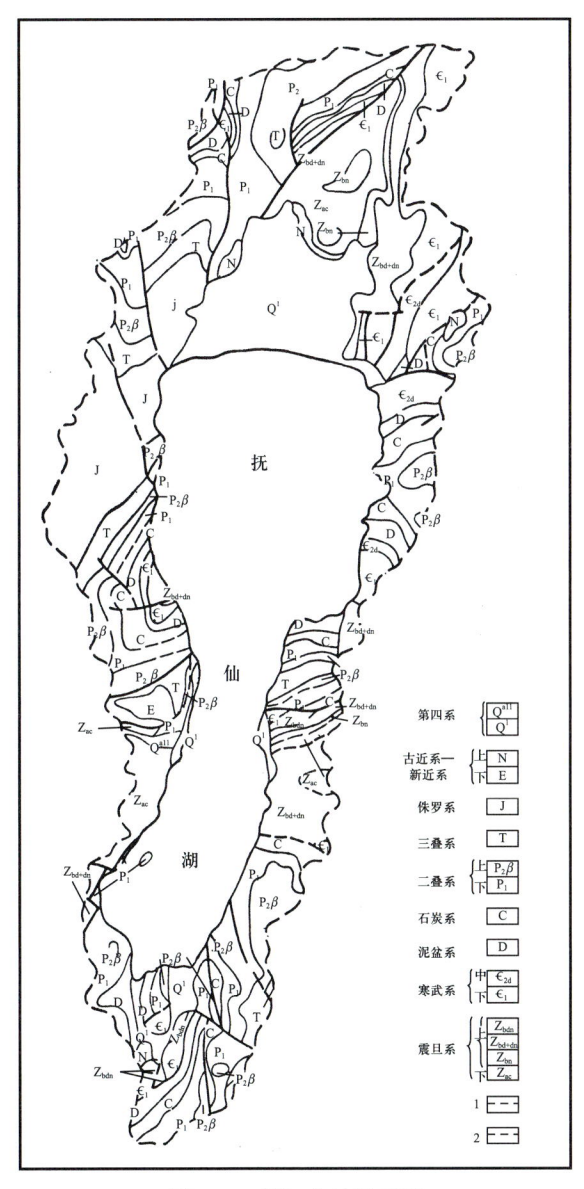

图8-3 澄江盆地地质图

二、抚仙湖的水下地形

抚仙湖位于南盘江上游的澄江盆地中，距昆明市约 60km。抚仙湖以湖畔抚仙石得名，亦称澄江海。抚仙湖的外形似一葫芦，北部宽敞，南部狭窄，北部最大水深 155m，是云南断陷湖盆中最深的一个，也是我国第二大深水湖泊。抚仙湖东西两岸均为山地，湖岸陡峭，断层发育，具有典型的地堑断陷的形态（图 8-4）。

抚仙湖南部盆底从南向北变深，逐渐倾入北部深湖盆。抚仙湖与位于其西南方的星云湖通过一水道"隔河"相通，当高水位时，星云湖过河注入抚仙湖。

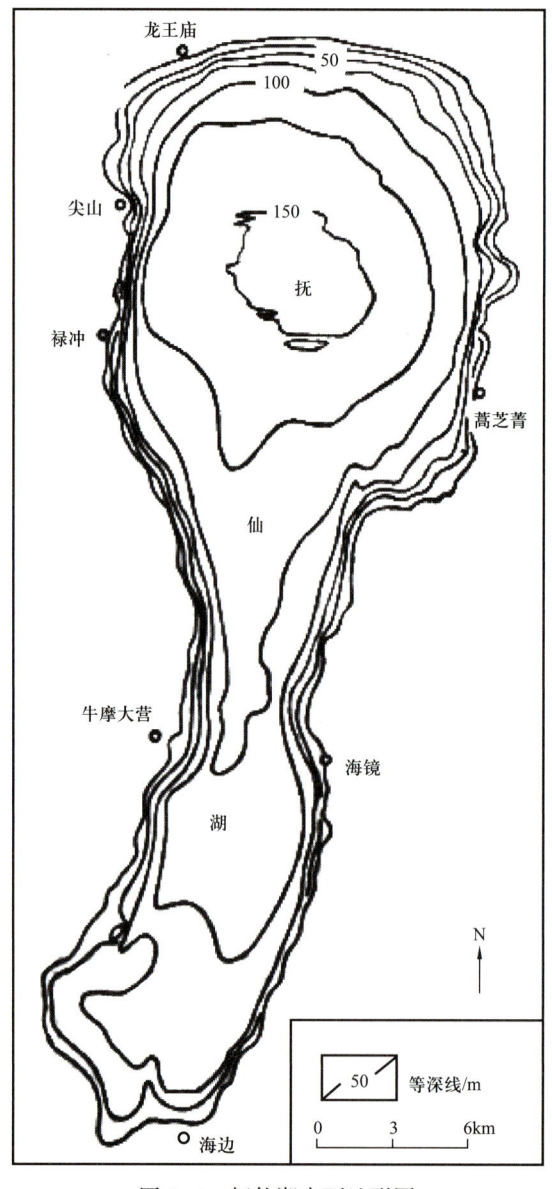

图 8-4 抚仙湖水下地形图

三、抚仙湖的沉积特征

1. 碎屑沉积物类型

抚仙湖的碎屑沉积物主要是粉沙质黏土,其分布面积占总面积的 75%(图 8-5)。沙和粉沙主要分布在水深 10m 以浅的滨岸带,分布最广的是砾石。砾石带的宽度最大,可达 20~30m。砾石粒径一般 1~4cm,大的可达 6~8cm,砾石圆度中等。

细粒沉积物占绝对优势,细于 8ϕ 粒级占湖面积的 75%~81.6%(图 8-5)。概率曲线的粒度区间一般在 -4~2ϕ,以滚动搬运为主,占总体 60% 以上,粗截点 -2~0ϕ。从 C-M 图来看,抚仙湖湖底沉积物的分选较差(图 8-6)。

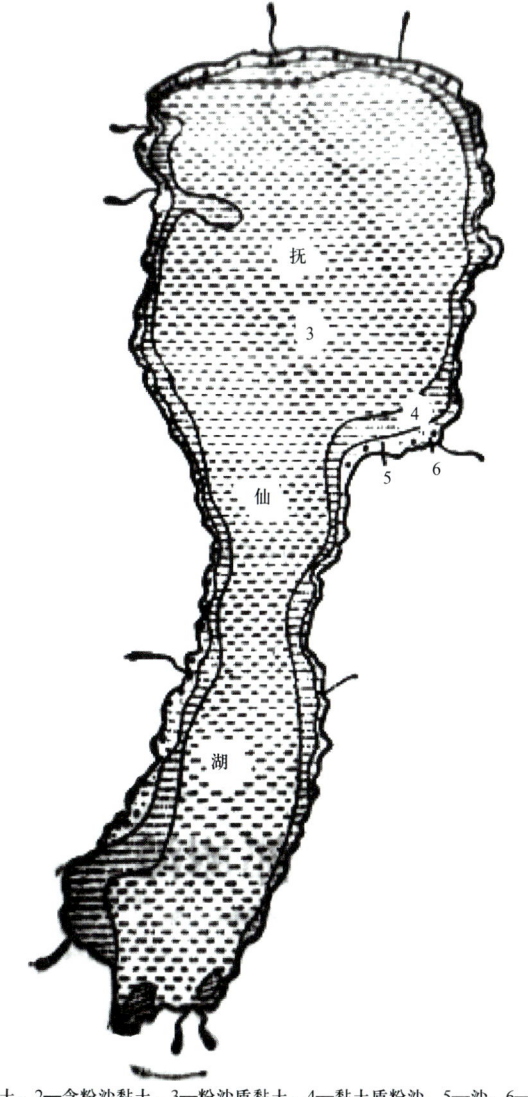

1—黏土;2—含粉沙黏土;3—粉沙质黏土;4—黏土质粉沙;5—沙;6—砾。

图 8-5 湖泊沉积物的类型

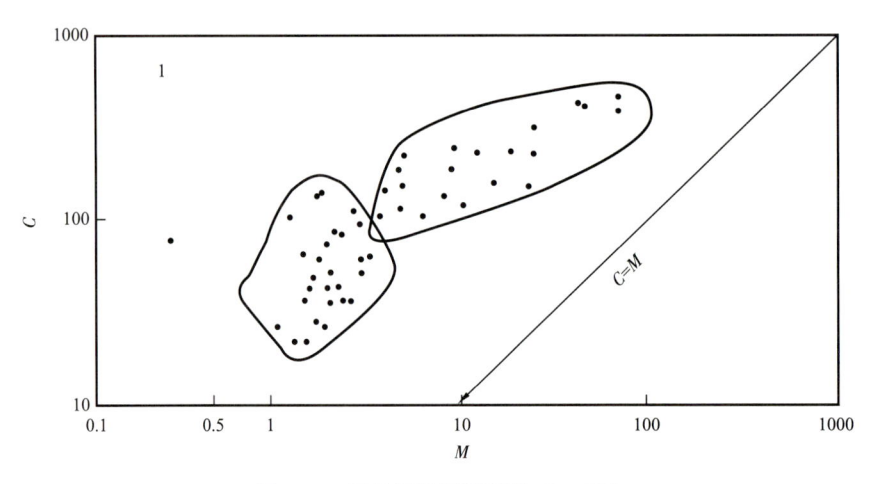

图 8-6　抚仙湖湖底沉积物 C-M 图

2. 粒度分布特征

1）平面分布特征

根据抚仙湖沉积物平均粒径（z）和标准差（图 8-7 和图 8-8），从湖岸到湖心大致分为三个沉积带。

（1）滨岸带沉积。

主要由砾石和中、细沙组成。因波浪作用强度的变化，可明显分为上部岸滩、下部岸滩和近岸带三个沉积带。上部岸滩沉积以砾石为主体，粒径一般在 $-5\sim-1\phi$ 之间，次圆至次棱角状，分选中至差；下部岸滩沉积为细沙或含粉沙细沙，粒径 $-1\sim-4\phi$，沙质含量一般都占 90% 左右，分选极好；近岸带沉积较下部岸滩沉积物更细。

（2）近岸开阔湖沉积。

介于滨岸带与远岸开阔湖之间，以粉沙质黏土和黏土质粉沙为主，分选较差。越近湖岸，沙质、粉沙质含量增加，但低于近岸带沉积；越向湖心，黏土含量增加，但低于远岸开阔湖，属滨岸带与开阔湖之间的过渡类型。

2）垂直分布特征

抚仙湖柱状样品基本上由含粉沙黏土和粉沙质黏土组成，底部略粗于顶部。这类剖面主要位于水深 40~70m 的南部湖区和北部扇形沉积区的外围。抚仙湖还具有沙泥互层的类复理沉积（图 8-9）。下部为棕红色中、细沙，含棱角状或次角状 1~2.5mm 的小砾石，向上渐变粉沙、粉沙质黏土。顶部为红棕色粉沙质黏土层，单旋回，由下向上颗粒由粗变细，具递变层理。沙泥互层的韵律在一个剖面上能见到两个或两个以上。由于受物源区的影响，在不同水深的地区，这种沙泥互层韵律在粒度组成和分布上也有一定差异。北部水深约 50m，坡度 8°~11° 的斜坡带，递变层理的厚度一般达 20~25cm，物质较粗，以含中粗沙为主。水深 50~100m 的湖底，坡度 5°~6°，在沙泥互层的剖面上未发

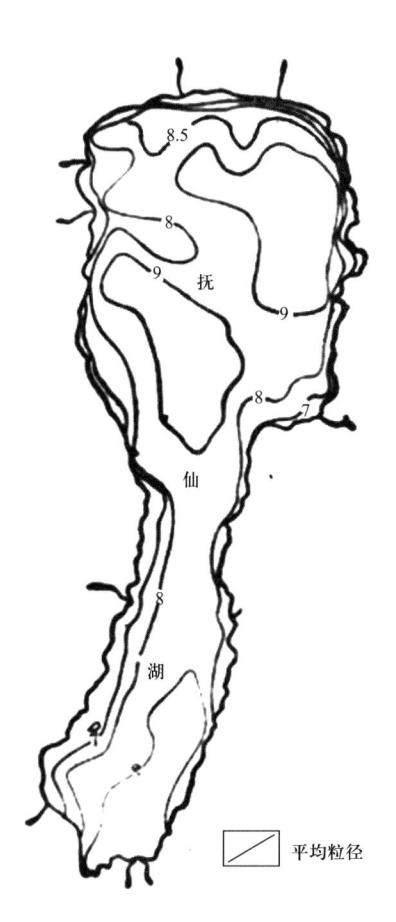

图 8-7　平均粒径平面分布

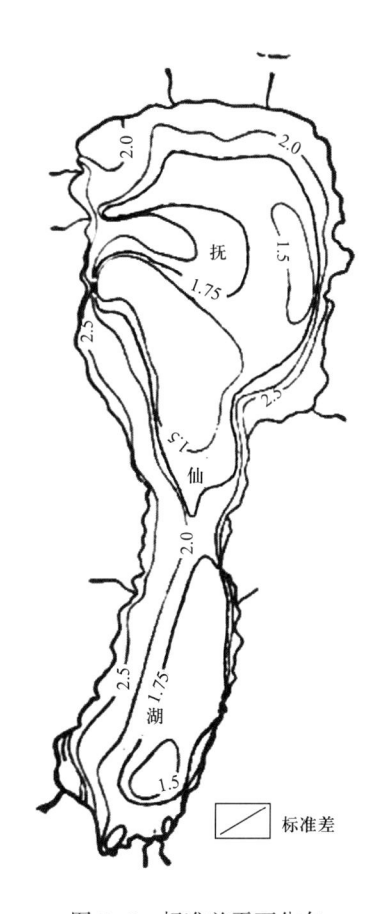

图 8-8　标准差平面分布

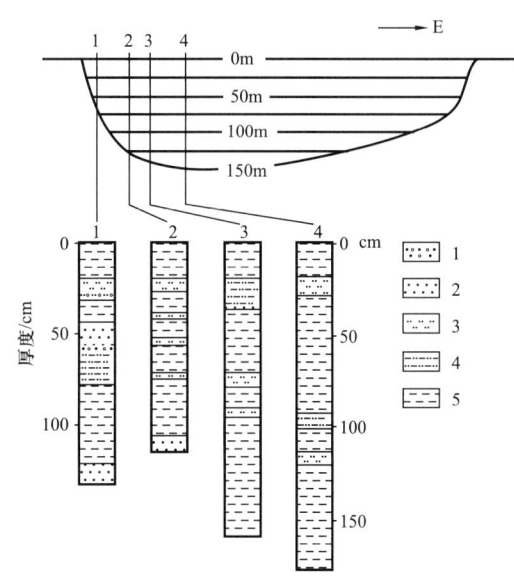

1—沙砾；2—细沙；3—粉沙；4—黏土质粉沙；5—粉沙质黏土。

图 8-9　抚仙湖浊积区沉积物分布

现递变层理，沙层厚度不到 10cm，主要为粉细沙。水深 100～150m，坡度为 1°，沙层仅数厘米，颗粒更细，以黏土质粉沙为主。

四、抚仙湖的沉积类型

根据抚仙湖沉积物的平均粒径和标准差，从湖岸到湖心大致分为三个沉积带。

1. 滨岸带沉积

主要由砾石和中、细沙组成。因波浪作用强度的变化，可明显分为上部岸滩，下部岸滩和近岸带三个沉积带。

（1）上部岸滩沉积。以砾石为主体，粒径一般在 $-5\sim-1\phi$ 之间，次圆至次棱角状，分选中至差。

（2）下部岸滩沉积。为细沙或含粉沙细沙，粒径大多数在 $2.0\sim3.0\phi$ 之间，$-1.0\sim-4.0\phi$ 的沙质含量一般都占 90% 左右，分选极好。

（3）近岸带沉积。较下部岸滩沉积物为细，除细沙和粉沙外，在滇池还含有少量黏土分选中等。

2. 近岸开阔湖沉积

介于滨岸带与远岸开阔湖之间，以粉沙质黏土和黏土质粉沙为主，分选较差。越近湖岸，沙质、粉沙质含量增加，但低于近岸带沉积。越向湖心，黏土含量增加，但低于远岸开阔湖，属滨岸带与开阔湖之间的过渡类型。

3. 远岸开阔湖沉积

从湖岸到湖心大致分为三个沉积带：

（1）滨岸带沉积。主要由砾石和中、细沙组成。因波浪作用强度的变化，可明显分为上部岸滩、下部岸滩和近岸带三个沉积带。

① 上部岸滩沉积以砾石为主体，粒径一般在 $-5\sim-1\phi$ 之间，次圆至次棱角状，分选中至差。

② 下部岸滩沉积为细沙或含粉沙细沙，粒径 $-1.0\sim-4.0\phi$ 的沙质含量一般都占 90% 左右，分选极好。

③ 近岸带沉积较下部岸滩沉积物为细，除细沙和粉沙外，在滇池还含有少量黏土分选中等。

（2）近岸开阔湖沉积。介于滨岸带与远岸开阔湖之间，以粉沙质黏土和黏土质粉沙为主，分选较差。越近湖岸，沙质、粉沙质含量增加，但低于近岸带沉积。越向湖心，黏土含量增加，但低于远岸开阔湖，属滨岸带与开阔湖之间的过渡类型。

（3）远岸开阔湖沉积。分布于开阔湖深水区，湖底平坦，不超过 0.5°。抚仙湖黏土含量约占 70%，远岸开阔湖沉积物细粒成分集中，分选状况较好。

五、抚仙湖的重矿物

密度大于 2.85g/cm³ 的重矿物，包括自生重矿物，在三个湖中检测到的超过 40 种（表 8-1）。这三个湖泊的面积和流域范围小于青海湖和鄱阳湖，但出现的重矿物种类比它们丰富。这些矿物多属不稳定或次稳定类型，一些极不稳定的矿物如尖晶石、橄榄石、钠铁闪石、霓石、碎屑黄铁矿和海绿石在湖区分布较广泛。这些不稳定重矿物组分的介入形成了断陷湖泊丰富而复杂的矿物组合。

表 8-1 抚仙湖沉积中的重矿物

湖泊	平均含量/%	样品数	含量大于50%的矿物	含量大于10%的矿物	含量大于1%的矿物	含量小于1%的矿物	矿种合计
抚仙湖	0.52	24	赤铁矿、黑云母、电气石	磁铁矿、角闪石、锆石、绿帘石、钛铁矿、褐铁矿、金红石	辉石、石榴子石、榍石、铬铁矿、海绿石、独居石、白云母、尖晶石、绿泥石、板钛矿、刚玉	斜方闪石、硅铍石、重晶石、褐帘石、橄榄石、锐钛矿、透辉石、菱铁矿、黝帘石、针铁矿、十字石、霓石、钙钛矿、蓝闪石、阳起石、黄铁矿、鲕绿泥石、硅灰石、自然铜	40

重矿物的平面分布很不均匀，主要集中在离岸线 2km 以内的滨岸带和近岸开阔湖区。湖心多为粒径小于 0.02mm 的细粒悬浮沉积，碎屑矿物缺失或含量很低。

抚仙湖重矿物平均含量分别为 0.52%、5.44% 和 0.82%，矿物组合也不相同（表 8-1）。即使同一个湖泊，不同点位矿物含量和组合差异也很大（图 8-10），反映了湖泊沉积受物源区岩性差异和水动力变化影响强烈。

六、抚仙湖的有机质

有机质含量对 pH 及 Eh 有很大影响，一系列复杂的因素会影响沉积物中有机或无机化合物的分解与合成。

沉积物中有机质的含量取决于物源及湖泊生物量，也取决于湖底环境有利于有机质的合成还是分解。如果物源中有机质丰富，湖泊生物量大，湖底环境不利于有机物的分解，则沉积物中富含残存的有机质。

表 8-2 表明，三个湖泊有机质平均值很接近，但标准差相差甚大，说明深水湖泊湖底生物环境较浅水湖泊均一，水生植物特别茂盛的局部地区或沼泽环境在浅水湖中较常见。

有机质的分布与黏粒有明显的相关性（r_{C-M}=0.576，n=46 时，$r_{0.01}$=0.372），因此有机质具有环状分布的趋势（图 8-11）。

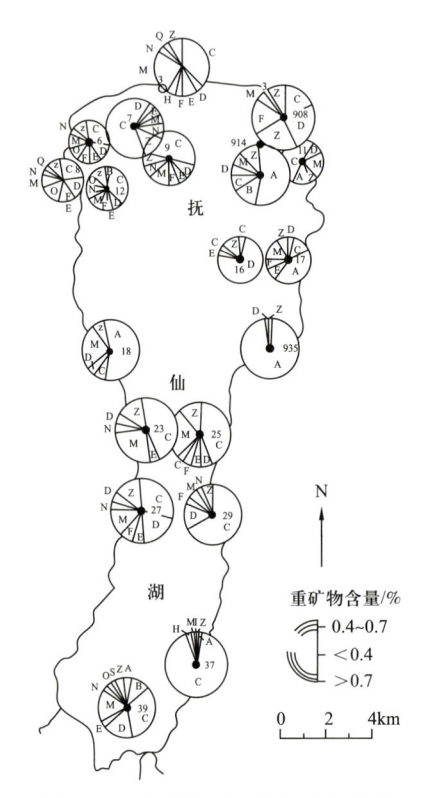

图 8-10　抚仙湖重矿物分布与组成

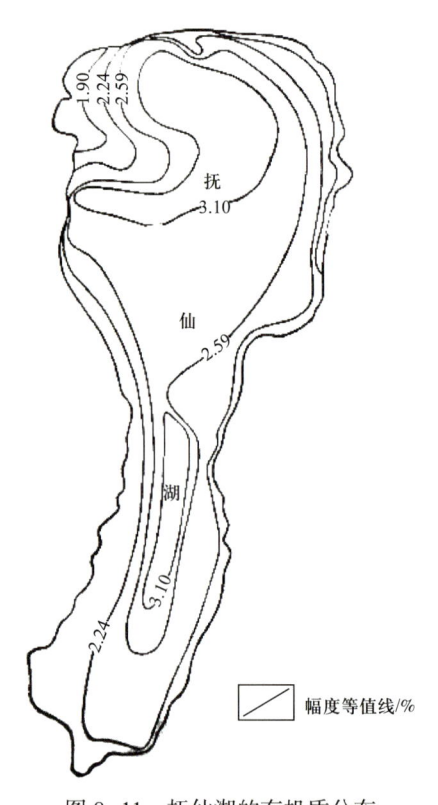

图 8-11　抚仙湖的有机质分布

A. 黑云母；B. 角闪石；C. 赤铁矿；D. 电气石；E. 绿帘石；F. 锆石；
G. 金红石；H. 辉石；I. 紫苏辉石；J. 金云母；K. 榍石；L. 石榴子石；
M. 磁铁矿；N. 褐铁矿；O. 钛铁矿；P. 菱铁矿；Q. 蓝铁矿；R. 绿泥石；
S. 白云母；T. 阳起石；U. 透闪石；V. 板钛矿；W. 海绿石；X. 针铁矿；
Y. 方解石；Z. 其他矿物；1. 钠铁闪石；2. 透灰石；3. 独居石

表 8-2　有机质含量统计值

湖泊	样品数/个	平均值/%	幅度/%	标准差/%	变异系数/%
抚仙湖	14	2.53	3.38～1.77	0.506	20.0

第三节　青海湖沉积

青海湖是我国内陆第一大湖（面积 4625.6km²，图 8-12）。

青海湖位于青藏高原东北部，是我国最大的内陆湖泊。青海湖呈 NW—SE 向展布，似圆形，长 105km，宽 63km，湖域面积达 4625.6km，环湖周长超过 360km。青海湖平均水深约 21m，最大水深为 32.8m，蓄水量达 $743×10^8m^3$。青海湖四周由北侧大通山、东侧日月山、南侧青海南山、西侧橡皮山所围限，周围大山海拔都在 3600~5000m 之间，而青海湖湖面海拔为 3260m。

青海湖周缘有大小河流 40 余条，其中湖北岸、西北岸和西南岸河流多，流域面积大支流多；湖东南岸和南岸河流少，流域面积少。主要入湖大河有布哈河、沙柳河、乌哈阿兰河和哈尔盖河（图 8-13）。青海湖是构造断陷湖，湖盆边缘多以断裂与周围山相接。距今 20 万—200 万年前的成湖初期，原是一个大淡水湖泊，与黄河水系相通，那时气候温和多雨，湖水通过东南部的倒淌河泻入黄河，是一个外流湖。至 13 万年前，由于新构造运动，周围山地强烈隆起。上新世末期，湖东部的日月山迅速上升隆起，使原来注入黄河的倒淌河被堵塞，迫使它由东向西流入青海湖，从而形成内流湖泊。

图 8-12 青海湖概况

图 8-13 青海湖地貌与周缘河流流入情况

一、沉积物与沉积类型

青海湖的沉积类型有：沙岛、沙坝、沙丘等（图 8-14）。
青海湖底沉积物可分 9 种类型：（1）砾石；（2）弱钙质沙；（3）弱钙质粉沙；

(4)弱钙质泥质粉沙;(5)弱钙质粉沙质淤泥;(6)钙质粉沙质淤泥;(7)钙质黏土淤泥;(8)弱钙质加鲕状沙;(9)石灰华。砾石的颜色、成分随母岩而异,有石英岩、石灰岩、花岗岩质砾石,零星分布于湖盆边缘水深小于5m的地方。弱钙质沙、弱钙质粉沙为灰黄、灰绿、灰黑色,颗粒磨圆度好,粉沙中混有泥质,含大量刚毛藻及介形虫,分布于岸边至5~8m的水深带内。弱钙质泥质粉沙呈灰色,含较多刚毛虫及介形虫壳,分布于小于15m水深的浅水带内。弱钙质粉沙质淤泥呈灰黑色,含少量刚毛藻及介形虫,有时见腐烂的植物残体,分布于水深15~25m的半深水区。钙质粉沙质黏土淤泥及钙质黏土淤泥,主要为黑色、胶凝状、浓H_2S味,很少有刚毛藻及介形虫,分布于水深超过25m的深水区。弱钙质鲕状沙呈灰黑-灰白色,中-细粒,颗粒呈半圆形至圆形,沙心为石英、长石碎屑,主要分布于沙岛附近的浅水带。石灰华呈淡黄色,表面具瘤状构造,纵断面有不平的微细层理,由文石和泥质混合组成。

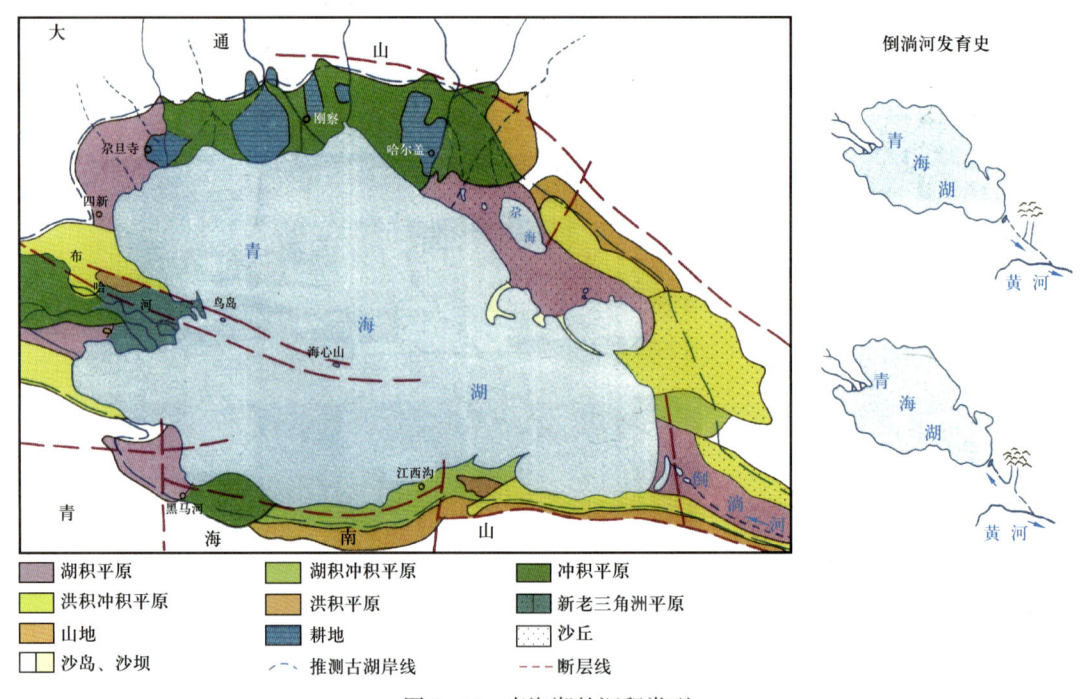

图8-14 青海湖的沉积类型

各类型沉积物的分布特点显示了内陆碎屑湖泊沉积的一般规律:(1)碎屑物边缘粗、中部细;河口粗、湖湾细。按水动力能量条件进行沉积分异,呈环带状分布;(2)环带的宽度受湖底地形和水动力条件控制;(3)湖底沉积物以泥质含量大于25%的淤泥为主,占湖底面积的60%,沙与沙粉占40%,分布于河口和风沙堆积上。

二、青海湖的沉积体系

青海湖及其湖畔是难得的沉积学天然研究室,这里发育许多典型的陆源碎屑沉积,如辫状河、辫状河三角洲、扇三角洲、滨岸沙丘、障壁—潟湖、浪控三角洲等。青海湖水系分布、河流规模、搬运方式和沉积物展布很大程度受控于湖盆构造格局。沿盆地长轴方向，西端发育有辫状河、曲流河及其三角洲沉积体系。湖盆南北短轴方向，北岸缓，形成山间河流及其三角洲、滨浅湖沉积体系；南岸较陡，形成大小不一的扇三角洲在河流未影响的滨浅湖地带，沿岸沙丘、沙嘴、砾石滩、沙滩、泥坪、沼泽、湖湾相当发育。与其他湖泊相比，青海湖湖滨大面积风成沙丘是其典型特征。

1. 河流沉积体系

注入青海湖的大小河流约40条，水系呈明显不对称状态分布。西北多，流量大；东南少，流量小。西北端的布哈河是流入湖中最大的一条河，发源于祁连山支脉的阿木尼克山，长约300km，干流长92km，支流有几十条，下游河面宽50~100m，深1~3m。辫状河分布在布哈河和沙柳河的中上游（图8-15b）。主河道流量大，流速高，沉积物较粗，以细砾、粗沙为主；次级河道较浅，流量较小，流速较缓，有时河道干涸。河床中砾石定向排列呈叠瓦状，最大扁平面指向河流上游方向，倾角较大，长轴方向平行水流分布。河道中心滩发育，呈不对称梭形，滩头为沙和砾等较粗沉积物，滩尾为沙和泥等

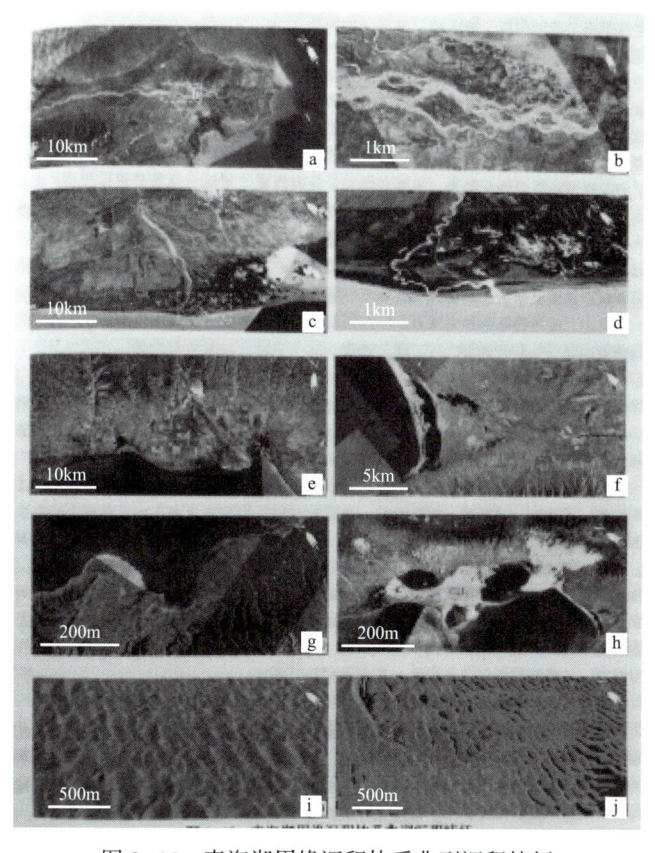

图 8-15 青海湖周缘沉积体系典型沉积特征
a. 布哈河鸟足状三角洲（河控）; b. 布哈河辫状河道; c. 哈尔盖河平直滨岸型三角洲（浪控）;
d. 哈尔盖河平直滨岸型三角洲最前端; e. 沙柳河扇形三角洲（河流和波浪共同影响）;
f. 倒河及其前端潟湖; g. 黑马河扇三角洲; h. 东侧托勒地湖岸沙丘; i. 和 j. 风成沙丘形态特征

较细沉积物；垂向上以向上变细变薄加积为特征，下部为沙、砾层，砾石大小均匀，可见加积型平行层理和交错层理，上部粉沙与泥质互层，粉沙呈透镜状，分布不定，发育平行层理和沙纹交错层理。

曲流河发育在沙柳河下游，以及布哈河的支流。曲流河以侧向加积为特征，河道弯度中等，可见大量废弃河道和点沙坝。曲流河垂向上表现为正粒序层，具有典型的二元构，下部为含砾沙岩层，可见斜层理和交错层埋；上部为泥质粉沙岩层，厚度不稳定，透镜状，沙纹层理较为发育。废弃河道的沉积物主要为粉沙及黏土，粉沙呈透镜状，发育水平层理。

2. 三角洲沉积体系

根据河流动力与湖水动力相互作用的强弱对比关系，青海湖周缘三角洲可划分三种类型，即河流作用为主的河控型鸟足状三角洲（布哈河三角洲）、湖泊动力为主的浪控型平直滨岸型三角洲（哈尔盖河三角洲）和介于二者之间的河控—浪控型三角洲（沙柳河和乌哈阿兰河三角洲）。

1）布哈河鸟足状三角洲

布哈河从宽约 20m 的河道流入广阔的湖面时，洪水高载荷犹如一个巨大的喷嘴将河水注入湖中，形成高能量分流河道，向湖中一直延伸 13km，形成面积达 120km² 的足状三角洲（图 8-15a）。由于河流能量较强，沉积物源充足，三角洲平原上广泛发育分流河道体系。其中，主河道为辫状河，次级河道为曲流河。辫状河型分流河道发育心坝，而曲流河段弯曲程度较大，发育点沙坝，分流河道之间的分流间湾发育泥沼沉积。三角洲前缘是三角洲在湖平面以下的延伸部分，河流携带的大量泥沙在入湖处快速沉积，形成河口沙坝，河道绕河口坝分汊，向湖中延伸 1~3km，形成水下分流河道。河口处湖浪与河浪相互干涉，形成干涉波痕和浪成波痕。水下分流河道外侧低洼地区为安静的还原环境，其沉积物为灰黑色有机质黏土，夹有洪水成因的纹层状粉沙。

布哈河三角洲的增长和向湖方向的推进速度很高，据统计，每年向湖中延伸约 200m 的海西山、鸟岛等孤岛已与三角洲相连，成为半岛状的连岛状沙坝。

2）哈尔盖河三角洲

哈尔盖河位于青海湖短轴的东北缘，河长约 100km，流域面积约 1420km²，平均流量 7.67m/s，平均年径流量 $1.9 \times 10^8 m^3$。哈尔盖河在入湖前几千米，河道弯曲度大，发育点沙坝沉积；在入湖处，受湖浪作用，湖岸线大致呈 140°~320°展布（图 8-15c、d）。强劲盛行西风常年作用于三角洲前缘带。由于滨岸地形陡和风力强，使滨岸带形成较大的波浪。波浪以一定角度与湖岸相交，形成冲刷流、回流及向东南方向的沿岸流。因受波浪和沿岸流的强烈作用，河流不能直接向湖区伸展，在入湖时河道发生大幅度转向弯曲，使入湖河流避开冲浪顺沿岸流方向注入湖中。河流带来的沉积物受冲刷流、回流、沿岸流的破坏、改造和再分配，限制了河口向湖区伸展形成水下河道、河口沙坝等。同时在波浪和沿岸流强烈作用下，在三角洲前形成沿岸沙砾坝，限制着三角洲沉积向湖伸展，形成浪控型平直滨岸型三角洲（图8-15d）。由此可见，浪控型三角洲主要由三角洲平原部分构成，三角洲前缘亚相不发育。

3）沙柳河扇形三角洲

沙柳河发源于桑斯扎山南麓，全长106km，流域面积约1320km^2，流经刚察县后注入青海湖。沙柳河河流作用相对哈尔盖河较强，在河流末端形成三角洲朵体，多期朵体侧向叠置形成扇形的三角洲体系（图8-15e）。由于青海湖东北侧湖浪作用较弱，在沙柳河和乌哈阿兰河均未形成类似哈尔盖河的平直滨岸型三角洲。

3. 扇三角洲沉积体系

在青海湖盆短轴方向南侧发育有完整的洪积扇，洪积扇直接入湖形成扇三角洲，其中最典型的扇三角洲为黑马河（图8-15g）。在山口以扇根为主，沉积物以粗碎屑砾石沉积为主，砾石大小混杂，分选差，呈次棱角状。扇三角洲平原地势相对平坦，季节性流水部位为辫流线，具有洪积和河流双重沉积特征，沉积物以砾石为主，沉积层具粗的平行层理和洪积斜层理，砾石群呈定向构造和优选排列，最大扁平面倾向于河流上游向。扇三角洲最外部或下部，河道属十分浅的分散体系，也是洪积扇边缘地下潜流溢出带，形成地表积水、沼泽及砾石泥滩。

4. 湖滨风成沙丘

在湖东岸滨湖平原，形成了大面积的风成沙丘，其北起干子河口，南抵满隆山北麓，南北延展近60km，东西宽为10~15km（图8-15h）。强劲的西风和西北风把湖区西岸和北岸河流、三角洲地带的沙粒吹扬起来并向东南方向输送，在受到湖盆东部日月山等高山阻挡后沙粒停落下来，从而造成湖岸东侧广泛的沙山堆积。

风成沙丘几乎都呈南北向展布，与盛行西风风向垂直（图8-15i、j）。这些风成沙堆积不仅在滨湖平原形成沙丘，而且还大量落入水中，形成水下风成沙堆积，并使湖中的沙岛与沙堤不断增高，造成堰塞湖（图8-15f、h）。风成沙波痕有长而平的直脊，不对称，波痕指数高，可见发育良好的分叉脊。在一个完整的大波痕中可以有数个小波痕，这些大波痕与小波痕较为协调并呈相互平行关系，或者不协调而呈相互垂直关系。波痕指数的变化与粒度成正比，最粗的颗粒聚集在沙波痕的脊部，而波谷沙粒则较细。粗颗粒表面毛玻璃化，上面有许多细小的不规则小凹坑。

在青海湖西岸也发育少量滨岸沙丘（图8-14），平行于湖岸方向呈带状、沙嘴状展布，宽2km，长可达12km。沉积物为细粉沙，分选性、磨圆度均较好。滨岸沙丘形态呈新月形沙丘和新月形沙丘链，迎风坡向湖一侧，坡度缓。在迎风坡发育风成波痕，形状不对称。

5. 滨浅湖沉积

青海湖沿岸未受河流、风力作用影响的地区，则以滨浅湖环境为主。滨浅湖分布于水深0~15m处，水动力复杂，各种亚环境的形成与湖流、湖浪、物源和湖岸地形等关系密切，因而沉积类型复杂多样，如湖湾、泥坪、沙质/砾石质湖滩、沿岸沙坝、沙嘴等。

湖湾亚环境是由沿岸沙嘴、沙坝等的遮挡作用，使近岸湖水受到限制而产生的，沉积物为黑色粉沙质泥，垂向剖面上水平层理及水平薄纹层理发育。泥坪分布于湖湾和湖岸地形平缓地带，以及坝后沼泽等湖水滞流地带。沉积物由黑色淤泥、粉沙和泥质粉沙组成垂向层序，常为灰黄色黏土质粉沙与黑色腐泥互层，反映了湖水的多次波动。

沙质湖滩分布于湖东岸的开阔湖滨湖区，物源供应充分，击岸浪的冲刷、筛选和淘洗，使小、细沙成熟度增高，分选性好，磨圆度高，向湖内一侧粒度变细。砾石质湖滩分布于湖西南陡岸地带，湖浪作用强，近物源河流砾石供应充分，形成宽阔的砾石滩沉积。

由于湖岸开阔、物源供应充分，环湖滨岸带沿岸沙坝分布较广。激浪带、回流带、缓冲带、破浪带对沉积物冲刷、淘洗，结果造成下细上粗的反粒序结构发育，沉积层的产状向湖内倾斜，层内发育交错层理、斜层理和平行层理。沉积物为细砾、粗沙，分选性好，磨圆度高。粒度概率曲线表明以滚动组分和双跳跃组分为主，悬浮组分含量少，反映往复性波浪水流作用的特征。由于湖水含盐度高，露出水面近地表的松散沉积物在雨水作用下形成钙华，固结成硬岩块。沙体形态呈平直滨岸型分布，延伸长达70km，向湖一侧坡度缓，背湖一侧坡度陡。

沙嘴沉积主要分布在湖东南岸，著名的二郎尖就是典型的沙嘴沉积。一端与岸相连，另一端与岸形成一定夹角，不断向湖中延伸达数千米。这里沿岸流作用强烈，中、细沙物源供应充分，与湖岸斜交的湖浪在向岸传播过程中遇到凸出地形，单波就分解为斜交的两个波向沙嘴前端传播过来，将携带物堆积在尖头。

三、青海湖湖水特征

青海湖是一个断陷构造湖，湖盆四周为断裂所控制，湖岸坡陡，湖底平缓，南北宽63km。在距湖岸4~5km处，水深即达20m，湖水最大深度达28m。青海湖是一个具有湖水分层的深水湖泊，从水深23m处向外至湖岸的环形区水体温度基本一致，即动水层。由水深23m处向里的湖泊中部区，湖水出现分层，即上部动水层（湖上层）、温跃层（水温由15~16℃，降至7.8℃）和7.8℃以下的静水层（湖下层）（图8-16）。各层水的厚度及分布范围受入湖水系和湖底古地形的影响而发生变化。北部水系发育及东南部有水下高地则动水分布范围广，南部水系不发育，动水分布范围狭窄，最大水深区其动水层厚度仅8m（图8-17）。

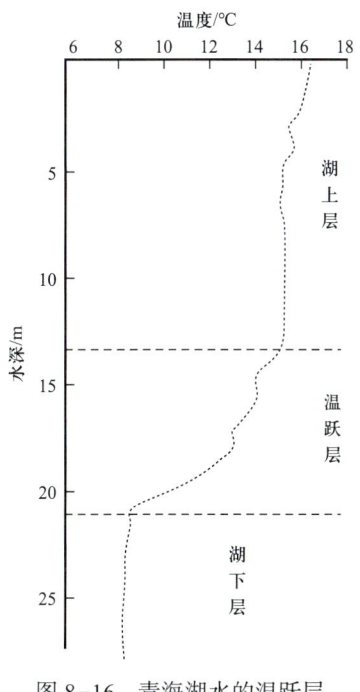

图 8-16　青海湖水的温跃层

图 8-17　青海湖水深等值线图（单位：m）

四、青海湖的氧化还原条件与有机质分布

湖底淤泥有机质的分布受湖底氧化还原环境的控制，而后者则受水体深度和水动力状况的制约。氧化相 Eh 大于 0，一般水体深度小于 15m，而在河口附近水深可大于 20m，氧化相位于入湖水系发育区和滨岸高能带，湖水为动水层，有机质分解强烈，有机碳含量小于 1.5%。弱氧化—弱还原相 Eh 为 0～150mV，湖水深度一般为 15～25m，湖湾区深度可小于 15m，湖水不分层或分层，但动水层较厚，有机碳耗损减慢，有机碳含量为 1.5%～2.5%；还原相 Eh 小于 -150mV，一般水深大于 25m，湖水分层，还原相位于远离河流三角洲的湖盆中部低能带，耗氧分解对降低碳含量较慢，有机碳含量大于 2.5%（表 8-3）。

表 8-3　青海湖的氧化还原条件

氧化还原相	氧化相	弱氧化—弱还原相	还原相
水体深度	一般小于 15m，受河口影响可达 20m	一般为 15～25m，湖湾区可小于 15m	一般大于 25m，湖湾区可小于 15m
湖水分层及水动力条件	动水层，位于入湖水系发育及滨岸高能带	不分层，若分层则动水层厚。位于高低能带之间的过渡带	分层，动水层薄。位于远离河流三角洲的湖盆中部及湖湾低能带
含泥量（<0.01mm）	<10%	一般为 10%～15%，湖湾区可达 80%	一般大于 50%，湖湾区可小于 50%
Eh 值 /mV	>0	0～-150	<-150

续表

氧化还原相	氧化相	弱氧化—弱还原	还原相
Fe^{2+}/Fe^{3+}	≤1	1~2.6	5~25
S^{+5}/S 总 /%	>90	90~40	<40
有机碳 /%	上层<1.5 下层<1.2	上层1.5~2.5 下层1.2~2.3	上层>2.5 下层>2.3

第四节 岱海湖沉积

岱海湖盆为一个典型的地堑型断陷盆地，南北两侧由于断层活动强度和幅度的明显差异，使盆地南北不对称及地形坡度相差较大，呈现出北岸陡、南岸缓的特点，湖盆短轴两侧出现了不同的地貌组合。北侧山体陡峻高大，从山体前缘带向下到湖岸形成了冲积扇裙山前平原—扇三角洲的特有地貌组合特征（图8-18）；相反，盆地南侧以玄武岩覆盖的平缓丘陵地形为特色，地形坡度平缓形成了间歇河—湖滨阶地—三角洲的地貌组合。

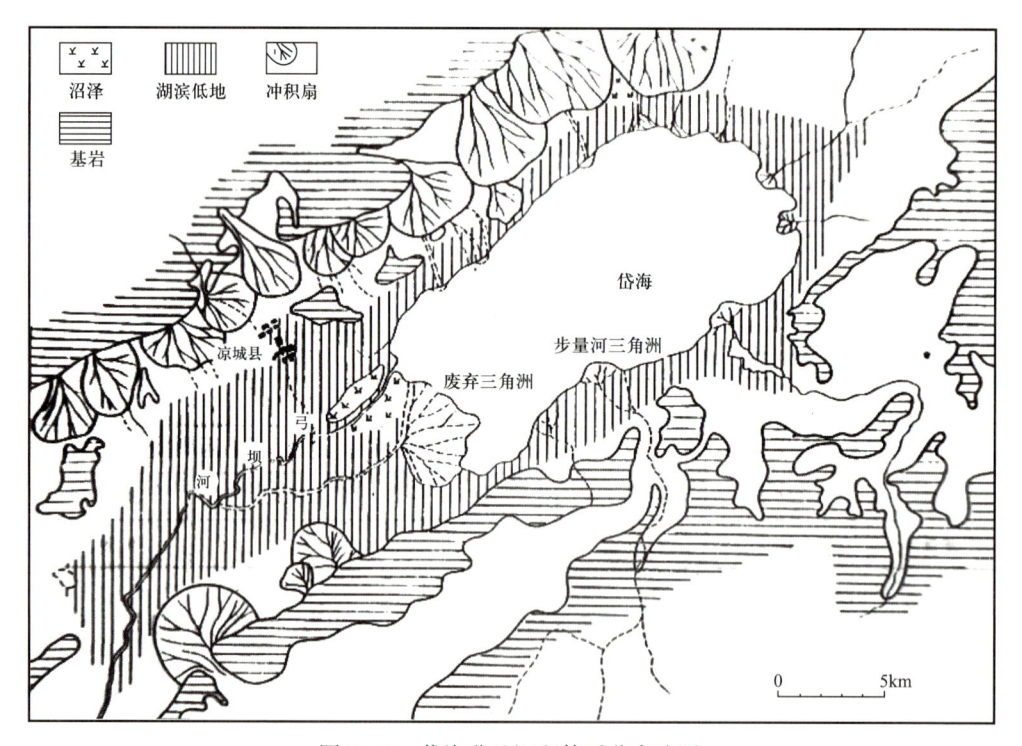

图 8-18 岱海盆地沉积体系分布略图

岱海为一内流湖泊，流域面积为 2289km²。根据 1986 年 7 月中国科学院南京地理与湖泊研究所实测资料，湖泊面积为 133.5km²，最大水深 16.05m，容积 9.9×10⁸m³。湖泊东西长 19.1km，平均宽度 7.0km，湖周长 61.6km，湖水盐度 4g/L，是微咸水湖。水的矿化度为 0.3～0.6g/L，为 HCO_3—Na—Mg 型水。湖泊主要靠河流和大气降水补给。北岸发育有较多的间歇性短小溪流，注入岱海的河流有 20 多条，各河道的水文参数见表 8-4。

表 8-4　岱海水系各沟、河年径流量

沟道名称	流域面积 /km² 县内	流域面积 /km² 县外	径流深 /mm	多年平均径流量 /（m³/s）	变差系数
五号河	194.5	—	50	972.5	0.6
弓坝河	456.6	—	50	2283	0.6
泉卜子沟	184	—	50	62	0.62
沙卜子沟1	2	—	50	60	0.62
付家村东沟	5.8	—	50	29	0.62
元子沟	84	—	50	420	0.62
索代沟	76	—	47	357.2	0.61
目花河	58	330	46	1784.8	0.6
泉子河	6	—	45	27	0.6
天城河	256.5	—	44	1128.6	0.59
步量河	216.4	—	45	973.8	0.59

岱海湖从全新世以来的演化史表明该湖正处于萎缩期，近几年岱海湖的湖水位变化趋势如图 8-19 所示。

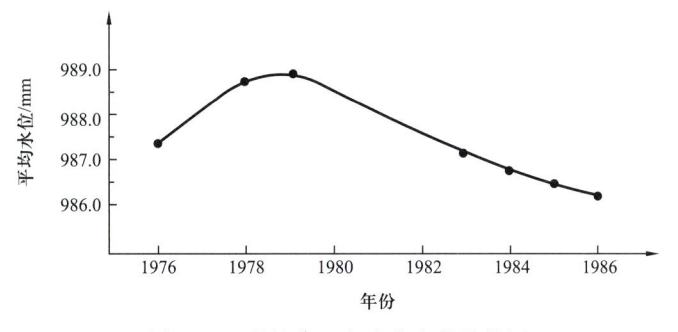

图 8-19　岱海湖逐年水位变化趋势图

从 1979—1982 年湖岸线向湖内缩退了 300～500m，湖泊的蓄水面积缩小了 50km²。地形渐趋平缓，极似我国东部的古近纪—新近纪断陷湖盆的萎缩期。湖面萎缩与气候干旱、蒸发量大于降水量有关。岱海湖属半潮湿半干旱大陆性季风气候带，雨量集中，多在 6—9 月，占全年降水量的 25% 左右。根据 1980—1986 年的水文资料来看，湖区每年蒸发量为 1556.1mm，平均降水量为 370.8mm，蒸发量是年降水量的 4.2 倍；年平均气温 4.7℃，属于温带半干旱气候。湖内的蒸发量具有由西向东，由北向南递升的规律，与降雨量正好相反。在降雨过程中，年际和月际变化较大。

岱海湖南侧的步量河三角洲和北侧的元子沟三角洲，两个三角洲无论在物源的母岩性质、搬运距离远近及地形坡度上，还是发育面积大小及几何形态和沉积作用方面都具有明显的差异，同时也反映出当断陷盆地出现不对称状况时，两翼所形成的三角洲具有各自特的形态与沉积机理。

一、步量河三角洲沉积

步量河三角洲位于湖盆南侧的东南岸东房子一带，面积为 6~8km²，长宽比为 2∶1，主要由三个朵体组成，其上有三条分支河流，它们直接控制着三角洲的平面形态、沙体的分布特征及朵体的演变（图 8-20）。由于湖盆不断萎缩加上步量河间歇性流水的流入，沉积物向前推进和堆积，致使三角洲仍在进一步扩大。三角洲前缘岸线向湖盆方向推进，据 1974 年 1∶10000 地形图与实际测量的结果表明，近 15 年来岸线向湖方向推进了 200m 左右，三角洲的东部推进距离大于西部。由于步量河为山间的间歇性河流，在其所流经的地区冲刷和切割作用较为明显，并携带了大量的粗碎屑物质，在其三角洲的河口部位形成了以间歇河流为特点的砾石滩坝（纵、横向坝）沉积。该三角洲源于低弯度的间歇性辫状砾质河流，距物源较近，一般在 8~10km，河流的上游具有下切作用，形成明显的河谷，而下游靠近山口部位则下切作用不太明显，以砾、砂席状的形式进入三角洲平原。该三角洲在其层序特征、沉积物的分布、沉积构造及储层特点上都具有其特殊的规律。与扇三角洲和鸟足状三角洲有明显的不同。从三角洲的地表坡度来看，步量河三角洲的坡度为 15°左右。

二、元子沟三角洲沉积

元子沟三角洲位于岱海湖盆北侧西北岸的东营子一带，面积约 3km²，长宽比约为 1∶1，在三角洲上无明显的朵体和分支河道存在（图 8-21）。其地形坡度要大于步量河三

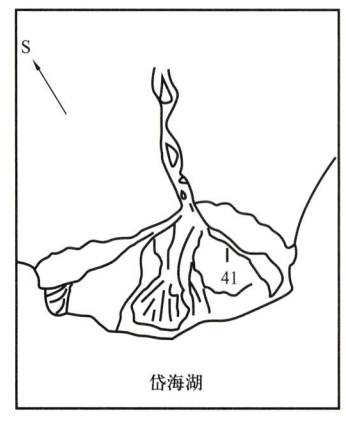

图 8-20　步量河三角洲

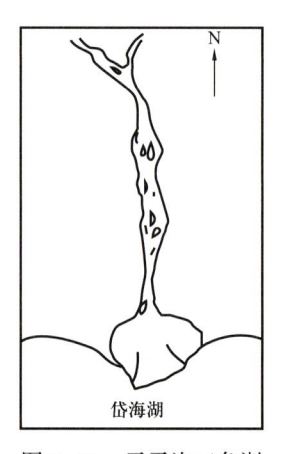

图 8-21　元子沟三角洲

角洲，三角洲前缘斜坡地带明显受湖浪的影响。元子沟三角洲上游（即冲积扇与辫状三角洲之间）为典型间歇性辫状河，与步量河在性质上基本类似，只是物源区母岩的岩性、搬运距离的远近不同，山系远近的明显差异也就造成了水流量上的很大差别。从这一性质上来讲，元子沟辫状三角洲与步量河三角洲属同一种类型的三角洲。元子沟三角洲在近15年中推进的距离大约为100m。由此可见，两个三角洲的表面坡度相差也较大，元子沟辫状三角洲的坡度为25°左右。

以上两种三角洲最主要的特征是物源均来自粗碎屑辫状河，但进入三角洲平原区后卸载速度较快，因而下三角洲平原及前缘地带以细粉砂质沉积为主。

在我国中—新生代断陷盆地中，发育了各种类型的三角洲。如长轴方向上的鸟足状三角洲（常态三角洲或称河流作用为主的三角洲）、短轴陡坡的扇三角洲和辫状河三角洲等，这些三角洲沉积构成了盆地的主要部分。

第五节 吉尔伯特型三角洲沉积

吉尔伯特型三角洲是Gilbert（1855年）最早提出的一种入湖三角洲类型，认为这种三角洲的最重要的沉积特征是由底积层、前积层和顶积层组成的三层结构，它长期影响着人们对三角洲沉积的认识。

三角洲的奠基性工作始于美国的著名地质学家Gilbert针对美国邦维尔湖更新世三角洲的研究，详细解析了三角洲的结构，划分出底积层、前积层与顶积层三层结构（图8-22），是典型三角洲的代表性识别标志。

Bates是探求三角洲沉积过程解释研究的先行者，其根据流入盆地中流体密度与盆地水体密度的相对大小，将流入盆地的流体划分为流体密度小于盆地水体密度的异轻流、流体密度等于盆地水体密度的等密度流和流体密度大于盆地水体密度的异重流。上述三种不同性质的流体流入盆地，形成三种不同类型的三角洲。异轻流主要形成滨岸三角洲（图8-23a），等密度流则形成吉尔伯特型三角洲（图8-23b），异重流主要形成深水三角洲（图8-23c）。Bates认为吉尔伯特型三角洲主要是受等密度流平面喷流作用控制，导致河流搬运底负载沉积物迅速卸载前积，形成高角度前积层，而悬浮载荷则继续向前搬运，在更远处卸载形成底积层，河流在前积层顶部的截切与搬运沉积则形成顶积层。这是文献记载中首次以吉尔伯特型三角洲来特指这种三层结构显著的三角洲沉积，不仅是对吉尔伯特突出工作的纪念，也是三角洲沉积研究不断深入的重要标志。需要指出，Bates定义的吉尔伯特型三角洲并未强调其必须形成于湖泊环境，而是以湖盆中易于发育这种类型的沉积作为例证，这也为后期吉尔伯特型三角洲概念的扩大化创造了条件。此外，部分学者以Gilbert的工作主要针对湖盆三角洲为由，认为吉尔伯特型三角洲即湖相三角洲。

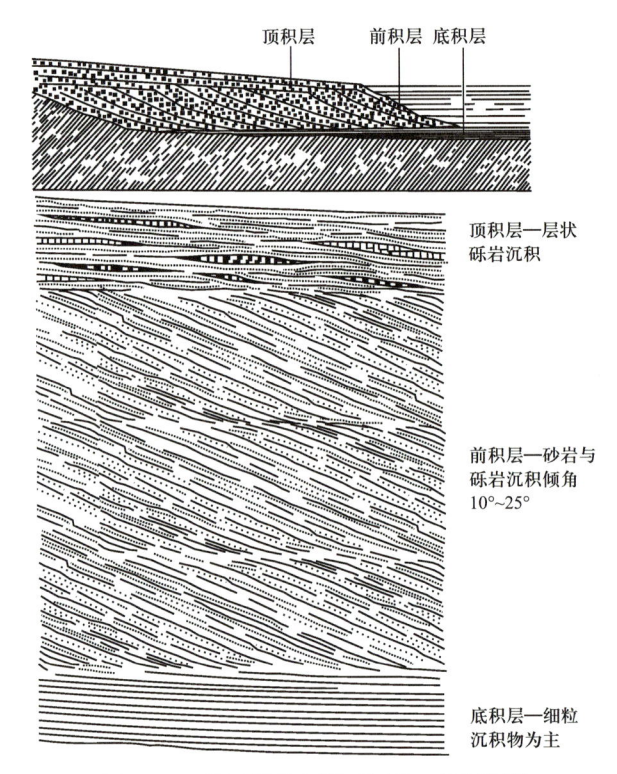

图 8-22 美国邦维尔湖更新世三角洲沉积

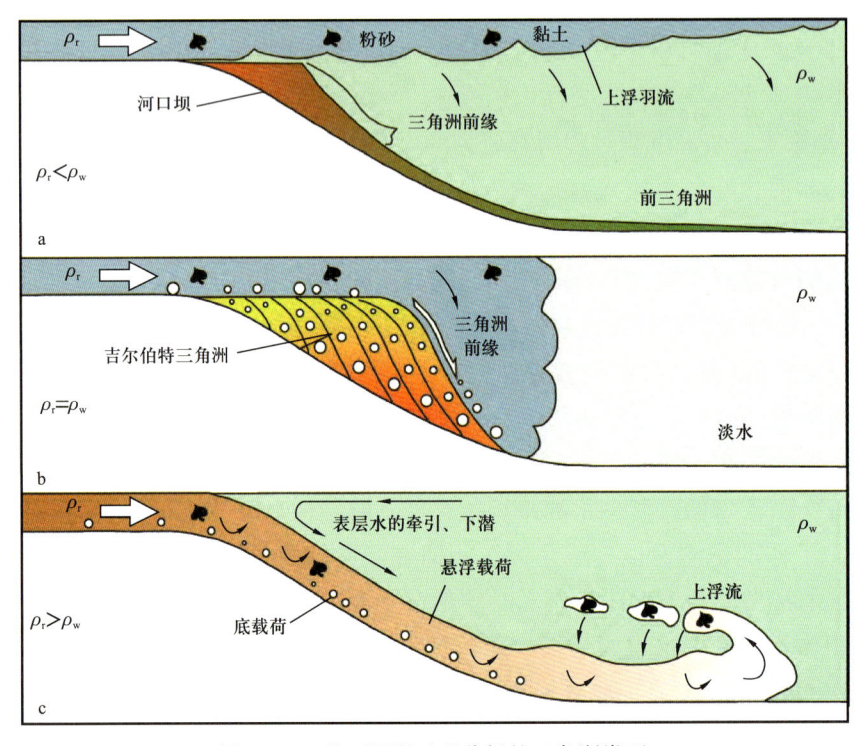

图 8-23 基于沉积过程分析的三角洲类型
a.异轻流搬运沉积过程；b.等密度流搬运沉积过程；c.异重流搬运沉积过程

Holmes 提出洪积扇向稳定水体推进形成扇三角洲的认识，扇三角洲的发育强调大的地形高差、大的坡角、底床载荷主导的溪流分汊作用。扇三角洲在上述沉积背景下，极易形成上部顶积层、具有较大倾角的前积层与下部底积层，构成典型的吉尔伯特型三角洲。

Gilbert 发现的美国邦维尔湖更新世三角洲（图 8-22）具有三层结构，因而大量的研究将吉尔伯特型三角洲归为扇三角洲，或称为吉尔伯特型三角洲。

吉尔伯特前积层或吉尔伯特型层序指示较大倾角的前积层，其并无特征的沉积环境指示意义；三角洲与扇三角洲中均具有三层结构不发育的实例。除了三层结构以外，沉积物的沉积过程及沉积动力机制也是需要考虑的重要方面。因此，吉尔伯特型三角洲是特指三层结构显著、平原和前重力流沉积过程主导的扇三角洲沉积。所以，吉尔伯特型三角洲指示具有三层结构和前缘重力流沉积过程。

吉尔伯特型三角洲多发育在地形坡度相对较陡、水体深度相对较大、沉积物供给相对充足的沉积背景，兼具牵引流沉积与重力流沉积，三角洲平原以牵引流沉积为主，三角洲前缘斜坡和前三角洲则以重力流沉积为主（图 8-24）。

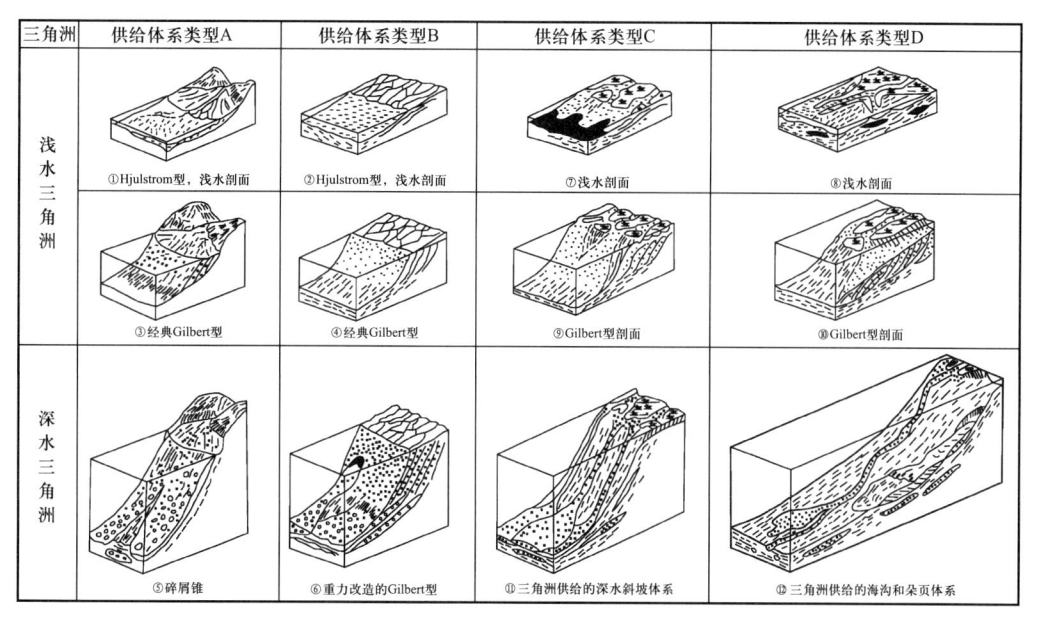

图 8-24 沉积物供给、搬运过程和水深综合的三角洲分类

吉尔伯特型三角洲指具有三层结构、前缘和前三角洲重力流沉积过程发育的三角洲沉积。吉尔伯特型三角洲的典型沉积特征为兼具牵引流沉积与重力流沉积，牵引流沉积主要发育在三角洲平原，重力流沉积则主要发育在前缘斜坡和前三角洲地区。前缘斜坡发育的典型沉积构造包括侵蚀凹槽、后积层理和大量广泛发育的分层构造；前三角洲则发育滑塌沉积、碎屑滚落沉积、风暴改造沉积等。吉尔伯特型三角洲发育底积层、前积层与顶积层三层结构，顶积层以辫状河流沉积垂向叠置为主要特征；前缘斜坡以碎屑流

沉积和浊流沉积为主、超临界浊流沉积构造发育；底积层以低密度浊流沉积为主、滑塌变形构造与碎屑滚落沉积发育。

1. 沉积构造特征

1）凹槽层理

三角洲前缘斜坡前积层倾角较大，一方面由于沉积物堆积速率过快，超过其稳定休止角易发生局部垮塌，形成广泛发育的凹槽（图8-25a）；另一方面，前积层搬运的薄层状浊流或异重流易于达到高弗劳德数的超临界态，超临界流体具有很强的侵蚀能力，在水力跳跃作用下对下伏沉积物进行侵蚀，形成凹槽。这些凹槽在几何形态上呈不对称结构，靠近滨岸段下陷深度大且分布范围广，向深水盆地方向下陷深度减小，分布范围收敛，形似汤勺状（图8-25b）。吉尔伯特型角洲前缘以部分沉积型的旋回坎最为发育，凹槽后期进一步被垮塌沉积物或超临界流搬运沉积物所充填，前者内部以块状沉积多期充填叠置为主（图8-25c），后者主要发育大量的后积层理（图8-25d）。

图8-25 灵山岛地区青山群吉尔伯特型三角洲典型沉积构造
a.大尺度的侵蚀凹槽叠置；b.小尺度凹槽充填；c.后积层理；d.下部为分层构造，上部为反粒序碎屑流沉积；e.正粒序垂向叠置，底部侵蚀作用发育；f.滑塌变形；g.碎屑滚落沉积，碎屑平均直径约10cm，磨圆较好；h.块状碎屑流沉积，砾石呈漂浮状；i.低密度浊流沉积部分被风暴改造

2）后积层理

吉尔伯特型三角洲前缘斜坡是超临界浊流。在超临界浊流作用下，向上游方向移动的沉积物会形成一系列形态和规模各异的交错层理，其中后积层理最为常见。后积层理

主要是纹层从下层系界面向上层系界面逐渐变缓，沿上层系界面收敛表现出向古水流上游方向迁移特征的沉积构造；后积层理一般规模较大，主要发育在粗碎屑沉积中，以相对粗碎屑沿纹层方向的定向或叠瓦状排列为特征（图8-25e）。

3）分层构造

由于超临界浊流流速快、侵蚀能力强，因而具有较强的粗碎屑搬运能力。这种含大量粗碎屑的流体在强烈的水力跳跃作用下向亚临界流转化，并且以牵引毯的形式发生搬运和沉降，因而形成具有明显分层构造的粗碎屑沉积。分层构造单层厚度多为数厘米，可见明显的粒度变化以区分平行层理，单层底部为反粒序，其上为不显粒序的块状层所覆盖，不同厚度的沉积层在垂向上叠加，形成厚度较大的粗碎屑沉积，可与粗粒碎屑流沉积伴生（图8-25f）。同时，不同层间侵蚀特征不明显，平行排列的粒径差异显著，沉积物垂向上呈现连续渐变的粗细变化（图8-25g），与侵蚀特征显著的正粒序垂向叠置区别明显（图8-25h）。不同地区发育的吉尔伯特型三角洲前缘斜坡带均可见广泛发育的分层构造，是重力流沉积层状叠置的典型识别标志。

4）丘洼状层理

丘洼状层理的主体沉积仍然以底部正粒序层理、上部沙纹层理发育的低密度浊流沉积为主，单层厚度多小于10cm。浊流沉积的上部分遭受风暴的改造，形成小尺度的丘洼状层理，丘洼状层理的波长多小于20cm，波高多小于5cm（图8-25i）。沉积尺度的大小受风暴作用强度控制，在较强风暴作用下可以形成尺度较大的丘洼状沉积构造。

2. 沉积类型

1）三角洲平原沉积

三角洲平原主要为辫状河道沉积，以透镜状砾岩垂向和侧向叠置为典型特征，局部发育少量碎屑流沉积和漫流沉积。河道底部侵蚀特征显著，常见磨圆较好的颗粒支持砾岩充填，块状层理或槽状层理发育，单层厚度较大；沉积物粒度向上逐渐变细。上部多发育层状叠置砾岩与平行层理发育的砂岩，指示是牵引流成因的。部分沉积物粒度向上变粗的砾岩或砾质砂岩呈垂向层状叠置，为河道前积叠加产物。同时，在三角洲平原与前缘的转化部位，可发育部分S形或楔形叠置沉积序列，前积倾角可到10°～20°，单层以正粒序砾岩或砾状砂岩为主，内部发育平行、楔状或槽状交错层理，为滨岸河流与波浪共同作用沉积产物。

2）三角洲前缘沉积

三角洲前缘斜坡是其最具代表性的沉积部位，发育大量特有的重力流成因沉积构造，是识别吉尔伯特型三角洲的重要依据。其中，典型的沉积构造是侵蚀凹槽、后积层理和大量广泛发育的分层构造。

3）前三角洲沉积

（1）滑塌沉积。

由于吉尔伯特型三角洲前缘斜坡倾角较大，沉积物易达到不稳定状态或在地震、火山等触发机制作用下发生前缘斜坡沉积物的垮塌再搬运。垮塌过程一方面会形成前缘斜坡广泛发育的凹槽；另一方面会沿着斜坡发生剪切变形并在前三角洲地形平缓处堆积。滑塌沉积以砂、泥、砾混杂内部强烈的揉皱变形和广泛发育的多尺度软沉积物变形构造为主要特征（图 8-25f）。滑塌沉积的规模受再搬运沉积物多少的控制，分布厚度从数厘米至十米不等。

（2）碎屑滚落沉积。

碎屑滚落沉积是吉尔伯特型三角洲非常重要的识别标志之一。吉尔伯特型三角洲平原辫状河道底负载搬运的粗碎屑颗粒在河口堆积，由于前缘斜坡倾角大，粗粒碎屑易沿着斜坡向下滚落，在坡角处堆积形成砾石堆或孤立的漂浮状砾石。这些砾石多磨圆较好，形成的砾石堆具有向上粒度变粗的特征，同时部分粒度较大的碎屑由于动量较大，可搬运较远的距离从而形成孤立的漂浮状砾石（图 8-26a）。碎屑滚落沉积与碎屑流沉积形成的粗粒沉积之间存在明显差异，碎屑流沉积中的砾石由于被泥质杂基所支撑，因而砾石分布较为均匀（图 8-26b）；碎屑滚落沉积的砾石一般粒径较大且分布没有明显的规律性（图 8-26c）。

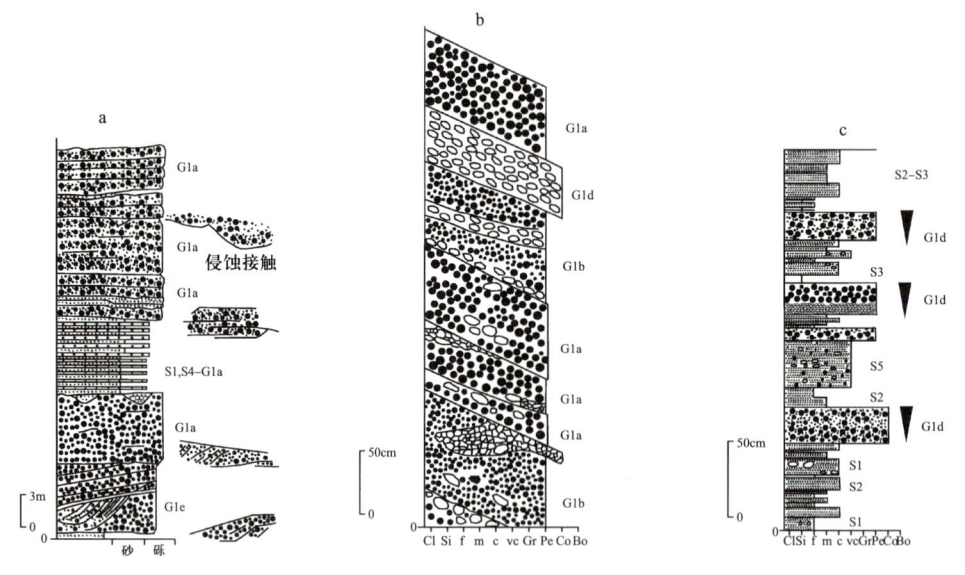

图 8-26 吉尔伯特型三角洲沉积岩相组合序列

a. 顶积层；b. 前积层；c. 底积层。G1a. 分选较好块状砾岩相；G1b. 高倾斜砾岩相；G1c. 粗略分层砾岩相；G1d. 粒序频繁变化砾岩相；G1e. 交错层理砾岩相；S1. 块状砂岩相；S2. 平行层理砂岩相；S3. 交错层理砂岩相；S4. 反粒序或正粒序砂岩相；Cl. 泥岩；Si. 粉砂；f. 细砂；m. 砂；c. 粗砂；vc. 巨砂；Gr. 细砾；Pe. 中砾；Co. 粗砾；Bo. 巨砾

3. 岩相组合

岩相组合是判断沉积环境的重要依据，吉尔特型三角洲不同沉积环境的岩相组合存在显著的差异。三角洲平原以辫状河沉积垂向叠置为主要特征，其发育的砾岩杂基含量

较高，叠瓦状排列；向上多为槽状交错层理发育的河道沉积充填，底侵蚀构造发育，单层厚度多大于 1m，垂向叠置形成的沉积序列厚度多大于 10m（图 8-27a）。三角洲缘斜坡以碎屑流沉积和浊流沉积为主，碎屑流沉积主要为杂基支撑或颗粒支撑的块状或反序砾岩，单顶底部多为突变接触，顶部砾石富集，单层厚度多分布在 0.1～1m 之间，不同厚度的碎屑流沉积叠置多形成厚度大于 5m 的沉积序列；浊流沉积以高密度浊沉积为主，可见大量的侵蚀凹槽、后积层理和分层构造，单层底部侵蚀构造发育，以砾质砂岩沉积为主，杂基含量相对较低，单层厚度介于 0.1～0.5m，其垂向叠置形成的沉积序列可大于 10m（图 8-27b）。

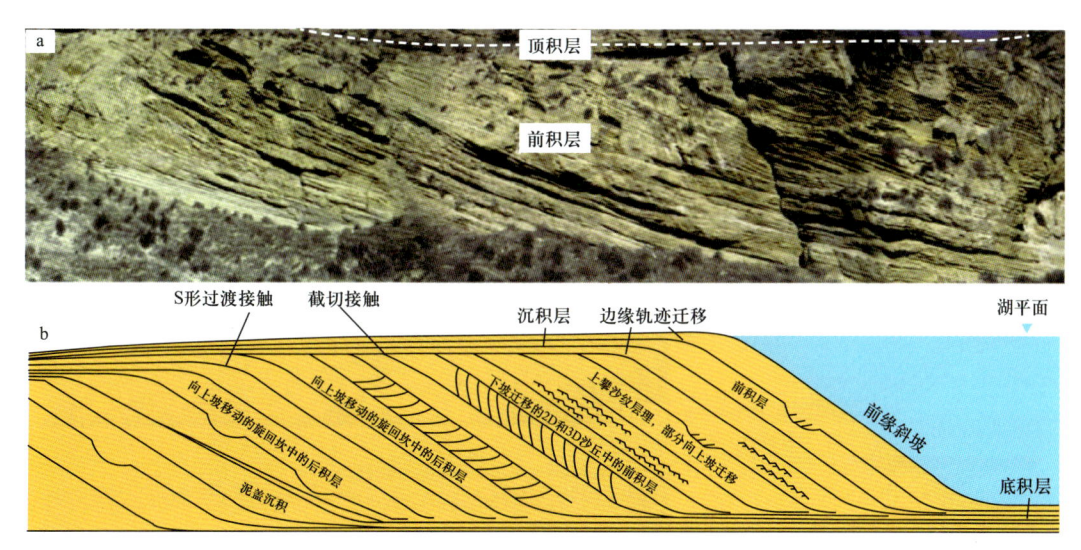

图 8-27 吉尔伯特型三角洲沉积结构
a. 河道沉积；b. 砾质砂岩沉积

4. 结构特征

吉尔伯特型三角洲典型的结构特征即地层产状差异显著的底积层、前积层与顶积层。前积层倾角多大于 20°，且沉积物粒度较粗，与下部底积层之间呈连续过渡接触，即底积层是前积层粗粒沉积物沉积之后细粒沉积悬浮沉积物进一步向前部搬运的沉积产物（图 8-28a）。前积层与顶积层之间可呈现 S 型连续过渡接触或截切接触，S 型连续过渡接触是湖平面或海平面相对上升背景下的沉积产物，而截切接触则是湖平面或海平面相对下降背景下的沉积产物。因而，吉尔伯特型三角洲的结构特征对基准面的相对变化具有非常敏感的沉积学响应。基准面上升期，沉积物供给充分，主要形成典型的 S 型前积结构，以碎屑流沉积的相对粗粒沉积物沉积为主；基准面下降期，沉积物供给相对减少，伴随较为强烈的下蚀作用，形成顶部截切的斜交前积结构，以浊流沉积的相对细粒沉积物为主（图 8-28b），对准确地识别吉尔伯特型三角洲的前积结构和恢复基准面变化与短时间尺度的气候演化具有重要意义。

5. 沉积模式

吉尔伯特型三角洲的沉积模式以经典的顶积层、前积层和底积层三层结构为特征，顶积层对应三角洲平原，前积层对应三角洲前缘和斜坡，底积层对应前三角洲。三角洲平原以河流沉积作用为主。波浪改造作用在平原与前缘的转化部位发育，河流沉积以杂基含量较高的砾岩为主，侵蚀作用和河道充填几何特征显著；波浪改造沉积将河道沉积中的细粒沉积物移除，形成分选较好的砾岩沉积。三角洲前缘根据主导沉积过程的差异，可分为碎屑流沉积为主和浊流沉积为主两种类型。除了碎屑流沉积块状砾岩发育以外，沉积物垮塌形成的凹槽充填，超临界浊流形成的冲刷槽、旋回坎、后积层理、分层构造等是三角洲前缘重要的沉积识别标志。前三角洲以低密度浊流沉积为主，同时，碎屑滚落沉积、滑塌变形沉积在该区发育。低密度浊流沉积物还可被风暴作用进一步改造，形成丘洼状层理发育的砂质沉积物。

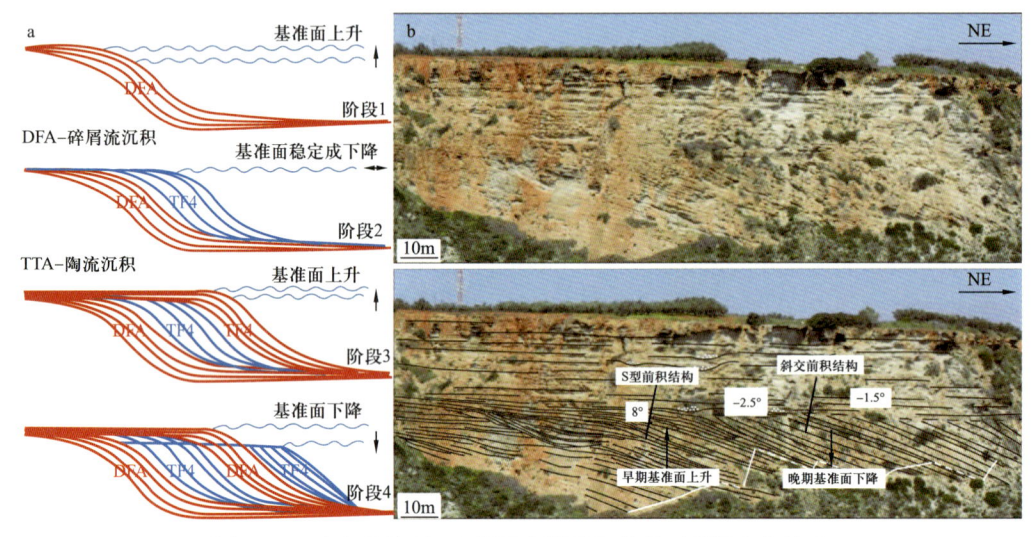

图 8-28 吉尔伯特型三角洲前积结构与基准面升降变化关系
a.前积结构演化过程；b.实际剖面

第六节 古代湖泊沉积的识别标志与案例

一、识别标志

古湖泊的识别标志有三类：即生物标志、化学标志和物理标志。生物对沉积环境的反映很灵敏，水介质的性质（盐度、温度、深度、浑浊度）、水体运动的强度和底质的性质不同，生物化石的种类和数量也不同。生物在判断海相与陆相，甚至对湖相内部相带的划分方面也是很重要的依据，非海生的动物仅有少数特殊的瓣鳃类、腹足类、介形类、蠕虫管等。沉积物的化学性质可以理解为某些矿物或矿物组合只可能在与正常海水不同的水化学环境中形成，而且在地质历史时期中湖水成分和湖水盐度的变化比海水要快和明显，这种变动会记录在沉积物内。物理作用在很多地方与海洋相似，但无潮流证据，滨线沉积物在成分上是不成熟的，石英质的砂岩罕见，反映湖水多次的振荡而露出水面的标志很普遍。单一的滨线沉积如海滩、潟湖和障壁岛沉积都不会很厚。

二、案例

1.陕甘宁盆地中侏罗统安定组沉积

陕甘宁盆地中侏罗统安定组沉积的湖泊是在中侏罗世晚期的河谷低地上，由于地壳下降形成的一套内流湖泊沉积，湖泊周围为冲积平原，当时气候干旱炎热。其中的沉积物包括滨湖三角洲沉积、浅水湖沉积、深水湖沉积和咸化湖泊沉积，面积21200km²，相当于现代青海湖面积的五倍（图8-29）。

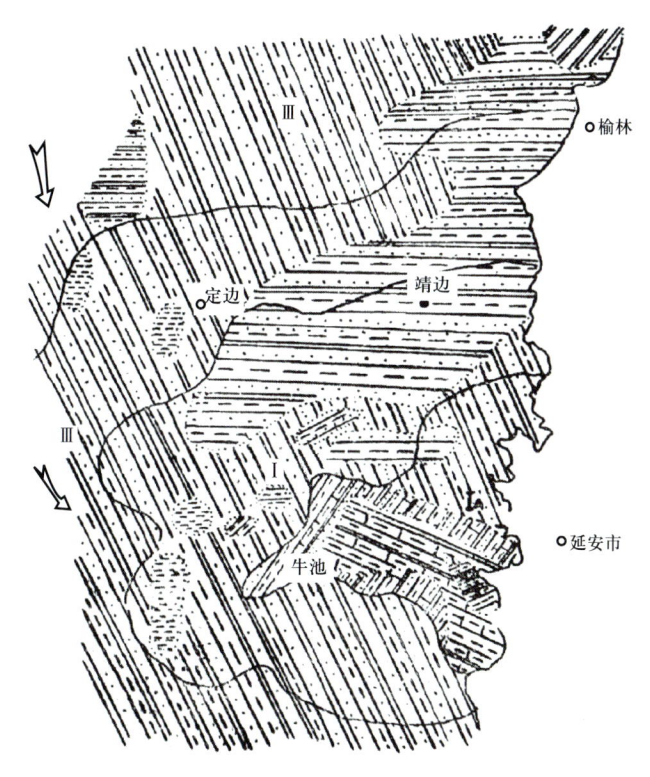

图8-29 陕甘宁盆地中侏罗世安定组沉积期的岩相古地理图
I_A—较深湖亚相；I_B—浅湖亚相；Ⅱ—滨湖三角洲亚相；Ⅲ—河流为主的冲积平原相

各岩相特征如下：

（1）滨湖三角洲沉积：杂色砂泥岩互层，砂岩中见板状交错层、槽状交错层、不规则沙纹层理、水平层理及块状层理，完整的动物化石很少。

（2）浅湖沉积：杂色钙、泥质粉砂岩，泥页岩，间或有泥灰岩的沉积。层理发育，为不规则沙纹层理、水平层理。见瓣类、介形虫、微体螺及鱼牙化石，植物碎片多。

（3）深湖沉积：一种为闭塞深湖沉积如黑页岩、油页岩，分布于湖心地带，发育微细水平层理，含介形虫化石，并含黄铁矿、菱铁矿等还原条件的自生矿物；另一种是碳酸盐的深湖沉积，含安定弓鲛鱼化石。

2. 鄂尔多斯盆地延安组曲流河砂体内部构成及孔渗变化的研究

1）延安组的地层序列

中侏罗统延安组总厚250m左右，是鄂尔多斯盆地重要的含煤和含油气地层之一。延安组划分为五个成因地层单元（相当于五个岩石地层段，表8-5），分别代表延安期盆地充填的五个沉积体系域单元，其中第一成因地层单元为一典型冲积体系域单元，是由两个曲流河沉积序列所构成，响水砂体位于上部一个曲流河沉积序列的底部（图8-30）。

表8-5 延安组地层单元划分

			直罗组
侏罗系	中统	延安组	第Ⅴ成因地层单元（段）
			第Ⅳ成因地层单元（段）
			第Ⅲ成因地层单元（段）
			第Ⅱ成因地层单元（段）
			第Ⅰ成因地层单元（段）
	下统		富县组

2）响水曲流河砂体序列的组成特点

响水曲流河砂体的序列组成较为典型，厚约11m，总体上显示粒度向上变细，层理规模逐渐变小的特点，反映河流从开始至废弃的全过程。沉积体系反映了具有成因联系的成因相（Galloway，1989）的三维组合关系，即每种成因相都是相对单一的沉积体，是沉积体系内部构成的基本单元。通过响水砂体的大断面写实和沿不同方向所获资料的分析，可认为该体系大致可划分为三套沉积组合和六种有共生关系的成因相，按由上而下的次序（图8-31）。

（1）垂向加积沉积。

洪泛沉积主要为发育波状交错层理的细砂岩和粉砂岩，局部见有生物潜穴和植物根的粉砂质泥岩夹层。在断面上同时叠覆在3个点坝砂体之上，说明了不同期点坝废弃后，其侵蚀面上为悬移质的沉积物所覆盖。

天然堤沉积仅保留在0号点坝东侧，主要为粉砂岩和细砂岩水平互层沉积，粉砂岩中见有植物根化石和直立的生物潜穴。

图 8-30 榆林—横山地区延安组第一段、第二段垂向层序图

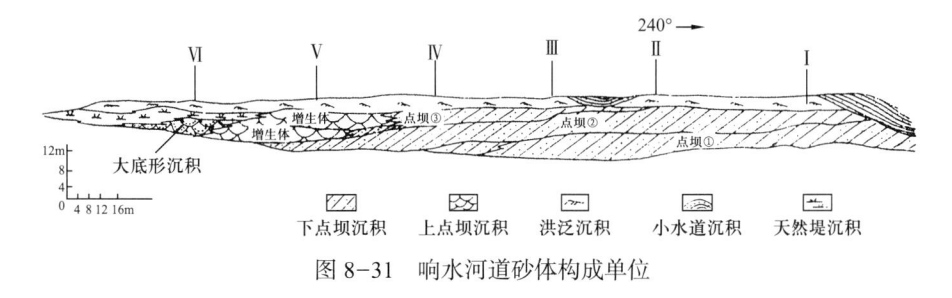

图 8-31 响水河道砂体构成单位

（2）侧向加积沉积。

由于河流侧向迁移，沉积了侧向加积的点坝砂体，构成了砂体的主体部分。根据水动力条件的差异和粒度大小的组合，划分出上点坝沉积和下点坝沉积两种基本成因相。上点坝沉积比下点坝沉积的粒度较细，含少许中粒，以细粒砂岩为主，沉积构造以发育规模较小的槽状、板状和冲刷充填交错层理为主，上部常出现细砂岩与粉砂岩互层，具

- 385 -

多种类型的波纹层理，含植物碎片，富含泥质及片状矿物。下点坝沉积总体特点是砂岩粒度较粗，含一定数量的粗粒和细粒，但以中粒砂岩为主层系，厚度大，一般在1m左右，具大型槽状、板状及复合型交错层理。

从下点坝沉积至上点坝沉积，粒度向上逐渐变细，层理规模向上逐渐变小，反映河流水动力条件由强逐渐变弱。

（3）河道充填沉积。

属于河道底部大底形砂体沉积，总体特点是粒度粗，以粗粒至中粒砂岩为主，呈块状，局部含小砾石和泥砾及炭化植物茎干，底部一般有冲刷面，局部见河道滞留沉积。另外一种为小水流的流槽充填沉积，主要发育在坝的顶面，表现为下凹的槽型充填沉积，流槽的充填沉积规模较小，个别规模较大，最厚的流槽充填沉积可达5m左右。小流槽的出现，反映河流作用处于衰减期。

上述六种成因相都是三维沉积体，组成一个较完整的曲流河沉积体系，根据孔渗资料的分析，以侧向加积沉积的点坝砂体孔渗较好，河道充填沉积次之，垂向加积沉积较差。根据能反映原始沉积条件的单个样品的孔渗资料分析来看，在具有较好孔渗的侧向加积沉积体中，也有部分样品孔渗较差，因此，只限于笼统地对成因相及其孔渗性变化进行研究，不能满足油气勘探和开发对储层研究的要求，而应该对砂体内部构成及各构成单位的孔渗性进行深入研究，探求影响孔渗变化的深层次的原因和规律。

3）砂体构成单位的划分

Miall 对河流砂体及其他类型水道砂体进行了内部构成研究，划分了河道的构成单位和等级界面。不同等级界面是划分不同等级构成单位的分级基础，Miall 的研究方法指出了研究河流砂体内部构成不均一性的途径。作者结合该地区的实际情况，借鉴和采用 Miall 的方法和思路，对该砂体的内部构成进行了剖析（图 8-32）。

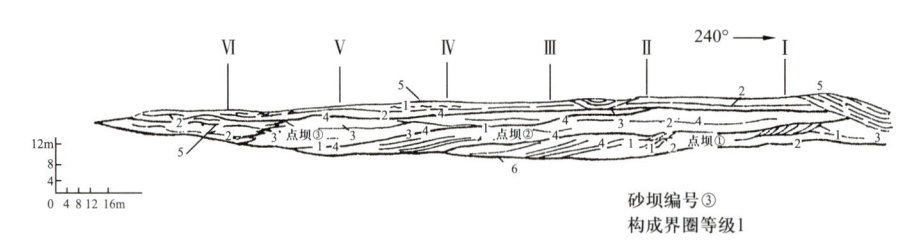

图 8-32 响水河道砂体构成界面等级（南断面）

（1）砂体的内部构成。

响水曲流河砂体是一个从开始至废弃的全过程的沉积，底部与下伏沉积呈冲刷接触是一个底部平、西厚东薄的砂体，最厚达 11.74m，宽 500m。底部冲刷面是圈定响水曲流河砂体的外部轮廓界面，相当于 Miall 划分河道轮廓的第五级界面（图 8-32），据此界面划分河道的第五级界面。

由于河道的侧向迁移和侵蚀作用在该砂体中造成曲流点坝底部的侵蚀面，此界面相当于 Miall 的点坝级大底形界面，即第四级界面。据此界面把响水砂体划分为三个点坝砂体，自西向东依次斜列叠置（图 8-32）。点坝砂体为第四级构成单位。

点坝砂体内部由于侧向迁移，侧积增生体之间形成再作用面或侧蚀面。此界面相当于 Miall 提出的第三级界面——增生单元级大底形界面。由于点坝形成后，分别受到河流的侵蚀作用而保存不全，不能再按三级界面划分出侧积增生体，仅点坝③可根据在侧积增生体顶部保留的粉砂和泥质披盖层分为二个侧积增生体（为第三级）构成单位。

不同类型交错层理层系间的界面，界面上下岩性及层理类型不同，即 Miall 第二级界面。据此界面分为不同的沙丘（中等底形）沉积构成单位（为第二级）。依其交错层理层组界面，即 Miall 第一级界面，分为最小的第一级构成单位，即沙波（小底形）等。

（2）岩性相类型。

当初步对点坝砂体内部不同的构成单位进行孔渗性研究时，发现孔渗性有明显变化，即在侧积增生体上部泥质和粉砂质沉积的孔渗性变差，并阻挡油气的横向运移。成岩早期沿点坝砂体界面（第四级界面）形成的钙质胶结层，孔渗性变得更差，因此必须对四级界面所划分的点坝砂体又进一步划分出岩性相。岩性相是依据岩性和沉积构造来划分，并与镜下鉴定的微观特征相结合，这充分反映水动力条件和沉积搬运及母岩区的特点，是砂体各构成单位进一步分析的最基本单元。

4）岩性相的岩矿组成特点及孔渗性

三个点坝样品分别进行系统鉴定和测试，结果表明其矿物成分和岩石类型差别不大，总的特点是碎屑组分含量占总体的 70%~85%，泥质杂基和胶结物占 15%~30%，以陆源碎屑组分为主，亦含有火山碎屑组分。陆源碎屑组分主要有石英、长石、黑云母和来自岸边的粉砂泥质岩屑，这些碎屑都经过水流的分选和磨圆，含量占碎屑含量的 80%~85%；少量火山碎屑组分，含量 15%~20%。除极少量为长石—石英质火山岩屑以外，其他有火山成因的石英、长石及少量黑云母等（表 8-6）。这些火山碎屑的磨圆现象不明显，如石英呈锥状、尖角状、棱角状、溶蚀状或具溶蚀孔，长石呈直角的长柱状或短柱状及黑云母具暗色边等。岩石类型以凝灰质长石岩屑或岩屑长石砂岩（或杂砂岩）为主，属于杂基含量较高、分选磨圆较差的低成熟度砂岩类型。由于碎屑矿物组分和含量变化不大，说明响水曲流河砂体的物源是由一个母岩区供给。

按不同的岩性相和岩石类型分别做孔隙度和渗透率的测定，具体结果见表 8-6。

5）储层岩性相和孔渗特点及其影响因素

（1）储层岩性相。

进一步研究不同岩性相对孔渗性的影响时，发现孔渗变化是与其粒度和杂基含量有关，尤其是泥质和片状黑云母矿物含量对孔渗变化有十分重要的影响，因此用储层岩性相表示其间关系，即储层岩性相是岩性相按照粒度和泥质含量的进一步划分。根据粒级和泥质及片状矿物含量把岩性相划分为以下的储层岩性相类型（表 8-7），泥质和片状矿物含量小于

25%时,属于A类储层类型,其孔隙度大于15%,渗透率大于10mD;当泥质和片状矿物含量大于25%时,属于B类储层类型,其孔隙度小于15%,渗透率小于10mD。

表8-6 响水砂体南断面岩矿特征表

点坝编号	岩性相	岩石类型	石英	长石	云母	岩屑	石英	长石	黑云母	长英质岩屑	杂基	硅质	碳酸盐	孔隙度/%	渗透率/mD
①	Sr	凝灰质细粒长石岩屑砂岩	>50	15	15		5	5		5	20	少量	5	10.5	0.5
①	St	凝灰质粗粒长石岩屑砂岩	55	10	13	5	5	5	2	5	<10	少量		16.2	1.0
②	Sp	凝灰质岩屑长石砂岩	40	25	10	5	5	5	5	5	10	少量	—	18.4	43.8
②	Se	凝灰质中粒长石岩屑砂岩	45	12	10	15	10	3		5	10	少量	—	17.8	25.5
③	Sp	凝灰质中粒岩屑长石砂岩	50	20	5	5	5	10		5	<15		—	21.1	68.5
③	Se	凝灰质粗粒长石砂岩	50	15	10	5	10	5		5	10	少量	—	17.4	20.0

表8-7 响水砂体储层岩性相的划分

岩性相类型	粒级 C粗 M中 F细 Fr极细	泥质+片状矿物 含量小于25% I	泥质+片状矿物 含量大于25% Ⅱ	储层岩性相类型 A	储层岩性相类型 B
Sr	F=FwSr		Ⅱ		F—FrSr-Ⅱ
Sc	C—MSc	I		C—MSc-I	
Sp	C—MSp	I		C—MSp-I	
St	M—FSt	I		M—FSt-I	
Sm	CSm	I		CSm-I	

(2)砂体的孔渗特征。

① 孔隙类型:砂体孔隙主要有粒间混合孔隙、粒内溶蚀孔隙、晶间微孔隙和微裂隙孔隙等几种类型。粒间混合孔隙分布于碎屑颗粒之间,由杂基或胶结物部分被溶解或残

存的原生孔隙组成，是该砂体的主要孔隙和最适合储存油气的孔隙类型，占孔隙的50%左右。长石颗粒内部和片状解理经溶解或交代作用而产生的粒内溶蚀孔隙连通性差，不利于油气运移，此类孔隙占孔隙的20%左右。主要是泥质杂基、自生高岭石晶粒间产生的晶间微孔隙及石英、长石的裂缝和解理裂隙产生的微裂隙孔隙，两种类型的孔隙占总孔隙的15%~20%，这两类孔隙对油气储集作用有限，但有利于提高砂体的渗透性（表8-8）。

表8-8 不同孔隙类型的百分含量

样品编号	粒间混合孔隙/%	粒内溶蚀孔隙/%	晶间微孔隙/%	微裂隙孔隙/%
NⅢ-1	59.4	22.9	4.7	10.7
NⅢ-2	57.5	21.9	2.7	17.8
NⅢ-4	54.8	20.6	2.9	16.2
NⅢ-5	47.8	24.9	4.4	20.9
NⅢ-6	48.8	21.7	3.3	26.7
NⅢ-7	58.8	19.6	2.0	19.6
NⅢ-8	63.8	20.2	4.3	11.7
SⅢ-1	32.3	48.4	—	19.3
SⅢ-2	50.0	32.3	3.2	14.5
SⅢ-3	57.5	26.4	2.3	13.8
SⅢ-4	51.2	22.2	1.6	25.0
SⅢ-5	58.8	18.6	2.9	19.6

② 孔渗分布的不均一性：点坝顶部的岩性相（Sr）或储层岩性相（F—FSr—I），其孔渗平均值最低，采自具有波纹层理的粉砂岩与细砂岩互层的点坝顶部的4个样品，其平均孔隙度为10%，渗透率<5mD。位于点坝砂体上部与点坝砂体下部的岩性相或储层岩性相相比，其孔渗平均值降低。靠上游方向的点坝与靠下游方向的岩性相或储层岩性相相比，其孔渗平均值略高（表8-9）。

表8-9 响水砂体南北断面不同岩性相孔渗性的比较

| 点坝 | 岩性相 | 北断面（上游一侧） || 南断面（下游一侧） ||
		孔隙度/%	渗透率/mD	孔隙度/%	渗透率/mD
3	St	17.24	22.83	17.3	12.69
2	Sp—Sc	19.85	106.67	16.8	30.27
1	Sp—Se	17.36	162.66	16.89	25.35

③ 影响孔渗变化的因素：除成岩作用使砂体孔渗性普遍降低以外，沿层系界面早期形成的钙质条带使孔渗的分布复杂化，因此在分析影响孔渗变化的原生因素时，剔除了

碳酸盐化样品，也就是排除了碳酸盐干扰这个因素。

研究区地层倾角平缓，构造简单，因此水动力条件和物质成分不均一性是影响砂体孔渗性变化的主要因素。水动力条件与孔渗性成正比，能量越高，孔渗性越好，泥质和片状矿物含量越高，孔渗则变差，具体如下：具大型槽状、板状和大型复合层理的点坝砂体，属于储层岩性相A型的M—FSt—Ⅰ、M—FSp—Ⅰ和C—MSc—Ⅰ；代表水动力条件高于具小型交错层理和波纹交错层理的点坝砂体，即储层岩性相B型的F—FvSr—Ⅰ，前者孔渗平均值高于后者。泥质含量与孔渗性有密切关系，随着泥质含量增高，孔渗平均值降低。片状矿物（主要为黑云母）的含量变化与孔渗性有明显关系，片状矿物含量增高，孔渗平均值降低。由于片状矿物定向排列，具成层分布的特点，大大降低了渗透性，与孔隙度的减少相比，渗透性有较大的降低。因此把该因素和泥质含量及粒度作为确定储层岩性相的参数。似层状碳酸盐胶结带对孔渗性有重要影响，它们多数分布于砂体的底部或层系界面处，由于砂体不同级别的构成界面上常出现泥质的薄层或含云母较多的纹层，形成隔挡层，从而使钙质沿这些隔挡层沉淀，几乎充填了所有孔隙，形成孔渗很低的碳酸盐胶结层（图8-33、图8-34）。因此碳酸盐化作用是导致本区砂体孔渗性变差的一个重要因素，也是造成砂体内部孔渗非均质分布的重要的次生变化因素。

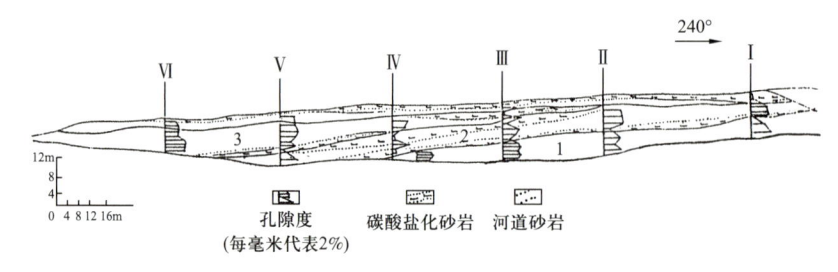

图8-33 响水河道砂体岩性与孔隙度关系图

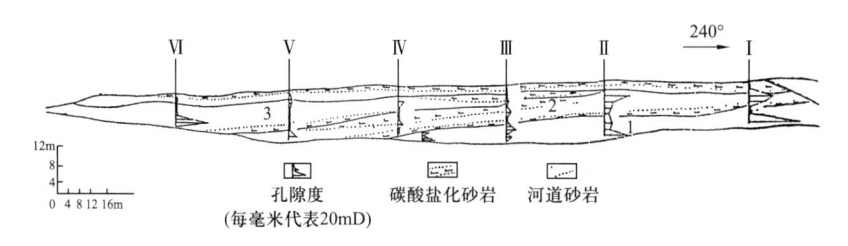

图8-34 响水河道砂体岩性与渗透率关系图

因此，孔渗分布的不均一性是多种地质因素相互叠加作用的结果，对其他地区而言，由于区域构造背景和古地理面貌不同，成岩作用的差异，同样是曲流河砂体，其孔渗数值可能极为不同，但沉积条件影响孔渗变化的这些特点应当是一致的。

6）储层渗透率的分布模式

在上述分析的基础上，根据渗透率平均值把砂体储层划分为不同等级储层（表8-10）。储层岩性相为CSm—Ⅰ或C—MSp—Ⅰ，以粗粒砂岩为主，渗透率较高，为

100~399.5mD，属渗透性好的岩石。储层岩性相为 C—MSC—Ⅰ或 C—MSp—Ⅰ，中粒至粗粒，以中粒砂岩为主，渗透率较低，一般在 10~100mD，属中等渗透性岩石。储层岩性相 F—FvSr—Ⅰ为细至极细砂岩和一些弱碳酸盐化砂岩，其渗透率在 1~10mD 之间，属弱渗透性岩石。强碳酸盐化砂岩渗透率仅为 0.1mD，甚至小于 0.1mD，属非渗透岩石。其中好和中等渗透性储层占 49.4%。

表 8-10 储层分类标准

渗透性等级	评分标准 /mD	岩石类型	该类型取样点数	所占百分比 /%
好	100~1000	粗粒砂岩	10	11.2
中	10~100	主要为中粒砂岩	34	38.2
差	1~10	细至极细砂岩和弱碳酸盐化砂岩	20	22.5
非渗透	<1	弱碳酸盐化砂岩	25	28.1

一般来讲，垂向渗透率均较横向低。已进行双向测试的样品表明，垂向渗透率大多为横向渗透率的 1/4~1/2。非渗透性岩石纵向和横向渗透率接近或相等，一些裂隙发育的岩石则垂向渗透率超过横向渗透率。在上述资料基础上提出曲流点坝砂体的渗透率模式（图 8-35），模式所表达的含义主要有以下几点：

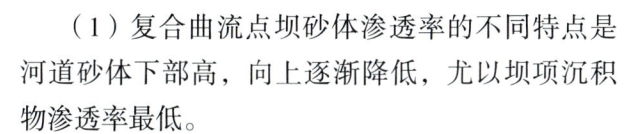

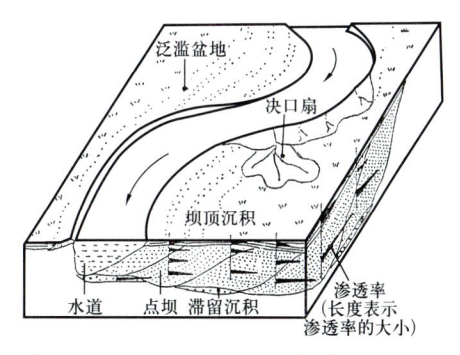

（1）复合曲流点坝砂体渗透率的不同特点是河道砂体下部高，向上逐渐降低，尤以坝顶沉积物渗透率最低。

图 8-35 曲流点坝渗透率的分布模式图

（2）在横断面上，早期形成的点坝砂体比晚期形成的点坝砂体渗透率高。

（3）在单个点坝砂体中，靠上游方向的一侧渗透率高，朝下游一侧的渗透率较低。

（4）点坝内部出现由粉砂质泥岩和粉砂岩为主的侧蚀层时，孔渗性变差，并起到隔挡油气运移的作用。

第七节 塔里木盆地沉积层序特征及其演化

一、地层分布

新生代是塔里木形成统一盆地的时期，亦是塔里木盆地发育的极盛时期。整个盆地普遍有古近系—新近系的分布，且地层厚度巨大，最厚超过万米，新近系厚度远大于古近系（图 8-36 和图 8-37）。古近纪，盆地西部经历了多期海侵海退过程，沉积了一套海相的碳酸盐岩、碎屑岩和膏泥岩；盆地东部则沉积了一套红色陆相碎屑岩系。新近纪海水完全退出塔盆，整个塔里木盆地转为大陆环境，其内沉积了一套厚度巨大的陆相碎屑岩，夹膏盐层。塔里木盆地古近系—新近系划分对比情况见表8-11。

表8-11 塔里木盆地古近系—新近系划分对比表

地层		地区						
		库车	塔北	满加尔	塔东	塔东南	塔中	塔西南
上覆地层		Q	Q	Q	Q	Q	Q	Q
N	N₂	库车组	库车组	库车组	库车组	阿图什组	库车组+康村组	阿图什组
	N₁	康村组	康村组	康村组	康村组	乌恰群	帕卡布拉克组	帕卡布拉克组
		吉迪克组	吉迪克组	吉迪克组	吉迪克组		安居安组	安居安组
							吉迪克组	
		苏维依组	苏维依组	苏维依组	苏维依组		苏维依组	克孜洛依组
E		库姆格列木群	阿瓦特组	库姆格列木群	库姆格列木群	库姆格列木群	库姆格列木群	巴什布拉克组
			小库孜拜组					乌拉根组
								卡拉塔尔组
			塔克拉组				喀什群	齐姆根组
								阿尔塔什组
下伏地层		K	K	K	K	K	K	K

二、沉积特征

塔里木盆地古近系—新近系厚度巨大，一般都在千米以上，且新近系厚度远大于古近系（图8-36和图8-37）。

1. 盆地东北部地区

塔里木盆地东北部包括库车坳陷、塔北隆起、满加尔及塔东地区，主要地层为库姆格列木群、苏维依组、吉迪克组、康村组和库车组。

（1）库姆格列木群（Ek）：下部为灰绿色、棕红色泥岩、砂岩夹灰色石灰岩，上部为褐紫红色砂质泥岩、泥质砂岩夹膏泥岩及石膏脉。本层局部见海相双壳类及介形虫化石，厚312～630m。

（2）苏维依组（$E_{2-3}s$）：棕褐色、浅紫色砂岩与泥岩互层夹砾岩、石膏，厚316～903m。

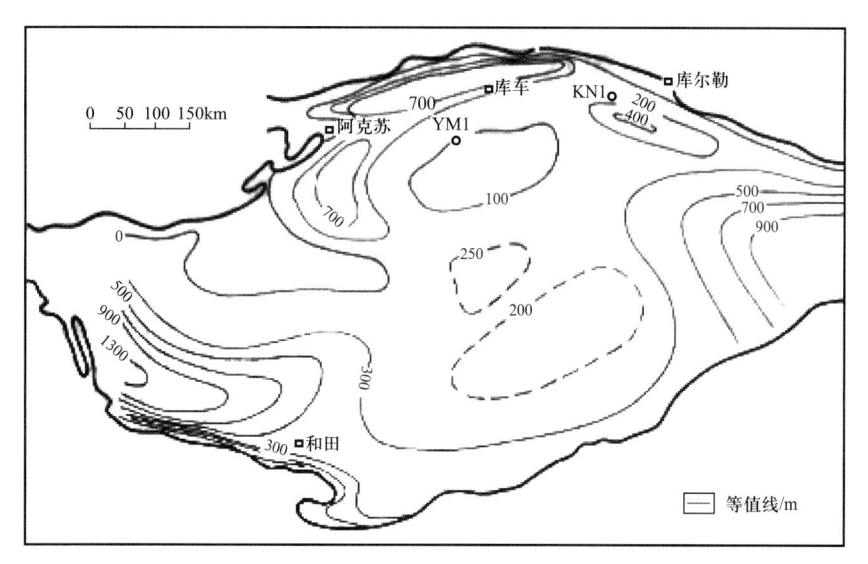

图 8-36 塔里木盆地古近系残余厚度等值线图

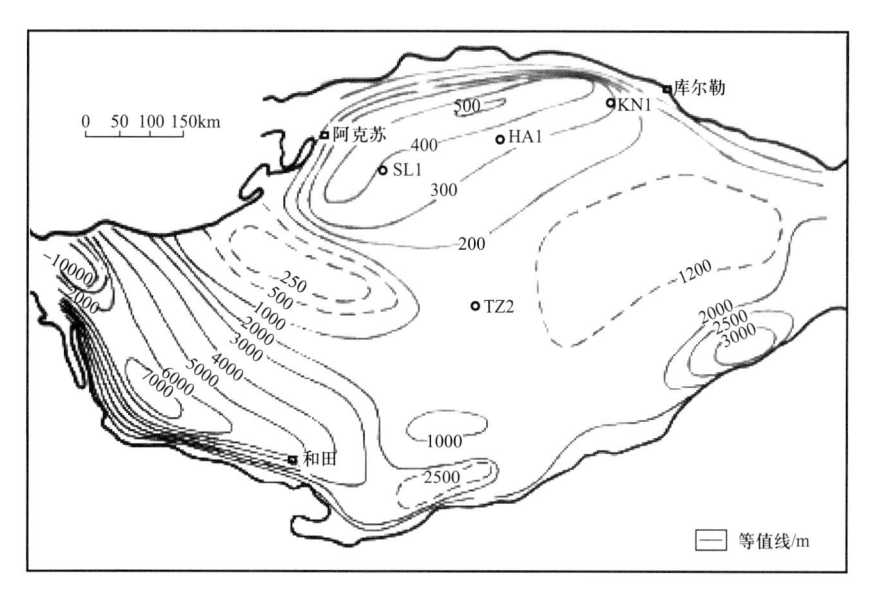

图 8-37 塔里木盆地新近系残余厚度等值线图

（3）吉迪克组（N_1j）：库车坳陷为浅棕红夹灰绿色砂质泥岩、砂岩互层，含盐岩及石膏脉，厚 624～837m。塔北隆起带为浅褐、浅灰绿色泥岩、粉砂质泥岩夹泥质粉砂岩、粉砂岩，局部含石膏，厚 290～757m。满加尔及塔东地区为浅褐、褐灰、灰色粉—细砂岩夹砂质泥岩，厚 330m 左右。

（4）康村组（$N_{1-2}k$）：为灰黄色、褐灰色砂岩、粉砂岩与泥岩互层，塔北地区见少量石膏，厚 270～1321m，最厚位于库车凹陷。

（5）库车组（N_2k）：库车陷地区为浅褐色、浅黄绿色砂岩和粉砂岩、砾岩互层，厚 300～2670m。在塔北地区为浅灰、灰色粉—细粒砂岩与浅黄、浅棕色泥岩、粉砂质泥岩

- 393 -

互层，局部含石膏，厚 2272~2948m。满加尔及塔东地区为褐灰、浅褐、灰白、灰黄色粉—细砂岩粉砂质泥岩、泥岩互层。厚 480~1302m。

2. 塔西南地区

塔西南地区主要地层为阿尔塔什组、齐姆根组、卡拉塔尔组、乌拉根组、巴什布拉克组、克孜洛依组、安居安组和帕卡布拉克组。

（1）阿尔塔什组（E_1a）：白色块状石膏夹褐红色、灰绿色泥岩、黑灰色石灰岩及泥灰岩，厚 40~413m。

（2）齐姆根组（$E_{1-2}g$）：下部为灰绿色泥岩夹薄层介壳灰岩；上部为棕红色膏泥岩、泥岩，厚 19~194m。

（3）卡拉塔尔组（Ek）：下部为灰色厚层块状灰岩、泥灰岩、砂质灰岩、灰绿色泥岩砂岩互层；上部为灰色块状介壳灰岩、石灰岩。在克里阳地区，含较多的凝灰质纹层及夹层，厚 21~112m。

（4）乌拉根组（Ew）：黄绿色、灰绿色泥岩夹灰色介壳灰岩、介壳泥灰岩、介壳层，厚 20~128m。

（5）巴什布拉克组（E_2b）：紫红色泥岩、砂质泥岩与橙红色、灰绿色块状砂岩、砾状砂岩互层夹石膏及绿灰色砂质介壳层，厚 112~624m。

（6）克孜洛依组（N_1k）：褐色泥岩与灰绿色厚层块状砂岩互层夹石膏薄层，厚 280~443m。

（7）安居安组（Nja）：灰绿色泥岩、砂岩夹褐红色泥岩，厚 76~658m。

（8）帕卡布拉克组（N_1p）：浅棕色、棕灰色泥岩，砂质泥岩与灰色、浅灰绿色厚层、块状杂砂岩互层，厚 356~2168m。

（9）阿图什组（Na）：褐色、棕灰色、灰色泥岩，砂质泥岩与泥质砂岩、粉砂岩、砂岩、砂砾岩互层，厚 1059~3497m。

三、古近纪—新近纪沉积的基本特点

1. 厚度巨大

塔里木盆地古近系—新近系厚度巨大，最厚达万米以上（如喀什地区），一般都在千米以上，且新近系厚度远大于古近系。

2. 陆相碎屑沉积体

海、陆相并存古近系—新近系总体为一套陆相碎屑沉积体，但古近纪盆地西部曾有三期海侵过程，其中以古新世—早始新世海侵及始新世中期的海侵范围最广，海水扩展到塔克拉玛干西部的大片地区；且海水经巴楚—柯坪隆起之间的低洼部位进入库车地区西部，甚至波及到库车地区东部一带。因此，在古近纪—新近纪陆相沉积的背景下，局部出现海相沉积，且塔西地区的古近系基本上由海相地层组成，厚度达千余米。

3. 盐类沉积

盐类沉积分布广泛，整个塔里木盆地古近系—新近系中除周缘部分地区外，普遍含有盐岩及膏岩等蒸发岩类。且其厚度较大，如塔西南地区古近系阿尔塔什组主要由石膏和硬石膏组成，最厚达数百米。库车坳陷的西部同期地层中还含有大量盐岩层，南喀1井古近系石膏和盐岩累计厚度达230m，新近系在广大地区均含蒸发岩。

4. 辫状河相

辫状河—辫状河三角洲—氧化宽浅湖沉积发育。辫状河相主要分布在盆地南缘，古近系和新近系中均有广泛分布，且古近系为典型辫状河沉积，新近系为梳式辫状河沉积。辫状河三角洲在古近纪—新近纪的盆地周缘广泛发育。沉积相带宽、分布面积广，并且三角洲沉积体往往相互重叠而成侧向相连的三角洲群。辫状河三角洲砂体厚度较大，孔隙极发育，为良好的储层。氧化宽浅湖沉积为塔里木盆地古近系—新近系的最主要沉积相，且新近纪较古近纪更发育。氧化宽浅湖绝大部分地区处在浪基面以上的浅湖和滨湖范围内，沉积作用多发生在氧化条件下，沉积物带有不同色调的红色，主要由粉砂岩及泥岩组成。由于当时气候干燥炎热，湖相蒸发岩分布普遍，局部地方厚度达数米。

四、古近纪—新近纪湖泊的类型

1. 湖泊的构造类型

由于塔里木盆地古近纪—新近纪以断陷式的构造活动为特点，表现为较均一的整体沉降。虽然盆地边缘局部地区地形差异较大，但整个盆地的地形总体显示较为简单和平缓，水域统一形成一个大湖泊，且湖泊位于盆地中央，这些特征表明为内陆坳陷型湖泊。

2. 湖泊的盐度类型

吴崇筠等（1992）按湖水盐度将湖泊分为淡水湖（湖水盐度小于0.1%）、微咸水湖（湖水盐度0.1%～1%）、咸水湖（湖水盐度1%～3.5%）及盐湖（湖水盐度大于3.5%），并且认为淡水湖主要是砂、泥沉积。咸水湖以发育碳酸盐矿物为标志，而盐湖则以硫酸盐和氯化物盐类矿物为特色。根据该分类，研究区古近纪—新近纪湖泊应属于盐湖，因为湖泊沉积物中含丰富的由硫酸盐和氯化物盐类矿物组成的蒸发岩，其中膏岩和盐岩发育，厚度也大，局部累计厚度达数百米（图8-38、图8-39）。湖泊边缘地区由于受地表径流的影响往往淡化，少见膏岩和盐岩等蒸发岩沉积，但其沉积带较窄，沿湖泊的周缘呈不规则的环带状，湖泊总体显示盐湖特征，且从边缘向中心，湖泊的盐度逐渐升高。

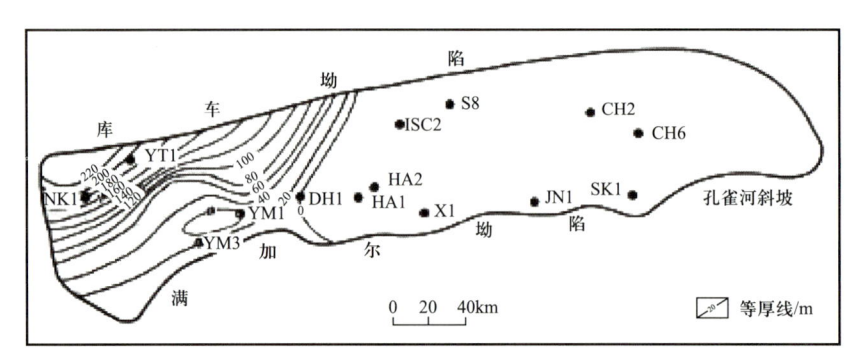

图 8-38 塔北隆起古近系蒸发岩等厚图

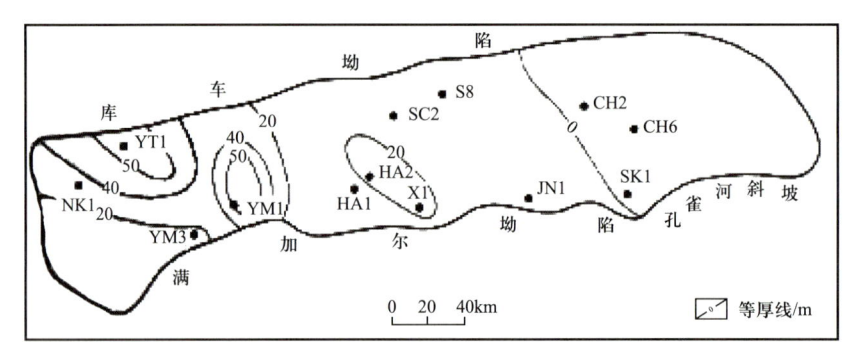

图 8-39 塔北隆起新近系吉迪克组蒸发岩等厚图

五、湖相沉积类型及特征

研究区古近纪—新近纪湖相由下列四个亚相组成：扇三角洲亚相、辫状河三角洲亚相、滨浅湖亚相及半深湖亚相。

1. 扇三角洲亚相

主要分布在盆地周缘的新近系中，其沉积体厚度巨大，可达数千米（如喀什地区乌恰县剖面），扇三角洲平原沉积与冲积扇相同，由泥石流成因的块状砾岩、辫状河道沉积的砂岩含砾砂岩及漫流成因的粉砂和砂岩组合而成，含石膏斑块。其中，以泥石流成因的块状砾岩为主。扇三角洲前缘沉积以砾岩、砂岩夹灰绿色砂质泥岩及粉砂岩构成。前扇三角洲沉积由粉砂质泥岩及泥岩偶夹膏岩薄层组成，见有孔虫化石（如乌恰县阿图什组）。

2. 辫状河三角洲亚相

辫状河三角洲在湖盆周缘甚为发育，其相带宽阔，横向延伸长，为湖相的主要沉积单元之一，可见于周缘古近系—新近系的大部分层位（图 8-40、图 8-41）。

（1）辫状河三角洲平原。

辫状河三角洲平原沉积与辫状河沉积相似，以辫状河道沉积为主，夹河漫沉积。由含砾不等粒砂岩和砂岩组成，夹粉砂岩、泥岩及含膏泥岩；辫状河道砂体呈下粗上细的透镜状相互叠置，总体呈层状，发育冲刷面构造、侧积交错层及大中型槽状交错层理，自然电位呈顶底突变的中幅箱形。河漫沉积的细粒物质多呈薄层或透镜体夹于河道砂体中。

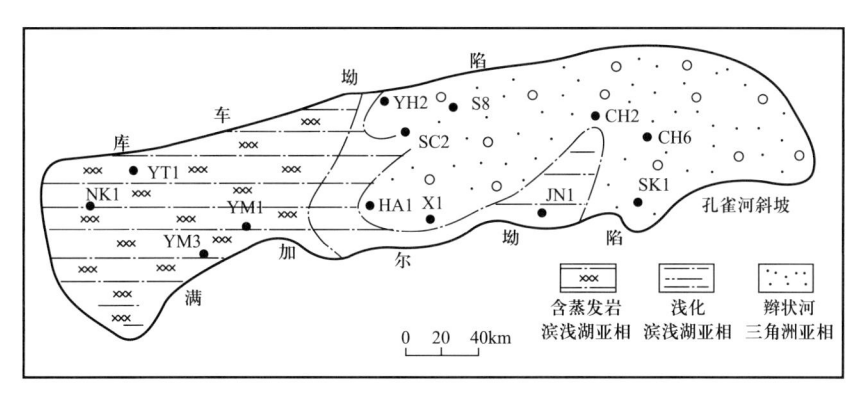

图 8-40 塔北隆起古近系沉积相平面图

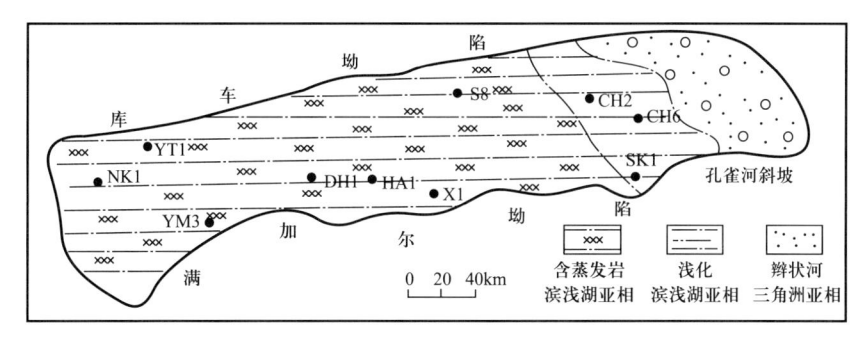

图 8-41 塔北隆起新近系吉迪克组沉积相平面图

（2）辫状河三角洲前缘。

辫状河三角洲前缘是辫状河三角洲的主体，由水下分流河道沉积、河口砂坝及远砂坝沉积构成，其中水下分流河道沉积是前缘部分最主要的沉积单元（图 8-41 和图 8-42）。

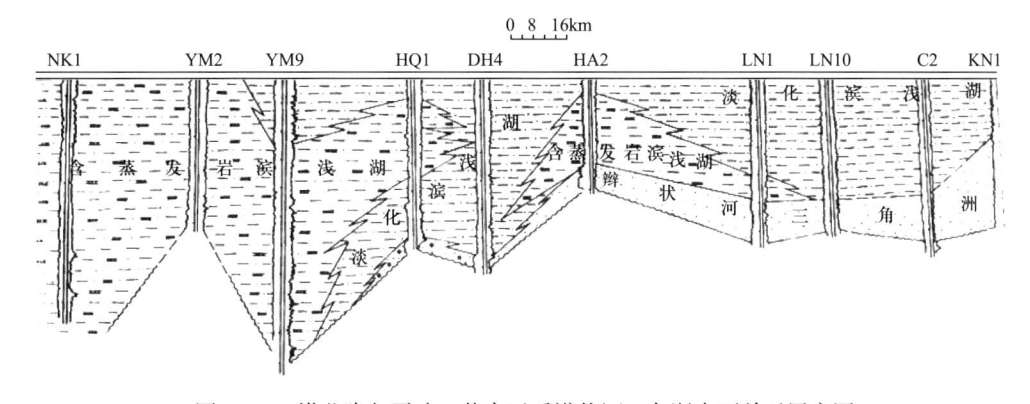

图 8-42 塔北隆起牙哈 4 井古近系辫状河三角洲水下单元层序图

水下分流河道是岸上辫状河道入湖后在水下的延伸，两者沉积特征相似，由含砾不等粒砂岩及砂岩组成的多个砂岩透镜体相互叠置而成，岩石结构疏松，泥质杂基含量极低，孔隙极发育，见冲刷充填、侧积交错层及平行层理等构造，自然电位曲线多为顶底突变的箱状或钟形。

河口砂坝由细砂岩、粉砂岩及含砾砂岩组成，多显下细上粗的反粒序，其平面分布呈透镜状，横向连续性差。远砂坝多为粉砂岩及泥质粉砂岩，局部为细砂岩，呈薄层状同前三角洲泥质沉积互层。

（3）前辫状河三角洲。

前辫状河三角洲多由泥岩、粉砂质泥岩及粉砂岩组成，含石膏斑块，自然电位曲线多呈低幅平直状。

3. 滨浅湖亚相

由于本区湖泊为氧化宽浅型，湖水进退频繁，滨、浅湖相带宽且相互重叠，滨湖、浅湖亚相难以准确划分，故放在一起作为滨浅湖亚相论述。

滨浅湖亚相是研究区古近系—新近系内陆盐湖最主要的沉积类型，其分布遍及塔里木盆地的大部分地区，该亚相由滨浅湖泥及滨浅湖滩坝两种微相构成。

滨浅湖泥由红色、棕红色泥岩、粉砂质泥岩组成，普遍含石膏及盐岩等蒸发岩（图8-40至图8-43），见泥裂及水平层理，含较多的生物化石，如介形虫、有孔虫、轮藻、双壳类及植物化石，见虫孔与虫迹。

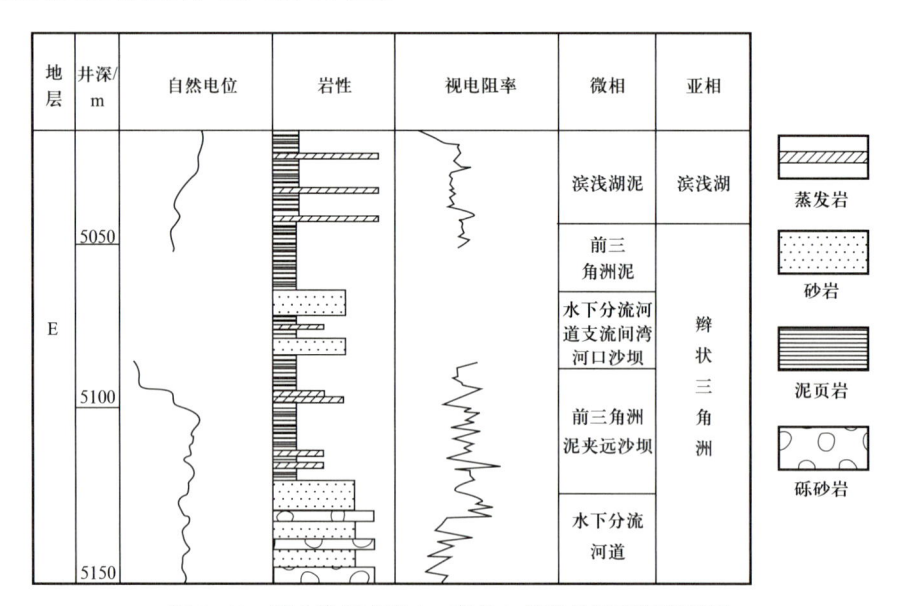

图8-43 塔北隆起南喀1—库南1井联井剖面沉积相图

蒸发岩既有成层性较好的中厚层状（局部为块状），又有成层性差的透镜状和斑块状。蒸发岩厚度较大，如英买8井最厚一层盐岩可达63m，南喀1井古近系石膏及盐岩累计厚度可达230m（图8-38和图8-39），且越靠近湖盆中心位置蒸发岩厚度越大。同样，在颜色稍深的泥岩中，所夹蒸发岩的厚度亦较大。在湖盆边缘三角洲发育的地带，因地表径流注入而淡化，蒸发岩分布零星，部分地区可见不含蒸发岩的滨浅湖沉积围着三角洲向湖一侧呈带状分布（图8-40和图8-41）。蒸发岩横向稳定性差，厚度变化大，部分地区可见到膏岩层迅速变为含膏泥岩至砂泥岩。

滨浅湖滩坝多由粉砂岩、细砂岩组成，呈下细上粗（如英买1、2井）或下粗上细的层序。砂体中见石膏斑块，发育浪成波痕、沙纹层理及中、小型交错层理。

4. 半深湖亚相

半深湖亚相在研究区不发育，仅局部地方可见，岩性为深灰色、绿灰色泥岩，普遍含有石膏和盐岩等蒸发岩。可见介形虫、有孔虫、双壳类等生物化石，说明湖水盐度有周期性变化。

六、坳陷型氧化宽浅盐湖的基本特征

1. 湖泊范围大、地形平缓、水体浅

塔里木盆地古近纪—新近纪湖泊范围很大，覆盖着盆地的绝大部分地区，而湖底地形平缓，坡度小，水体极浅，绝大部分处在浪基面以上的滨浅湖区，仅局部出现短暂的半深湖湖泊沉积物，绝大部分呈红色，说明其沉积作用发生在氧化条件下，滨浅湖沉积物的主要沉积类型和沉积物特征所反映了湖泊盐度的环带状分布，也说明因湖水浅，水的横向交换受到限制。

2. 气候干燥炎热，蒸发岩发育

纵观研究区古近纪—新近纪湖相沉积物，皆为显红色的陆源碎屑岩系，且普遍含有膏盐岩组成的蒸发岩类，蒸发岩厚度亦较大，局部达数百米，说明当时气候干燥炎热，蒸发量大于淡水补给量。从生物化石看，古近纪—新近纪湖相中陆生植物枝、叶化石或碎片颇为少见；对塔西南地区古近系五个粉化石组合开展研究，均反映为干燥炎热带、亚热带气候条件。

3. 沉积物的堆积速率同湖盆下沉速率相匹配

古近系—新近系湖相沉积厚度巨大，一般多在千米以上，局部近万米，而湖泊为氧化宽浅型，湖泊水体极浅。这样的湖泊中能沉积如此巨厚的陆源碎屑岩，说明当时沉积物堆积速率和湖盆下沉速率能长时间地保持一致，且物源供给相当丰富。

4. 湖泊边缘辫状河三角洲发育、分布范围广、相带宽

研究区古近纪—新近纪湖盆边缘大多被辫状河三角洲所环绕，特别是新近纪。辫状河三角洲沉积体的厚度较大，同时由于滨浅湖相带宽，三角洲反复纵向迁移，因而辫状河三角洲的相带也很宽，分布范围广。

七、沉积模式

通过对塔里木盆地古近纪—新近纪坳陷型氧化宽浅盐湖的系统研究，建立了如图8-44所示的沉积模式。扇三角洲和辫状河三角洲分布在湖泊边缘，辫状河三角洲相带较扇三角洲宽滨浅湖相带极宽，半深湖仅局部短暂出现，蒸发岩普遍发育，但在靠近扇三角洲一侧的湖水因受地表径流的淡化，湖水的盐度往往较低，蒸发岩不发育。

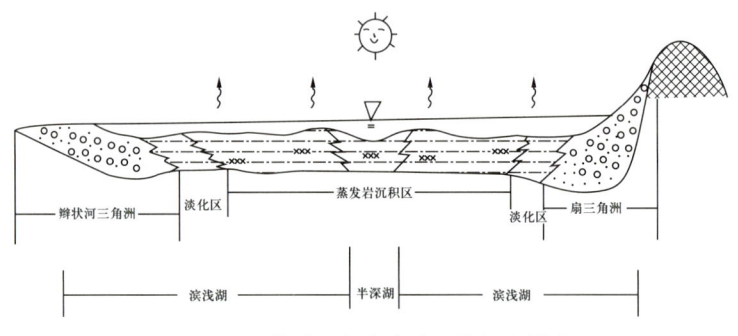

图 8-44 坳陷型氧化宽浅盐湖沉积模式

八、沉积相类型及特征

塔里木盆地古近系—新近系主要由一套内陆冲积—湖泊沉积体系构成。古近纪盆地西部受到多次海侵，出现一套海相沉积物。综观之，古近系—新近系沉积相类型有：浅海相、潟湖相、潮坪相、冲积扇相、辫状河相、曲流河相及湖泊相，其中湖泊相已于第二节作了详细讨论，这里不再论述。

1. 浅海相

主要出现在塔西南地区古近系齐姆根组下部及乌拉根组中，形成于早齐姆根期及乌拉根期两次最大的海侵期。浅海相以灰绿色、深灰色或黑色泥岩为主，夹泥晶灰岩、泥灰岩及牡蛎生物层。暗色泥岩中富含颗石藻、沟鞭藻、疑源类、有孔虫及介形虫，局部层位见浮游有孔虫。石灰岩夹层中含丰富的双壳类（多为牡蛎碎片）及海胆、苔藓虫碎片，见少量腹足类、介形类、有孔虫及虫管等化石及碎片，局部见鱼骨碎片。

2. 潟湖相

潟湖相分布在塔里木盆地西部地区的古近系中，为塔里木盆地西部古近纪的主要沉积类型。由于塔里木盆地西南古海湾长而狭窄，海水交换不畅，大部分时期均显示潟湖环境。潟湖按盐度可分为淡化和咸化两种，本区因气候炎热、干旱，蒸发量大于淡水补给量，出现大量蒸发岩，因此属咸化潟湖，其沉积体中生物数量少，种类单调，且多为广盐性生物。按岩石组合，研究区潟湖相可分为两种沉积类型：暗色或灰绿色泥岩—白云岩型和石膏型。显然，后者潟湖的盐度明显高于前者。泥岩—白云岩型潟湖沉积主要由暗色泥岩和泥晶—微晶的白云岩交替组成，生物贫乏且种类单调，多为广盐性生物，在白云岩中含零星的鱼骨碎片和有孔虫，有时亦有石膏小结核产出；泥岩中含石膏或夹石膏薄层。石膏型潟湖沉积主要由石膏层、硬石膏层夹少量的泥岩及碳酸盐岩薄层组成，在古近纪阿尔塔什组、齐姆根组上段顶部及乌拉根组顶部都含有较厚的石膏层，齐姆根组及乌拉根组石膏层厚数米至十余米，一般不夹其他岩石。阿尔塔什组石膏层厚数十米至数百米，常夹碳酸盐岩或灰绿色棕红色泥岩及膏泥岩，碳酸盐岩中含少量海相双壳类、腹足类、介形类及有孔虫。

3. 潮坪相

潮坪相主要出现在塔里木盆地西南部古近系中，环绕潟湖或浅海呈环带状分布。研究区潮坪相可分为下列几种沉积类型：

（1）潮上盐沼沉积。该沉积有两种沉积序列，一种由红色、杂色及灰绿色泥岩、膏泥岩，层状石膏、泥灰岩、白云岩及含膏白云岩的薄层组成，生物化石贫乏，偶见鱼骨碎片、介形类及腹足类化石。另一种由层状石膏及硬石膏夹棕红色泥岩组成，石膏具鸡笼铁丝状构造，缺乏化石，主要见于齐姆根组、卡拉塔尔组、乌拉根组及巴什布拉克组中。

（2）潮间泥坪沉积。该沉积位于潮间带上部，为杂色、灰绿色的泥岩及膏泥岩，有时夹粉砂岩，含较多海相动物化石及陆相植物化石碎片，生物钻孔发育，见泥裂、水平纹层、小型波状纹层理及小型交错纹层理等构造，主要见于阿尔塔什组、齐姆根组、乌拉根组和巴什布拉克组的二、三段。

（3）潮间生屑滩沉积。该沉积位于潮间带下部高能环境，由生屑灰岩和粒灰岩组成生物化石，主要为有孔虫、介形虫、腹足类及双壳类。岩石中常见不规则的氧化铁的浸染和白云石化作用，主要分布在巴什布拉克组中。

（4）潮下生屑浅滩沉积。该沉积以隐晶生屑灰岩及亮晶生屑灰岩为代表，常常以牡蛎碎片占优势，亦可见较多的棘屑及苔藓虫碎屑，一般在暗色泥岩中呈几十厘米至几米厚的夹层。

4. 冲积扇相

冲积扇相在古近纪—新近纪的各个时期均有发现，主要分布在盆地周缘的昆仑山前和北部的天山山前，平面上不同山口的出口处冲积扇呈裙边状围绕周边高山，扇体间往往互相叠置，形成串珠状排列的扇群。冲积扇以棕红色、紫褐色、黄灰色厚层块状砾岩和砂砾岩为主，夹砂岩、粉砂岩及泥岩。沉积类型主要为泥石流沉积、水道沉积及漫流沉积，局部见筛滤沉积。泥石流沉积为块状砾岩，砾石大小不等，最大粒径达数十厘米（如古近系巴什布拉克组中可见到直径达 40cm 的砾石），一般砾径数厘米；砾石分选极差，呈次棱角状，砾石分布杂乱，无规律可循；砾岩不显层理，填隙物为不等粒砂级颗粒及泥质，砾石既有悬浮不接触状，也可见呈砾石颗粒支撑的。水道沉积主要为砂岩、含砾砂岩及细砾岩（粒径在 1cm 以下），多呈透镜状产出，具下粗上细层序。砾石多呈叠瓦状排列，见冲刷面构造、平行层理及大、中型交错层理。漫流沉积由中—薄层状砂岩、粉砂岩组成，局部见泥岩及细砾岩，成层性好，横向分布较稳定，见平行层理及小型交错层理，颗粒分选差，粒度概率曲线呈不规则的多段式和较平缓的直线型，说明其仍具快速沉积的特点。筛滤沉积局部可见，基本上是完全由砾石组成的砾岩，很少见到砂和粉砂，显然细粒物质已被渗流水带走。

5. 曲流河相

主要发育在盆地中南部的古近系中，由河道及河漫两个亚相组成，河道亚相主要为褐红色及灰白色的细砂岩、粉砂岩，普遍含泥砾，呈明显的下粗上细特征，颗粒分选中等，岩层中见不同规模的交错层理及平行层理，且层理规模由下向上变小，层面见单向水流波痕。河漫亚相主要由褐红色、褐色的泥岩、砂质泥岩夹少量膏泥岩及砂岩透镜体组成，含石膏团块见小沙纹层理，曲流河相的两个亚相在剖面上频繁交互，显示清楚的下粗上细的二元结构。

九、沉积模式

潮坪—潟湖体系沉积模式主要是以盆地西部古近纪沉积特征为背景建立起来的（图 8-45）。当时盆地西部受到多次海侵，海水沿一定的通道进入狭长的海湾。大部分情况下，海湾中海水同外海循环不畅，加之当时气候干燥炎热，蒸发量大于降水量，海湾中海水逐渐咸化成咸化潟湖，沉积有较厚的膏岩。生物种类单调，多为广盐性生物，潟湖周围被潮坪环绕。本模式适用于盆地西部古近系的部分地区。

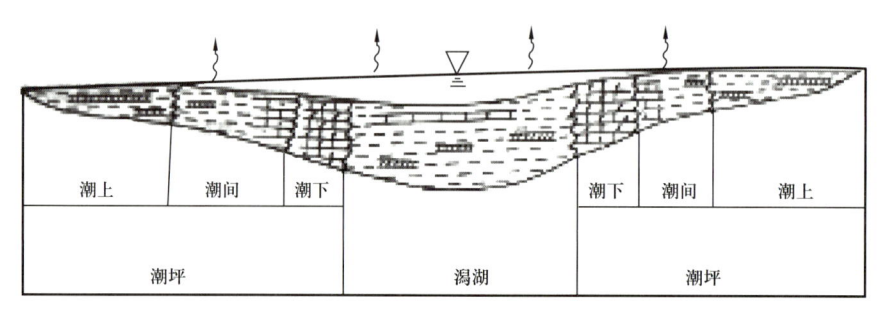

图 8-45 潮坪—潟湖体系沉积模式

十、沉积相展布

1. 古近系

塔里木盆地古近系中出现的相有：潟湖相、潮坪相、浅海相、冲积扇相、辫状河相、曲流河相及坳陷型氧化宽浅盐湖相（图 8-46）。其中，潟湖相及潮坪相分布在盆地西部及塔里木盆地北部库车坳陷；浅海相仅在塔西南地区古近纪最大海侵期短暂出现；冲积扇相主要分布在塔东南若羌地区及库车坳陷北部边缘；辫状河相分布在盆地东南边缘；曲流河相分布在塔中南部；湖泊相分布广，在盆地中部及东北的大部分地区，其中辫状河三角洲亚相分布于湖泊相东北部边缘。

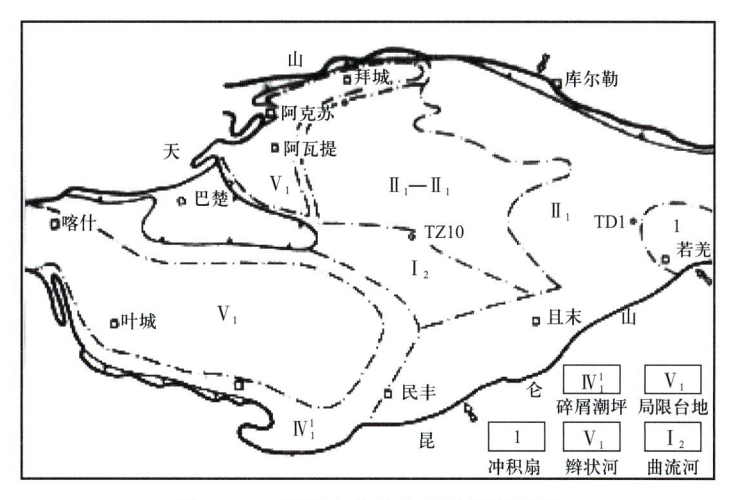

图 8-46 塔里木盆地古近系沉积相图

2. 新近系

塔里木盆地新近系完全由一套陆相体系组成（图 8-47）。冲积扇相分布在盆地南部边缘及库车坳陷的北缘，在南缘也有较广泛的分布。辫状河相广泛地分布在盆地南缘，主要为辫状河相。坳陷型氧化宽浅盐湖相为最主要的相类型，分布范围极广，存在于塔里木盆地的大部分地区，其中扇三角洲亚相分布在尉犁、若羌及喀什、泽普等地，其沉积体厚度巨大。辫状河三角洲亚相分布在巴楚、塔北等地，其相带分布范围广，沉积物厚度大。滨浅湖亚相分布在盆地中部绝大部分地区，为湖泊相中分布范围最广的亚相。半深湖亚相仅出现本羊屋 1 井及赛克 1 井附近。

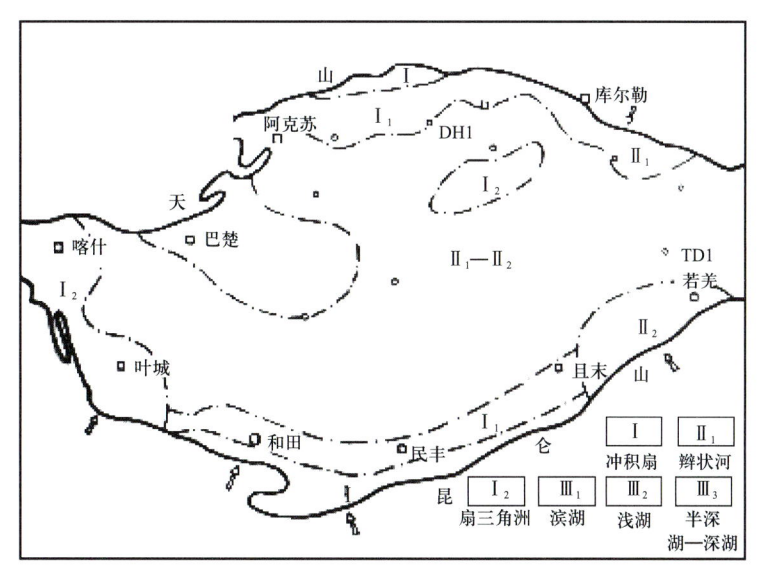

图 8-47 塔里木盆地新近系沉积相图

第八节　酒西盆地白垩系储层沉积相研究

鸭儿峡白垩系油藏位于酒西盆地最大生油区——青南凹陷的东部，509同生断层西侧的下降盘上，为一岩性—构造油藏。这里流速较大，油源近，生储盖配置较好，是酒西盆地的主要白垩系油藏，该油藏主要储层为下沟组的下部K_1g_1段和中上部K_1g_3段，属低孔隙度低渗透率的砂岩层。下沟组的另三个层段：K_1g_2段及下伏K_1g_1赤金堡组的上部偶见含油层。本部分主要讨论下沟组的油藏。

一、沉积相类型

1. 沉积特征

根据岩心观测的结构特征，并参考岩屑录井和测井资料，鸭西地区下沟组的沉积类型有三种：冲积扇相、扇三角洲相、湖泊相。细分又可分为八种亚相：冲积扇相的扇顶亚相、扇中亚相、扇缘亚相和扇间洼地亚相；扇三角洲相的扇三角洲平原亚相和扇三角洲前缘亚相；湖泊相的滨湖亚相和浅湖亚相。

滨湖亚相和浅湖亚相的主要砂体类型为冲积扇扇中的漫洪砂体、扇缘的辫状河道砂体、扇三角洲平原的河间地砂体、扇三角洲前缘的水下河道砂体、三角洲平原的分流河道砂体、前缘的水下沙坝砂体和湖泊浅水扇砂体等。

1）岩性特征

鸭西油藏位于受同生断层控制的凹陷的靠断层一侧，受断层影响，主要发育近物源快速沉积，砂体成因类型主要是冲积扇砂体、扇三角洲砂体和湖泊浅水扇砂体

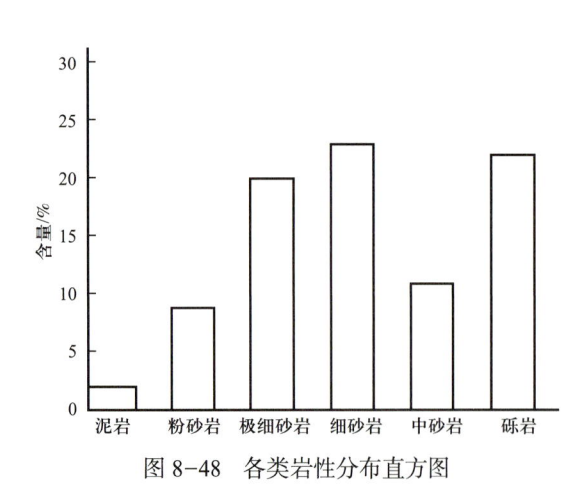

图8-48　各类岩性分布直方图

本区碎屑岩的岩性概括起来有两个特点：岩性粗、成熟度低。岩性粗，表现为砂岩和砾岩的比例高。据20口井的岩心观察统计（图8-48），在全部岩心中，最多的是细砂岩（23%）和砾岩（22%），其次是极细砂岩（20%），中砂岩为11%，粉砂岩为9%，泥岩仅2%。砂岩中多含砾石。此外，按地层统计砂岩、砾岩和泥岩的百分比，赤金堡组和下沟组的砂砾岩占地层厚度的50%～70%，中沟组也占27%～48%（表8-12），说明了本区岩性粗这一特点。

本区碎屑岩的成熟度低，表现在两个方面：一是成分成熟度低，本区碎屑岩主要为岩屑砂岩和长石岩屑砂岩，有少量混合砂岩。岩石中岩屑及长石的含量高，分别为

36%～42%和10%～31%。另外，碎屑岩的结构成熟度也低，表现为磨圆差、分选差。岩心观察所见的磨圆度以次棱角—次圆为主，其次为棱角状，磨圆度高的少见，且多为二次旋回的砾石或砂岩、页岩等易磨蚀的岩石碎屑，其磨圆度较高并不代表搬运距离长。岩心观察所见的分选性多在差—中等，粒度分析反映的分选则为差—极差。如鸭547井241个粒度分析样品的标准偏差为1.02～5.22，其中1～2的占45%，2～4的占50%，其余5%大于4，平均为2.26。鸭548井25个粒度分析样品的标准偏差变化在1.64～3.16之间，平均为2.23，都在福克分级标准的差—极差域内。鸭西油藏岩石低成熟度的特征可以与其他地区扇三角洲沉积岩性特点类比（表8-13）。

表8-12 鸭西油藏各组段砂、砾、泥岩百分比统计表

类型	砾质平行层理	块状层理（包括洪积层理）	递变层理	似斜层理	斜层理
比例/%	2.95	31.89	0.84	15.99	8.94
类型	槽状层理	楔状层理	板状层理	水平层理	似水平层理
比例/%	0.77	2.81	2.51	15.2	5.8
类型	波状层理	变形构造	波痕、流槽	生物印痕	脉状层理等
比例/%	10.85	1.41	少量	少量	少量

表8-13 鸭西油藏与其他地区扇三角洲沉积岩性特点比较

地区	岩性			
	石英/%	长石/%	岩屑/%	分选
辽河地区	37	22	30	差
濮城地区	50	30	20	差
鄯善地区（S5—9井）	29	21	47	中—差
鸭西油藏	40	20	40	差

2）沉积构造特征

本区下沟组的沉积构造类型，既有各种层理构造，又有层面构造，还有同生变形构造（表8-12）。

块状层理、各种斜层理和水平层理是主要层理类型，其比例分别为31.89%、31.02%和21.00%；波状层理（包括砂泥交互层理）、平行层理、递变层理和变形构造居次，还有少量脉状层理和透镜状层理。

其中反映高能和快速堆积的砾质和砂质的块状层理和洪积层理（洪水涨落形成的较粗层与较细层交互出现，层内岩性均匀）、平行层理和递变层理主要见于K_1g_1和K_1g_2的冲积扇地层中，其次见于K_1g_2的扇三角洲砂体中，也见于K_1g_4的浅水扇砂体。斜层理

的数量多、类型全，有槽状、楔状、板状斜层理和细纹层隐约可辨的似斜层理，分布广，见于各种砂体，尤其多见于扇三角洲平原的辫状河流砂体和前缘的水下河道砂体。波状层理、脉状层理、透镜状层理和砂泥交互层理出现在三角洲前缘和滨浅湖沉积中。水平层理主要发育在 K_1g_3 和 K_1g_4 的湖相和三角洲前缘亚相中，在 K_1g_2 的扇间洼地亚相中也可见到。

最典型的层面构造是对称的浪成波痕。另有一种干涉波痕，是不同方向的波浪对湖滩或浅湖底叠加作用的产物。这两种波痕是浅湖环境的确切指标。这类波痕及其迁移形成的波状层理发育在细砂岩和粉砂岩中，颜色呈褐色和灰绿色，在垂向层序上位于反前律底部、正韵律顶部和复合韵律的顶、底部，这些特征都表明其所在砂体为三角洲前缘砂体。特别要指出的是，类似波痕见于鸭 547 井和鸭 548 井的不同深度上，说明这种三角洲前缘沉积特征具有区域性，而非局部现象。此外，层面上还可见流痕和植物化石，也是三角洲沉积的特征。

变形构造包括挤压变形和卷曲变形，发育在粗细交互层的细软岩性部分，是三角洲前缘斜坡上的泥沙受重力作用形成的，也是三角洲前缘环境的标志。

3）粒度特征

（1）频率曲线。

根据频率曲线的峰数，可分为单峰型、双峰型和多峰型曲线，反映物源与动力条件的多变性。根据峰宽可以分为宽峰和窄峰型曲线，指示分选的好差。此外，根据峰位粒径划分粗粒型、中粒型和细粒型曲线，反映动力的强弱。各种曲线特征的组合可以指示沉积动力状况和沉积环境，据鸭 548 井 K_1g_3 和 K_1g_3 亚段样品的粒度分析资料，粗粒宽峰型曲线（图 8-49a）反映搬运动力强、流速急、分选差，代表扇三角洲平原的辫状分流河道沉积，在垂向层序中位于正韵律层的中下部。中粒窄峰型曲线（图 8-49b）反映动力强度中等，沉积物粗细居中，分选较为充分，是扇三角洲平原分流河道的滨河床沉积，位于河道正韵律层的中上部。中粒宽峰（多峰）型曲线（图 8-49c）代表介质动力强，多呈悬浮搬运，沉积速度快的扇三角洲前缘的水下河道沉积。细粒宽峰型曲线（图 8-49d）则代表扇三角洲前缘水下河道间的河间湾沉积。

（2）正态概率累计曲线。

正态概率累计曲线的段式、斜率及不同组分的界值（截点粒径）与百分含量，可以反映搬运方式、分选性和动力强弱。本区岩样的正态概率曲线主要有两段式和三段式，还有部分多段式类型。典型三段式曲线由推移段、跃移段和悬移段组成，粗截点为0，细截点为20，推移组分不到10%，跃移组分约占60%，与粗粒宽峰型曲线相当，代表扇三角洲平原的羚状分流河道沉积（图 8-50a）。两段式曲线由跃移段和悬移段组成，细截点为4～50，跃移组分约占70%，分选中等，与中粒窄峰型曲线相当，代表三角洲分流河道的滨河床沉积（图 8-48 至图 8-50b）多段式曲线则与中粒宽峰型曲线相当，反映以悬浮沉积为主，属水下河道沉积（图 8-50c）。由跃移段两分而成的假三段式曲线，则代表间歇性受湖浪改造的水下河道间的河间湾沉积（图 8-50d）。

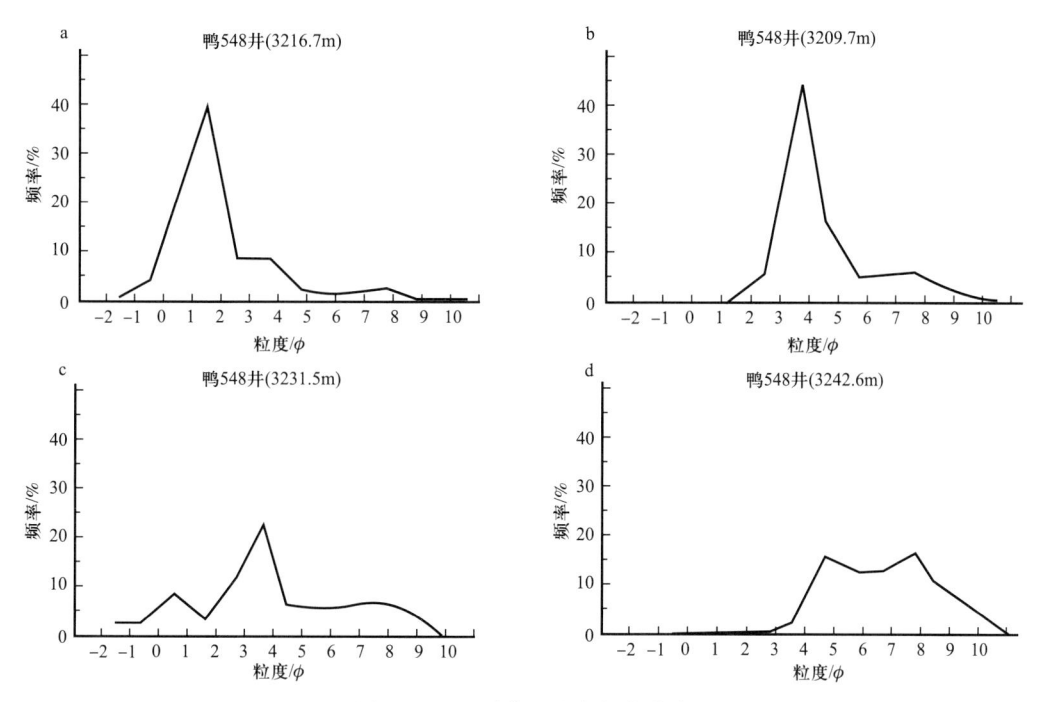

图 8-49 几种典型粒度频率曲线

a. 粗粒宽峰型；b. 中粒窄峰型；c. 中粒宽峰型；d. 细粒宽峰型

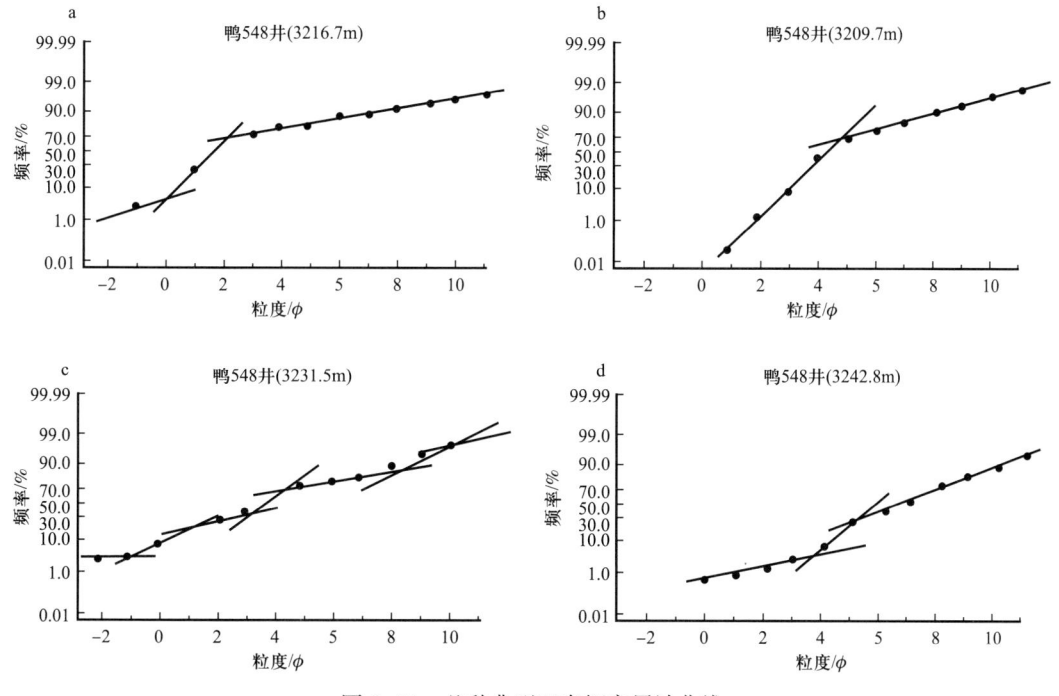

图 8-50 几种典型正态概率累计曲线

a. 典型三段式；b. 两段式；c. 多段式；d. 假三段式。

（3）C—M图。

鸭西油藏的砂体主要是冲积扇和扇三角洲砂体，这在C—M图上表现得十分清楚。根据鸭547井的241个数据作出的C—M图（图8-51），沉积物的搬运动力主要是牵引力，其中除了少数样品主要以滚动方式运移外，大部分样品属滚动+悬浮和递变悬浮的搬运方式，尤以递变悬浮为主。可见在搬运营力中，总体呈牵引流性质，但也包含浊流的机制，这是冲积扇辫状河道的沉积特点。因为冲积扇主要受洪水作用，洪泛期间水体表现为浊流性质，洪水退落以后则呈水流性质。C—M图的这个特点与该井采样层段（K_1g_2和K_1g_3）分属冲积扇扇中亚相和扇三角洲相的结论是一致的。

根据鸭548井和鸭527井的数据作出的C—M图（图8-52）也有相似的特点，可见这种沉积特征是本区所共有的。

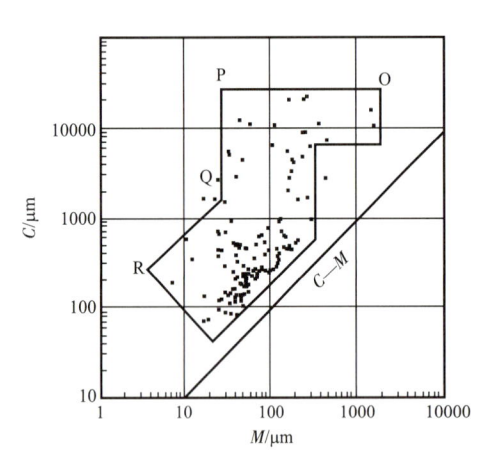

图8-51 鸭547井的C—M图

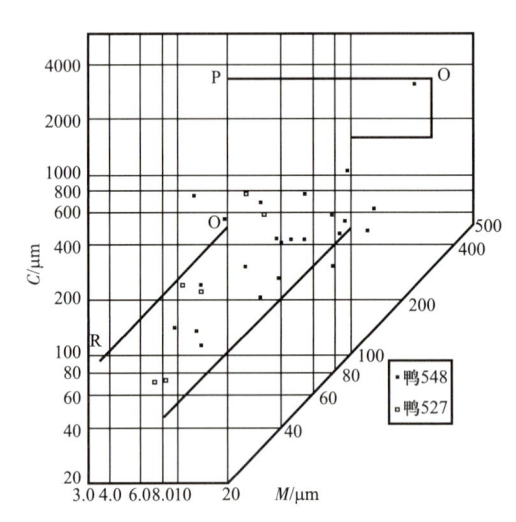

图8-52 鸭548井与鸭527井的C—M图

4）韵律特征

岩心中所见到的韵律类型较多，主要有正韵律、反韵律、交互韵律和复合韵律。

（1）正韵律。

正韵律在本区岩心中最为多见，发育在扇三角洲平原的辫状河道、前缘的水下河道及湖泊浅水扇沉积中。正韵律层底部岩性多为砾岩，少量粗砂岩或中砂岩，顶部为极细砂岩、粉砂岩及少量泥岩。韵律层厚度变化较大，从1.5～4m不等（图8-53）。

（2）反韵律。

反韵律发育在扇三角洲的前缘亚相中，是海退过程的产物。其底部岩性为泥岩、粉砂岩至极细砂岩，多发育水平层理、波状层理及少量脉状层理，代表前缘低地或河间湾等低能环境的沉积；向上岩性变粗，并发育斜层理和块状层理，顶部岩性多为极粗砂岩—细砂岩。韵律层厚3～5m不等。反韵律有从细到粗的单一完整的类型（图8-54a），代表海退过程迅速，也有逐渐变粗的反韵律组（图8-54b），反映水退过程呈波动式逐步实现。

图 8-53 岩性正韵律

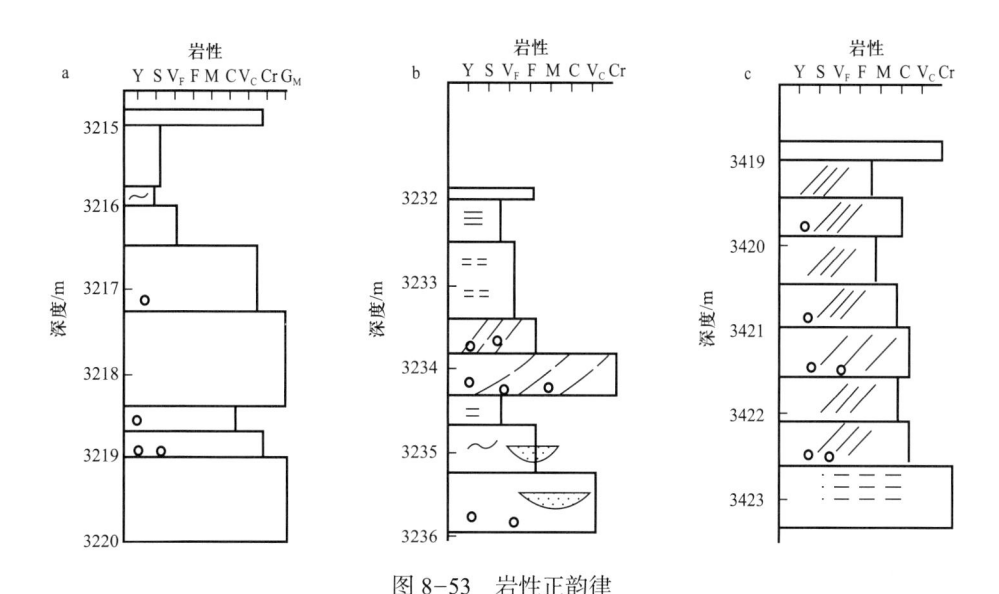

a. 扇三角洲平原辫状河道正韵律（鸭 548 井）；b. 扇三角洲前缘水下河道正韵律（鸭 548）；
c. 冲积扇扇中槽道正韵律（鸭 700 井）。Y——泥岩；S——粉砂岩；V_F——极细砂岩；F——细砂岩；M——中砂岩；
C——沉积岩；V_C——火山岩；Cr——泥岩；G_M——砾岩

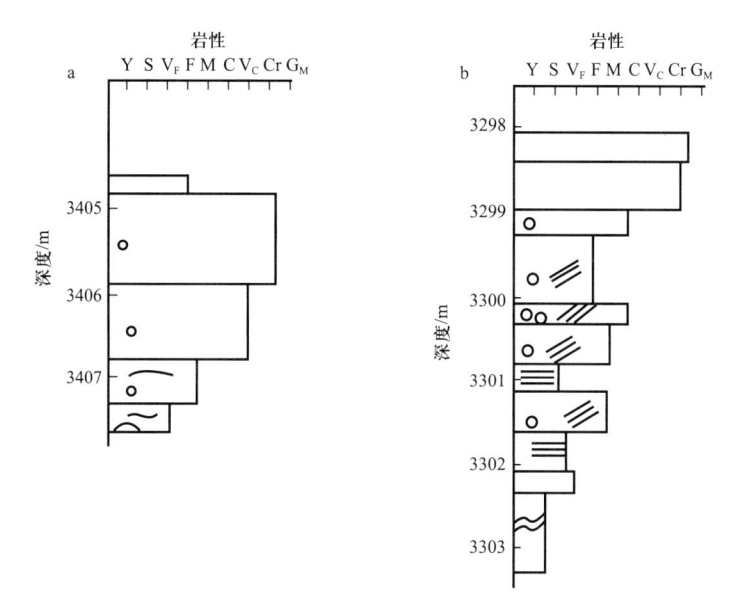

图 8-54 岩性反韵律

a. 粗粒单一反韵律（鸭 547 井）；b. 细粒反韵律组（鸭 541 井）。Y——泥岩；S——粉砂岩；V_F——极细砂岩；
F——细砂岩；M——中砂岩；C——沉积岩；V_C——火山岩；Cr——泥岩；G_M——砾岩

（3）复合韵律。

本区复合韵律较为多见，发育在 K_1g_3 段的扇三角洲相地层中。其顶底的岩性多为粉砂岩至极细砂岩，中部岩性粗，为极粗砂岩—细砾岩。沉积构造在不同部位上也有差异，下部常发育波状层理和水平层理，中部多块状和槽状等层理，上部以斜层理、平行层理和水平层理为主。复合韵律层的下部反韵律段代表扇三角洲前缘亚相的滩地或河间湾沉积；上部正韵律段则既有扇三角洲平原亚相的辫状河道沉积形成（图8-55a），也有扇三角洲前缘亚相的水下河道沉积形成的（图8-55b、c）。根据韵律的岩性成分，可分为粗粒交互韵律（图8-56a、b）和细粒交韵律（图8-56c）。粗粒交韵律多以厚层块状砂岩为主，与薄层粗、中、细砂岩互层，见于冲积扇扇中亚相和扇三角洲平原亚相，指示了槽道和辫状河道中洪水期与平水期的交替过程。细粒交互韵律由泥质岩与粉砂岩，或者粉砂岩与极细砂岩交互构成，代表入湖泥沙的周期性变化或三角洲的进退，交互韵律的厚度一般大于5m。

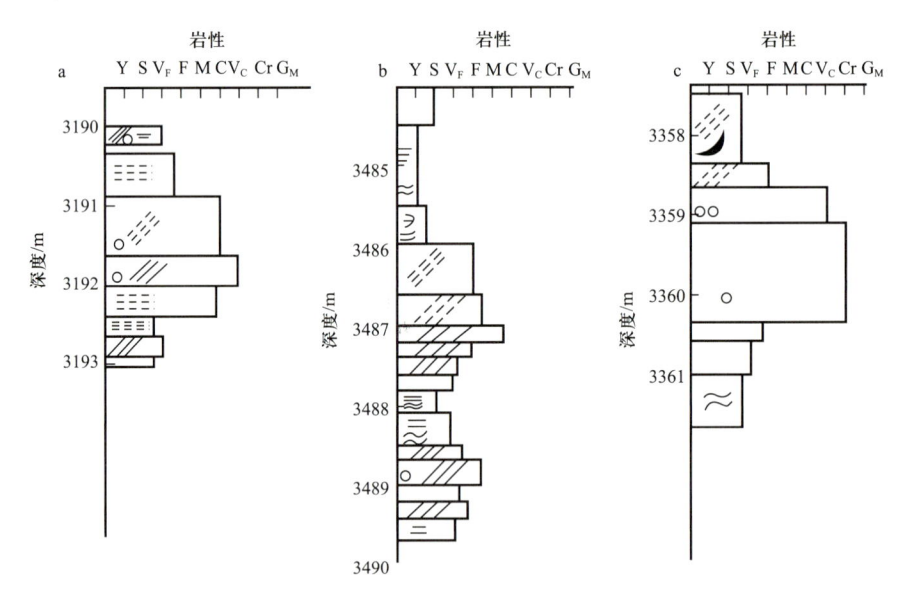

图8-55 岩性复合韵律

a. 中粒对称复合韵律（鸭543井）；b. 细粒复合的律（鸭540井）；c. 粗粒不对称复合韵律（鸭547井）。
Y——泥岩；S——粉砂岩；V_F——极细砂岩；F——细砂岩；M——中砂岩；C——沉积岩；
V_C——火山岩；Cr——泥岩；G_M——砾岩

2. 沉积类型

根据以上岩心沉积特征的研究，参考岩屑录井资料和测井曲线解释，鸭西地区下沟组的沉积类型有三种沉积相、八种沉积亚相、十三种沉积微相，它们是：

（1）冲积扇相：包含四种亚相（扇顶亚相、扇中亚相、扇缘亚相、扇间洼地亚相）和四种微相（槽洪微相、漫洪微相、辫状河道微相、扇缘低地微相）。

（2）扇三角洲相：包含二种亚相（扇三角洲平原亚相、扇三角洲前缘亚相）和七种微相（辫状分流河道微相、河间地微相、河口湾微相、水下河道微相、河间湾微相、水下砂坝微相、前缘滩地微相）。

（3）湖泊相：包含二种亚相（滨湖亚相、浅湖亚相）和二种微相（浅滩微相、浅水扇微相）。

图 8-56 岩性交互韵律

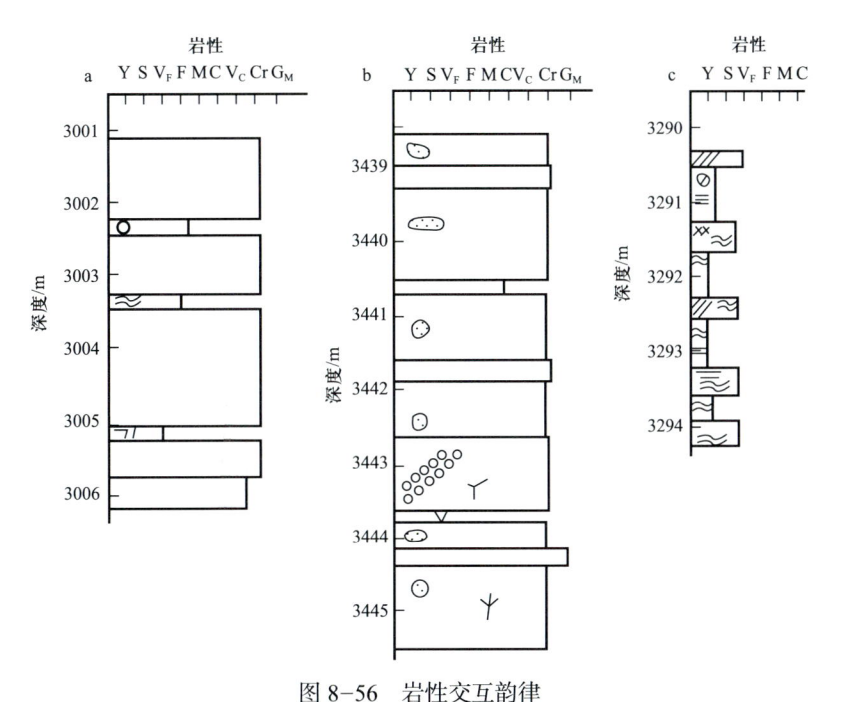

a. 粗细交互韵律（鸭562井）；b. 粗交互韵律（鸭547井）；c. 细交互韵律（鸭513井）。

Y——泥岩；S——粉砂岩；V_F——极细砂岩；F——细砂岩；M——中砂岩；
C——沉积岩；V_C——火山岩；Cr——泥岩；G_M——砾岩

3. 鸭西油藏下沟组沉积旋回与相序

在鸭西油藏构成Ⅰ级正旋回的下白垩统中，下沟组的沉积旋回也比较清楚。根据25口井的岩相统计资料，下沟组是一个Ⅱ级正旋回，它在岩性和电性特征上都有反映。从岩性看，下部的K_1g_1、K_1g_2主要为冲积扇相的砂岩体，K_1g_3主要为扇三角洲相的砂砾岩，K_1g_4则为岩性较细的扇三角洲前缘和滨浅湖亚相。本区的电性曲线受高泥质含量的影响，有时对砾岩的反应不灵敏（如鸭547井的K_1g_2），但从总体上看，还是能基本反映地层的岩性特点，反映出沉积的旋回性。多数井的K_1g_4，视电阻率低，偶成低峰状；自然电位曲线负偏较低，形态较平缓，偶显峰态，反映出湖泊沉积的特点。K_1g_3的视电阻率为中高值，常有尖峰突出；自然电位曲线负偏较高，呈齿化的漏斗状、钟状及箱状，反映出扇三角洲沉积的特点。K_1g_2、K_1g_1的自然电位曲线负偏也较高，但形态较平缓，呈齿状或齿化的箱状；视电阻率也为中高值，但峰多且峰值大，成为区别于K_1g_3的显著标志，它们指示了冲积扇地层的岩性特点，因此整个下沟组呈一个Ⅰ级的正旋回。

根据沉积相类型、岩性及含油性，还可以将下沟组进一步划分出两个Ⅲ级正旋回，分别由K_1g_1—K_1g_2和K_1g_3—K_1g_4组成。K_1g_1—K_1g_2的Ⅱ级正旋为冲积扇沉积旋回，其中K_1g_1段主要属冲积扇扇顶—扇中亚相，地层厚度大，岩性粗，韵律发育，含油较丰富；K_1g_2的Ⅲ级正旋回为扇三角洲—湖泊沉积旋回，其中K_1g_3为扇三角洲相，且多以平原亚相为主，地层厚度较大，岩性较粗，岩性区间大，韵律丰富，层理多样，砂体发育，含油性好；K_1g_4 主要为湖泊和扇三角洲前缘沉积，岩性较细，有零星砂体，泥质含量较高，有钙质胶结，物性差，很少含油。

此外，K_1g_3—K_1g_4 的正旋回还可以细分为两个Ⅳ级的正旋回，分别由 K_1g_3 中下部扇三角洲平原与前缘沉积旋回及 K_1g_3 上部的扇三角洲平原与 K_1g_4 的三角洲前缘和湖泊沉积旋回构成。K_1g_4 的沉积比较复杂，除上述一般规律外，有些井发育浅水扇砂体，有些井在 K_1g_4 顶部出现湖退产生的岩性粗化现象，代表新的旋回的开始（图 8-57）。

地层代号		沉积旋回			平均厚度/m		沉积相			岩性细—粗	水体面积小—大
		Ⅰ级	Ⅱ级	Ⅲ级	地层	含油层	相	亚相	微相		
K_1g_4	K_1g_1			Ⅳ₁	58.73	0.00	三角洲—湖泊	三角洲前缘	水下扇		
	K_1g_1				67.04	0.43		河间道	水下河道		
	K_1g_1		Ⅲ₂		54.05	1.44	河流三角洲	前缘	河口沙坝前缘滩地河间湾水下河道		
	K_1g_1	Ⅱ			51.15	13.43		平原	分流河道河滩地		
K_1g_3	K_1g_1			Ⅳ₂	59.00	15.02	扇三角洲	前缘	前缘滩地河间湾水下河道		
	$K1g_1$				61.44	15.01		平原	辫状分流河间河间地		
K_1g_2					18.84	2.60	冲积扇	扇间扇缘	辫状河道扇缘低地扇间洼地		
K_1g_1			Ⅲ₁	Ⅳ₁	142.11	13.22		扇中	漫洪		
								扇顶	槽洲	小—大构造强度	

图 8-57 鸭西白垩系油藏下沟组沉积旋回与相序

总结以上沉积旋回特点，鸭西地区下沟组的相序规律由老到新依次为：冲积扇的扇顶亚相、扇中亚相（K_1g_1）、扇缘亚相（K_1g_2）、扇三角洲的平原亚相、前缘亚相、平原亚相（K_1g_3）、前缘亚相（K_1g_4 早期），及滨浅湖亚相（含浅水扇微相，K_1g_4 中期），到 K_1g_4 晚期再次出现三角洲前缘亚相，少数井发育平原亚相。这种相序规律在绝大部分井中得到反映，在取心较多且连续的鸭 547 井和鸭 548 井中表现得最清楚（图 8-58、图 8-59）。

第八章 湖泊比较沉积学

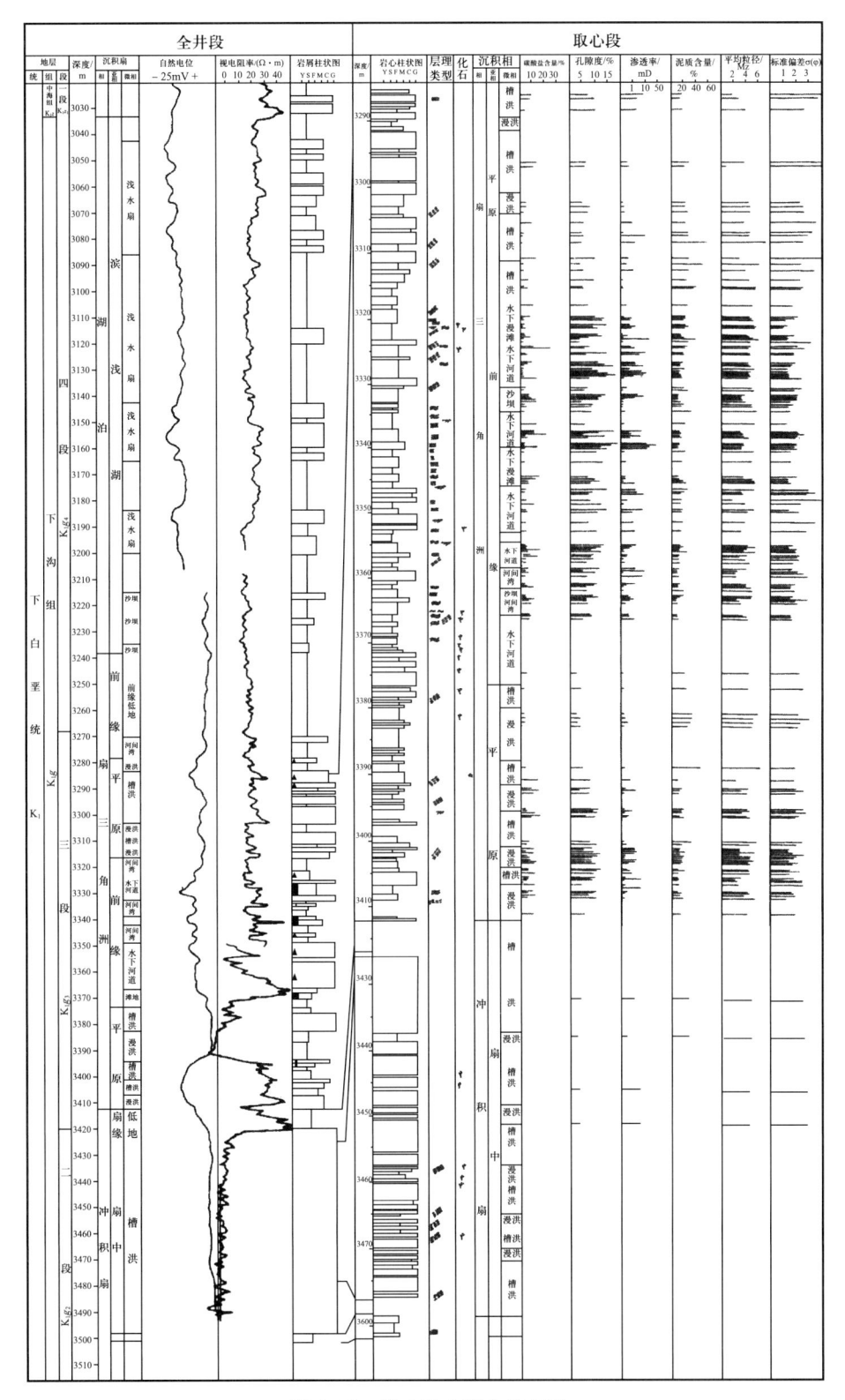

图 8-58 鸭 547 井综合柱状图

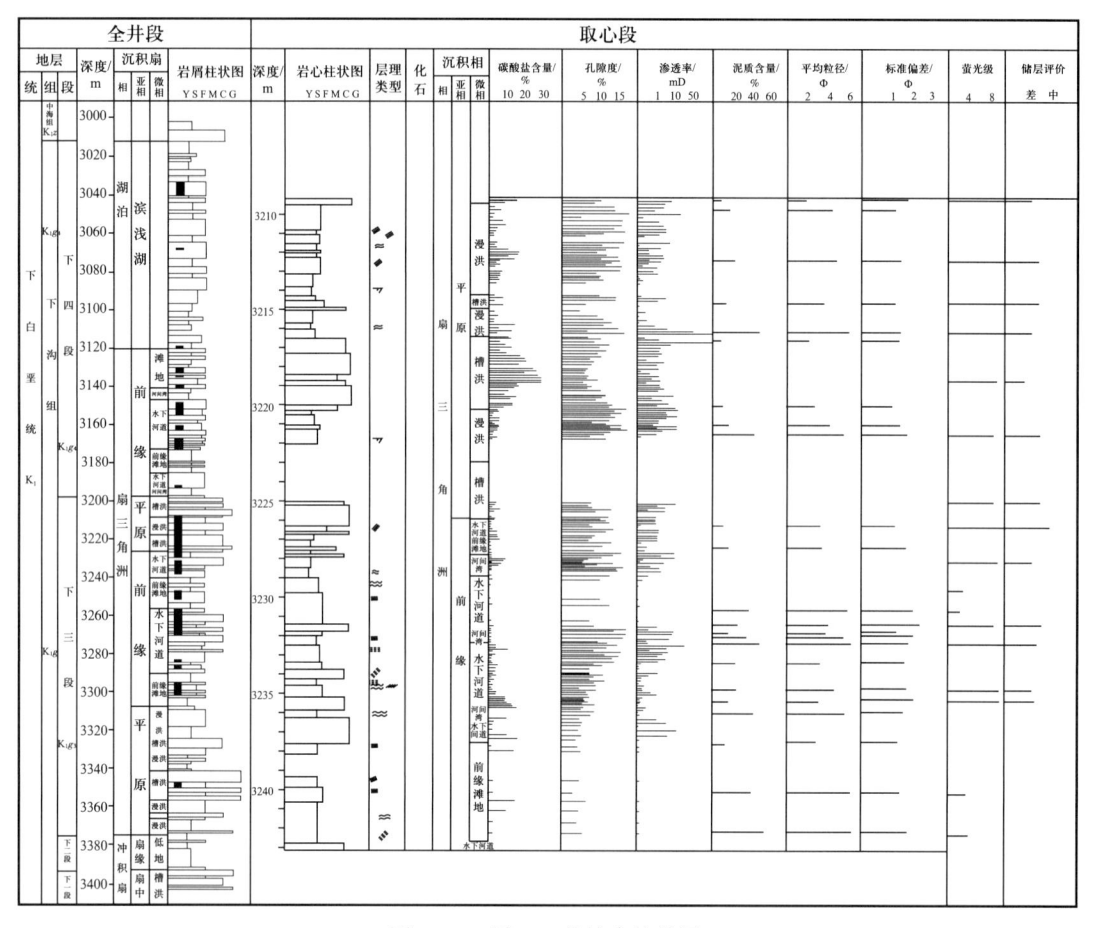

图 8-59 鸭 548 井综合柱状图

根据沉积相类型和岩性特征，还可以把整个下沟组进一步划分为两个Ⅱ级正旋回，分别由 K_1g_1—K_1g_2 和 K_1g_3—K_1g_4 组成。K_1g_1—K_1g_2 的Ⅱ级正旋回为冲积扇沉积旋回，其中 K_1g_1 主要为冲积扇扇顶—扇中亚相，地层厚度大，岩性粗细差别很大。扇顶亚相的岩性粗，为厚层块状砂砾岩体，含油性差；扇中亚相中明显分为槽洪微相和漫洪微相两种，漫洪微相多发育砂岩层，含油性较好。K_1g_2 为冲积扇扇缘亚相，它是冲积扇相中岩性最细的部分，地层厚度小，泥质含量高，物性差，含油性差。但是，由扇中的槽洪带延续而来的扇缘辫状河道沉积中、细砂岩，具有较好的物性和含油性。K_1g_3—K_1g_4 的Ⅱ级正旋回为扇三角洲—河流三角洲—湖泊沉积旋回。其中，K_1g_3 为扇三角洲和河流三角洲相，以平原亚相为主，它是鸭西油藏的主要油气储层所在段，地层厚度较大，岩性区间大，韵律丰富，砂体发育，含油性好。K_1g_4 主要是三角洲前缘亚相和滨浅湖亚相，岩性较细，泥质含量高，多钙质胶结，有零星砂体，物性差，很少含油。

此外，K_1g_3—K_1g_4 的Ⅱ级正旋回还可以细分为两个Ⅳ级的正旋回，K_1g_3—K_1g_3 为扇三角洲平原和前缘沉积旋回；K_1g_3 和 K_1g_4 为三角洲平原、三角洲前缘和湖泊沉积旋回。

第八章 湖泊比较沉积学

二、沉积相组与砂体平面展布

鉴于本区钻井深度不一，下沟组各段的地层厚度和沉积相类型的复杂性不同，在研究各段的沉积相组时，采用不同的细分方案。所有井的 K_1g_4 和 K_1g_3 都完整地揭露，且地层厚度大，沉积类型多，各细分为三个亚段进行对比研究。K_1g_2 的地层较薄，沉积类型单一；K_1g_1 在多数井中未钻到或未钻穿，故都以段为单位讨论其相组。

平面沉积相组的研究是在单井相序和剖面相组的基础上进行的。我们沿平行岸线（或垂直水流）的方向布置了如图 8-60 所示的剖面线。

1. K_1g_1 沉积相组

许多井的 K_1g_1 不完整，故厚度资料只能作参考。岩性资料从岩屑录井图取得，并将岩性归纳为八大类：泥岩、粉砂岩、极细砂岩、细砂岩、中砂岩、粗砂岩、极粗砂岩、砾岩，分别编以 1 至 8 的代码（表 8-14）。

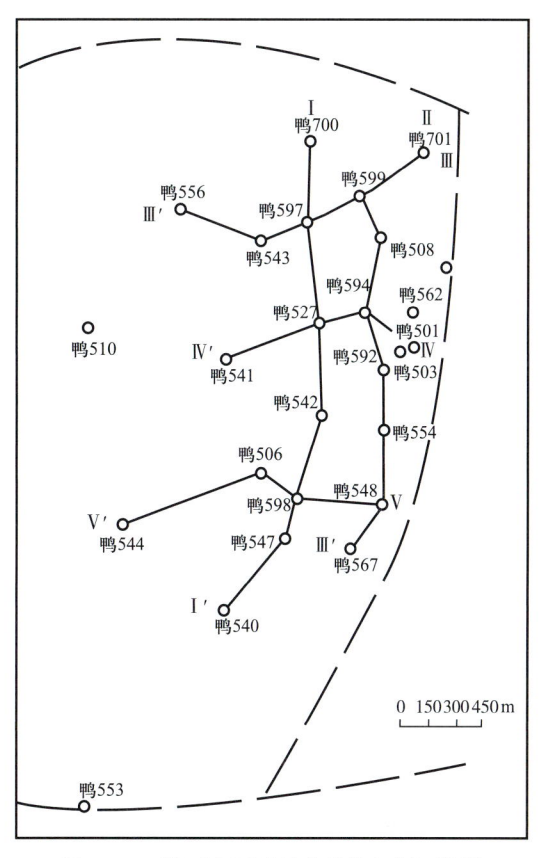

图 8-60 鸭西白垩系钻井井位与剖面位置

表 8-14 岩性编码与代号对照表

编码（代号）	1（Y）	2（S）	2.3（VFS）	2.7（SVF）	3（VF）	3.3（FVF）	3.7（VFF）
岩性	泥岩	粉砂岩	极细—粉砂岩	粉—极细砂岩	极细砂岩	细—极细砂岩	极细—细砂岩
编码（代号）	4（F）	4.3（MF）	4.7（FM）	5（M）	5.3（CM）	5.7（MC）	6（C）
岩性	细砂岩	中—细砂岩	细—中砂岩	中砂岩	粗—中砂岩	中—粗砂岩	粗砂岩
编码（代号）	6.3（VCC）	6.7（CVC）	7（VC）	7.3（GVC）	7.7（VCG）	8（G）	
岩性	极粗—粗砂岩	粗—极粗砂岩	极粗砂岩	含砾极粗砂岩	极粗砂—砾岩	砾岩	

- 415 -

将岩性编码对相应岩性层的厚度作加权平均,然后绘制平均岩性编码等值线图(图 8-61a)从图上看,明显分为两个粗岩性区和两个细岩性区。北部粗岩性区包括鸭 701 井、鸭 700 井、鸭 508 井、鸭 594 井、鸭 527 井和鸭 543 井等,仅鸭 599 井偏细。南部粗岩性区范围较小,包括鸭 548 井、鸭 554 井、鸭 542 井。在这两个粗岩性区之间的鸭 513 井、鸭 562 井、鸭 592 井片为明显的细岩性区;往西也有一条细岩性带。据此可以认为,本区在 K_1g_1 沉积时期存在两个冲积扇,北扇的规模较大,扇顶在鸭 701 井附近,扇中范围到鸭 594 井、鸭 527 井、鸭 543 井、鸭 556 井一带,鸭 541 井已处于扇缘(图 8-61b)。南扇的规模比北扇小得多,且未见扇顶部分。两扇之间为扇间洼地。K_1g_1 冲积扇沉积相带与含油性有着较好的关系。从岩屑录井图上统计含油层段的累计厚度,与相应的地层厚度相比,将算得的比值绘成等值线图(图 8-61c)。从图可见,扇顶亚相的岩性粗,分选差,泥质含量高,含油性很差;扇中亚相总的来说,含油性较好,但不同微相的含油程度又有差别。漫洪微相的岩性较细,砂岩发育,尤其以中、细砂岩的比例较高,岩石的孔隙性和渗透性都比较好,表现为含油层较厚。槽洪微相的含油性较差,这与槽洪沉积的岩性粗、物性差有关。但也不尽然,在夹有中、细砂岩的槽洪沉积地层中,也可以少量含油。扇间洼地主要受漫洪的作用,故扇间洼地亚相也有较好的含油性。

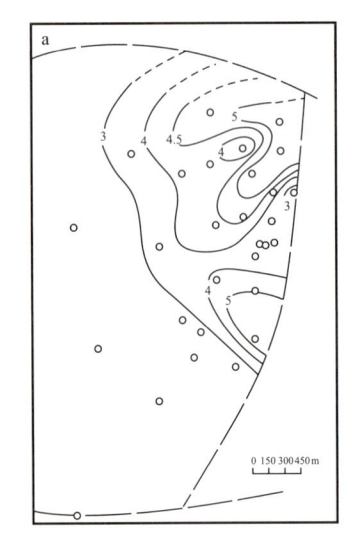

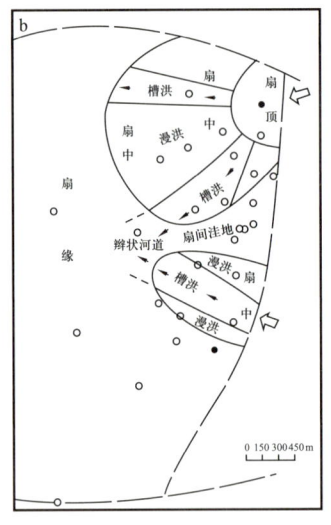

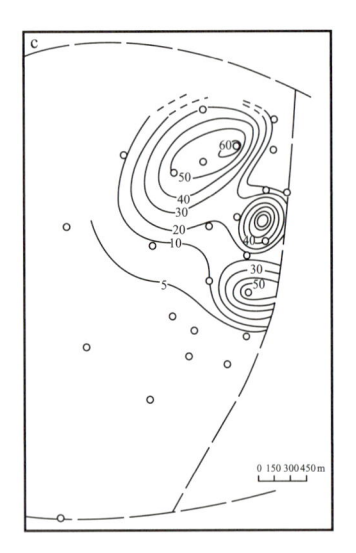

图 8-61 K_1g_1 沉积信息
a. 平均岩性编码等值线图;b. 冲积扇沉积相带图;c. 油层厚度 / 地层厚度比等值线图

2. K_1g_2 沉积相组

本区的 K_1g_2 沉积时期仍保持南、北两个冲积扇的沉积格局,但相带往东退缩,西部广泛发育冲积扇扇缘亚相,北扇的扇中亚相限于鸭 508 井至鸭 700 井一带(图 8-62a、b)。

扇缘亚相是冲积扇相中岩性最细的部分,一般泥页岩含量高,物性差,含油性差。但是肩缘的辫状河道微相的砂体具有较好的物性和含油性(图 8-62c)。扇中的槽洪微相带延伸到扇缘后，槽道抬出扇面，水流分散，沉积中、细砂岩。辫状河道两侧的泛滥沉积属于扇缘低地微相，物性差，含油性也差。以鸭541井为例，它在K_1g_1沉积时期处于冲积扇的扇缘，但发育辫状河道微相，故有较好的含油性，到K_1g_2沉积时期，以发育扇缘低地微相为主，不含油。

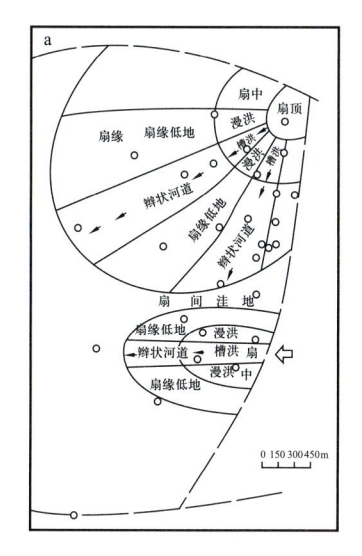

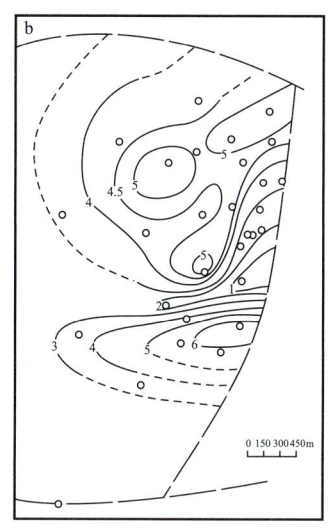

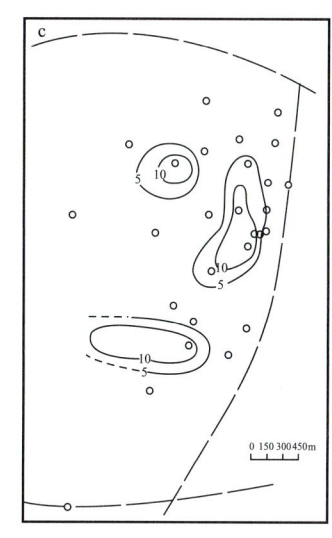

图8-62 K_1g_2沉积信息
a.冲积扇沉积相带；b.平均岩性编码等值线图；c.油层厚度/地层厚度等值线图

3. K_1g_3沉积相组

K_1g_3是本区下沟组的主要含油区段，地层厚度较大，主要发育扇三角洲和三角相。K_1g_3可进一步细分为三个亚段，自下而上分别为$K_1g_3^1$、$K_1g_3^2$和$K_1g_3^3$，它们所对应的主要沉积类型为扇三角洲平原亚相、前缘亚相和三角洲平原亚相。

1）$K_1g_3^1$沉积相组

油区多数井的$K_1g_3^1$为扇三角洲平原亚相。从地层岩性（编码）和地层厚度的分布来看（图8-63），有南、北两个高值区，对应于两个扇三角洲平原。北面的扇三角洲平原比南面的规模大。这种岩相分布格局与K_1g_1、K_1g_2的冲积扇相非常相似，可见它们来自相同的物源，只是伴随湖侵，冲积扇已向扇三角洲演化。

在扇三角洲平原亚相中，主要发育辫状分流河道微相和河间地微相。其中河道微相以砂岩为主，含油性较好；辫状分流河道微相以砂砾岩为主，含油性较差（图8-64）。这种情况与K_1g_1扇中亚相的槽洪微相和漫洪微相含油性的差异很相似。此外，在南、北两个扇三角洲平原之间，有一条地层厚度小、高含油的砂岩带，属于扇间洼地亚相。

从上述情况来看，K_1g_3的扇三角洲平原亚相的沉积特征、物性条件和含油性在一定程度上与冲积扇扇中亚相类似。

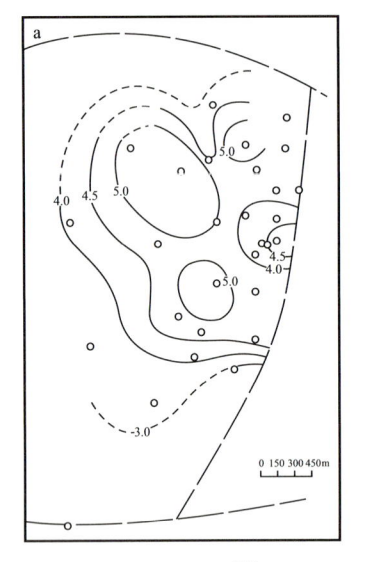

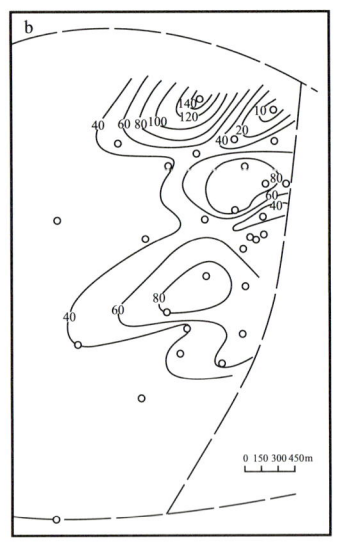

图 8-63　$K_1g_3^1$ 沉积信息
a. 等值线图；b. 等厚度图

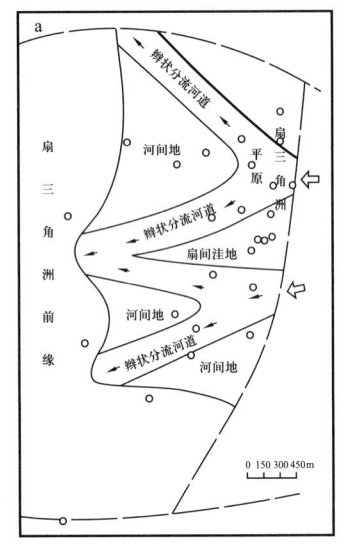

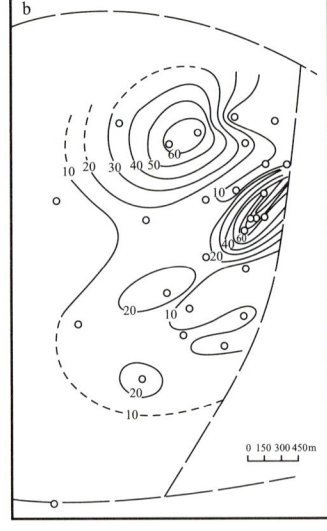

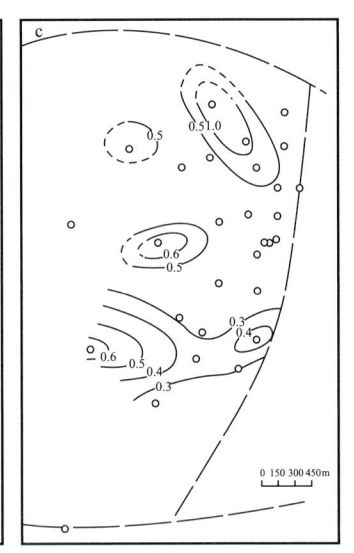

图 8-64　$K_1g_3^1$ 沉积信息
a. 沉积相带图；b. 油层厚度/地层厚度比值等值线图；c. 渗透率几何平均值等值线图

2）$K_1g_3^2$ 沉积相组

$K_1g_3^2$ 的岩相特点是广泛发育扇三角洲的前缘亚相。其中沉积厚度较大、岩性较粗、含油比例较高的是水下河道微相和前缘滩地微相，尤其是水下河道微相（图 8-65）。水下河道自北而南有四条，分别为鸭 700 井—鸭 543 井、鸭 562 井—鸭 527 井、鸭 554 井—鸭 506 井和鸭 548 井—鸭 540 井。在鸭 556 井—鸭 541 井—鸭 540 井一线以西，扇三角洲前缘由水下河道过渡为前缘滩地，最后进入浅湖。水下河道之间的河间湾沉积厚度小、岩性细、含油差（图 8-65）。

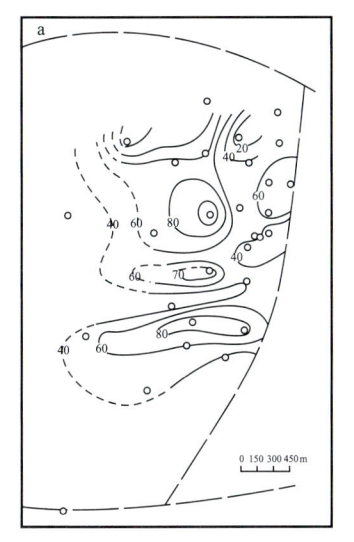

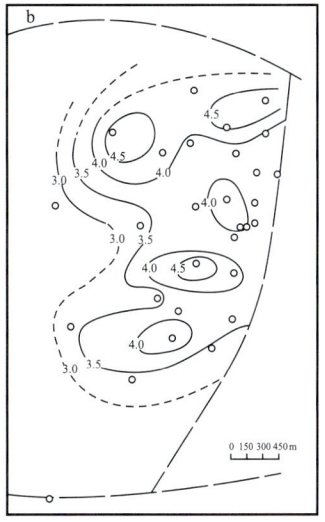

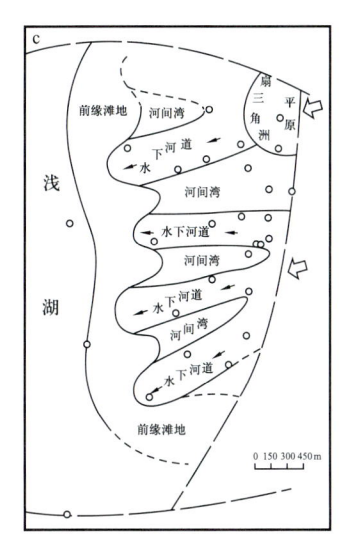

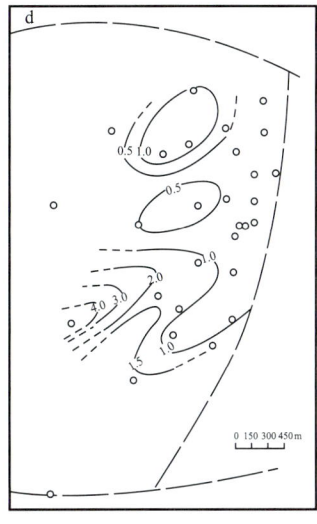

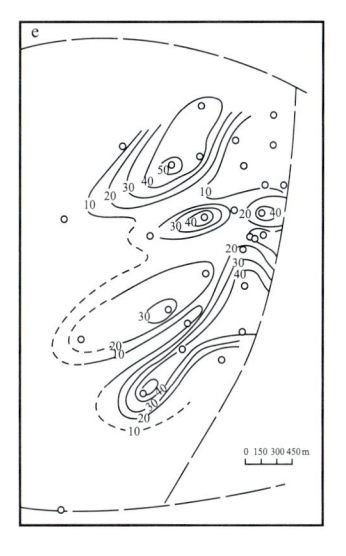

图 8-65　K_1g_3 沉积信息

a. 等厚图；b. 岩性编码等值线图；c. 沉积相带图；d. 渗透率几何平均值等值线图；

e. 油层厚度/地层厚度比值等值线图

3）$K_1g_3^3$ 沉积相组

$K_1g_3^3$ 以三角洲平原亚相为主，代表 K_1g_3 第二个Ⅳ级正旋回开始。$K_1g_3^3$ 时期仍保持南、北两个物源、两个三角洲的沉积格局。北面的三角洲平原有两条分流河道：鸭508井—鸭599井—鸭700井和鸭562井—鸭594井—鸭527井。南面的三角洲平原只有一条分流河道，其中心位置为鸭548井—鸭547井—鸭544井。分流河道的沉积厚度大、岩性粗、含油性好；而河间地的沉积厚度小、岩性细、含油性较差（图8-66）。这种情况与典型河流三角洲的岩相—油气储集性能的关系类似，可见 $K_1g_3^3$ 沉积时期由于构造运动趋于稳定，盆地地形趋于平缓，扇三角洲已向平原河流三角洲演化。

由鸭 700 井—鸭 541 井—鸭 544 井往西，三角洲由平原带进入前缘带，发育粗岩性的水下河道微相和水下砂坝微相，以及细岩性的河口湾和河间湾微相。

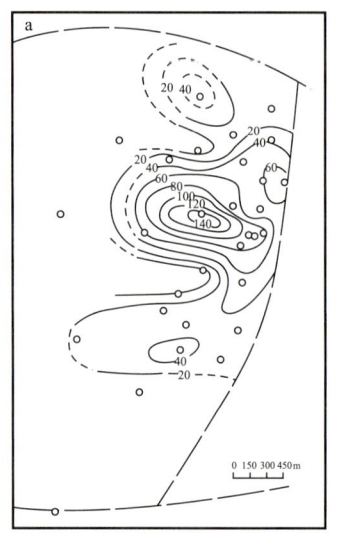

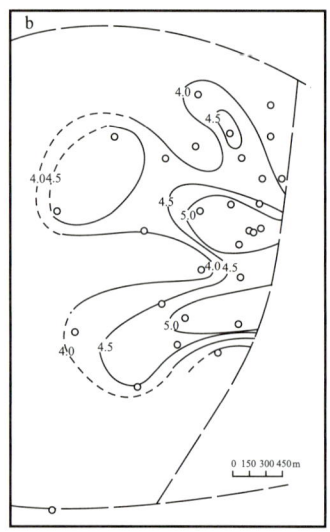

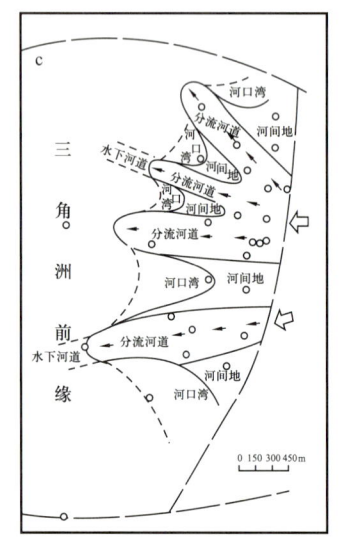

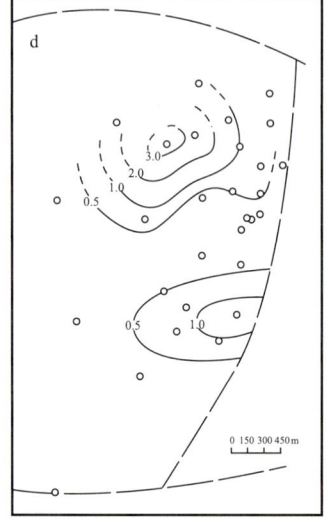

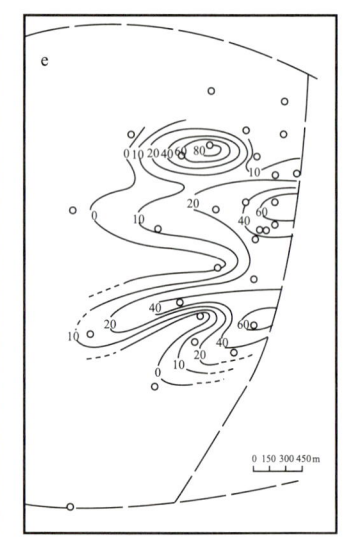

图 8-66　$K_1g_3^3$ 沉积信息

a. 等厚图；b. 岩性编码等值线图；c. 沉积相带图；d. 渗透率几何平均等值线图；
e. 油层厚度 / 地层厚度比值等值线图

在水下河道前方的浅湖环境中，发育浅水扇砂体。

4. K_1g_4 沉积相组

K_1g_4 的岩相特点是广泛发育扇三角洲的前缘亚相。其中沉积厚度较大、岩性较粗、油层厚度比例较高的是水下河道微相和前缘滩地微相，尤其是由带状砂体构成的水下河道微相（图 8-66）。水下河道自北往南有四条，分别为鸭 700 井—鸭 543 井、鸭 562 井—

鸭527井、鸭554井—鸭506井和鸭548井—鸭540井。水下河道之间的河间湾微相沉积厚度小，以砂泥岩为主，含油性差。扇三角洲前缘由水下河道—河间湾微相带往西过渡为前缘滩地，最后进入浅湖。

该段是下沟组Ⅱ级正旋回的顶部段，以湖相和三角洲前缘亚相为特色。K_1g_4的下部为三角洲前缘亚相，它与K_1g_3构成一个三角洲旋回；中部主要是湖相，有局部的三角洲相；上部有局部的构造回返，三角洲面积稍有扩大。

（1）$K_1g_4^1$沉积相组：

$K_1g_4^1$沉积时期，本区的三角洲已明显后退，以发育三角洲前缘亚相为主。其中规模较大的水下河道有两条，一条在北三角洲的前缘，沿鸭508井、鸭597井、鸭543井、鸭556井分布；另一条在南三角洲的前缘，分布在鸭554井、鸭542井、鸭548井、鸭598井、鸭506井一带。水下河道之间为静水的河间湾环境（图8-67）。在总体而言物性较差的$K_1g_4^1$三角洲前缘亚相中，水下河道微相的物性相对较好。据统计，水下河道微相的平均渗透率为1.36mD，比$K_1g_4^1$的扇三角洲平原亚相的平均渗透率略高。

（2）$K_1g_4^2$沉积相组：

该亚段是本区下沟组中湖泊沉积发育最广泛的层段。这个时期，三角洲已退缩到鸭599井、鸭508井、鸭594井、鸭592井一带，三角洲外面的浅湖中，多发育浅水扇，一个在鸭541井附近，面积较小；另一个在鸭598井、鸭506井、鸭547井、鸭540井、鸭544井一带，规模较大（图8-67）。这个亚段的物性比$K_1g_4^1$明显变差，平均渗透率仅0.85mD。

（3）$K_1g_4^3$沉积相组：

$K_1g_4^3$的沉积格局与$K_1g_4^2$基本相同，只是三角洲的规模稍有扩大，这是下沟组晚期构造—沉积回返的反映（图8-67）。该亚段物性最差，平均渗透率仅0.61mD。

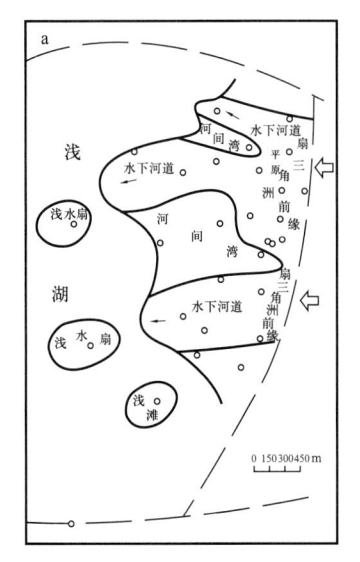

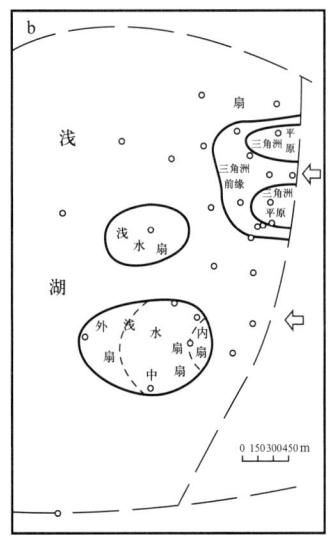

图8-67 沉积相带图
a.$K_1g_4^1$；b.$K_1g_4^2$；c.$K_1g_4^3$

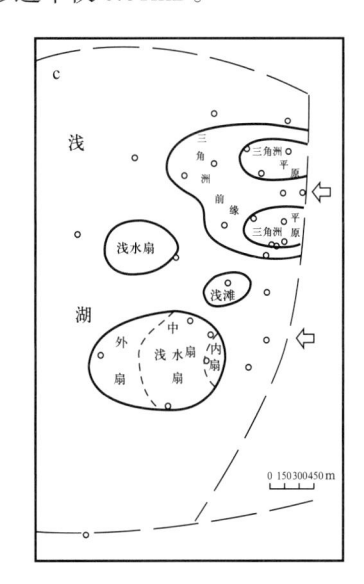

5. 沉积相序与旋回

鸭儿峡油藏的下白垩统构成一个Ⅰ级正旋回。其中，下沟组的沉积旋回也很清楚，呈一个Ⅱ级的正旋回。这种沉积旋回性在鸭儿峡的绝大部分井中都有反映，尤以连续取心较多的鸭 547 井和鸭 548 井表现得最清楚（图 8-58、图 8-59）。从岩性看，下沟组下部的 K_1g_1 和 K_1g_2 主要为冲积扇相，K_1g_3 的中下部为扇三角洲相，K_1g_3 的上部和 K_1g_4 的下部为三角洲相，K_1g_4 的中上部主要为滨浅湖亚相。电性曲线从总体上看，能基本反映地层的岩相特点和旋回性。多数井的 K_1g_4，视电阻率低，带小齿，偶呈低峰状，自然电位曲线负偏较低，形态较平缓，偶显峰态，反映湖泊沉积地层的电性特点。K_1g_3 的视电阻率为中高值，常有尖峰突出，自然电位曲线负偏较高，呈齿化的漏斗状、钟状及箱状，反映扇三角洲沉积的特点。K_1g_2 和 K_1g_1 的视电阻率亦为中高值，但峰多且峰值大，自然电位曲线呈负偏较高的齿状或齿化的箱状，指示了冲积扇地层的岩相特点。因此，整个下沟组呈一个Ⅰ级的正旋回。

第九节　吐哈盆地鄯善油田侏罗系油藏储层沉积相研究

一、地质背景

吐鲁番—哈密盆地地处新疆东部，是我国西北五大含油气盆地之一。其范围为东经 87°37′～94°30″，北纬 42°12′1″～43°。盆地北界自西向东为喀拉乌成山、博格达山和巴里坤山，南界为觉罗塔克山，西起艾维尔沟，东至梧桐窝子泉附近。盆地大致呈东西向展布，长约 600km，宽 50～130km，面积约 $4.8\times10^4km^2$。

1. 地层

吐哈盆地发育泥盆系至第四系（图 8-68），由老到新依次简述如下：

泥盆系发育不全，分布零星，主要见于盆地边缘。其岩性主要为流纹岩、安山岩、玄武岩、火山角砾岩、凝灰角砾岩及凝灰质砂岩与石灰岩，产腕足类和珊瑚类化石，厚度约 2000m。

石炭系发育较全，分布较广，出露于盆地边缘山区和盆内科牙依南、南湖戈壁及七角井东南一带。其下统为灰色、灰黑色、灰绿色厚层状砾岩、中—粗粒砂岩、凝灰质砂岩及凝灰岩；产腕足类化石，厚度约 2000m。中上统为灰色、灰紫色、红色及灰绿色厚层状、块状流纹岩、安山岩、凝灰岩、砂岩及石灰岩。珊瑚及腕足类化石丰富，厚度大于 3000m。上统主要为河湖相及扇三角洲相的碎屑岩，动植物化石丰富，厚度大于 3000m。

二叠系较完整，但地面露头不多，盆地内分布较普遍。下统主要为火山碎屑岩，厚度变化大，从天山乡的 158m 至盆地中部约 1200m。上统主要为河湖相和扇三角洲相的碎屑岩，动植物化石丰富，厚度数百米。

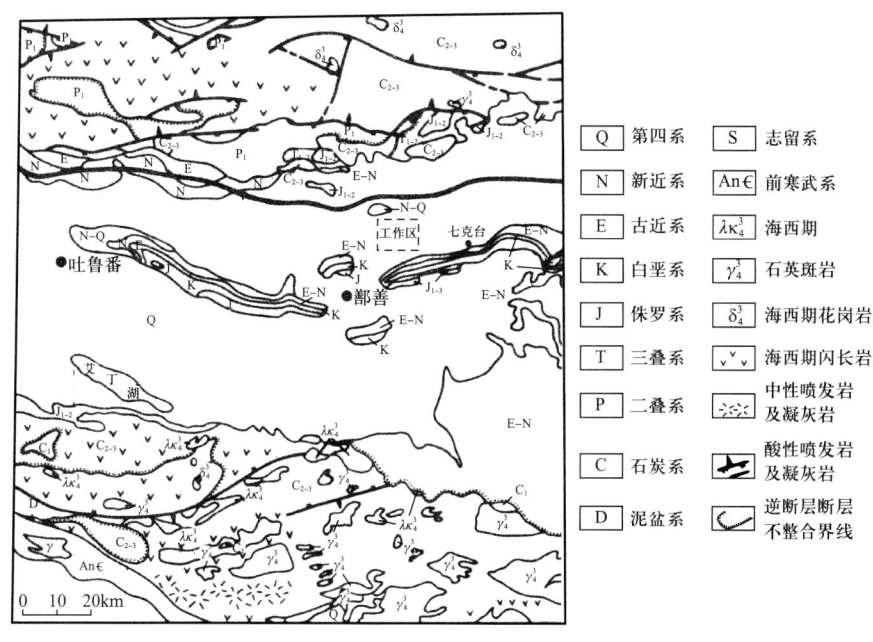

图 8-68 吐鲁番—哈密盆地地质简图

三叠系发育较完整，出露广，盆地内也广泛发育。主要为河湖相深灰色泥岩夹砂砾岩，含丰富的生物化石。

侏罗系在吐鲁番盆地的台北凹陷中缺失中上侏罗统，仅下统发育较全，为河湖相。岩性主要为棕红色泥岩、灰绿及灰黑色泥岩夹砂砾岩和煤层，含丰富的植物化石。侏罗系自下而上分为六个组：下统为八道湾组（J_1b）和三工河组（J_1s）；中统为西山窑组（J_2s）、三间房组（J_2s）、七克台组（J_2q）和上统齐古组（J_2q），各组之间为整合接触。

八道湾组为一套正旋回含煤层系，下部为灰白色砾岩和砂岩，上部为砂泥互层，泥岩呈灰绿、灰黑色，夹四组厚煤层及菱铁矿透镜体，是盆地的主要烃源岩。厚度变化大，50~2000m。三工河组也是一套正旋回沉积，下部为灰白色砾岩及砂岩，上部为灰绿色、灰色砂岩，粉砂岩，粉砂质泥岩及泥岩，夹薄煤层及煤线。产介形虫和植物化石。厚度30~1100m。西山窑组在盆地边缘以冲积扇形成的正旋回沉积为主，下部为灰色砂砾岩，上部为灰色中细砂岩、泥岩及煤层；盆地内为湖泊沉积，是灰色、灰黑色的中、细粒砂岩和泥岩、碳质页岩、粉砂质泥岩互层，泥岩中夹煤层，厚313~2000m。三间房组位于盆地边缘，以冲积扇—河流相为主，为一个或多个正旋回沉积；盆地内为湖泊沉积，化石少见，厚87~800m。该组是台北凹陷的主要产油层系。七克台组为一正旋回沉积，下部主要为滨湖相或河流—三角洲相的灰色砂岩夹泥岩及粉砂质泥岩，间夹煤线，产瓣鳃类化石。上部为浅湖—半深湖沉积的灰绿、深灰色泥岩、粉砂质泥岩夹薄层粉细砂岩、紫红色泥岩、钙质泥岩及泥灰岩，有时夹煤线。厚60~400m。本组砂岩是较好的储层，而暗色泥岩具良好的生油条件。齐古组分布范围局限，仅见于台北地区和十三间房、火焰山一带。主要为湖泊相的棕红色泥岩夹薄层细粉砂岩，在台北凹陷中分布稳定，为良好的盖层。盆地边缘为冲积扇—河流相的砂砾岩，厚度 700m 左右。

2. 构造背景

吐鲁番—哈密盆地位于准噶尔—巴尔喀什晚古生代地槽褶皱带的最东部，包括三个一级构造单元，即位于盆地西部的吐鲁番坳陷、中部的瞳墩隆起和东部的哈密坳陷。

盆地开始形成于石炭纪末和早二叠世，其基底为泥盆系—石炭系的凝灰岩、凝灰质砂岩、泥灰岩、石灰岩及海西期侵入岩，基底埋深 7600~8000m（图 8-69）。盆地的沉积盖层从二叠纪开始发育，直至现今。二叠纪—侏罗纪时，盆地具山间断陷性质。因北部博格达山隆起，盆地北侧发生断陷，构成盆地的沉积中心，使地层北厚南薄。进入中侏罗世后，特别是三间房期开始，受燕山运动影响，博格达山强烈隆起，盆地北部发生一系列逆断层，区内大部分局部构造开始形成。到侏罗纪晚期，湖盆萎缩。白垩纪到新近纪，盆地发生剥蚀和准平原化。新近纪末，受喜马拉雅运动影响，盆地急剧褶皱上升，并产生新的逆断层和构造变形，同时使早期构造进一步演化形成现今构造面貌。

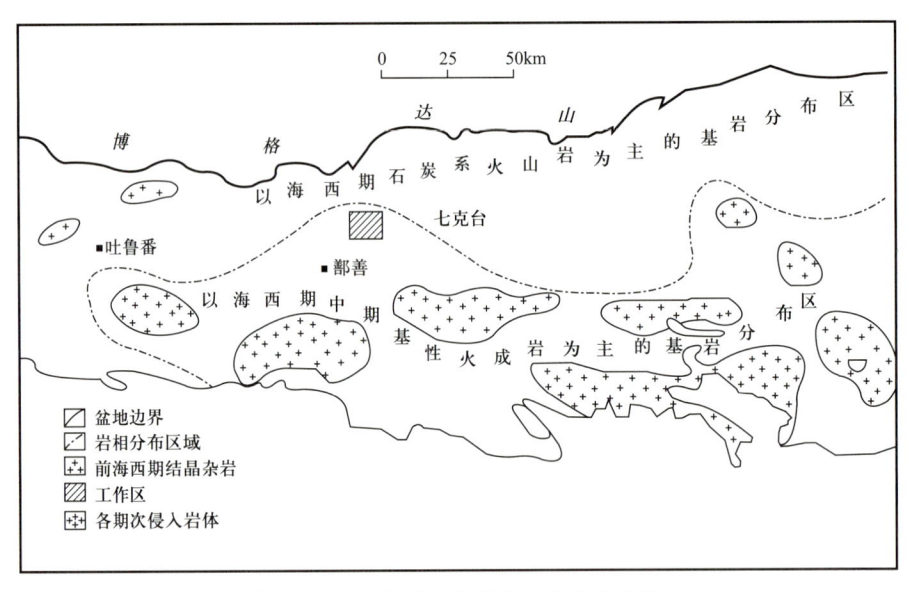

图 8-69 吐鲁番—哈密盆地基底岩相图

吐鲁番坳陷包括四个亚一级构造单元：布尔加凸起、托克逊凹陷、中央背斜带和台北凹陷（图 8-70）。鄯善油田所在的台北背斜构造位于台北凹陷中，柯柯亚—台北构造带的东南端（图 8-71），构造面积（以七克台油层顶计算）为 21km²，闭合幅度 250m，高点埋深 2750m，构造走向北东—南西，长约 6.5km，宽约 4km，为一短轴背斜。背斜西北端有一条走向北东，倾向北西的逆断层（图 8-71），将该背斜与丘陵背斜相隔。另外，构造中部还有一组"人"字型逆断层，开发试验区位于"人"字型断层以东。

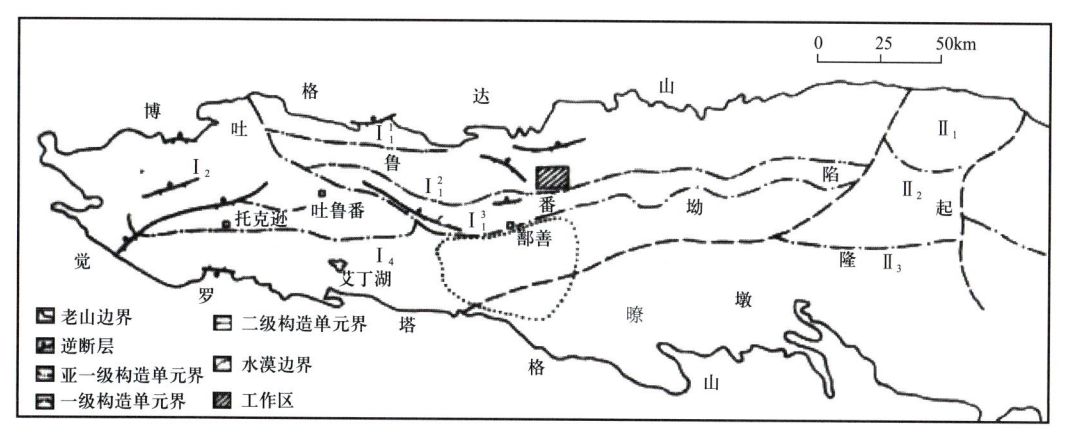

图 8-70　吐鲁番盆地构造区划图

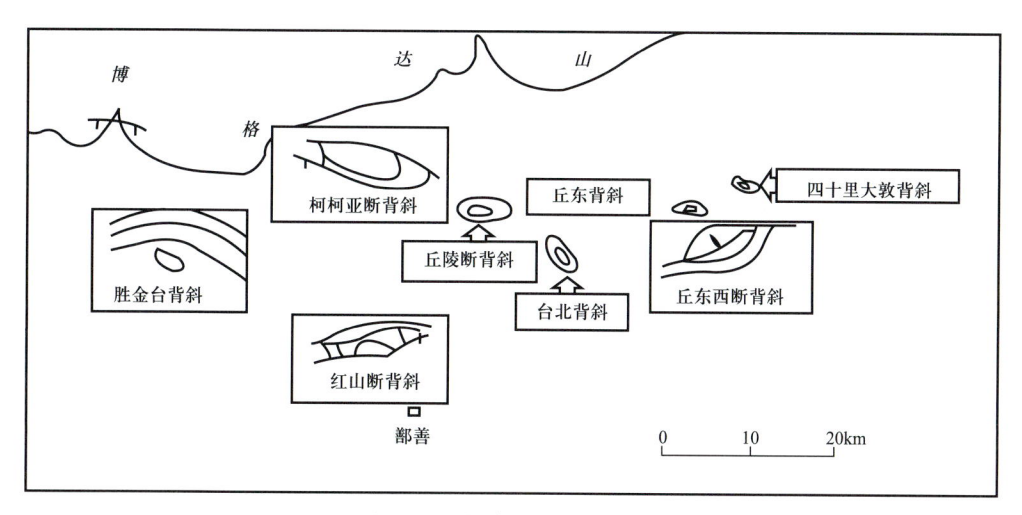

图 8-71　鄯善地区圈闭分布图

3. 区域沉积相

白垩系为冲积扇—河流相的棕红色砂砾岩与泥岩互层，厚 400～800m，与下伏地层呈不整合接触。

古近系—新近系包括下鄯善群、新近系的桃树园组和葡萄沟组，在盆地中广泛分布。岩性为棕红色、黄色及杂色砂砾岩与棕红色砂泥岩互层，含介形类化石，厚度约 1500m，与下伏地层不整合接触。

第四系主要为西域砾石层，分布广泛。艾丁湖附近有河湖相沉积。

4. 古地理概况

1）中侏罗世三间房期岩相古地理

中侏罗世西山窑组沉积末期，燕山运动序幕发生，盆地内部发生局部隆起和坳陷，火焰山、红山、七克台及柯柯亚—台北等构造初具雏形。西部的托克逊、布尔加，南部的艾北挠折带，东部的塔克泉已隆起成山。湖盆水体变浅，湖区缩小。三间房组就是在山地、丘陵、河网、沼泽广布的古地理环境下沉积的。它普遍与下伏西山窑组呈退覆式不整合接触。当时地形呈东高西低、南高北低的基本形态，故东部和南部的七克台—火焰山一带为一套平原河流相为主的粗碎屑岩夹砂泥岩，陆源物质主要来自东、南方，西北部是次要物源，发育山麓洪冲积相。沉积中心位于柯柯亚以西、火焰山以北地区，由中心向外依次为细碎屑—粗碎屑岩，作环状分布，其主要岩相类包括：洪冲积扇相、河流相、河流—滨湖相、滨湖—沼泽相和浅湖相（图8-72）。

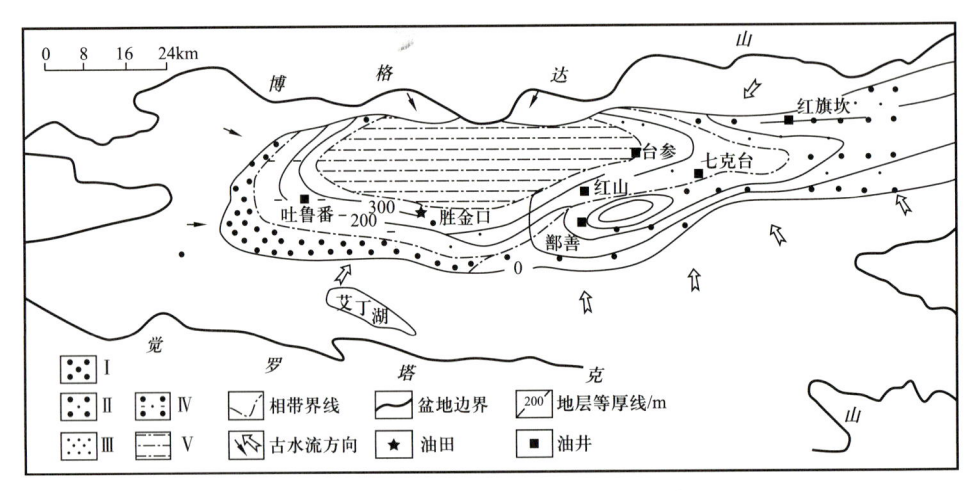

图8-72 吐鲁番坳陷中侏罗世三间房期岩相古地理图

（1）洪冲积扇相。

主要分布于火焰山—吐鲁番以南、雁木西西北地区，岩性组合以红色砂砾岩和砂、泥岩互层为主，砂质含量大于75%，主要为长石质硬砂岩和混合砂岩，泥铁质胶结，分选磨圆度极差，层理不清，缺少古生物化石。

（2）河流相。

分布于红旗坝以东及七克台—鄯善地区。岩性组合以红色砂砾岩夹红绿相间的砂质泥岩为主。铁钙质胶结，主要为复矿质混合砂岩，砂质岩占50%以上，具河成交错层理，含大型的硅化木化石。

（3）河流—滨湖相。

分布于柯柯亚—台北、七克台—红山的半环形地带。以红绿相间的砂岩和泥岩互层为主，砂岩透镜体发育，七克台、胜金口等地可见到扇三角洲沉积，砂质占25%～45%，含硅化木和碳化植物碎屑。

（4）滨湖—沼泽相。

分布于红山以西、火焰山—吐鲁番及西北部山前带。岩性组合以红绿相间的砂泥岩夹砂岩及碳质泥岩为主，碳化植物碎片丰富，有菱铁矿透镜体，层理清晰，砂质占18%～39%。

（5）浅湖相。

分布于火焰山以北、柯柯亚—煤窑沟以南及以西地区。岩性组合为灰绿色砂泥岩和粉细砂岩互层。中—薄层状，含底栖和浮游类古生物，局部地区出现灰黑色或红色泥岩薄层。

2）中侏罗世七克台期岩相古地理

七克台组是三间房组沉积的延续，气候过渡为潮湿温暖，沉积范围相似。岩相分布和岩性组合呈明显的环带状（图 8-73），并出现半深湖沉积。

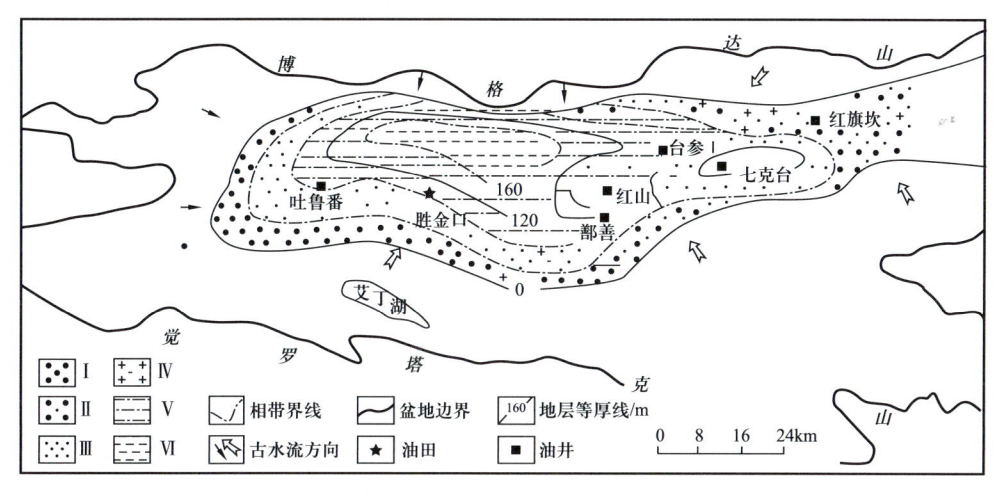

图 8-73 吐鲁番坳陷中侏罗世七克台期岩相古地理图

（1）冲积—坡积相。

分布于火焰山—吐鲁番以南及布尔加凸起以东地区。以红色、绿色砂泥岩、砂砾岩为主，砂质厚度大于 75%。分选及磨圆度极差，层理不清，无古生物化石。

（2）河流相。

分布于柯柯亚—红旗坝及七克台以东以南地区。岩性组合以含砾砂岩、砂岩为主夹砂质泥岩。含蚌壳化石及植物碎片，铁钙质胶结，河成交错层理，砂质厚度占 50% 以上。

（3）滨湖—沼泽相。

分布于红山—七克台、柯柯亚—台北的半环形带内，为灰绿色泥岩、泥质岩与黄绿色灰白色砂岩、含砾砂岩互层，具浅水波痕和微细斜层理，含动植物化石丰富，局部夹碳质泥岩和菱铁矿薄层，砂质厚度占 40%～50%。

（4）滨湖相。

分布于红山—火焰山、吐鲁番以南—煤窑沟的半环形带内，为灰黄色砂岩和灰绿色、灰黑色泥岩互层，以长石质硬砂岩为主，浪成波痕和小型斜层理，泥钙质胶结。含腹足类及瓣鳃类化石，少含植物碎片，砂质厚度占 35%～45%。

（5）浅湖相。

分布于雁木西—火焰山—红山以北、台北—柯柯亚背斜带及其以南的环形地带内，为灰绿色泥质岩与砂岩互层夹灰黑色泥质岩层，中—薄层，具微细水平层理，泥钙质胶结，含甲壳类和碳化植物碎片，含黄铁矿晶体，砂质厚度占15%～25%。

（6）半深湖相。

根据地震地层学资料，本相带位于红山以西、金胜口以北、铁路线以南地区，是中侏罗统生油凹陷（台北凹陷）。

5. 生储盖组合与储层特征

吐鲁番盆地经历多旋回的发育史，二叠系是海陆过渡沉积到陆相沉积，三叠系属断陷型陆相河湖碎屑沉积，侏罗系至新近系属坳陷型河湖及沼泽沉积，上新世至今湖盆收缩至消亡。

盆地具有多期构造变动、多个沉降中心和沉积凹陷的特点，其中侏罗纪末期的燕山运动所形成的隆起构造是油气藏形成的主要圈闭。二叠纪、三叠纪后期和侏罗纪八道湾期及七克台期都是盆地良好的生油期。沉积旋回的初期和后期是良好储集岩发育期（即晚二叠世初期、早三叠世、早侏罗世八道湾期、中侏罗世西山窑期、三间房期和七克台初期）。四个凹陷中以台北凹陷继承性强（二叠纪—新近纪），托克逊凹陷次之（二叠纪—中侏罗世初期），红旗坎凹陷在三叠纪末消失，胜金口南的三堡凹陷形成于白垩纪，消失于新近纪。

吐鲁番盆地已发现的主要储油层属中侏罗统。中侏罗统（西山窑组和三间房组，储层厚度达200m，其中已知含油砂层10余层，单层最大厚度达15m，良好储层在垂向上发育于正旋回的下部，在沉积相类型上属河流—滨湖相（七克台、红山）和滨湖—沼泽相及浅湖相（胜金口、台北）。岩性多为长石质硬砂岩和混合砂岩。储层物性变化较大，孔隙度一般为10%～20%，最大可达25%～27%；渗透率一般为1～100mD，最大可达500～1000mD。影响岩石物性因素主要是胶结物成分和含量，其次是粒度中值。由于盆地基底活动北部、西部比较强烈，东部南部较缓慢，造成南部和东部良好储层发育的相带宽阔，而西部和北部储层相带狭窄甚至缺失。

河流—滨湖相带内的三角洲，浅湖相带内的三角洲前缘砂体比河流相及河流—沼泽相带内的砂体物性要好。因此，寻找三角洲砂体是今后找油方向。

二、沉积相类型

本区中侏罗统沉积类型较为丰富，共计有五种沉积相，十一种沉积亚相和十七种沉积微相。

1. 扇三角洲相

扇三角洲是指从邻近高地进入稳定水体的冲积扇，是一种不完整的沉积体系，常表现为出山河流直接入湖，缺少冲积平原环境。这种相类型在三间房组中下部发育，电性特征比较明显，一般自然电位为中高负异常，箱形，边部微齿，电阻率呈中等值。该相包括两种亚相：扇三角洲平原亚相和扇三角洲前缘亚相（图8-74）。

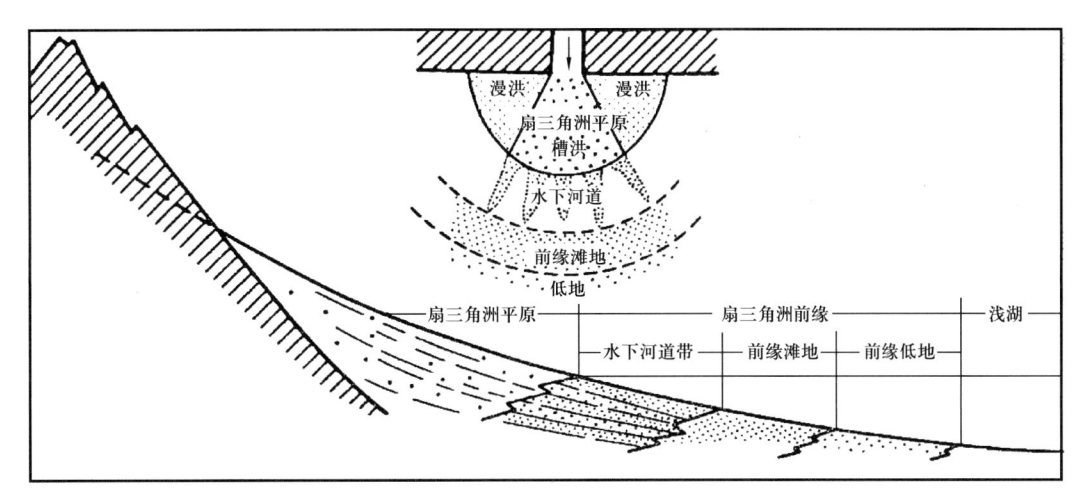

图 8-74 扇三角洲沉积模式图

扇三角洲平原亚相是扇三角洲体系的陆上部分，主要由槽洪沉积和漫洪沉积组成。槽洪微相是山地河流出山后沿扇面河道形成的带状粗碎屑沉积，为厚层块状砾岩、砾状砂岩或含砾砂岩，分选差，成熟度低。典型的槽洪微相分布于 S_{3-9} 井、鄯 9 井、鄯 10 井和鄯 4 井等井的三间房组底部砂层，S_{5-9} 井位于冲积扇的边缘，不发育槽洪微相。

漫洪微相为扇面洪水漫流沉积，分布于槽洪带的两侧，由中细砂岩组成，连续沉积厚度减薄到 10m 左右。以 S_{5-9} 井底部砂层为例，砂岩为灰色—灰白色中细砂岩，发育槽状斜层理、平行层理、递变层理和洪积层理，垂向上由薄正韵律层叠置而成，单韵律层厚约 2m。粒度概率曲线为二段式和三段式，细截点 2~2.5ϕ，跃移组分占 40%~50%（图 8-75 和图 8-76）。

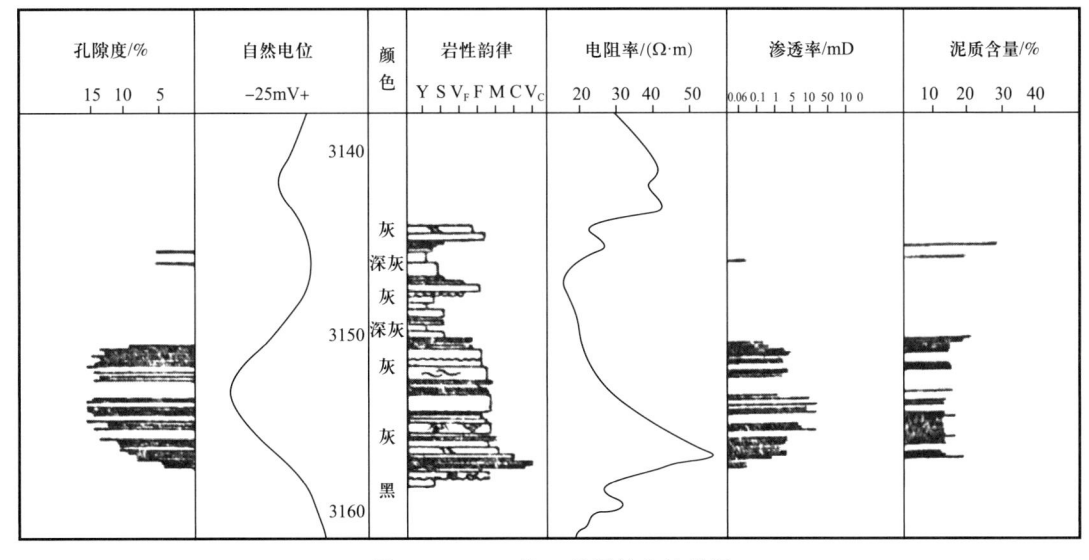

图 8-75 S_{5-9} 井 S_5 砂层综合柱状图

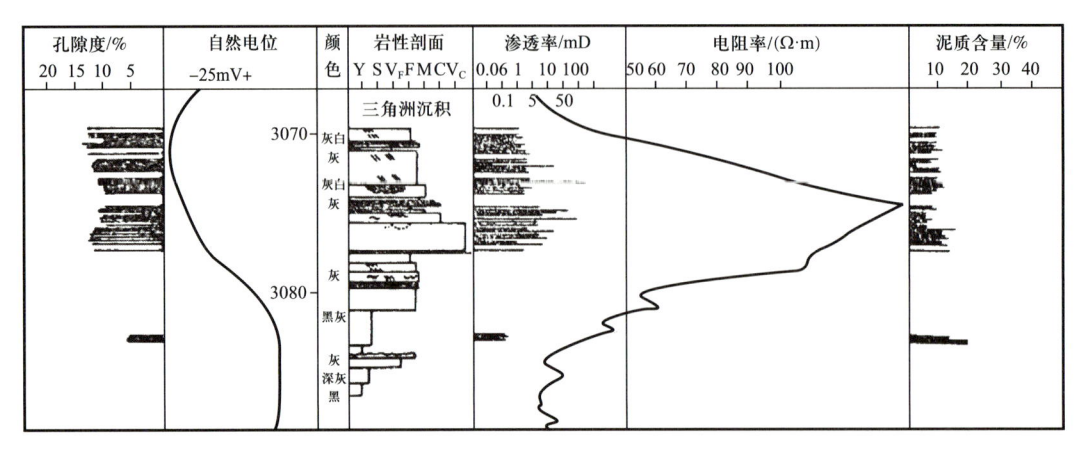

图 8-76　S_{5-9} 井 S_4 砂层综合柱状图

扇三角洲前缘亚相是扇三角洲的水下部分，主要包括水下分流河道、河间湾、前缘滩地和前缘低地等微相。

水下分流河道微相是扇面河道的水下延伸部分（图 8-74）。沉积物仍明显地受物源区控制，颜色以灰色为主，次为灰绿色；岩性以中细砂岩为主，分选较好；见槽状交错层理、平行层理和波状层理。韵律层厚 2~3m，韵律底部为粗—中砂岩（有时夹泥砾），向上变为细砂岩、粉砂岩和泥岩，粒度概率曲线为二段式和三段式，跃移组分占 40%，细截点 3φ 左右，悬移组分增多，砂层与下伏泥岩接触处有冲刷面，砂岩层系面上往往有植物碎屑或炭屑，这是水下沉积的特征。水下河间湾微相是水下分流河道间的细粒沉积，主要由灰色、灰黑色粉砂岩和泥岩组成，发育波状层理和水平层理及载荷构造。沉积物中泥质含量较高，泥岩中可见植物根茎。前缘滩地微相是随着水深增大，地形坡度变缓，水下分流河道携带的泥沙在此呈席状堆积。沉积物以细砂岩和粉砂岩为主，具水平层理和波状层理，并见有滑塌构造。垂向层序上表现为砂岩与泥岩互层。前缘低地微相位于三角洲前缘到前三角洲的过渡地带，以泥质粉砂岩为主。电测井曲线呈微齿状，幅度低。

2. 辫状河三角洲相

随着物源区后退，冲积扇也相应后移，原来发育冲积扇的地区转以辫状河为主。辫状河直接入湖形成的辫状河三角洲，是介于典型河流三角洲与扇三角洲之间的过渡类型，其砂体的电性特征也比较明显，自然电位呈中等负异常，形态以指状为主，个别为漏斗形，电阻率多为中高值，三间房组上部发育这类沉积。辫状河三角洲包括平原亚相和前缘亚相。

辫状河三角洲平原亚相主要包括分流河道微相和河沼微相。辫状分流河道微相是辫状河三角洲平原上的主要砂岩相带，颜色以灰和灰白为主，岩性以中砂岩为主，底部可有含砾砂岩，发育平行层理、斜层理和槽状交错层理，垂向层序上由若干小的正韵律层组成大的正韵律组，后者厚约 10m（图 8-77、图 8-78 及图 8-79 的 2930—2940m 段），常见砂泥岩互层或砂岩夹泥岩现象，这是由于辫状河主河道迁移频繁，韵律层顶部的泛溢沉积多被侵蚀，故泥岩层薄且不连续。粒度曲线以三段式为主，韵律层底部砂岩呈二段式；可有推

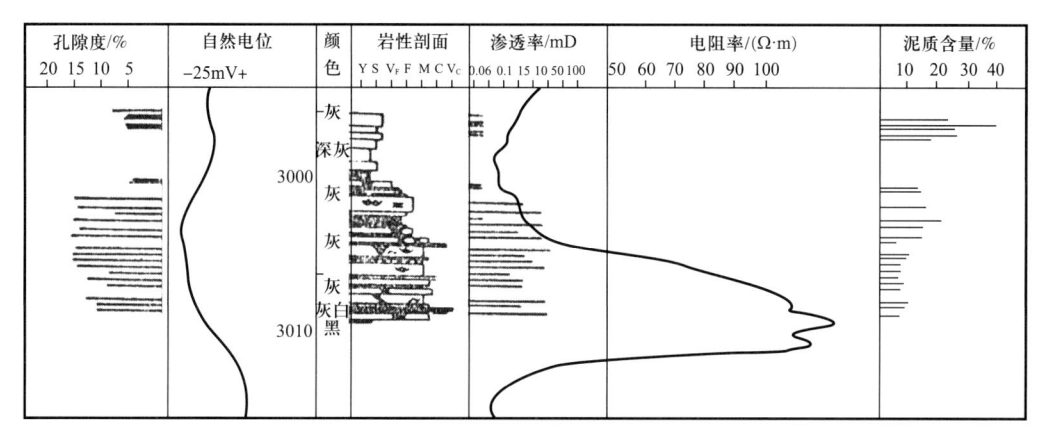

图 8-77 辫状分流河道微相综合柱状图（一）

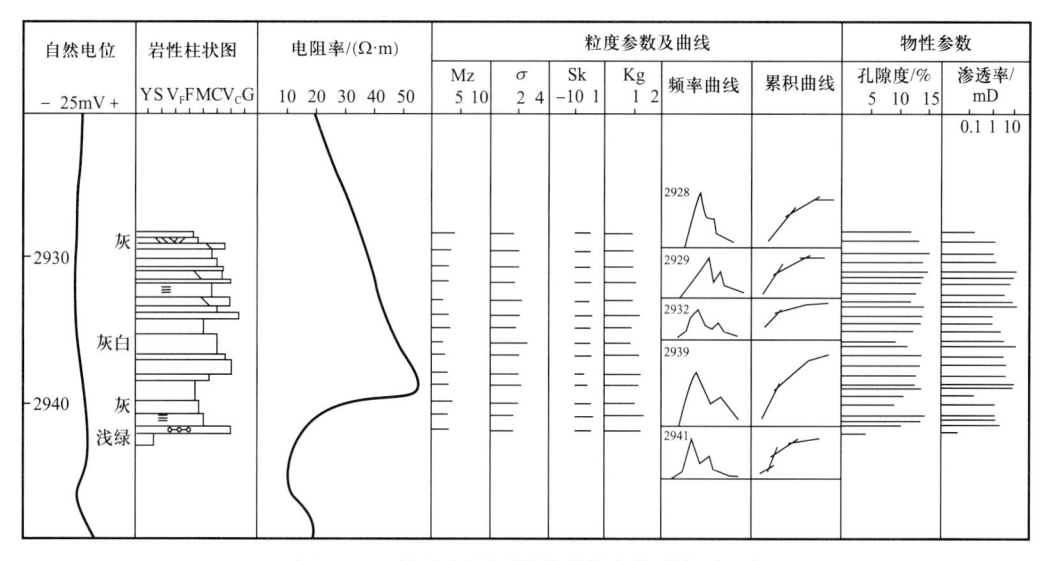

图 8-78 辫状分流河道微相综合柱状图（二）

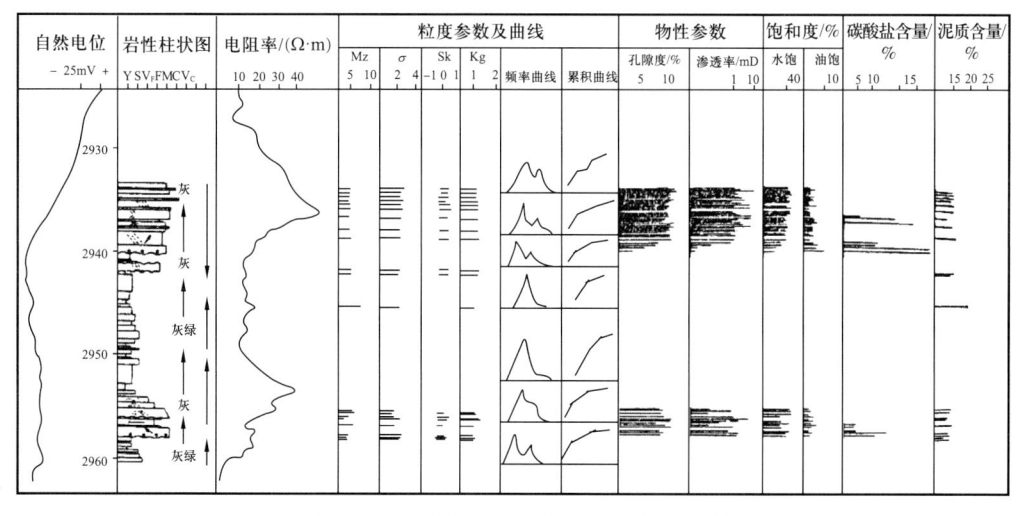

图 8-79 辫状分流河道微相综合柱状图（三）

移组分，但以跃移和悬移为主；粗截点1~2ϕ，细截点6~7ϕ。河沼微相呈灰绿色、灰色粉砂岩与泥岩，水平层理为主，电性曲线呈低幅微齿状。这是分流河道之间的低洼泛滥区。

辫状河三角洲前缘亚相由水下分流河道、河间湾、河口湾、砂坝和前缘滩地微相组成。

水下分流河道微相以灰色、深灰色中细砂岩和细砂岩为主，与底部粗砂岩构成比较明显的正韵律，层理主要有槽状层理、斜层理和似斜层理，拉度曲线以两段式为主，跃移组分占35%~40%，悬移组分占50%~60%，细截点在2~3ϕ之间（图8-80的2954—2958m，图8-81）。河口湾微相分布在分流河道入湖处的湖湾中，以灰色、灰绿色和杂色粉砂岩为主，具斜层理和水平层理。砂坝微相发育于三角洲前缘，呈典型的反韵律，由底部泥岩向上变粗到中细砂岩。前缘滩地微相的岩性为粉砂岩和极细砂岩，颜色以灰绿和深灰色为主，具似斜层理和变形构造。层序上粗细交互，韵律性不明显。

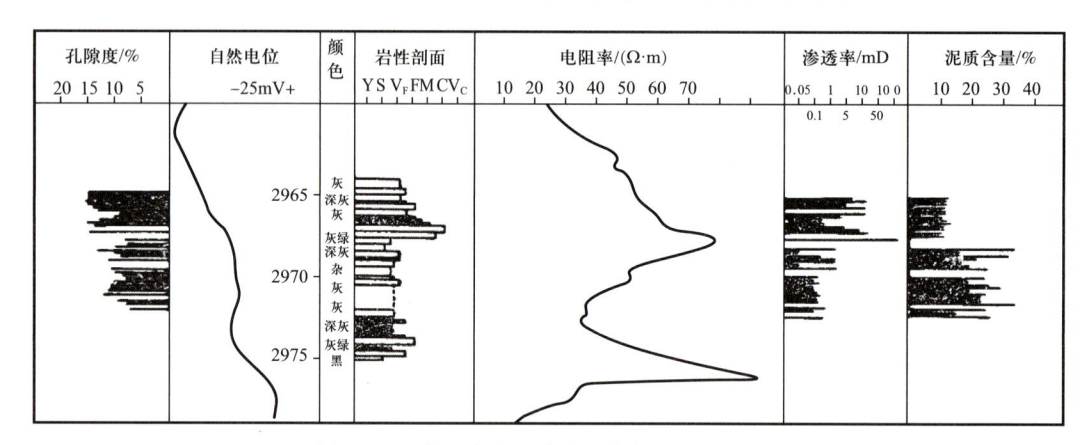

图8-80 水下分流河道微相综合柱状图（一）

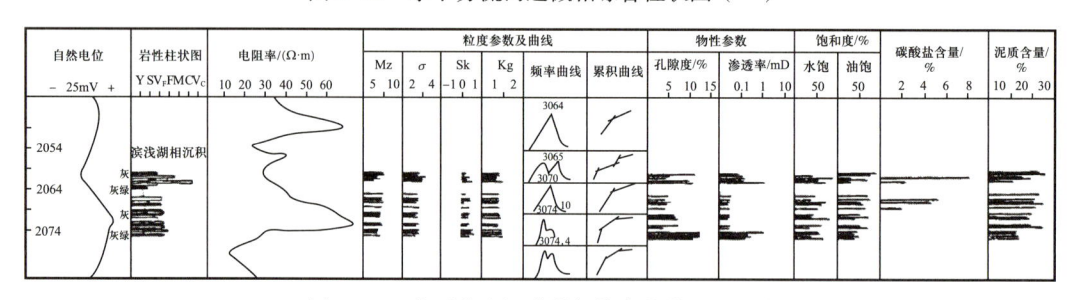

图8-81 水下分流河道微相综合柱状图（二）

3. 弯曲河三角洲相

其电性特征是：自然电位为低负异常，电阻率呈低或中低值，主要发育于七克台组底部。

弯曲河三角洲平原亚相包括分流河道和河沼微相，下面主要描述分流河道微相，其岩性以细砂岩和粉细砂岩为主，向上过渡为粉砂岩和泥岩，构成典型的正韵律层，韵律层厚约3m，发育斜层理，底部有冲刷面，颜色以灰色、灰绿色为主，韵律层上部的泥岩呈灰黑色（图8-82和图8-83）。

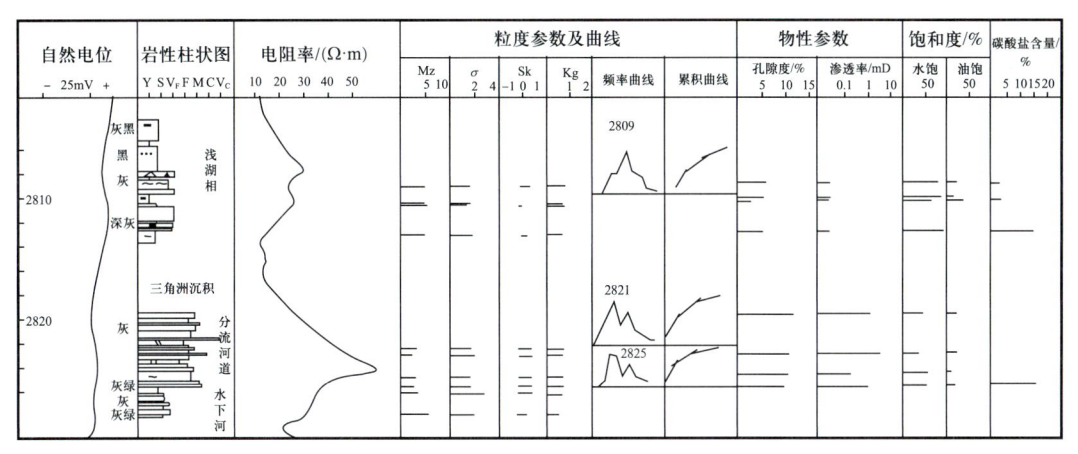

图 8-82　台参一井 Q_2 砂体综合柱状图

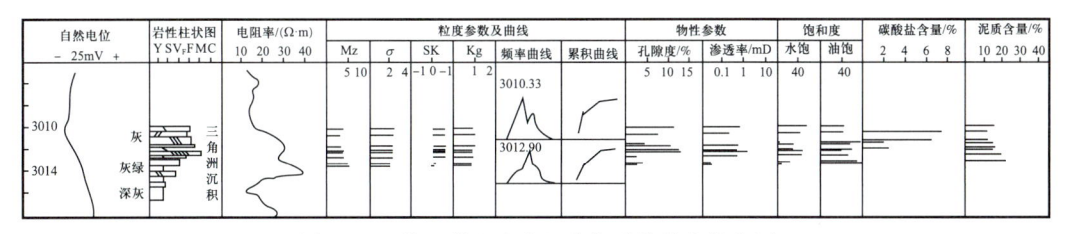

图 8-83　鄀二井七克台组底部砂体综合柱状图

弯曲河三角洲前缘亚相包括砂坝、河口湾和前缘席状砂微相。砂坝微相的岩性为灰黑—深灰色泥岩—细砂岩，呈反韵律，韵律层厚约 2.5m，层理为波状层理和水平层理。鄀一井七克台组 2931—2935m 岩心段为典型的砂坝沉积。河口湾微相是分流河道入湖口之间的湖湾沉积，由粉砂岩和泥岩组成，常富碳质，甚至成煤，发育水平层理、波状层理、透镜状层理和载荷构造。泥岩中可见成层的植物茎叶，也可见垂直层面分布的植物根茎，此外还发现有叶肢介和瓣鳃类化石。颜色灰绿、灰黑、深灰乃至黑色。泥质含量高，前缘席状砂（远端砂）微相分布在三角洲外缘洪水作用可及处，洪泛时悬浮的粉砂质堆积下来，呈席状分布。垂向层序上为静水沉积的泥岩所包围，砂层薄但延伸远。

4. 水下扇相

水下扇是指发育在湖盆边缘浅水环境中，由水下重力流形成的扇形砂砾岩体。本区西山窑组中部普遍发育的一套砂砾岩体，就是水下扇沉积。根据岩性和电性特征判断，分属扇中亚相和扇缘亚相。

扇中亚相是水下扇的主体，岩性为灰—深灰色砾岩、含砾砂岩，夹泥砾及炭屑，发育平行层理、递变层理、洪积层理、块状层理及交错层理，冲刷填充构造明显。西山窑组的取心井只有台参一井（取心 8m）、S_{4-9} 井（取心 12m），其中 S_{4-9} 井取在主砂层的上部，且为连续取心。根据岩心观察，西山窑组中部块状砂砾岩体主体属水下扇的扇中亚相，其特征为：下部为细砾、含砾粗砂及含砾中砂岩构成的粗粒薄正韵律，岩性变化频繁，含泥砾及少量炭屑，具有水浅流急的辫状水道沉积的特征，是扇中沉积的特点（图 8-84）。

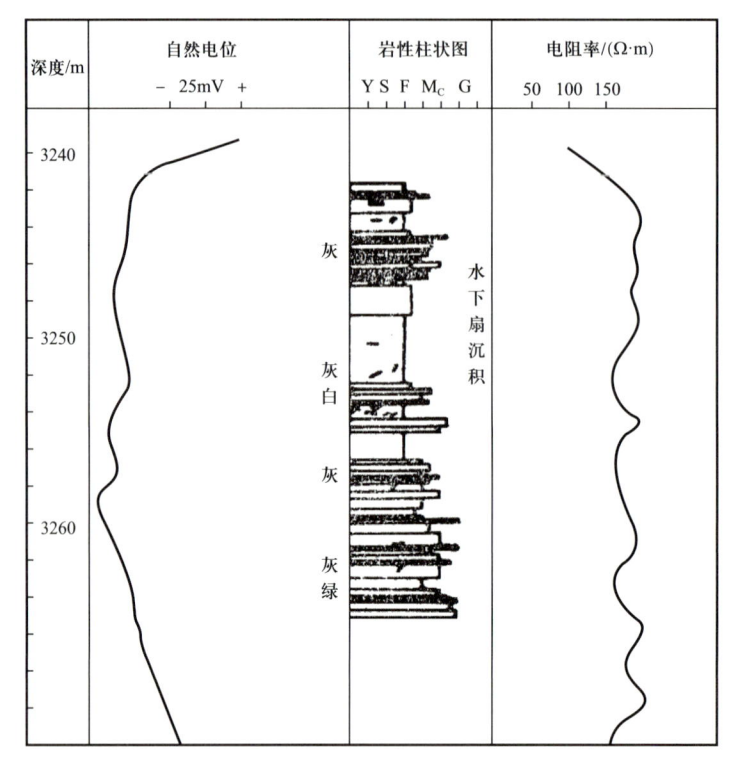

图 8-84 S_{4-9} 井西山窑组典型取心段综合柱状图

在前述扇中亚相的块状砂体之上，有一幅度较低的指状电性曲线，岩性为泥岩和粉砂岩夹薄层砂砾岩，颜色灰—深灰，这是水下扇的扇缘沉积。

5. 湖泊相

西山窑组和七克台组中上部广泛发育湖相，本区主要可见三种亚相：滨浅湖亚相、湖湾亚相和半深湖亚相。湖相沉积的电性特征也很典型，一般自然电位接近基线，光滑至微齿状，电阻率呈低值。

西山窑组大部和七克台组上部有滨浅湖亚相。这种环境湖水浅，受波浪作用，随湖水进退，湖底可部分出露水面，因此，沉积物的颜色为氧化—还原过渡色，既有属于还原色的灰绿和深灰色，也有属于氧化色的棕红色和褐色，还有反映湖水频繁变化的杂色。岩性以泥岩和粉砂岩为主，在七克台组上部还常发育钙质泥岩，后者属在湖泊发育晚期气候变干、湖水变浅时沉积的产物，层理主要为波状层理和水平层理，还有透镜状层理、脉状层理和砂泥薄互层，常见虫孔和生物扰动现象。

湖湾亚相发育在西山窑组底部和七克台组中下部，湖湾内为静水富氧环境，主要沉积暗色泥岩和粉砂岩，并有大量植物化石和煤，此外，还见有黄铁矿等自生矿物。

七克台组中上部主要发育半深湖亚相的暗色泥岩富含有机质，见大量沥青片，并有叶肢介和介形虫，可见水平纹层，是浪基面以下较深水区的沉积。

此外，在浅湖和半深湖沉积中，还夹有薄层浊积砂，电性曲线呈小的尖峰状。

三、沉积旋回与相组模式

1. 沉积旋回

旋回是受构造运动控制的沉积相的周期性变化规律。本区中侏罗统有三种不同级别的旋回（图8-85）。

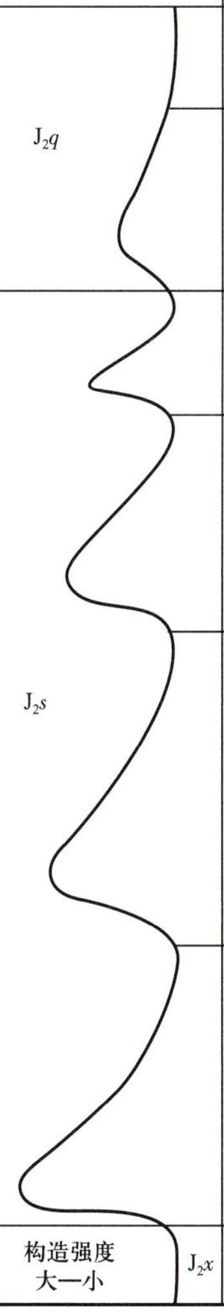

砂岩岩性 粗—细	平均厚度/m		沉积相	沉积亚相	沉积微相
	地层	砂层 编号			
J₂q			湖泊	浅湖	
	56.3	14.5	Q₁ | Q₅	河流三角洲	前缘	沙坝 远端砂 河口湾
				平原	分流河道河沼
	38.5	10.6	S₁	辫状河 三角洲	前缘	沙坝、远端砂 水下河道、河口湾
				平原	分流河道、河沼
	67.3	24.0	S₂ | S₃		前缘	沙坝、远端砂 水下河道 河口湾
				平原	分流河道 河沼
J₂s	96.1	27.5	S₃₋₄ | S₄	扇三角洲	前缘	水下河道 河间湾 前缘滩地 前缘低地
				平原	槽洪 漫洪
	88.3	34.7	S₄₋₅ | S₅		前缘	水下河道 河间湾 前缘滩地 前缘低地
				平原	槽洪 漫洪
构造强度 大—小		J₂x	湖泊	滨浅湖	

图8-85 鄯善油田中侏罗统旋回与相序

Ⅰ级旋回由西山窑组—三间房组—七克台组构成，经历了湖泊—三角洲—湖泊的环境演变，因此形成Ⅰ级复合旋回。

Ⅱ级旋回有两个，西山窑组是一个Ⅰ级复合旋回，由中部的水下扇沉积和其上下的湖泊沉积组成；三间房组—七克台组是三角洲—湖泊沉积，构成一个Ⅱ级正旋。

Ⅲ级旋回主要分布在三间房组和七克台组下部，是一系列正旋回，表现为由下部正砂层和上部过渡砂层组成的砂层组。这样的砂层组在三间房组有四个，在七克台组有一个。

2. 相组合模式

沉积相的平面组合关系是探索油砂体空间分布规律、查清储层非均质空间分布模式和制订开发方案的重要基础。

在各砂层的平面相带中，西山窑组砂层的中部砂层是水下扇沉积，限于资料少，只能根据仅有的五口井（S_{4-9}井、S_{5-9}井、S_{8-4}井、S_{2-2}井和台参一井）粗略划分沉积相带。根据取心和电测曲线特点，我们认为S_{4-9}井与S_{5-9}井属扇中亚相，而台参一井和S_{8-4}井为扇缘亚相。这四口井属于一个水下扇体系（图8-86），S_{2-2}井离该扇体较远，可能属另一体系。三间房组有五套砂层，从上到下分别为S_1—S_5砂层。为了统一起见，仍按此方案讨论沉积相带，但根据沉积相特点对分层数据适当作了修改。

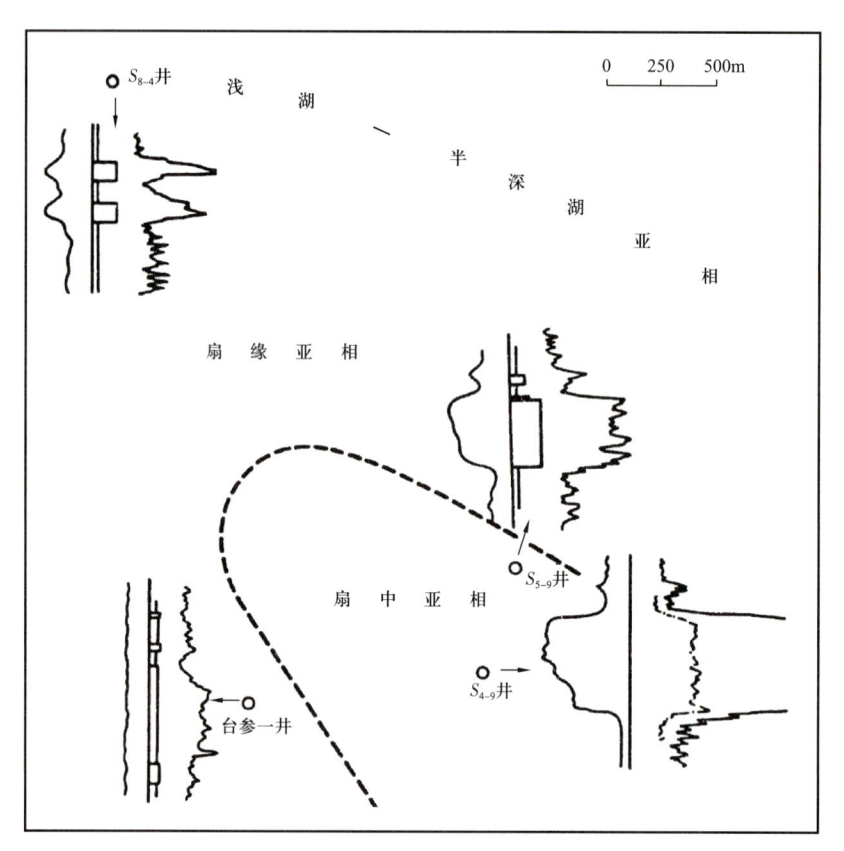

图8-86 西山窑组砂体沉积相带图

S_5砂层组（图8-87）包括S_5正砂层和S_{4-5}过渡砂层。S_5砂层的主体（即S_5^{2+3}）为厚层块状砂岩，属扇三角洲平原槽洪沉积。槽洪带大致集中在以鄯5井－S_{3-8}井为西界和以S_{5-8}井－S_{4-9}井为东界的范围内，岩性主要为中粗砂岩。由此带往两侧，岩性明显变细，厚度也有减薄趋势，而测井曲线则由箱状变为指状。扇三角洲平原的前方为前缘亚相，由近及远依次为水下河道带、前缘滩地带和前缘低地带。S_5 砂层组上部的 S_5^1 砂层厚度较薄，但相带基本上沿袭 S_5^{2+3} 砂层。平原亚相物质粗，孔隙发育，有利于油气储集。从平面相带图上可明显看出这一规律。

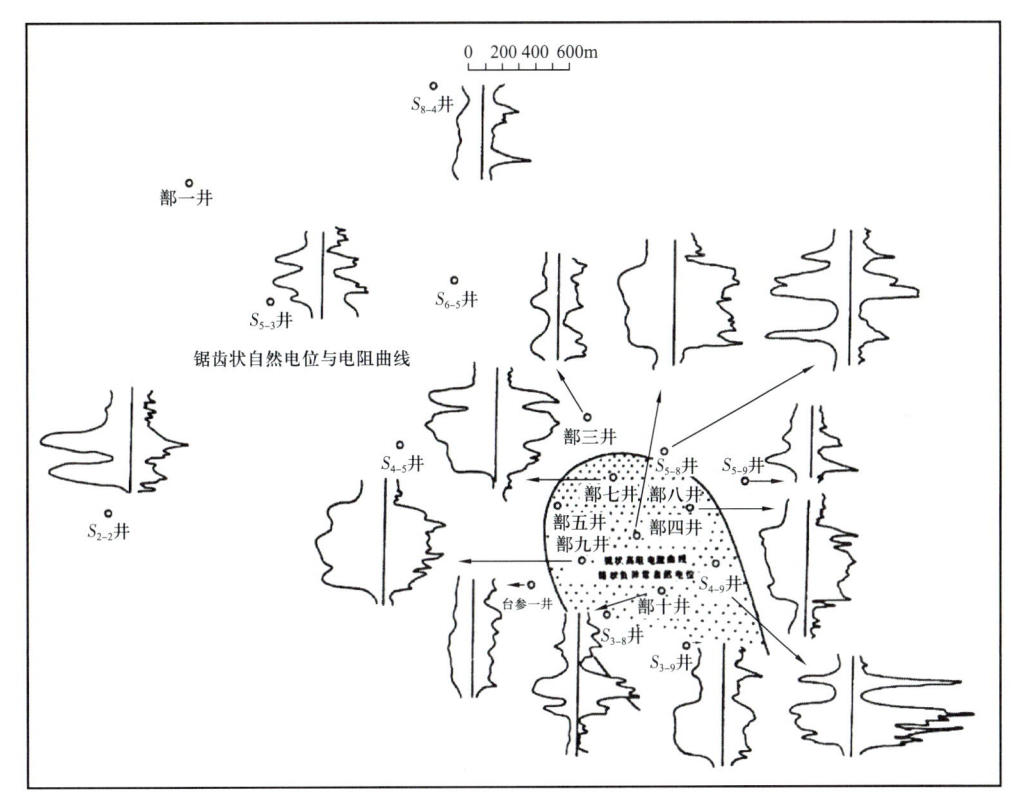

图 8-87 S_5 砂层电测曲线类型图

S_{4-5} 过渡砂层与下部的 S_5 砂层一起构成一套正旋回。此时相带明显地向东南方向后退，扇三角洲平原环境退出本区，仅存在前缘环境。砂层主体集中在东南部（开发试验区），属水下河道带，岩性以中砂岩—粗砂岩为主，含油性普遍较好。向西北方向，相带变为前缘滩地，岩性明显变细，为细砂岩—泥岩，含油性也明显变差。相带对于含油性的控制十分明显。

第十节　丘陵油田中侏罗统油藏储层沉积相研究

一、沉积特征

1. 沉积构造特征

该类沉积相有一些特殊的沉积构造，反映特定的环境条件。如陵 25 井的 2754.4m 和 2755.1m 深度处有细微的同生断层，表现为水平层理被断开，断距 2～3mm（图 8-88）。

同生断层往往发育在三角洲前缘斜坡上，这种现象的存在意味着这段岩心的沉积环境可能是湖泊—三角洲。

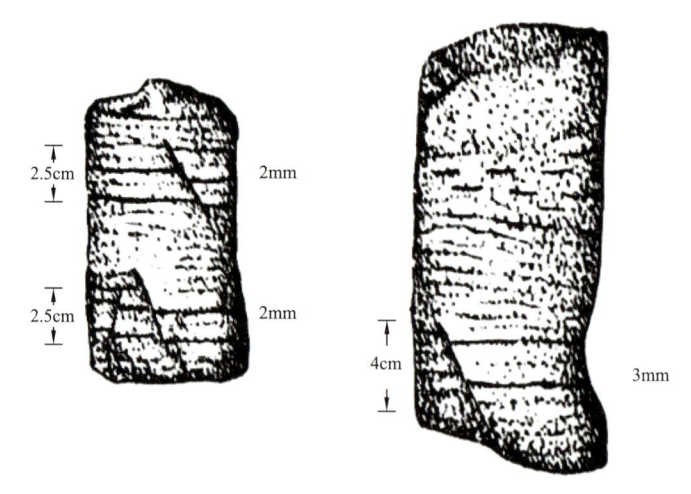

图 8-88　陵 25 井微型同生断层素描

2. 岩性韵律特征

岩性韵律是岩性在垂向上变化规律性的反映，它较客观地反映沉积动力的变化过程，是沉积环境的良好指标。本区岩性韵律比较明显，其类型有正韵律、反韵律、复合韵律及交互韵律。

1) 正韵律

正韵律是岩性向上变细的韵律。这种韵律在本区较多，构成正韵律的岩性，主要是各种砂岩，但细岩性也有。正韵律有完整的，也有不完整的，前者指岩性从粗到细，直到粉泥岩，具有连续的岩性区间，反映动力从强到弱的完整过程；后者的岩性区间窄，主要由底床强动力作用的粗岩性构成。韵律的底部岩性从细砂岩到中砾不等，顶部岩性则从泥岩到砂岩都有。单个正韵律层厚 1~5m，但常见韵律相互叠置形成韵律组，一个正韵律组的厚度变化 5~10m。陵 23 井的 2487—2497m 层段是一个较完整的正韵律，其底部为中砂岩，具斜层理，中部的细砂岩具水平层理、波状层理和泥脉，上部泥岩、粉砂岩呈均匀块状（图 8-89a）。这个韵律层反映辫状河汊河道沉积逐渐消亡的历程。陵 12 井 3027—3034m 层段的正韵律与之颇为相似（图 8-89b）。

陵 24 井的 3113—3122m 岩性段是一个粗粒的不完整的正律组，它由七个正的层组合而成，每个正韵律厚度为 0.5~1.5m，其顶部为细砂岩—中砂岩，底部岩性为粗—中砂岩。反映水动力反复冲刷填积的过程，是一典型的辫状河沉积（图 8-90a），陵 12 井的 3331—3336m 岩性段也是一个粗粒正韵律组，它由两个正韵律层构成，1 个正韵律层厚 2~3m，底部岩性为极粗砂岩，顶部岩性为细砂岩—极细砂岩，泥砾及植物化石碎块较多，这也是辫状河道沉积的特征（图 8-90b）。

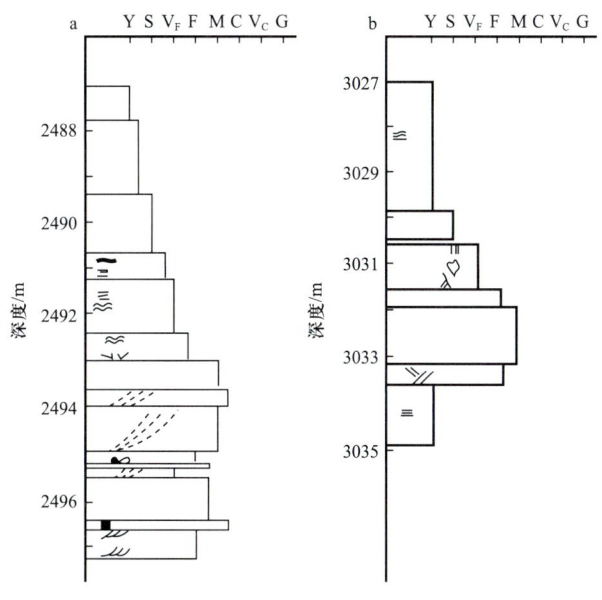

图 8-89　陵 23 井岩性图
a.2487—2497m 层段；b.3027—3034m 层段

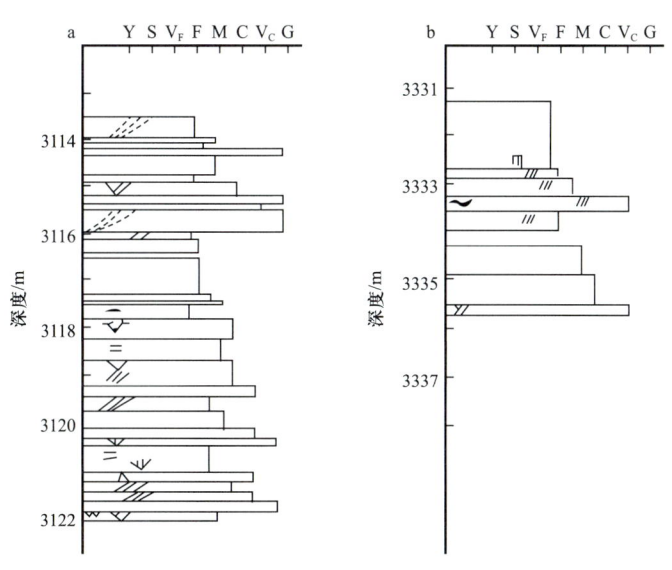

图 8-90　陵 24 井和陵 12 井岩性图
a. 陵 24 井 3313—3122m 层段；b. 陵 12 井 3331—3336m 层段

2）反韵律

反韵律是岩性向上变粗的韵律类型。典型的反韵律见于陵 23 井 2577—2582m（图 8-91a）和陵 24 井 3226—3234m（图 8-91b）。单个反韵律层厚约 2m，岩性从泥岩向上变为细中砂岩，沉积构造由下部的水平层理、波状层理向上变为交错层理，并具冲刷—填充构造。上述陵 24 井层段连续分布四个反韵律层，它们构成一个完整的反韵律组，代表了三角洲前缘的河口砂坝和浅滩沉积。

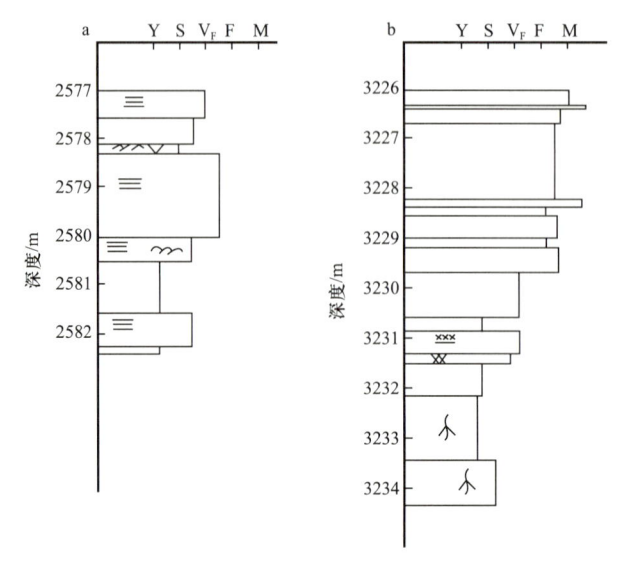

图 8-91　陵 23 井和陵 24 井岩性图
a. 陵 23 井 2577—2582m 岩性图；b. 陵 24 井 3226—3234m 岩性图

3）复合韵律

复合韵律指岩性由细到粗，再由粗到细的变化。复合韵律在本区较常见。根据韵律的规模及岩性，又可分出大型复合韵律和小型复合韵律两类。大型复合韵律以陵 24 井为代表，见于井 3210—3233m 取心段（图 8-92），其特点是：（1）韵律层厚度大，达 20m；（2）岩性区间大，韵律顶部和底部为泥岩，中部则为粗砂岩—砾岩；（3）大韵律内部叠合多个小韵律的叠置正韵律是三角洲平原分流河道迁移沉积的结果，下部的叠置反韵律是三角洲前缘河口（小型正、反、复合韵律及交互韵律）。这种大型复合韵律是三角洲沉积的特点，也是上部砂坝、水下河道、浅滩沉积的产物。

除了这种典型的三角洲沉积的复合韵律外，还见有一些小型的复合韵律，其厚度小（3～5m）、岩性细且岩性区间窄（泥岩—细砂岩），如陵 23 井 2401m、2420m 和 2458m 处（图 8-93），这种韵律层发育水平层理和波状层理，泥岩中有虫孔及生物扰动现象，它们是间歇性入湖河流的三角洲沉积。

4）交互韵律

交互韵律是在不稳定沉积环境中，水动力强度波动而导致的沉积物粗细交互的现象。既有粗岩性的交互韵律，代表高能环境的动力波动，也有细岩性的交互韵律，代表低能环境的动力波动，交互韵律层的厚度一般大于 5m。如陵 24 井 3163—3167m 岩心段为一粗交互韵律，其岩性为中砂岩、细砂岩和中粗砂岩，粗细交互出现，不呈明显的正韵律、反韵律或复合韵律，其沉积构造有平行层理、斜层理、递变层理及冲刷—填充构造，且沉积物分选较好。这是三角洲前缘河口砂坝沉积的特点（图 8-94）。

粗细交互韵律依其组成岩性还可进一步细分，有泥岩—粉砂岩构成的交互韵律，也有粉砂岩—极细砂岩的交互，分别代表浅湖和滨湖浅滩的沉积。

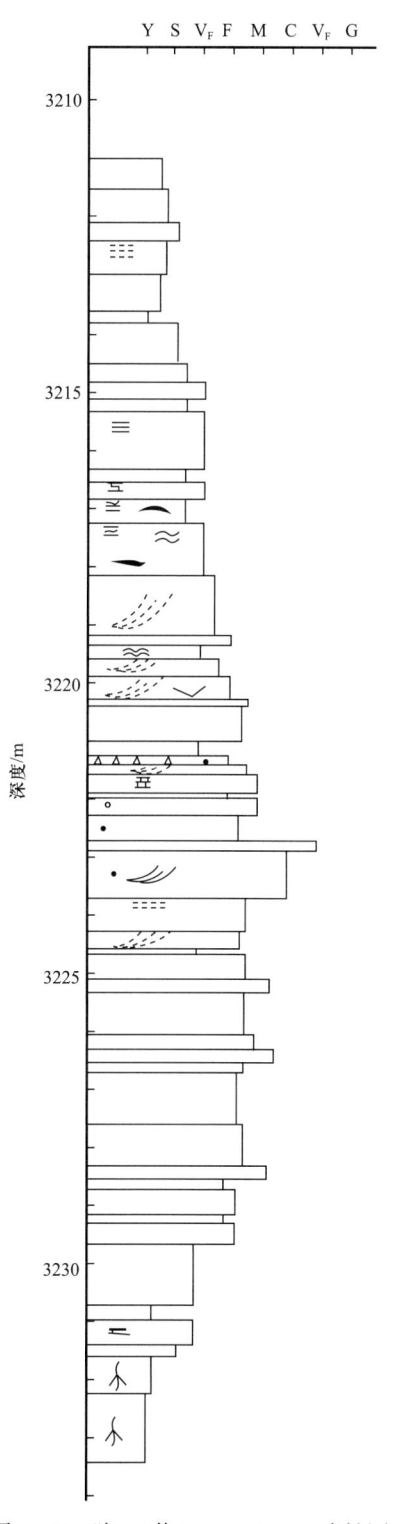

图 8-92 陵 24 井 3210—3233m 岩性图

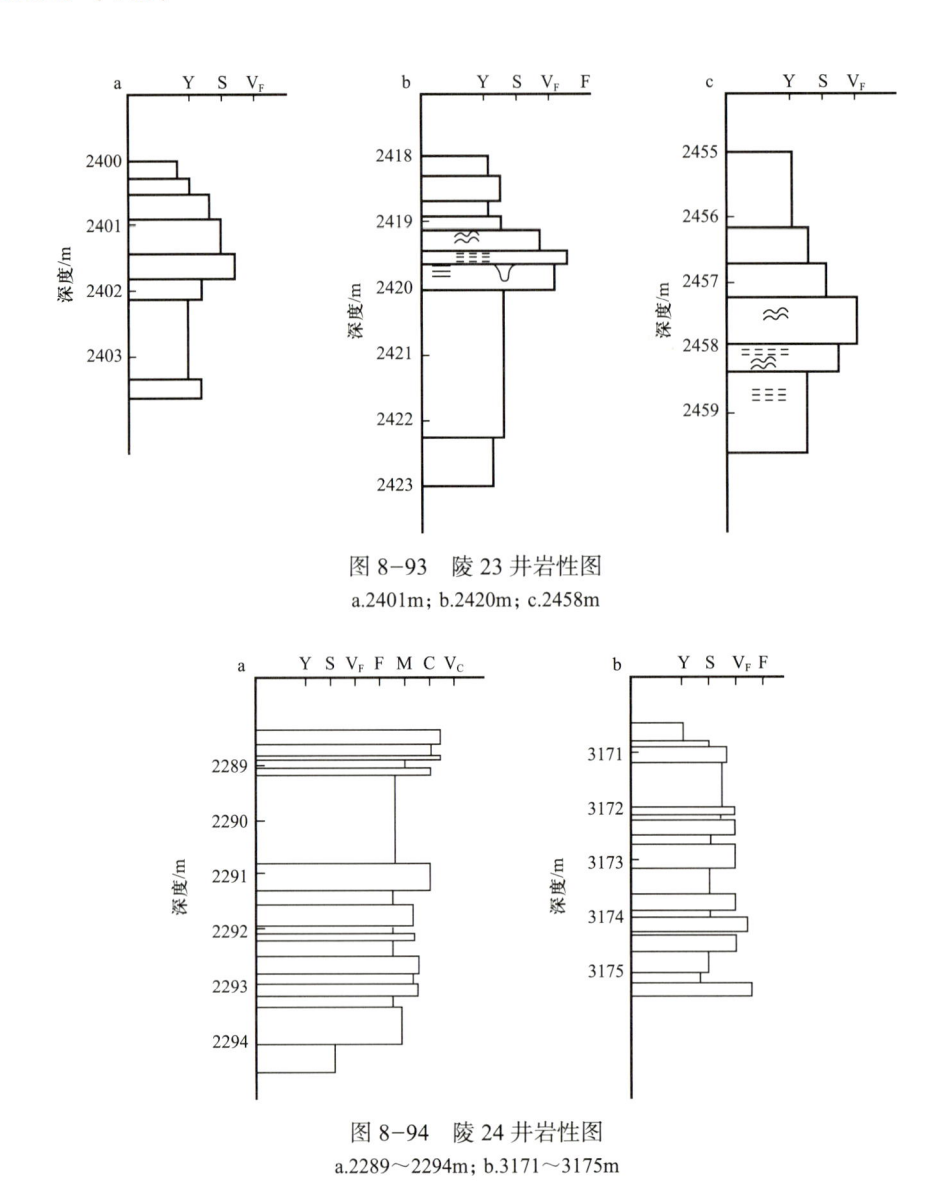

图 8-93　陵 23 井岩性图
a.2401m；b.2420m；c.2458m

图 8-94　陵 24 井岩性图
a.2289~2294m；b.3171~3175m

3. 粒度特征

粒度特征是沉积动力性质的反映。为了分析本区的粒度特征，收集了玉门研究院陵 2 井、陵 3 井、陵 4 井、陵 5 井、陵 9 井和陵 10 井的粒度分析数据，还补充分析了陵 25 井和陵 5 井的部分样品。根据这些数据，我们对本区粒度特征作初步分析。

1）粒度参数

我们用图解平均粒径作为粒度粗细的指标，得知样品的平均粒径变化于 1.20~7.14ϕ 之间，相当于细粉砂—中砂范围。分选性从标准偏差可以看出，丘陵各井的标准偏差多集中于 2~4ϕ 之间，其次在 1~2ϕ 之间，大于 4ϕ 和小于 1ϕ 的几乎没有（表 8-15），这说明本区粒度样品的分选多为差—很差。

表 8-15　陵 2 等井粒度参数特征

参数		井号						
		陵 2	陵 3	陵 4	陵 5	陵 9	陵 10	陵 25
样品数（n）		68	12	92	33	84	37	22
平均分选系数（$\bar{\sigma}$）		2.467	2.451	2.505	2.057	2.140	2.300	2.431
平均粒径 /ϕ	$\overline{Mz}$	3.311	5.547	2.870	3.75/3.368	3.265	3.052	4.624
	max/min	7.141/3.167	7.024/4.136	5.886/1.648	7.78/0.49	4.94/1.20	5.59/1.71	6.942/0.983
σ 范围 max/min		3.493/2.379	3.523/0.342	4.160/2.086	2.84/1.22	3.29/1.77	3.43/1.61	3.378/1.195
$\sigma<1$（$m/\%$）		0	1/8.3	0	0/0	0	0	0
$1<\sigma<2$（$m/\%$）		1/1.5	0	0	12/36.4	26/31.0	6/16.2	1/4.5
$2<\sigma<4$（$m/\%$）		67/98.5	11/91.7	91/98.9	21/63.6	31/83.8	58/69	21/95.5
$\sigma>4$（$m/\%$）		0	0	1/1.1	0/0	0	0	0

2）C—M 图形

根据粒度分析数据，用累计百分含量为 1% 的最粗粒径（C）与累计百分含量为 50% 的中值粒径（M）作散点图。结果表明，本区各井的搬运动力以快速牵引流为主，其基本形态包括 OPPO—QR—RS 段，但以 QR 段为主（图 8-95）。也就是说在这些样品的动力信息中，既有滚动悬浮和悬浮滚动，也有均匀悬浮，但主要是递变悬浮。这意味着本区的搬运营力很强，类似于浊流，但仍属河流类型，这种强动力的河流就是辫状河流。这与其他特征所反映的动力特征是相似的。

3）频率曲线

频率曲线可以指示沉积动力状况和沉积环境。从陵 2 井和陵 4 井的频率曲线来看，以粗宽峰型（图 8-96a）和中粒窄峰型（图 8-96b）为主，占 95% 以上。粗粒宽峰型反映水搬运能力较强，流速快，分选中到差，代表辫状河分流河道主河床沉积，位于河道正韵律层的下部；中粒窄峰型反映了水介质搬运能力中等，沉积物粗细中等，分选比较好，是辫状河三角洲分流河道滨河床沉积，位于河道正韵律层的中上部。从陵 2 井和陵 4 井的 J_2s 亚段的频率曲线看，两井很相似，以中宽峰型（图 8-96c）为主，粗粒宽峰型和中粒窄峰型其次，不见细粒型曲线，反映以三角洲前缘水下河道沉积为主的特点。将陵2井、陵3井和陵4井的J_2s亚段曲线进行比较，陵2井和陵4井比较相似，以粗粒宽峰型为主，中粒窄峰型为次，粒径范围在1～2.5ϕ之间，反映了三角洲平原分流河道的沉积环境。陵3井则不一样，以细粒窄峰型（图8-96d）为主，中粒宽峰型为次，代表介质动力较强，多悬浮搬运，沉积速度快的三角洲前缘的水下河道和河间湾的沉积环境。此外在陵4井还见中粒多峰型曲线（图8-96e），反映沉积物粗细混杂，分选极差，代表一种水下浊流沉积。从以上分析看，丘陵地区中侏罗统的频率曲线以粗粒宽峰、中粒宽峰和细粒型为主，代表辫状河三角洲平原分流河道沉积和三角洲前缘水下河道及河间湾沉积。

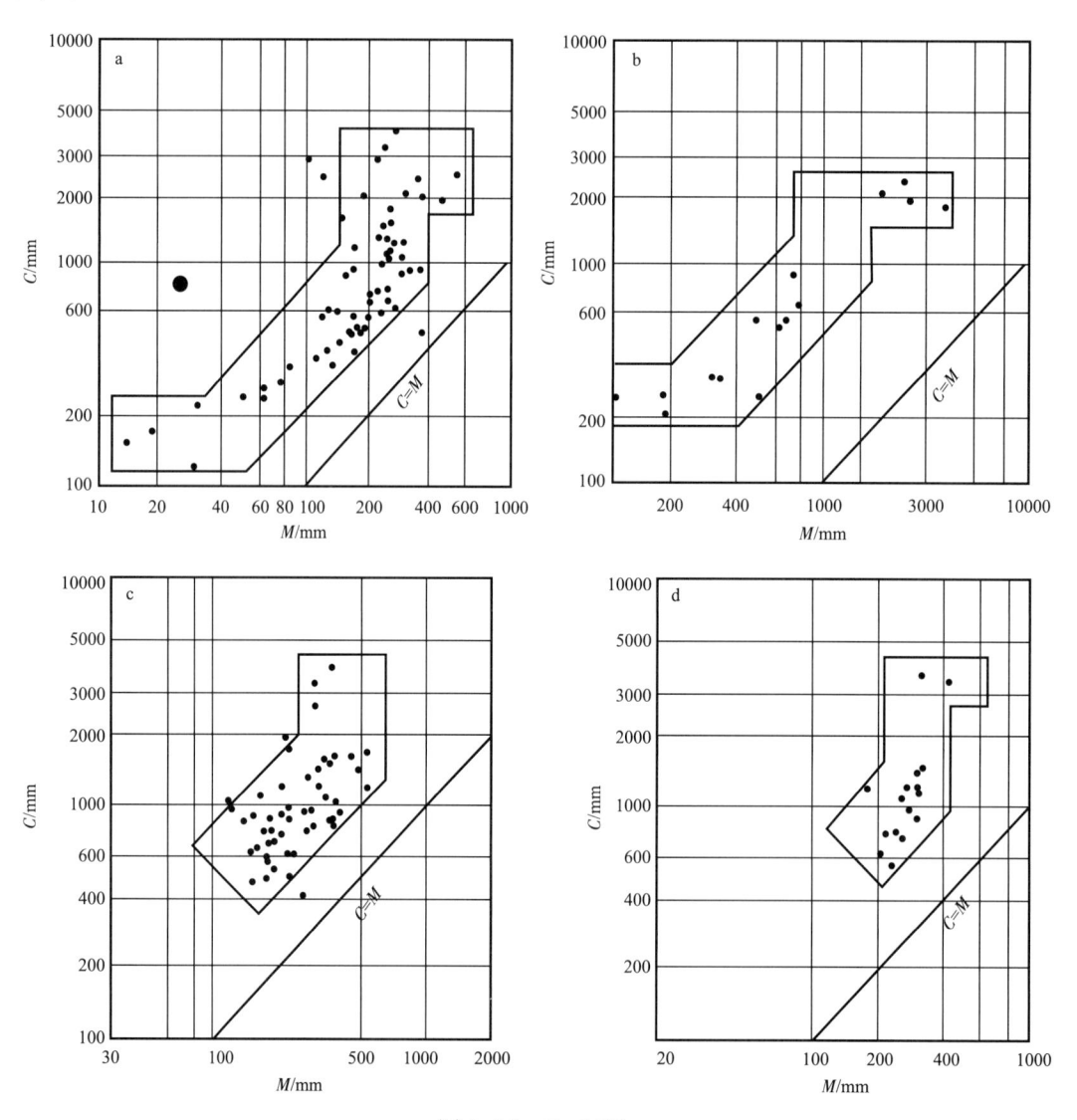

图 8-95 C—M 图
a. 陵2井；b. 陵25井；c. 陵4井J_2s；d. 陵4井J_2x

图 8-96　粒度频率曲线

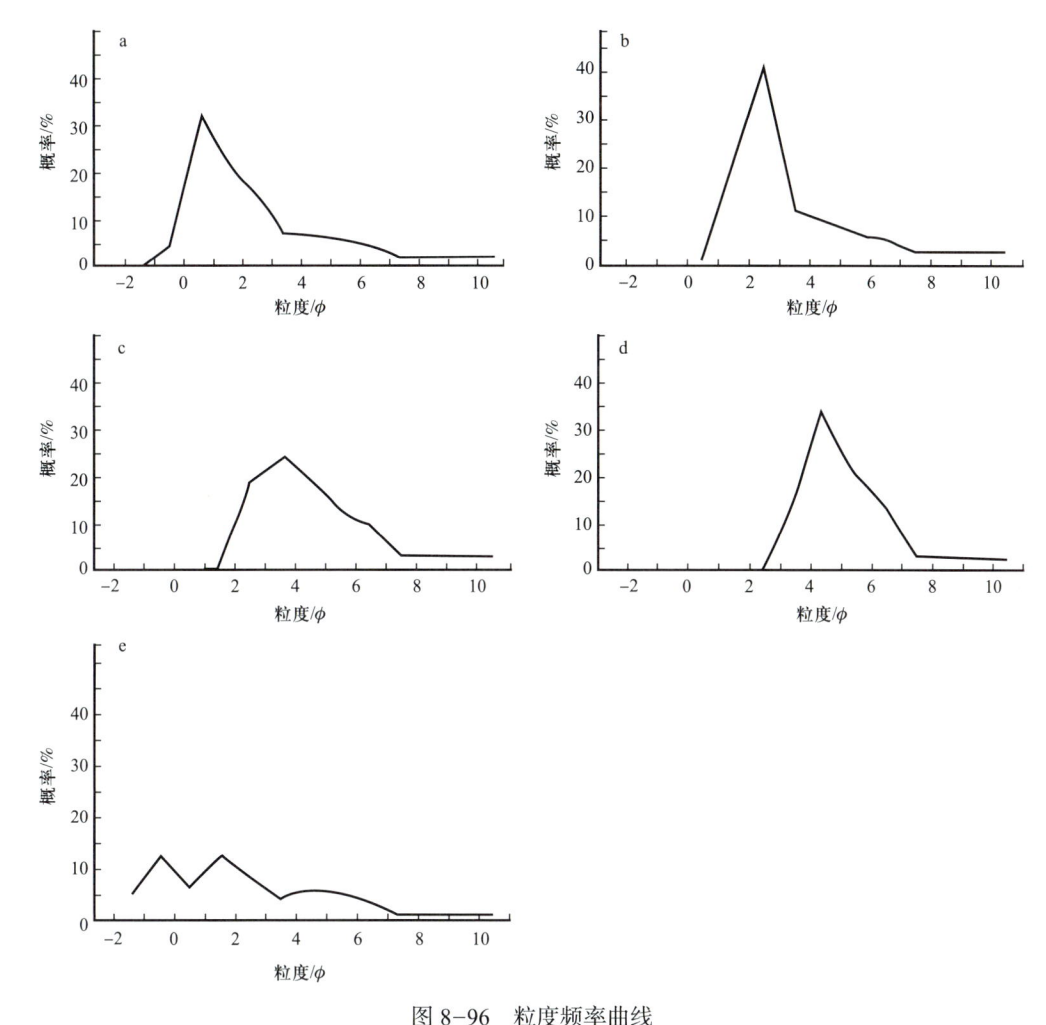

a. 陵 4 井 2090.3m；b. 陵 2 井 2633.7m；c. 陵 2 井 2665.0m；d. 陵 3 井 2534.9m；e. 陵 4 井 2221.0m

4）正态概率曲线

一个比较完整的正态概率曲线包括三段，其中粗粒段反映推移组分，中粒段反映跃移组分，细粒段反映悬移组分。线段的斜率反映了沉积物分选情况；不同组分的截点粒径和百分含量则可反映水动力强弱。根据陵 2 井、陵 3 井和陵 4 井三口的粒度分析资料看，正态概率累计曲线以三段式和二段式为主，其次是多段式和假三段式。比较典型的三段式占 41.5%，二段式占 34%，多段式占 13.2%，假三段式占 11.3%。典型三段式（图 8-97a）由推移、跃移和悬移段组成，粗截点为 0ϕ，细截点为 1.5ϕ，以跃移组分为主，约占 60%，它与粗粒宽峰型频率曲线相当，代表三角洲平原辫状河分流河道沉积。二段式曲线（图 8-97b）由跃移和悬移段组成，细截点为 3ϕ，跃移组分约占 50%，与酒西盆地鸭西白垩系储层的正态概率曲线比较，细截点偏粗，跃移组分比例偏小，反映了丘陵地区水流作用稍强一些，可能是干旱区洪流作用的结果。段式曲线与中粒窄峰型相当，代表三角洲分流河道的滨河床沉积。多段式概率曲线（图 8-97c）反映了较复杂的水动力条件，既有底部推移，也有中部跃移和上部悬移，还有它们之间的过渡类型，垂向上层次明显，沉积物分选差，与中粒宽峰型频率曲线相当。非典型三段式（假三式）可能是悬移段二分而成（图 8-97d），也可能是跃移段二分而成（图 8-97e），代表了洪流作用的特点和间歇性受湖浪改造水下河道的河间湾的沉积。

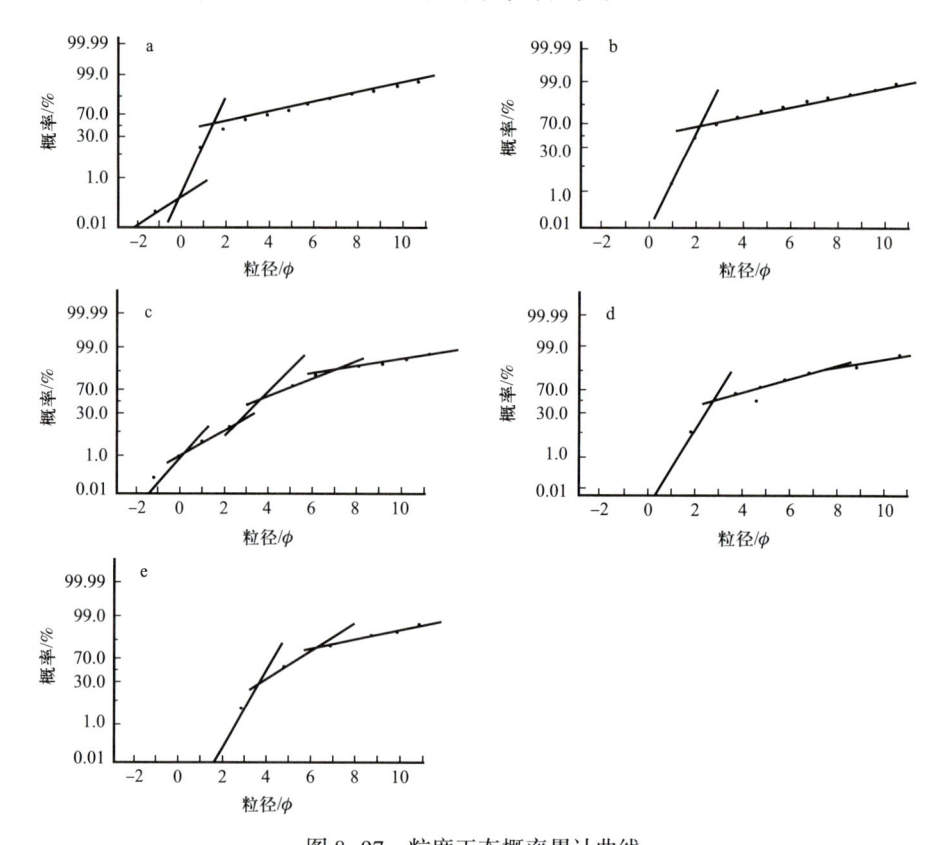

图 8-97　粒度正态概率累计曲线
a. 陵 4 井 2221.8m；b. 陵 4 井 2217.1m；c. 陵 2 井 2714.9m；d. 陵 2 井 2679.0m；e. 陵 3 井 2351.0m

二、沉积相类型

1. 辫状河三角洲相

1）辫状河三角洲平原亚相

（1）辫状分流河道微相。

这是三角洲平原上的主要砂岩相带，呈放射状分布。其颜色呈灰、灰白，岩性以中砂岩为主，发育平行层理、块状层理和斜层理，垂向序列上由若干个厚 1～2m 的正韵律层叠置成厚约 10m 的正韵律组。陵 4 井 2210—2228m 的砂岩段是典型的辫状分流河道沉积（图 8-98）。

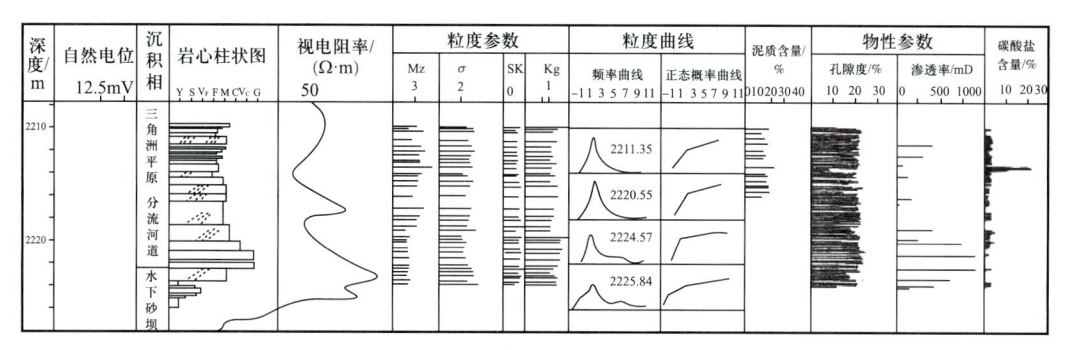

图 8-98 辫状分流河道砂体综合柱状图（陵 4 井 S_M 砂体）

（2）泛滥平原微相。

泛滥平原分布在三角洲平原的分流河道之间，以泥质沉积为主。大部分时间暴露于空气中，偶尔有分汊河道流过，发育薄层的砂岩。陵 25 井的 Sw 段就是这种微相的代表，其岩性以红色和杂色粉泥岩为主，只有少量砂岩，其厚度仅 1~2m，岩性系细—中砂岩，发育斜层理、递变层理和平行层理。砂岩与上下粉泥岩呈过渡接触，不具明显的冲刷现象。

2）辫状河三角洲前缘亚相

这是三角洲的水下部分，主要由分流河道在水下的延伸部分——水下分流河道和河间湾、水下砂坝及前缘滩地构成。

（1）水下分流河道微相。

在洪汛时，密度较大的辫状河水流进入湖泊后，沿湖底流动，形成水下河道沉积。其特点是：砂岩直接覆盖在暗色泥岩上，其间往往有冲刷或载荷构造，砂岩中常含泥块或泥砾，是水下河道侵蚀下伏泥质沉积物的结果。砂岩岩性较细，多为中砂岩和细砂岩，岩性区间窄，具有斜层理、平行层理和递变层理等流水成因的沉积构造；层序呈正韵律，砂岩岩性逐渐变细，直至湖相的泥岩，也有细、中砂岩直接变为泥岩的，如陵 4 井 S_{II} 砂体（图 8-99）。

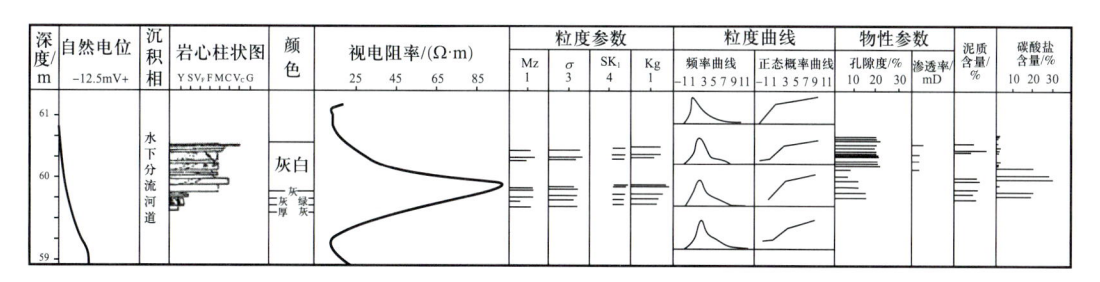

图 8-99 水下河道砂体综合柱状图（陵 4 井 S_{II} 砂体）

（2）水下砂坝微相。

当入湖河流能量低弱或者处于平水期时，三角洲前缘的河流入湖泥砂经湖水改造形成环绕三角洲的水下砂坝。在垂向层序中，砂坝沉积一般位于三角洲复合韵律的中下部，呈向上变粗的序列；岩性多为中、细砂岩，发育块状层理、平行层理及斜层理（图 8-100）。

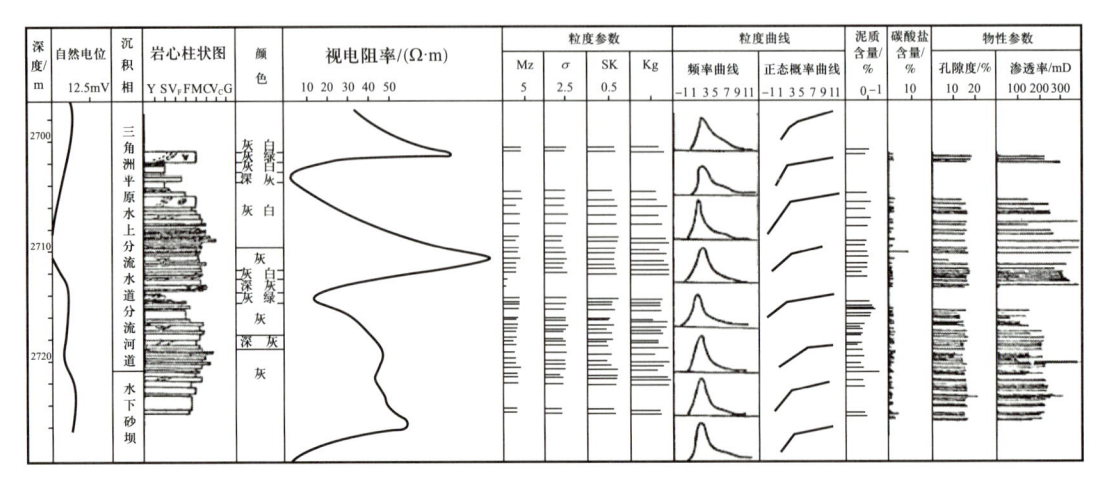

图 8-100　三角洲砂体综合柱状图（陵 2 井 S_{II} 砂体）

（3）河间湾微相。

三角洲前缘水下河道之间的河间湾，主要发育细粒沉积，以灰绿、灰黑和深灰色泥岩、粉砂岩为主，偶尔夹有砂岩。可发育水平层理，植物化石丰富，有时含碳质泥岩。

（4）前缘滩地微相。

位于水下分流河道外围，主要沉积细粒的粉砂—泥质岩类，受水下河道进退的影响，岩性呈粗细交互出现，间或也有小型汊河道流经，表现为细岩性中夹薄层砂岩。陵 25 井 S_{IV} 段有此类微相发育。

2. 弯曲河三角洲相

当地形坡度趋于平缓，河流流程加长，河道逐渐弯曲，入湖形成典型的河流三角洲，为区别于辫状河三角洲，强调其弯曲河性质，称之为弯曲河三角洲。这种三角洲沉积出现在本区 S_I 段上部和七克台砂层组，如陵 25 井 S_I 段。其特点是：（1）岩性正韵律明显且完整，韵律顶部有较厚的泥岩层，单个韵律层的厚度增大；（2）泥岩颜色以深灰、灰绿色为主，还有褐、土黄及黑色，泥岩性松脆，呈斑状剥离，似乎经历过成土作用；（3）泥岩中直立根系较发育；（4）煤层集中，是河口湾或河沼等封闭还原环境的产物。

弯曲河三角洲也可分为平原和前缘两种亚相，在平原亚相中又可进一步划分出分流河道和河间低地（河沼）两种微相；前缘亚相中，又可划分出砂坝微相、河口湾微相和远端砂微相。

3. 湖泊相

湖泊相是本区的一种基本沉积相类型，七克台组大部和西山窑组上部的泥岩段都是湖相沉积。在西山窑组和三间房组砂岩复合韵律层之间的暗色泥岩也是湖相沉积。湖泊相还可细分为滨湖和浅湖等亚相。

1）滨湖亚相

最高湖水面到最低湖水面之间，这里湖水很浅，随湖水进退，湖底可间歇性露出水面，处于氧化—还原交互作用的环境。滨湖亚相的颜色多样，既有深灰和灰绿的还原色，也有棕红和褐色的氧化色。如陵 25 井 2754.5m 附近的一段泥岩，灰绿色与棕红色呈水平交互出现，反映该泥岩沉积时，时而被湖水淹没，时而露出水面。同时，在这段泥岩中，还见有小型的泥裂，它们发育在红色泥岩顶部，上覆的灰绿色泥岩楔入下面红色泥岩的干裂缝中。这说明湖面下降时，露出水面的泥质沉积物发生干裂，之后湖面上升，干裂缝重被黏土填充。这是滨湖泥滩的典型特征。

本区滨湖亚相以这类泥岩为主，属滨湖泥滩微相。泥岩中夹有厚度不等的细砂岩或极细砂岩，岩性较均匀，分选较好，其中可见滩面层理和双向交错层理（鱼骨状层理），它们属滨湖沙滩微相和沿岸沙坝微相。

2）浅湖亚相

最低湖水面到波基面的浅水湖区，这里水体平静，主要沉积厚层暗色泥岩，层理不发育，是悬浮物快速沉积的产物，如陵 25 井 2750m 附近的 5m 泥岩段。有些井段也可见具水平层理的深灰色泥岩，发育水平虫孔。

湖湾是半封闭的浅湖环境，往往由砂坝将其与开阔水域隔开，主要沉积暗色泥岩和粉砂岩，含有较多植物化石和煤线，并有黄铁矿等自生矿物。如陵 25 井 2755—2795m 的碳质泥岩和煤层就是湖湾沉积，其上部具有反韵律的砂岩为砂坝沉积，这些都是浅湖沉积的特征。

开阔的浅湖沉积中砂体不太发育，偶尔有薄层的席状砂。

第十一节　青海柴西南区储层勘探沉积相研究

柴达木盆地位于青海省西北部，东北为祁连山脉，南边为昆仑山脉，西北为阿尔金山脉与塔里木盆地分界，盆地总面积 121000km^2，中生代、新生代沉积岩分布面积 96000km^2，最大沉积厚度 16000m，沉积岩总体积 60×10^4km^3。

一、地质背景

1. 基底岩性与时代

柴达木盆地周边三大山系主要出露一套元古宙中深—浅变质碎屑岩、碳酸盐岩和古生代花岗岩及花岗闪长岩类。根据边缘露头、重力及 45 口钻达基岩井的资料综合解释结果盆地东部基岩以元古宙花岗片麻岩结晶基底为主，西部主要为下古生界变质岩系组成，北部为结晶岩系、古生代变质岩及火成岩相间组成。这一特点对盆地断层形成、沉积及演化均有控制作用。

2. 边界条件与断裂

盆地周边与老山边界地质体呈断层接触。边界断裂有 21 条，它们分属于三组断裂体系，即昆仑山北缘的昆北断裂体系，祁连山南缘的祁连断裂体系和阿尔金山东南缘的阿尔金断裂体系。三组断裂的主要特点是：（1）断裂的走向与褶皱山系基本平行，大体圈定了盆地形态；（2）多为长期发育的逆断层，断层倾向老山，断裂规模较大，断层层位较老，均断达基岩，上盘为老山或有很薄的沉积，下盘为沉积数千米的沉积盆地；（3）三组边框断裂不是中生代沉积边界，主要是控制古近纪—新近纪沉积。以赛南—绿南等为主的祁连山前断裂体系，其上、下盘均有中生界；阿尔金山前断裂体系上、下盘均有白垩系和侏罗系。说明这两组断裂不是中生代的边界断裂。三组断裂的下盘沉积有巨厚的中—新生代地层，而上盘仅有中生代及很薄的新近纪至第四纪的沉积。

盆地内部沉积岩中断裂虽然较多，其中断距大于 1000m 的断层达 41 条，而且多数断到基岩，但除个别断裂外，所发现的沉积岩内部断层多属新近纪至第四纪褶皱运动形成，对古近纪—新近纪沉积没有明显的控制作用。

3. 形成机制与演化

柴达木盆地属元古宙至古生代变质岩及结晶基底，加里东运动使其回返上升，盆地内大面积缺失上古生界。由于印支运动的影响，促使祁连山、昆仑山、阿尔金山地区断裂复活。在盆地北缘的祁连山前及西北缘的阿尔金南坡地带出现了一系列互相分割的中生代断陷。从东到西主要有德令哈断陷、红山断陷、赛昆断陷、红水沟—采石岭断陷等。在这些断陷内充填有中下侏罗统的洪积相、河湖相、沼泽相建造。有些断陷已证实为生油断陷，如赛什腾断陷、红山断陷等。侏罗纪晚期至白垩纪在断陷的基础上开始填平补齐，其沉积范围进一步扩大，但主要为一套山麓—河流相沉积。中生代末期的燕山运动，主要体现盆地褶皱上升，使中生代沉积遭受剥蚀。

古新世、始新世早期的喜马拉雅运动，使柴达木盆地在边缘断陷的基础上产生边框断裂，在边框断裂内发生不均一的整体下沉，边框断裂以外盆地周缘的山系开始隆升，北缘的祁连山系相对上升幅度较大，南缘的昆仑山系及西边的阿尔金山系上升幅度较小。这一阶段的显著特点是类似现今的盆地构造轮廓基本形成，在整个盆地范围内，除了盆地西部狮子沟至英雄岭一带形成湖泊相外，其他广大地区在古新世、始新世时沉积了一套岩性、厚度变化较大的红色地层，主要是一套河流相为主的洪积或冲积扇、河流泛滥平原沉积。

始新世末期由于喜马拉雅运动的进一步影响，盆地边框断裂强烈活动，周围山系急剧上升，盆地内部整体陷落，开始大面积全面沉降，从而形成统一而封闭的内陆山间大型盆地，并进入盆地发展的全盛时期。渐新世以后，随着边框断裂活动的减弱，盆地进入稳定沉降时期。古近纪至第四纪沉积了上万米的河湖相地层。到目前盆地的发展并未结束，仍然是一个四周被山系包围的封闭的盆地，继续接受着沉积。只不过由于周围山系进一步上升，气候更趋于干旱，水系的补给远小于蒸发量的消耗，由统一的湖盆演变成为残留若干盐湖的盆地。

4. 地层发育概况

柴达木盆地为印支运动后形成的内陆盆地，沉积了巨厚的中生代、新生代地层。其中古近系—新近系厚度最大，分布最广，也是盆地主要生油岩系。自上而下划分为狮子沟组、上油砂山组、下油砂山组、上干柴沟组、下干柴沟组和路乐河组。

二、勘探沉积相的主要研究方法

1. 重砂矿物组合与沉积物源分析

沉积岩的碎屑成分是由地表营力破坏基岩而形成的。沉积岩的矿物组分取决于外营力经过地区的基岩岩石类型、外营力的动力性质及营力搬运碎屑物距离的远近。在这种外营力中，河流是使碎屑矿物散布得最广的一种。在沉积岩相的研究中，通过沉积岩矿物学的研究，尤其是对含量少而种类多的重矿物组分的研究，可以有效地再造沉积时的古地理条件，追索沉积岩的物源方向。

重砂矿物组合区分为三个：北区（包括七个泉、狮子沟、花土沟油田）、中区（包括尕斯、油砂山、跃进二号油田）和南区（包括乌南油田）（表8-16）。

表 8-16　重砂矿物组合区

分区	油田	地层	重砂矿物组合
北区	七个泉	N_2^1	角闪石—绿帘石—石榴石—锆石—黑云母—褐铁矿/赤铁矿，有石膏层
	狮子沟	N_2^1	角闪石—石榴石—锆石—黑云母—赤铁矿
		N_1	角闪石—石榴石—辉石—锆石—黑云母—褐铁矿/赤铁矿，石膏层
	花土沟	N_2^1	角闪石—绿帘石—石榴石—锆石—黑云母—磁铁矿/赤铁矿
		N_1	角闪石—石榴石—辉石—锆石—黑云母—褐铁矿/赤铁矿，石膏层
中区	油砂山	N_2^1	角闪石—锆石—黑云母—石榴石—褐铁矿—绿帘石，局部有石膏层
南区	乌南	N_2^1	角闪石—绿帘石—石榴石—锆石—磁铁矿，未见石膏层

不稳定矿物角闪石在绝大多数重砂样品中的含量均很高，显示柴西南区 N_1—N_2^1 沉积岩具有近物源沉积的特征。重砂矿物角闪石和绿帘石在北区和南区中大量出现，表明两区的烃源岩以变质岩为主，分别来自阿尔金山和昆仑山。锆石是酸性火成岩的标型重砂矿物，而且非常稳定。中区的锆石含量明显高于南、北区，它可能来自西部搬运距离较远的阿拉尔河。南区与北区相比较，南区（乌南）铁氧化物的含量低，无石膏出现，表明乌南地区主要处于湖泊还原环境；北区的铁氧化物含量较高，而且多处出现石膏层，表明北区经常处于氧化环境。北区的狮子沟和花土沟，N_1 层与 N_2^1 层的重矿组合基本相

同，均常见角闪石、石榴石、锆石、黑云母及铁氧化物，表明其物源区相对稳定，都来自北区的变质岩（图 8-101）。

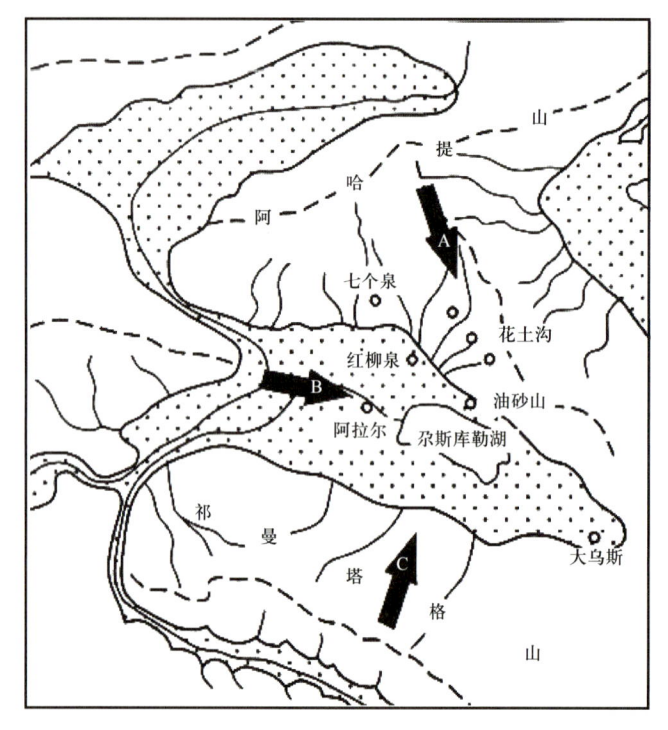

图 8-101　重砂矿物源区

2. 旋回分析

根据剖面沉积相特征、岩性数字滤波结果等多方面研究，可以将 $N_1-N_2^1$ 地层划分为七个Ⅲ级旋回层。其中 N_2^1 地层包括四个Ⅲ级旋回层，N_1 地层包括三个Ⅲ级旋回层（图 8-102）。

（1）$Ⅲ_2^4$（K3－K3'）：下部为扇三角洲平原，上部为冲积扇平原，构成一个反旋回层。

（2）$Ⅲ_2^3$（K3'－K3）：下部为扇三角洲前缘，上部为扇三角洲平原，构成一个反旋回层。

（3）$Ⅲ_2^2$（K4－K4'）：下部为滨浅湖和扇三角洲前缘，上部为扇三角洲平原，顶部为滨浅湖，构成一个以反旋回为主的复合旋回层。

（4）$Ⅲ_2^1$（K4'－K5）：下部扇三角洲前缘，中部扇三角洲平原，上部为扇三角洲前缘，构成以反旋回为主的复合旋回层。

（5）$Ⅲ_1^3$（K5－K6）：下部为滨湖，中部为扇三角洲前缘，上部为滨浅湖，构成一个反旋回为主的复合旋回层。

（6）$Ⅲ_1^2$（K6－K7）：下部为浅湖，上部为滨湖，构成一个反旋回层。

（7）$Ⅲ_1^1$（K7－K8）：下部为扇三角洲前缘夹滨湖，上部为浅湖，构成一个正旋回层。

三、沉积环境

柴达木盆地属于构造类型的中生代、新生代山间盆地。按湖盆所处的自然地理位置及从未发现过与海相有关的生物化石和矿物，均说明柴达木盆地为一个与海洋没有直接联系的内陆盆地，其中的湖泊属内陆湖泊。

1. 干燥气候下的内陆湖盆

根据中国古近纪—新近纪古地理及气候分带，柴达木盆地远离海洋而处于干燥的气候带内，盆地古近系—新近系沉积特征及孢粉组合也反映了较干燥的气候环境。古近纪—新近纪地层中膏盐沉积发育。

柴达木盆地古近纪—新近纪地层中膏盐分布比较普遍，如西部南区下干柴沟组下段砂岩中石膏平均含量达9.37%，南乌斯参2井央五层石膏层。中北区的狮子沟、小梁山、尖顶山、尖北、黑梁子、不整合等地区下干柴沟组下段至上干柴沟组下段中常夹石膏、盐岩层及芒硝晶体或团块，北区的上油砂山组及狮子沟组普遍夹有石膏、盐岩层，而且层位越新夹盐类沉积越多。

根据孢粉研究，柴达木地区古近纪—新近纪属于亚热带气候、同时具备干旱的气候特征。干旱地区最有代表性的植物花粉是麻黄粉属、拟白刺粉属和蔡粉属等，一般将它们的花粉组合含量超过15.6%定为干旱环境。柴达本盆地内各层段代表干旱植物的花粉组合含量分别为：路乐河组34.1%、下干柴沟组下段26.65%、下干柴沟组上段至上干柴沟组下段45.0%、上干柴沟组上段至下油砂山组36.43%，上油砂山组至狮子沟组49.0%。

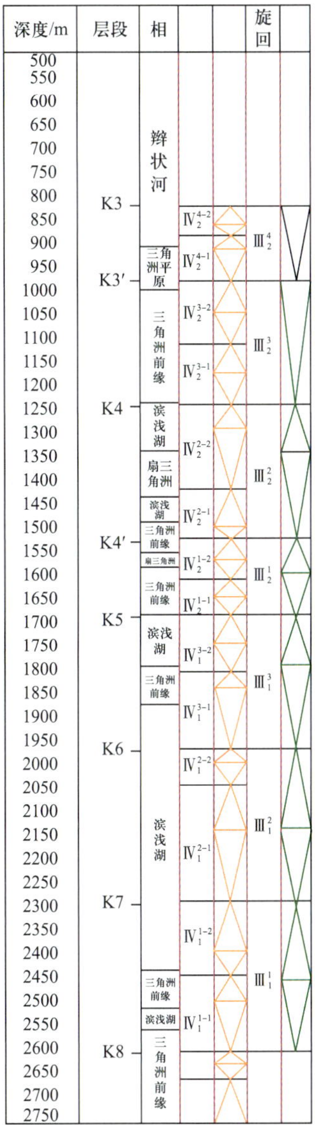

图 8-102 西岔沟剖面 N_1—N_2^1 沉积相序柱状图

2. 扩张—收缩不断变化的湖盆水域

古近纪—新近纪柴达木为温暖干燥气候条件下的内陆盆地，蒸发量大，降水量不均，湖盆水域范围受降水量的影响而明显变化。降水量大的洪水期，湖盆水域猛然扩大，分布很广；降水量小的干旱期，湖盆水域迅速收缩，范围显著变小。这样受降水量或补给量大小而影响的湖盆水域扩张，收缩的变化在古近纪—新近纪地层中有清晰的反应。再有像冷湖五号、鄂博梁一号等地区下干柴沟组至上下柴沟组河流冲积相的砂砾岩与泥质岩中常夹有分布稳定的湖相泥灰岩及杂色泥岩层。

3. 盐度较高的湖水性质

气候不仅影响着湖盆水域的变化，同时也影响着湖水的盐度。根据测定的硼及黏土矿物成分含量所计算的湖水古盐度资料，反映古近纪—新近纪湖水盐度较高，而且随着时间的进程不断变化。

四、沉积相与油气分布

1. 储层物性受沉积相控制

柴达木盆地内发现了七种储集体：洪积锥、冲积扇、河道、三角洲前缘、滨浅湖滩等五种砂体，以及灰泥滩和粒眉滩。其中以河道砂体的储油物性最好，其次为冲积扇砂体，再次是洪积锥砂砾岩体、滨湖砂滩，三角洲前缘砂体的物性最差。

柴达木古近系—新近系储集体的物性除了与不同的水动力条件有关外，还明显的与水上、水下的沉积环境有关。水下环境沉积的无论是滨浅湖砂滩，还是三角洲前缘沙坝，物性普遍较差，其原因主要是由湖水性质决定的。盆地西部古近纪—新近纪湖泊距主要水系远，受河流作用影响小，水质咸，矿化度高，砂质岩胶结物常为钙质和石膏质，其含量20%～30%，致使岩性致密，物性普遍变差。水上环境沉积的曲流河道、冲积扇砂体，虽然平面分布不稳定，横向变化大，但在流水作用下形成的砂砾岩体胶结物含量较低，主要为泥质及铁土质，一般含量在20%以下，储油物性相对较好。

2. 油气分布受稳定湖区控制

柴达木盆地面积$12.1 \times 10^4 km^2$，新生界分布面积$9.6 \times 10^4 km^2$。在古近纪—新近纪湖泊发育过程中各层段湖泊面积占盆地沉积面积的6.3%～44.6%，而稳定湖相区（较深湖及浅湖）范围仅占沉积面积的0.6%～32.8%。勘探证明盆地发现的油田都分布在稳定湖区之内。而稳定湖区以外的地区没发现一个油气田，甚至未见可靠油气显示。

稳定湖区的发育范围除平面上控制着油气田的分布外，在层位上也严格控制着油气层的分布。前已谈到古近纪—新近纪湖盆的演化，自渐新世开始至上新世随着时间的推移古湖泊连续地自盆地西南向东北迁移，导致生油岩层位自盆地西南向东北相应不断抬高，其储油目的层也跟着向东北抬高。

3. 冲积扇与深湖相区配合形成油气富集区

目前发现的油田几乎都分布在较深湖相区及其邻近。在较深湖相区有利生油岩分布范围之内，油气究竟在何处富集，除构造条件外，有利砂质岩储集体与生油岩的配置是决定因素。盆地古近系—新近系存在冲积扇等七种类型储集体，各类储集体都具备不同程度的储集性能。但在整个盆地内，曲流河道砂体虽然在东部很发育，可惜距西部有利生油区太远，三角洲前缘砂体与生油层配置良好，但其物性太差，储油不理想，而冲积扇砂体不仅层数多，累计厚度大，而且储油物性尚好，尤其是深湖区形成的有利生油岩垂向上来于西部南区阿拉尔上、下冲积扇储集体之间，构成良好的生储配置关系。结果在冲积扇范围内发现了七个油田，储量占柴西总储量的70%以上，形成有利的油气富集区。

五、层序、韵律与旋回

1. 层序

层序是指一套岩性上相对连续的、成因上相互关联的地层单元。一个层序地层的几何形态与岩性顺序受构造运动、基准面升降、气候变化及沉积环境演变的控制。因此，岩性地层在垂向上的排列次序是识别古沉积环境和划分构造旋回的重要依据。

在构造盆地表面的不同自然地理环境中，一种沉积相连接一种沉积相，呈有规律的水平相邻分布。如盆地的陡坡物源区从上游至下游形成冲积扇相—扇三角洲相—浊积相的平面组合；缓坡区则形成冲积扇相—河流相—三角洲相—湖相的平面组合。而在同一个相区中，由于环境的细微差异，可以形成亚相和微相的平面组合，如三角洲相中的平原亚相、前缘亚相和前三角洲亚相，河流相中的河床亚相和河漫滩亚相；三角洲前缘亚相中的河口坝微相、远端坝微相、席状砂微相，以及河床亚相中的蚀余滞留微相、点砂坝微相等这些相、亚相和微相在平面上有规律地相互邻接，谓之"相组"，其中包括了沉积相组合、沉积亚相组合和沉积微相组合。

在现代沉积环境中，随着碎屑物的沉积，相带要发生向一定方向的水平迁移，如三角洲向湖泊推进、曲流河发生侧向移动等。它使原本相邻的沉积相、亚相或微相发生垂向叠复，这就是Walther的相律定理："相的垂向整合层序，是由沉积环境的侧向迁移造成的。"可见，沉积相、亚相和微相是由岩性层整合叠置而成，属于实际层序，是一次沉积事件的产物。岩性地层的实际排列次序主要通过露头或岩心的精细描述建立的，划分为正韵律层、反韵律层、复合韵律层、块状韵律层和交互韵律层等。岩性韵律层是辨认砂体沉积相类型的重要特征，它与自然电位曲线具有较好的对应关系（图8-103）。

2. 韵律

韵律层是用来辨别沉积环境的最基本的层序单元（图8-103），我们称之为六级层序。例如底部发育冲刷面、由下往上岩性变细的河流相正韵律层、岩性由下往上变粗的滩坝反韵律层及中部岩性最粗、往上往下均变细的三角洲复合韵律层。在韵律层中，砂体都集中分布在层序单元的某个部位，相当于小层对比技术中的"单砂层"（图8-104a）。韵律层的单砂层之间有不同厚度的粉泥岩隔开。

韵律层之间若以侵蚀相接时，构成韵律层组，称之为五级层序，单砂层与单砂层之间可以直接叠置，缺乏粉泥岩隔层，被称为"小层"（图8-104b）。所以，一个小层可以由一个单砂层组成，也可以由两个以上的单砂层组成。

河口坝复合韵律层

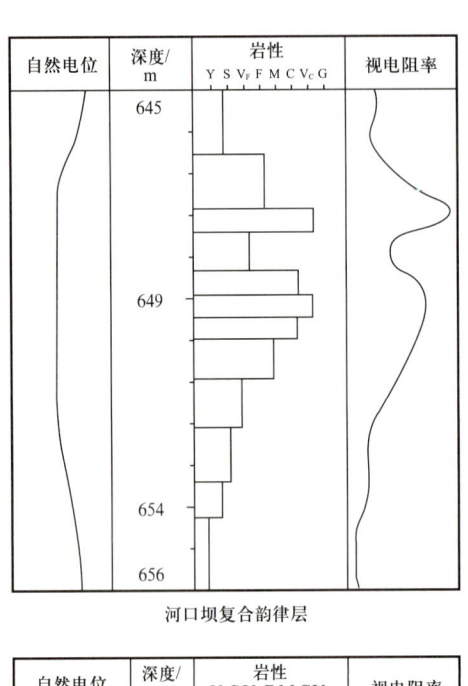

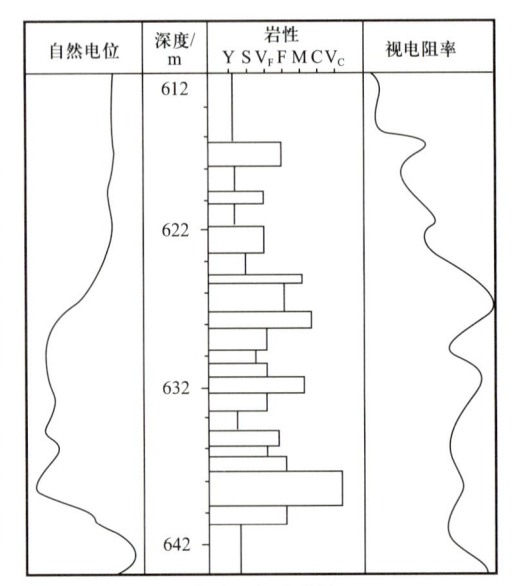

水下河道正韵律层

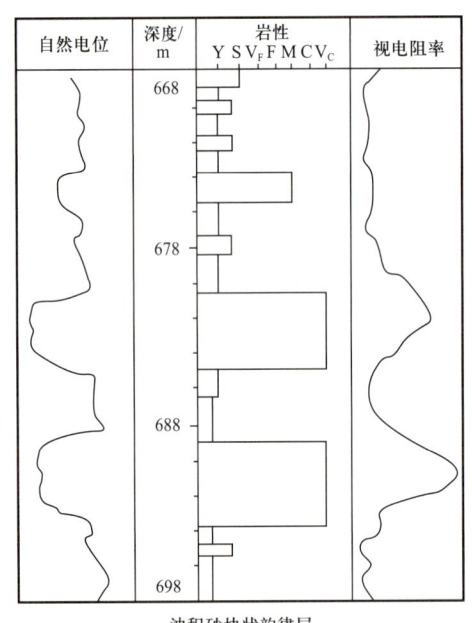

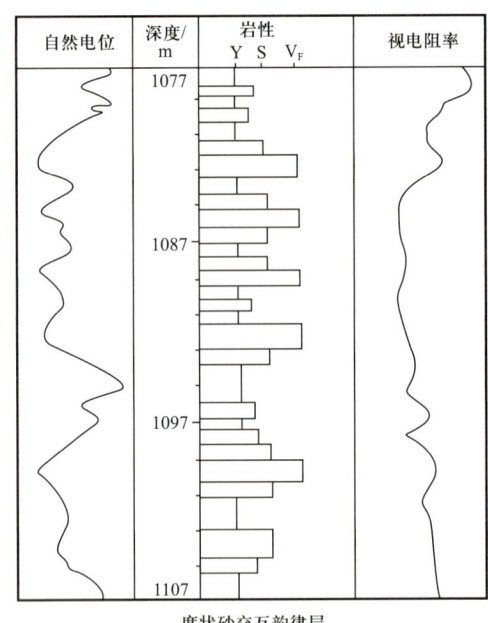

浊积砂块状韵律层

席状砂交互韵律层

图 8-103　岩性韵律层与测井曲线

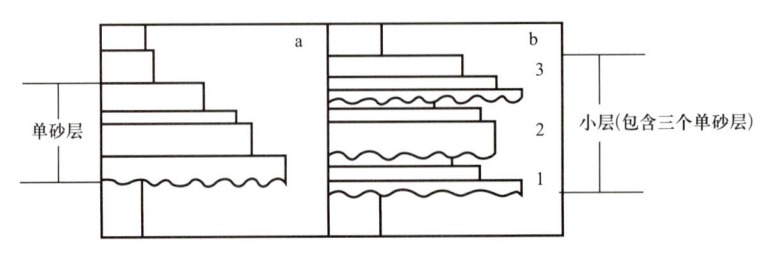

图 8-104　单砂层（韵律层，a）与小层（韵律层组，b）

3. 旋回

在构造湖盆中，沉积过程除了受自然地理环境控制，形成短周期的岩性韵律层外，还受盆地构造运动的控制，形成长周期的岩性旋回层。近年来，人们已经认识到盆地的构造运动背景与地层堆砌方式之间的密切关系，认为阶段性的构造运动是形成高级层序（构造层序）的主控因素。盆地构造运动具有不同的周期性和旋回性，当湖盆周围的山地发生构造抬升时，由湖面组成的侵蚀基准面相对下降，导致盆地周围的山地河流侵蚀下切，使注入盆地的碎屑物逐渐粗化，并向湖盆进积，形成反旋回的岩性地层。当盆地周围山地构造运动减弱并趋于稳定时，注入盆地的碎屑物逐渐细化，并向盆内陆地退积，形成正旋回沉积地层。因此，一次构造旋回可以同时在盆地的平原和湖泊中形成一个完整的岩性旋回层。例如紧邻边山断裂的冲积扇沉积，在构造稳定时期，冲积扇沉积范围小，岩性细；随着快速的断裂过程，冲积扇向盆地扩展，沉积物变粗，形成向上变粗的反旋回；在构造运动后期冲积扇沉积重新变细，形成向上变细的正旋回（图8-105）。这种受构造控制的岩性旋回单元，称为构造—岩性旋回层。可见，在一个构造盆地中，同一沙构造运动在盆地的不同部位所形成的岩性旋回层具有可对比性。

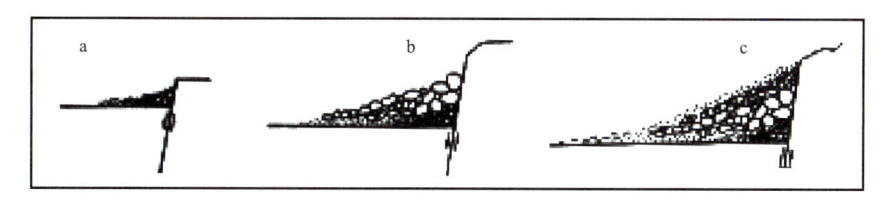

图 8-105 旋回层形成示意

一个旋回层往往由许多韵律层组成。旋回层中岩性层的垂向排列次序是通过岩性统计获得的，是一种理想的层序模式。岩性旋回层还具有不同的级别，代表了不同构造运动的周期性。在这项研究中，我们采用不同波长的数字滤波技术建立各级岩性旋回层。其中，最基本的构造—岩性旋回层，为Ⅳ级旋回层，由四级层序组成，平均厚度为几十米，它在开发层系研究中，相当于砂层组；亚级旋回层由三级层序组成，平均厚度为100m左右，相当于油层组。Ⅰ级旋回层由二级层序组成，相当于油层组合（表8-17）。

表 8-17 层序、韵律、旋回与开发层系

主控因素	层序级别	韵律与旋回	下油砂山组	上干柴沟组	识别手段	开发层系
构造因素	二级层序	Ⅱ级旋回	一个Ⅱ级旋回	一个Ⅱ级旋回	地震反射的旋回特征	油层组合
	三级层序	Ⅲ级旋回	四个Ⅲ级旋回	三个Ⅲ级旋回	测井、岩屑录井资料	油层组
	四级层序	Ⅳ级旋回	八个Ⅳ级旋回	六个Ⅳ级旋回		砂层组
外力因素	五级层序	韵律层组			岩心精细描述	小层（砂层）
	六级层序	韵律层				单砂层

六、勘探沉积相组

以柴西南区 N_1—N_2^1 储层沉积相为例,包括两种沉积体系、五种沉积相、五种沉积亚相和十六种沉积微相(表 8-18)。

表 8-18　柴西南区 N_1—N_2^1 储层沉积相类型

沉积体系	沉积相	沉积亚相	沉积微相
冲积扇—扇三角洲沉积体系	冲积扇相		槽洪微相
			漫洪微相
			筛积微相
			扇间洼地微相
	扇三角洲相	平原亚相	分流河道微相
		前缘亚相	水下河道微相
			滩地砂微相
	湖泊相		浊积微相
河流—三角洲沉积体系	河流相		
	河流三角洲相	平原亚相	分流河道微相
			汊道微相
		前缘亚相	河口坝微相
			滩坝微相
			远端坝微相
			席状砂微相
		前三角洲亚相	远端坝微相
			席状砂微相

1. 第一种沉积相组合类型

包括上干柴沟组的第 11、12、13、14 旋回层。这种组合类型的特点是以阿拉尔断层为界,北部相带与南部相带有明显差异。北部发育水下扇和前三角洲,其中狮子沟油田主要发育水下扇的水下河道微相,花土沟油田主要发育前三角洲的浊积砂微相,尕斯油田和油砂山油田主要发育远端坝微相;南部发育三角洲平原、前缘和前三角洲,跃进二号油田主要发育三角洲前缘和前三角洲的远端坝(图 8-106)。

2. 第二种沉积相组合类型

这种组合类型的特点是以阿拉尔断层为界,北部相带与南部相带也有明显差异。但是,北部发育扇三角洲和河流三角洲,其中花土沟油田主要发育前三角洲的浊积砂微相,砂西油田主要发育三角洲平原的分流河道微相，尕斯油田和油砂山油田主要发育三角洲前缘的河口坝微相；南部发育河流三角洲和水下扇，其中跃进二号油田主要发育三角洲前缘的河口坝微相（图8-107）。

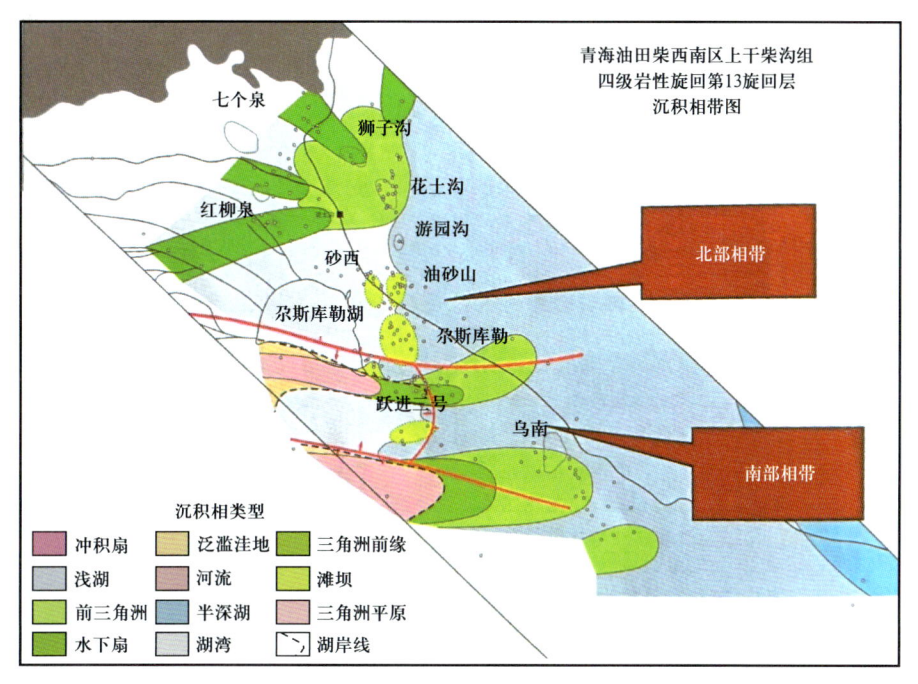

图8-106 以水下沉积为主的北部相带

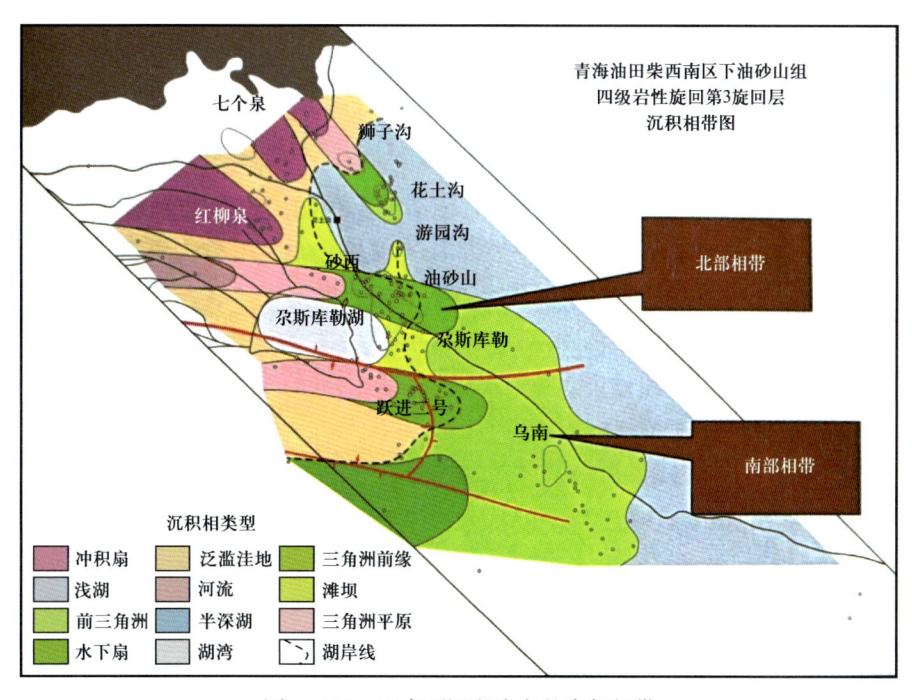

图8-107 以水下沉积为主的南部相带

3. 第三种沉积相组合类型

这种组合类型的特点是阿拉尔断层的北部与南部相带相似，都发育三角洲平原、前缘、前三角洲、滩坝和湖湾（图8-108）。

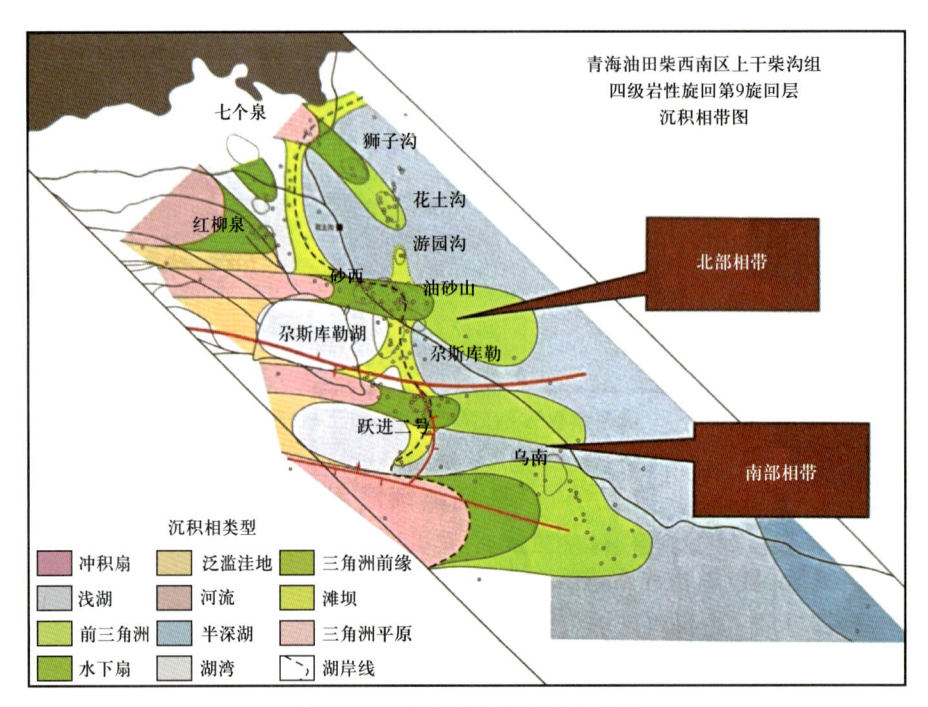

图8-108 相似的北部和南部相带

七、油藏储层评价

1. 储层沉积体系、沉积相、沉积亚相评价

将各油田按小层评价所得的四类小层，分别按上干柴沟组和下油砂山组统计各类小层所占的百分比（表8-19）。

表8-19 油田沉积相与小层评价

地层	小层类别	北体系域 狮子沟	北体系域 花土沟	西体系域 砂西	西体系域 尕斯	西体系域 油砂山	西体系域 跃进二号	南体系域 乌南
		扇三角洲	湖泊浊积	河流三角洲	河流三角洲	河流三角洲	河流三角洲	湖泊浊积
N_2^1	Ⅰ		25	0	34	54	75	1
	Ⅱ		42	28	63	41	25	10
	Ⅲ		28	61	3	3	0	43
	Ⅳ		5	11	0	2	0	46

续表

地层	小层类别	北体系域			西体系域				南体系域
		狮子沟	花土沟	砂西	尕斯	油砂山	跃进二号	乌南
		扇三角洲	湖泊浊积	河流三角洲				湖泊浊积
N_1	I	18	1	0	0	31	27	
	II	38	5	2	13	34	55	
	III	26	39	30	41	27	18	
	IV	18	55	68	46	8	0	

注：表中数字为各类小层所占百分比

由表 8-19 可见：(1) 上干柴沟组的小层级别普遍低于下油砂山组；(2) 西体系域的储层条件最好，北体系域其次，南体系域最差；(3) 西体系域中阿拉尔河南沉积体系的储层条件最好，阿拉尔河北沉积体系稍差；(4) 阿拉尔河北沉积体系中，三角洲平原亚相的砂西油田储层条件较差，同处于三角洲前缘亚相的尕斯油田和油砂山油田较好；(5) 阿拉尔河南沉积体系中，跃进二号（东高点）主要处于三角洲前缘亚相，具有很好的储层条件；(6) 北沉积体系域中，处于扇三角洲前缘亚相的狮子沟油田的储层条件较好，湖泊浊积亚相的花土沟油田储层条件较差；(7) 南沉积体系域的乌南油田属于半深湖浊积亚相，储层条件最差。

2. 沉积微相评价

在各油田的小层砂体微相图中，对各类微相砂体的单井油砂层主因子得分值分别求取算术平均（表 8-20）进行比较。

表 8-20　微相砂体主因子得分及参数平均值

微相类型	主因子得分	平均砂体厚度 /m	平均孔隙度 /%	平均渗透率 /mD	平均含油饱和度 /%
河流三角洲平原分流河道微相	28.44	3.13	20.72	80.12	53.77
河流三角洲平原汊河道微相	25.43	2.72	17.14	29.17	39.06
河流三角洲前缘河口坝微相	29.48	3.05	21.21	88.49	64.26
河流三角洲前缘远端坝微相	28.50	2.85	20.53	80.04	57.64
河流三角洲前缘滩坝微相	27.98	3.24	20.40	45.59	49.24

续表

微相类型	主因子得分	平均砂体厚度/m	平均孔隙度/%	平均渗透率/mD	平均含油饱和度/%
河流三角洲前缘席状砂微相	24.75	2.40	17.33	40.36	33.17
扇三角洲前缘水下河道微相	25.66	2.71	17.79	32.24	39.21
扇三角洲前缘浊积砂微相	28.32	2.56	19.98	142.19	60.28
扇三角洲前缘滩地砂微相	25.32	1.98	17.03	24.66	43.98

由表 8-21 可见：（1）河流三角洲微相砂体的储层性质普遍优于扇三角洲微相砂体；（2）河流三角洲前缘微相砂体的储层性质优于三角洲平原微相砂体；（3）河流三角洲前缘的河口坝和远端坝微相砂体的主因子得分最高，物性和含油性最好；（4）河流三角洲的滩坝微相砂体主因子得分较高，物性和含油性较好；（5）扇三角洲微相砂体中，浊积砂微相砂体的主因子得分最高，水下河道微相砂体其次，滩地砂微相砂体较差。

第十二节　青海柴西南区储层勘探细分沉积相研究

一、细分勘探沉积相的方法

要达到细分勘探沉积相的目的，应该综合运用现代与古代沉积比较研究、编制Ⅳ级旋回层岩性参数等值线图、岩屑颜色分布特征、测井相与沉积剖面对比及油藏小层微相砂体研究等方法。

1. 现代与古代沉积比较研究

柴西南区下油砂山组—上干柴沟组沉积相的建立，可以从相邻的青海湖现代沉积模型得到启发。

青海湖盆地的南北两侧发育北西—南东向的主干断裂。两侧的基底构造不对称，北侧是缓坡的断阶带，南侧可能是单一深断裂带。湖盆的中部发育平行盆地长轴的中央隆起，形成布哈河至鸟岛的基岩出露带，将盆地分隔成南、北两部分，形成一隆二洼的构造格局。

柴西南区的下油砂山组—上干柴沟组也具有一隆二洼的构造模式。近东西向的铁木里克凸起将盆地分割成红柳泉—狮子沟凹陷和切克里克—乌南凹陷两部分。

沿青海湖盆地南北两侧的主断裂带附近发育近物源的沉积体系冲积扇—扇三角洲沉积体系，如北侧的沙柳河、乌哈阿兰河、哈尔盖河冲积扇—扇三角洲沉积；南侧的黑马河扇三角洲沉积。在盆地中部的中央凸起带附近，发育远物源沉积体系：河流—河流三角洲体系，如布哈河河流三角洲沉积。

柴西南区被铁木里克凸起分割成南、北两个沉积区块。北沉积区块由阿尔金山近物源的冲积扇—扇三角洲沉积体系和远物源的北阿拉尔河河流—三角洲沉积体系组成。南沉积区块由昆仑山近物源的冲积扇—扇三角洲沉积体系和远物源的南阿拉尔河河流—三角洲沉积体系组成。

青海湖的周围，滩坝沉积非常发育，它们与众多的三角洲或扇三角洲交叉分布，形成环青海湖的主要沉积格局。

青海湖的现代滩坝主要有两种类型（图 8-109）。一种滩坝被波浪堆积在扇三角洲平原的前端，与扇三角洲平原砂体连接在一起，如青海湖南岸的黑马河三角洲滩坝和青海湖北岸的哈尔盖河的三角洲滩坝。这种滩坝的岩性较粗（砂砾质），高度大（10 多米），宽度小（几十米），坝后缺乏稳定的潟湖。另一种滩坝分布在大型浅水湖湾的湾口，由相邻河流三角洲前缘的砂砾经湖浪搬运至湖湾口堆积形成，如布哈河三角洲西北缘的滩坝。这种滩坝发育坝后的潟湖，滩坝岩性较细（砂质），高度小（几米），但是宽度大（几百米）。

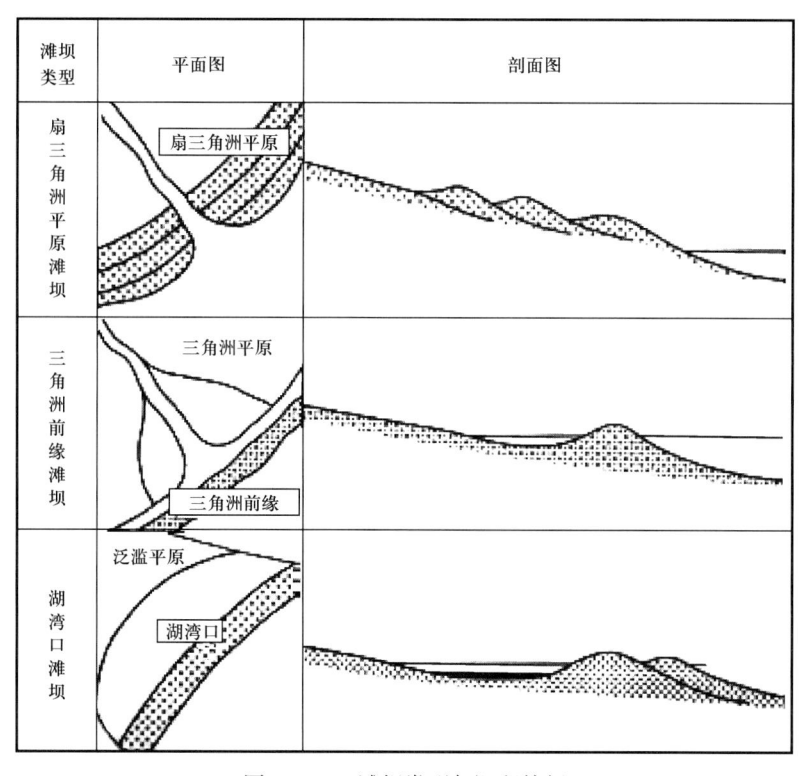

滩坝类型	平面图	剖面图
扇三角洲平原滩坝	扇三角洲平原	
三角洲前缘滩坝	三角洲平原 / 三角洲前缘	
湖湾口滩坝	泛滥平原 / 湖湾口	

图 8-109 滩坝类型与沉积特征

柴西南区下油砂山组—上干柴沟组也发育两种滩坝沉积。如狮北的扇三角洲滩坝和红柳泉、泵东南湾口滩坝。

2. 编制旋回层岩性参数等值线图

为了细分勘探沉积相，我们在划分Ⅰ级旋回层的基础上，编制了十四个Ⅳ级旋回层的砂砾岩厚度/地层厚度百分比等值线图。Ⅳ级旋回层与Ⅱ级旋回层一样，也具有八个从山地向湖泊的纵向河流沉积体系和三个沿岸分布的横向滩坝沉积体系。

从砂砾岩厚度的分布趋势看：

（1）受铁木里克凸起和阿拉尔断层的控制，八个河流沉积体系被分割成南北两部分。北部包括干柴沟沉积体系、狮北沉积体系、七个泉沉积体系、新阿地5井沉积体系和阿拉尔河北沉积体系；南部包括阿拉尔河南沉积体系、切3井沉积体系和乌南沉积体系。

（2）上干柴沟组北部砂砾岩厚度百分比较小，说明离物源较远，离湖较近；南部砂砾岩厚度百分比较大，说明离物源较近，离湖较远。下油砂山组则相反，北部砂砾岩厚度百分比较大，说明离物源较近，离湖较远；南部砂砾岩厚度百分比较小，说明离物源较远，离湖较近。

（3）沿岸横向分布的滩坝砂砾岩带主要出现在下油砂山组，分成跃南、跃进二号—尕斯库勒、尕斯库勒—狮北三带。其中尕斯库勒—狮北的滩坝砂砾岩体规模最大，跃进二号—尕斯库勒的滩坝砂砾岩体规模其次，跃南滩坝砂砾岩体的规模最小。

3. 岩屑颜色分布特征

沉积物的颜色是沉积环境的重要标志，它与地层中FeO的相对含量有密切关系。湖泊以还原环境为主，陆地以氧化环境为主。为了分析柴西南区上干柴沟组和下油砂山组沉积环境的氧化—还原条件，我们对探井岩屑录井的颜色资料进行统计归纳如下：

（1）将所有岩屑的颜色归纳为三大类：氧化色、过渡色和还原色。其包括的颜色如下：氧化色——棕、棕红、肉红、紫红、棕黄、浅棕、褐、棕褐、浅褐、灰褐色；过渡色——黄、灰黄、绿、灰绿、蛋青、杂色；还原色——白、灰白、黄灰、浅灰、深灰、褐灰、棕灰、兰灰、兰、黑、黑灰、灰黑。

（2）根据岩屑录井的颜色资料，分别统计各探井Ⅳ级旋回层的氧化色、过渡色和还原色的厚度百分比，并编制柴西南区Ⅳ级旋回层颜色分布图。以氧化层厚度百分比大于等于70%为界，划入氧化带；氧化层厚度百分比小于70%的，划入还原带。

（3）上干柴沟组的第11—14Ⅳ级旋回层，氧化的陆地环境主要分布在阿拉尔断层以南，还原的湖泊环境主要分布在阿拉尔断层以北。下油砂山组的第1—6Ⅳ级旋回层，氧化的陆地环境主要分布在阿拉尔断层以北，还原的湖泊环境主要分布在阿拉尔断层以南。上干柴沟组的第9—10Ⅳ级旋回层和下油砂山组的第7—8Ⅳ级旋回层，还原的湖泊环境和氧化的陆地环境在阿拉尔断层的南北两侧均匀分布。

4. 测井相与沉积剖面对比

测井相与沉积剖面对比图是利用测井曲线和单井岩性柱状图的韵律特征进行剖面划

相，是控制勘探沉积相空间分布规律的重要中间环节。共布置了四条沉积剖面：

1）犬南 1—狮深 5—狮子沟柱—花土沟柱—跃 44—油砂山柱—跃深 4—跃进二号柱—扎西 1—乌南柱剖面

这是一条主干剖面，纵贯柴西南区的全部沉积体系。其中，犬南 1、狮深 5、狮子沟柱和花土沟柱呈上下游的沉积关系。N_1 时期发育水下扇和湖湾；N_2^1 时期发育冲积扇、扇三角洲平原、前缘、前三角洲。油砂山柱和跃进二号柱主要处于西面来的阿拉尔河三角洲前缘。跃 44 井和跃深 4 井主要发育滩坝。扎西 1 井和乌南柱以水下扇、前三角洲、浅湖为主。

2）新阿地 5—阿 3—新阿参 1—阿 2 井剖面

N_1 时期，新阿参 1 井和阿 2 井发育水下扇、湖湾和泛滥平原。N_2^1 时期，新阿地 5 井稳定发育冲积扇，阿 2 井稳定发育河流与三角洲平原，阿 3 井和新阿参 1 井处于冲积扇与河流的过渡带，多泛滥平原。

3）七东 1—红深 10—红 30 井剖面

这条剖面的下部发育前三角洲和湖湾。剖面中部以滩坝为主。其中，下部的滩坝宽度小，厚度大；上部的滩坝宽度大，厚度小。剖面上部主要发育冲积扇和泛滥平原，冲积扇的规模由下往上增大。

4）砂西 2—跃 110—跃深 3—跃深 13 井剖面

以滩坝为主，滩坝的主体在跃深 3 井和跃 110 井附近，自然电位曲线呈漏斗状，单韵律层厚约十几米。砂西 2 井和跃深 13 井处于滩坝两侧，以湖湾和浅湖为主。

5. 油藏小层微相砂体研究

油藏小层微相砂体研究是细分勘探沉积相的重要途径。柴西南区是青海油田油气生产的主要基地，它包括了青海油田的全部主要油藏：尕斯库勒油藏、跃进二号油藏、油砂山油藏、狮子沟油藏、花土沟油藏、七个泉油藏乌南油藏等。

油藏开发井做了大量的小层对比工作。在划分小层基础上，利用测井资料计算单井油砂层的有效厚度、孔隙度、渗透率、含油饱和度。再用主因子分析法，对每个单井油砂层进行评价，划分为Ⅰ、Ⅱ、Ⅲ、Ⅳ类。在每个小层图上，根据各类单井油砂层的分布特点来勾划砂体形态，并建立砂体微相类型。如油砂山油田的新近系以三角洲前缘亚相为主。其中，河口坝以Ⅲ类单井油砂层为主，远端坝以Ⅰ、Ⅱ类为主，席状砂以Ⅳ类为主（图 8-110）。

二、柴西南区勘探沉积相类型

根据上述综合研究，柴西南区油藏的储层沉积相包括两种沉积体系、五种沉积相、五种沉积亚相和十六种沉积微相（表 8-21）。

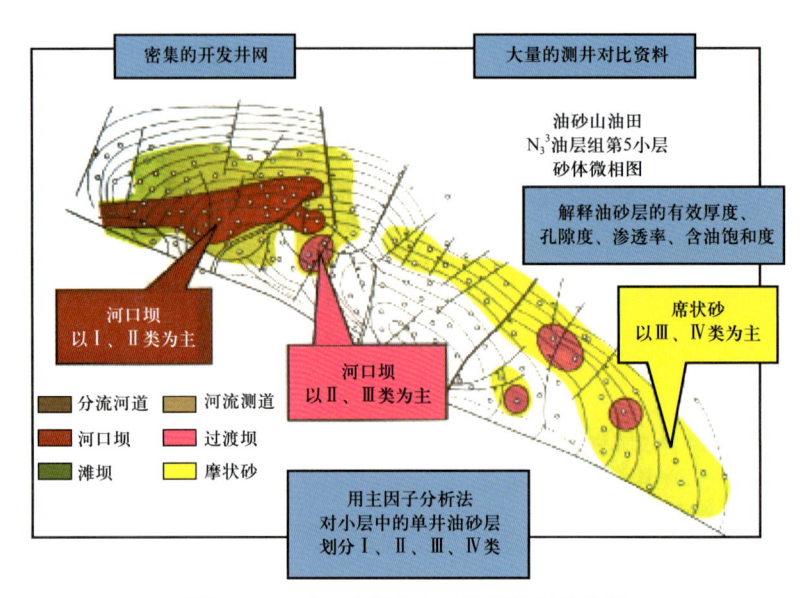

图 8-110 油田小层微相砂体及其划分依据

表 8-21 柴西南区 N_1—N_2^1 储层沉积相类型

沉积体系	沉积相	沉积亚相	沉积微相
冲积扇—扇三角洲沉积体系	冲积扇相		槽洪微相
			漫洪微相
			筛积微相
			扇间洼地微相
	扇三角洲相	平原亚相	分流河道微相
		前缘亚相	水下河道微相
			滩地砂微相
	湖泊相		浊积微相
河流—三角洲沉积体系	河流相		
	河流三角洲相	平原亚相	分流河道微相
			汊道微相
		前缘亚相	河口坝微相
			滩坝微相
			远端坝微相
			席状砂微相
		前三角洲亚相	远端坝微相
			席状砂微相

柴西南区油藏地层的岩性、沉积构造及其沉积环境主要有以下八种类型（图8-111）。

a.细砾岩的块状层理水下河道环境

b.钙质细砂岩的平行层理滩坝环境

c.脉状层理与透镜状层理滨浅湖环境

d.水平层理(季节纹层)

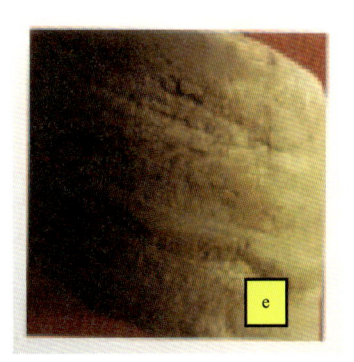

e.浪成波痕浅湖环境

f.泥岩薄层中的垂向虫孔深湖或潟湖环境

g.粉泥岩中的滑动变形构造 三角洲前缘—前三角洲环境

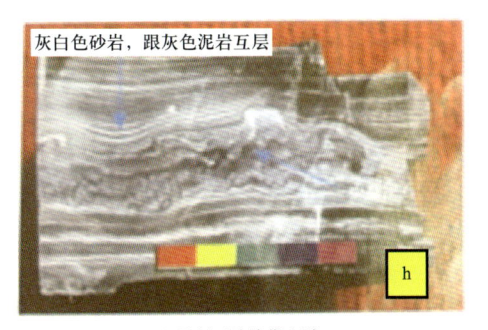

h.叠层石滨浅湖环境

图8-111 储层砂体岩心的主要沉积构造

三、旋回层岩性统计

河流沉积体系是湖盆物源分析的重要标志。一组相近的物源构成一个沉积体系域，一个物源构成一个沉积体系。一个沉积体系从盆地边缘的剥蚀区到湖心，依次由冲积扇砂体、辫状河砂体、曲流河砂体及三角洲砂体组成。每个沉积体系有不同的特征，相邻河流沉积体系之间被砂岩厚度或岩性编码值的低值区隔开，砂体基本上互不连通。

四、三级旋回层沉积体系

沉积体系域和沉积体系的建立是含油盆地勘探沉积相研究的基础。为了准确建立沉积体系，我们先从重砂矿物研究入手，据此划分沉积体系域。在此基础上，分别编制三级旋回层的砂砾地比等值线图、砂地比等值线图、粉地比等值线图和灰地比等值线图，划分沉积体系，并查清沉积体系的岩性特征。

1. 重砂矿物组合与沉积体系域

岩石中的轻矿物的种类少，不足以用来追索沉积盆地物源区的母岩成分。根据陆源组分研究，追索沉积物源的工作多半以重砂矿物组合分析为基础。

1）重砂矿物种类

柴西南区下干柴沟组的重砂矿物鉴定材料引自研究院化验室。涉及的探井共27口，其中24口井分布于三个地区：北区（阿尔金山）、南区（昆仑山）和中区（阿拉尔河），鉴定的重砂矿物共24种，它们分别属于三类母岩（表8-22）。

表8-22 柴西南区下干柴沟组重砂矿物及其岩石类型

母岩	重砂（副）矿物
火成岩	黑云母、绿帘石、黝帘石、辉石、矽辉石、角闪石、磁铁矿、赤铁矿、褐铁矿、榍石、白钛矿
沉积岩	锆石、金红石、电气石、石榴石、刚玉、电气石
变质岩	蓝晶石、红柱石、十字石、硅线石、阳起石、绿泥石、透闪石

2）重砂矿物颗粒百分比平均值按区域分布

重砂矿物百分比的前十位中，黑云母、绿帘石、黝帘石、辉石、矽辉石、角闪石、磁铁矿、赤铁矿、褐铁矿、榍石和白钛矿都是火成岩的主要副矿物。从这些副矿物的分布来看，柴西区的北区、中区、南区的源区母岩都以火成岩为主（图8-112）。

3）分区重砂矿物组合

按三个沉积区，对每种重砂矿物的百分比进行比较，划分其重砂矿物组合。北部沉积区重砂矿物组合：白钛矿—褐铁矿—石榴石组合。中部沉积区重砂矿物组合：绿帘石—角闪石—十字石—红柱石—锆石—金红石组合。南部沉积区重砂矿物组合：磁铁矿—赤铁矿—阳起石—十字石组合（表8-23）。

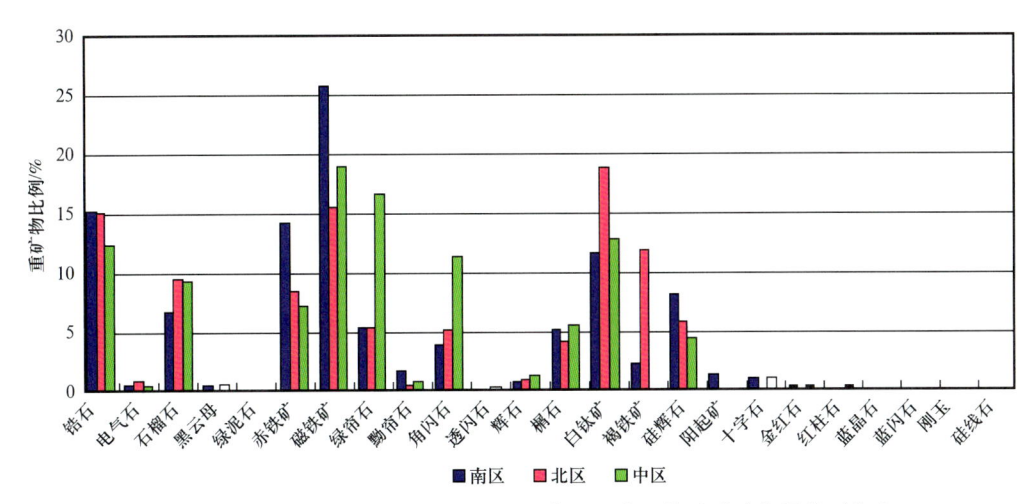

图 8-112　柴西南区下干柴沟组北区、南区和中区的重砂矿物颗粒百分比

表 8-23　各区重砂矿物百分比排序

分区	重砂矿物百分比排序
北区	白钛矿、磁铁矿、锆石、褐铁矿、石榴石、赤铁矿、硅辉石、绿帘石、角闪石、榍石、辉石、电气石、黝帘石、绿泥石、十字石、黑云母、金红石、透闪石、蓝晶石、红柱石、蓝闪石
中区	磁铁矿、绿帘石、白钛矿、锆石、角闪石、石榴石、赤铁矿、榍石、硅辉石、辉石、黝帘石、十字石、黑云母、电气石、透闪石、金红石、绿泥石、红柱石、硅线石、刚玉、蓝晶石
南区	磁铁矿、锆石、赤铁矿、白钛矿、硅辉石、石榴石、绿帘石、榍石、角闪石、褐铁矿、黝帘石、阳起石、辉石、十字石、电气石、黑云母、绿泥石、金红石、透闪石、红柱石、蓝晶石、刚玉

注：重矿含量向右顺序减少

2. 沉积体系域的母岩类型

北部沉积体系域的白钛矿—褐铁矿—石榴石重砂矿物组合，反映下干柴沟组时，为七泉、狮北地区提供碎屑物的阿尔金山母岩以火成岩为主，南部沉积体系域的磁铁矿—赤铁矿—阳起石—十字石重砂矿物组合，说明为切克里克、东柴山地区提供碎屑物的祁漫塔格山以火成岩为主，兼有变质岩。中部沉积体系域的绿帘石—角闪石—十字石—红柱石—金红石重砂矿物组合，说明为尕斯、跃进地区提供碎屑物的阿拉尔河上游的母岩以火成岩为主，兼有变质岩和沉积岩（图 8-113）。

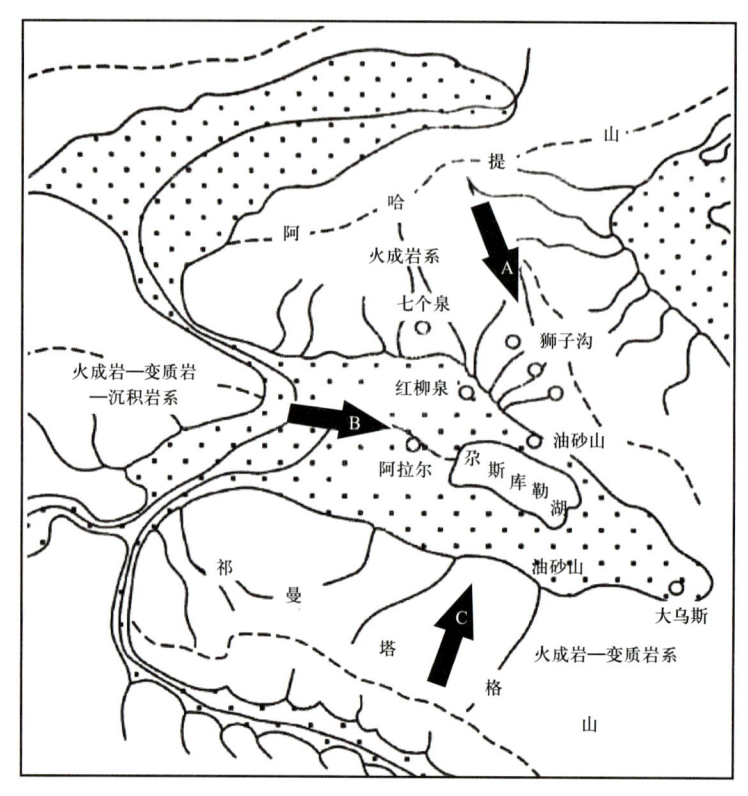

图 8-113　柴西南区下干柴沟组重矿组合与沉积体系域图

3. 红柳泉物源区

红柳泉沉积区处于西部沉积体系域与北部沉积体系域之间。它的沉积物来源可以从重砂矿物组合的对比中得到启示（图 8-114）。

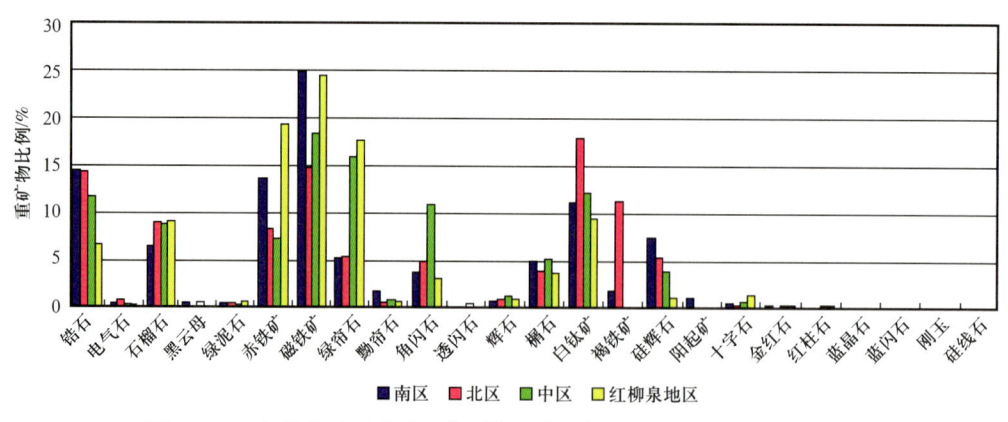

图 8-114　红柳泉地区重砂矿物颗粒百分比与北区、中区、南区的比较

红柳泉地区的重砂矿物组合为：磁铁矿—绿帘石—十字石—金红石，兼有火成岩、变质岩、沉积岩的重矿组合特点。可见，红柳泉沉积区主要属于阿拉尔河沉积体系域。

五、砂砾岩厚度百分比等值线图与沉积体系

1. 三级旋回层砂砾岩厚度百分比等值线图

砂砾岩厚度百分比＝砂砾岩厚度/地层厚度的百分比。三级旋回层砂砾岩厚度百分比等值线图反映粗碎屑物的分布趋势。在六个三级旋回层中，它们都具有八个砂岩厚度高值带，相当于八个河流沉积体系，并归纳为三个沉积体系域。

2. 沉积体系域

根据岩屑岩性数字滤波资料，本区共分三个沉积体系域：

1）阿尔金山沉积体系域

从阿尔金山进入柴西南区的有三个沉积体系：干柴沟沉积体系、狮北沉积体系、七个泉沉积体系。

2）阿拉尔河沉积体系域

从盆地西端阿拉尔河进入柴西南区的有两个沉积体系：北阿拉尔河沉积体系和南阿拉尔河沉积体系。

3）昆仑山沉积体系域

从昆仑山进入柴西南区的有三个沉积体系：切克里克沉积体系、东柴山沉积体系和茫南沉积体系。

顺盆地长轴方向发育的阿拉尔河源远流长，流量和输沙量都比较大，碎屑物丰富，发育大型的三角洲，形成较大规模的沉积体系域，是柴西南区最有利的油气储层分布区。阿尔金山和昆仑山山前的沉积体系域沿盆地短轴方向发育，受主干断裂控制，地形坡度大，河流分散，砂体规模小，发育冲积扇—扇三角洲—浊积砂体系。

3. 沉积体系

阿尔金山沉积体系中包括干柴沟沉积体系、狮北沉积体系和七个泉沉积体系；阿拉尔河沉积体系中包括北阿拉尔河沉积体系和南阿拉尔河沉积体系；昆仑山沉积体系中包括切克里克沉积体系、东柴山沉积体系和茫南沉积体系。

1）沉积体系的边界性

两个沉积体系之间的岩性通常比较细，它在砂砾岩厚度百分比等值线图上处于低值（细碎屑带）。这里的砂砾岩厚度百分比一般低于10%，构成沉积体系的边界。砂砾岩厚度百分比低值带的位置在不同旋回层中比较稳定，变化不大，如南阿拉尔河沉积体系、切克里克沉积体系、东柴山沉积体系（图8-115）。

2）沉积体系的分汊性

由于柴西南区的E_3地层属于冲积扇和辫状河三角洲相，其河道具有分汊性。切克

里克地区在下干柴沟组底部的Ⅲ-6旋回层中是一个巨大的沉积体系，有明显的分汊性（图8-116）。其北支一直达到跃进油区的北部，与南阿拉尔河沉积体系相汇合，其间无明显界线。南阿拉尔河沉积体系南支受切克里克沉积体系北支的顶冲，朝北东方向发展。

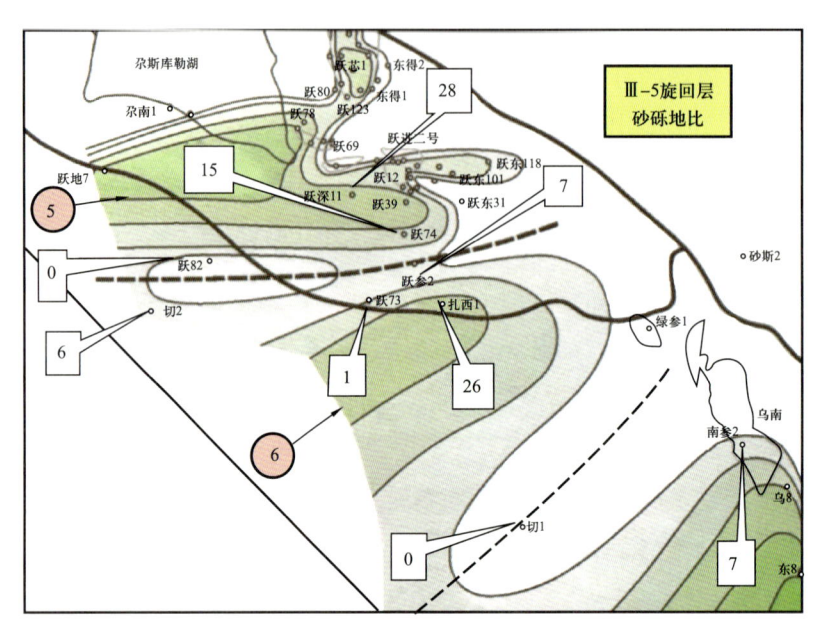

图8-115 下干柴沟组南阿拉尔河、切克里克、东柴山沉积体系的边界井
图中数字是砂砾地比

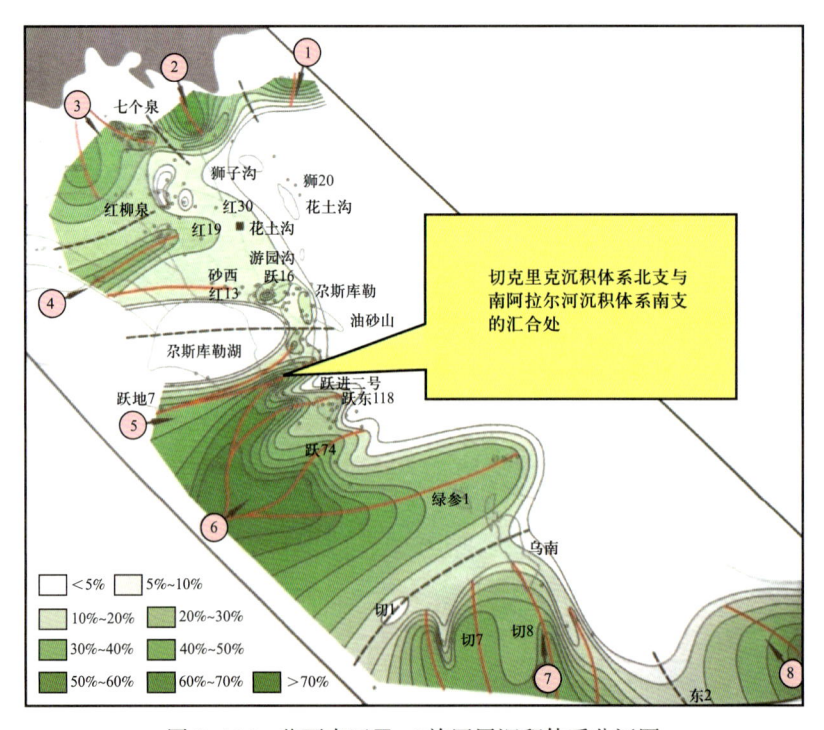

图8-116 柴西南区Ⅲ-6旋回层沉积体系分汊图

3）沉积体系的继承性

下干柴沟组—上干柴沟组—下油砂山组沉积体系具有明显的继承性。如下干柴沟组（E_3^1）和上干柴沟组—下油砂山组（$N_1—N_2^1$）的沉积体系中都有干柴沟、狮北、七个泉、北阿拉尔河、南阿拉尔河、切克里克和东柴山等七个沉积体系（图8-117）。

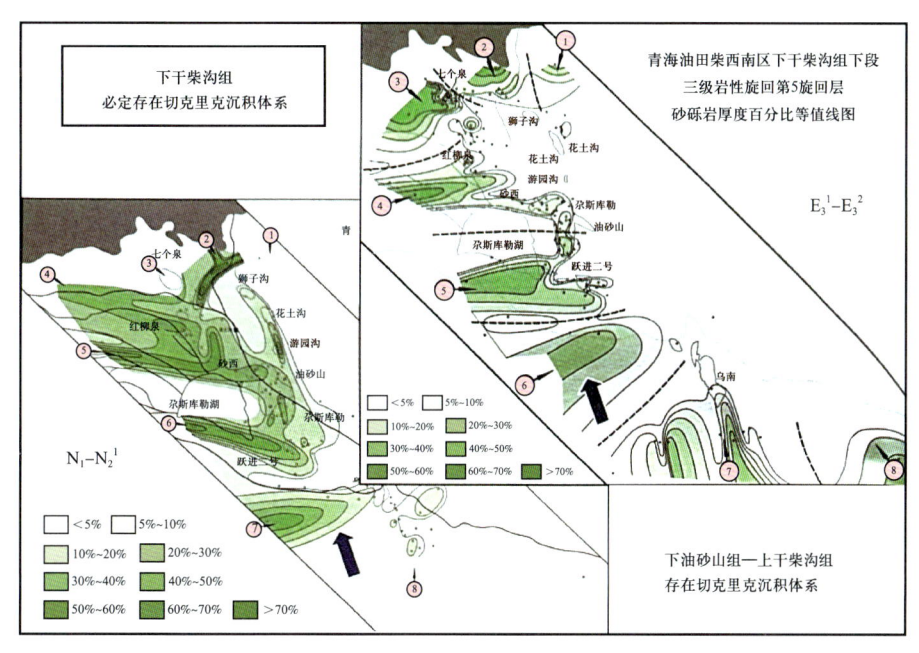

图8-117　柴西南区下干柴沟组沉积体系的继承性

柴西南区的下干柴沟组，从Ⅲ-6至Ⅲ-1旋回层中都存在上述的八个沉积体系（干柴沟、狮北、七个泉、北阿拉尔河、南阿拉尔河、切克里克、东柴山和茫南沉积体系），有稳定的继承性（图8-118）。

4）沉积体系的湖进—湖退性

随着区域湖盆湖水的进退，沉积体系的岩性发生粗细变化。在垂直方向上，E_3^1随着湖进，岩性迅速变细，在E_3^1顶部—E_3^2底部前后，岩性最细，最大湖泛面在Ⅳ-5旋回层附近；E_3^2随着湖退，岩性略有变粗。在水平方向上，E_3^1随着湖进，昆仑山沉积体系域的切克里克沉积体系、东柴山沉积体系和茫南沉积体系迅速退出工区，其他沉积体系比较稳定。E_3^2湖退末期，东柴山沉积体系重新进入工区。

六、探井油气显示与岩性的关系

1. 油藏内探井油气显示层与岩性的关系

粉砂岩和细砂岩的含油级别高。其他的砂岩，如中砂岩、粗砂岩、极粗砂岩，也有油浸、含油、饱含油显示（表8-24）。

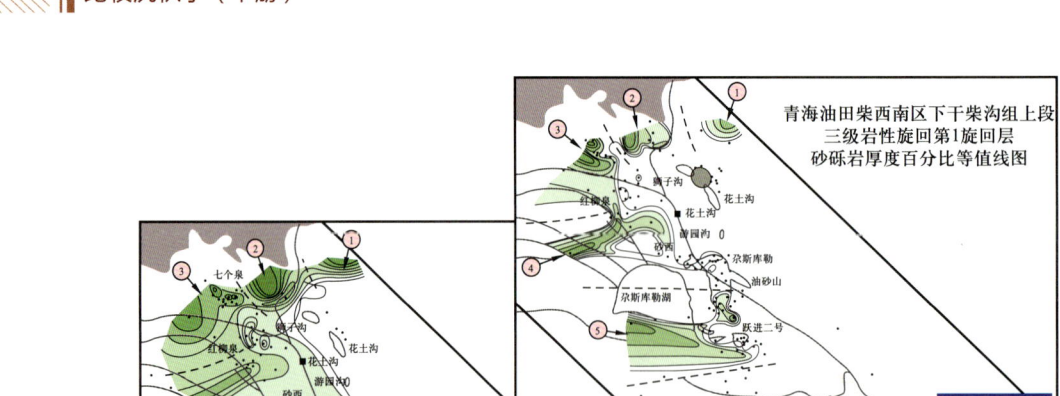

图 8-118 柴西南区下干柴沟组三级旋回层沉积体系的继承性

表 8-24 油藏内探井油气显示层与岩性的关系

岩性	含油等级					样本数	比例 /%
	荧光	油迹	油浸	含油	饱含油		
石灰岩	41	78	7			126	21.14
泥岩		29	3	1		33	5.54
粉泥岩		4	1			5	0.84
泥粉岩	11	21			1	33	5.54
粉砂岩	24	146	10	21	6	207	34.73
极细砂岩		11	2	1		14	2.35
细砂岩	7	48	22	13	2	92	15.44
中砂岩		16	12	3		31	5.20
粗砂岩		13	10	3	1	27	4.53
极粗砂岩		7	4			11	1.84
砾岩		17				17	2.85
共计	83	390	71	42	10	596	
	13.93	65.44	11.91	7.05	1.68		100

2. 外围区探井油气显示层与岩性的关系

粉砂岩的含油性很好，既有大量油迹油斑层和荧光层，也有不少油浸层和含油层（表 8-25）。

表 8-25　外围区探井油气显示层与岩性的关系

岩性	含油等级					样本数	比例 /%
	荧光	油迹	油浸	含油	饱含油		
石灰岩	48	15				63	19.75
泥岩	4	9	1	2		16	5.01
粉泥岩	6	7				13	4.07
泥粉岩	75	11	1			87	27.27
粉砂岩	50	49	8	4		111	34.80
极细砂岩		1	1			2	0.63
细砂岩	10	5	1			16	5.02
中砂岩	2	4		2		8	2.51
粗砂岩	1	1		1		3	0.94
极粗砂岩							
砾岩							
共计	196	102	12	9		319	100
	61.44	31.98	3.76	2.82			

七、储层圈闭

1. 岩性圈闭条件

储层岩性圈闭条件的好坏取决于储层岩性与围岩岩性的组合特征，以及储集体物性与边界岩层物性的对比关系。其中砂岩是重要的油气储层，分选好，物性好，其周围有比较稳定的粉砂岩和泥岩地层，能提供很好的岩性圈闭条件。砂岩储层的含油状况与砂体类型有密切关系。椭圆形的孤立砂体，如辫状河三角洲外前缘的远端坝，其周围与席状砂的粉砂岩—泥岩共生，油气圈闭条件最好。长条形的带状砂体，如辫状河三角洲平原的分流河道砂体和三角洲前缘的河口坝砂体，圈闭条件差。砂岩—粉砂岩—泥岩岩性组合广泛出现在河流、三角洲平原、三角洲前缘、前三角洲沉积中。

1）砂岩储层圈闭

砂岩是重要的油气储层，分选好，物性好，其周围有比较稳定的粉砂岩和泥岩地层，能提供很好的岩性圈闭条件。砂岩储层的含油状况与砂体类型有密切关系。椭圆形的孤立砂体，如辫状河三角洲外前缘的远端坝，其周围与席状砂的粉砂岩—泥岩共生，油气圈闭条件最好。长条形的砂体，如辫状河三角洲平原的分流河道砂体和三角洲前缘的河口坝砂体，油气经常发生纵向迁移，圈闭条件差。砂岩—粉砂岩—泥岩岩性组合广泛出现在河流、三角洲平原、三角洲前缘、前三角洲沉积中。

2）粉砂岩储层圈闭

粉砂岩在地层中可以与砾岩、砂岩、泥岩等各种岩性地层共生。但是要形成独立的油气储层，必须与泥岩层共生，有稳定的泥岩层圈闭。粉砂岩—泥岩组合是形成粉砂岩储层的必要条件，这种岩性组合通常出现在前三角洲、浅湖和湖湾沉积的"席状（粉）砂"中。席状砂由粉砂岩和泥岩互层，粉砂岩的单层厚度小，但是层位稳定（图8-119），分布范围广。据大庆油田对粉砂岩油层的开发经验，席状砂的厚度小，连通性差，渗透率低，在稀井网条件下较难动用。但是只要加大注水压力，仍是重要的挖潜对象，可以获得稳定的产量。

图 8-119 油砂山露头的河口坝（a）和席状砂（b）

在分流河道微相和河口坝微相中，尽管也有粉砂岩与砂砾岩共生，但是这种粉砂岩层不利于油气圈闭，在地层中往往只能见到油迹等过油特征。因此，粉砂岩储层的勘探目标主要是三角洲外前缘、前三角洲及两个三角洲之间的湖湾、浅湖地区。

2. 岩相圈闭条件

1）河流三角洲前缘微相砂体

在河流三角洲前缘亚相中，以口袋状的河口坝砂体规模最大，岩性最粗，分选最佳，物性最好，是三角洲相中评价得分最高的微相砂体类型（表8-26），是最具开发潜力的油气储层。其次为土豆状的远端坝砂体。与这两种微相砂体共生的是片状的席状砂微相砂体。席状砂呈连片分布，厚度小但分布均匀，由薄层粉砂岩与泥岩交互组成（图8-120）。

表 8-26　河口坝与席状砂主因子得分与参数对比

微相类型	主因子得分	平均砂体厚度 / m	平均孔隙度 / %	平均渗透率 / mD	平均含油饱和度 / %
河口坝微相	29.48	3.05	21.21	88.49	64.26
席状砂微相	24.75	2.40	17.33	40.36	33.17

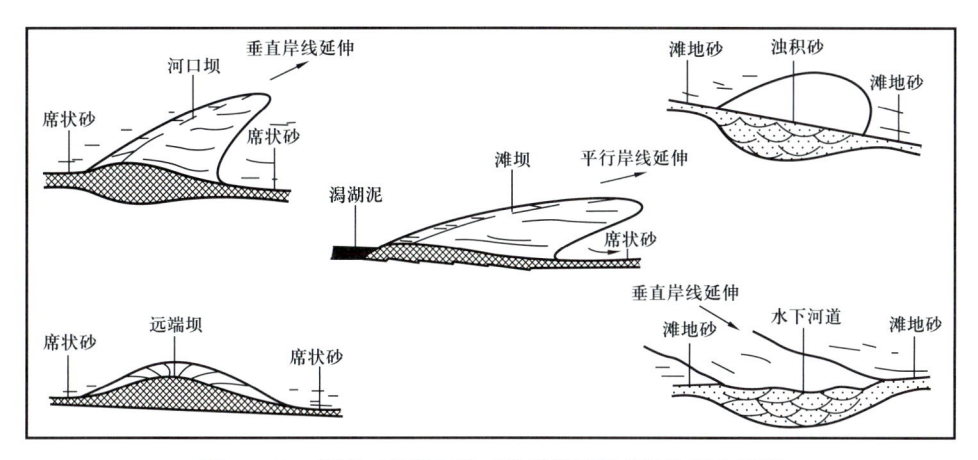

图 8-120　河流三角洲与扇三角洲前缘微相砂体组合类型

2）扇三角洲前缘微相砂体

在扇三角洲前缘微相砂体中，以浊积砂的物性最好，它与滩地砂有明显的差异，这使浊积砂体具有良好的圈闭条件，含油程度高（表 8-27）。

表 8-27　浊积砂与滩地砂主因子得分与参数对比

微相类型	主因子得分	平均砂体厚度 / m	平均孔隙度 / %	平均渗透率 / mD	平均含油饱和度 / %
浊积砂微相	28.32	2.56	19.98	142.19	60.28
滩地砂微相	25.32	1.98	17.03	24.66	43.98

在三角洲前缘微相砂体中，席状砂的物性是最差的，但是它与河口坝及远端坝砂体又呈连通状态。席状砂体中也常常含油，尽管含油性比较差。因此，在开发三角洲前缘亚相砂岩油藏时，要同时考虑河口坝、远端坝砂体与席状砂的连通性及其物性的差异性，合理布置注采井网，才能达到理想的开发效果。

八、沉积相储层预测

1. 层序储层预测

将全部探井的砂砾地比按四级旋回层统计其平均值（图 8-121）。下干柴沟组从

Ⅳ-12旋回层至Ⅳ-5旋回层岩性逐渐变细，这是湖进的结果。从Ⅳ-5旋回层至Ⅳ-1旋回层岩性略有变粗，这是湖退的结果。

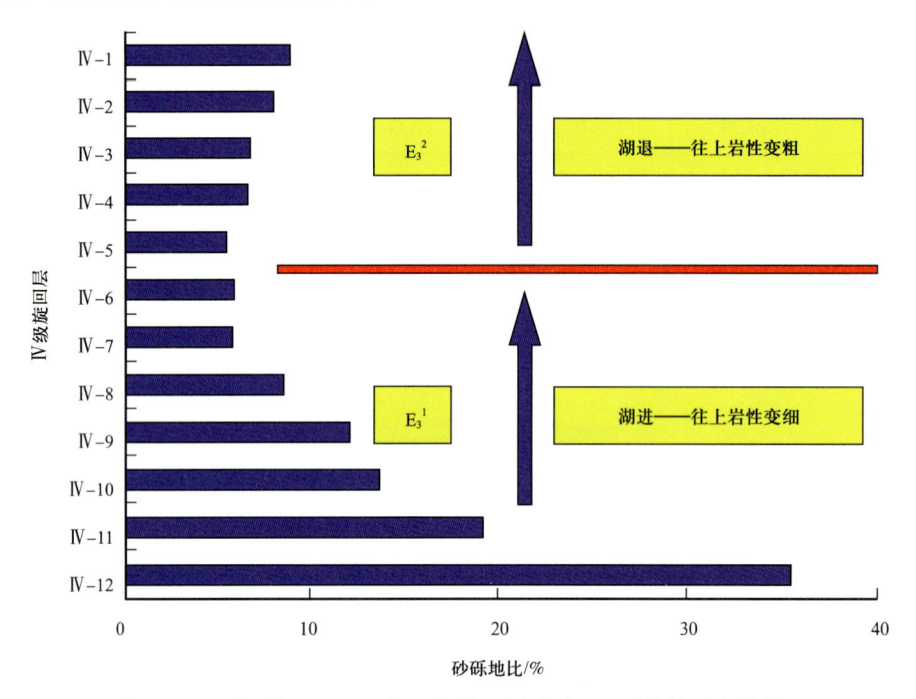

图8-121　柴西南区196口探Ⅳ级旋回层砂砾地比平均值垂向分布图

将全部探井的含油参数按四级旋回层统计其平均值（图8-121）。下干柴沟组中，E_3^1的含油性好，尤以Ⅳ-9旋回层最好；E_3^2含油性较差，尤以Ⅳ-2旋回层最差。

2. 分区储层预测

青海油田柴西南区的油气勘探，根据构造地质、碎屑物源、沉积体系、沉积相带和油源条件，可以分为三个区块：阿尔金山前区块、阿拉尔河区块和昆仑山前区块。阿尔金山前区块邻近红狮凹陷，红狮凹陷是柴西南区下干柴沟组的沉降中心，经常处于半深湖—深湖环境，沉积厚度大，并以泥岩为主，是青海油田主要的生油凹陷（图8-122）。所以，阿尔金山前区块的油源条件好，这里只要有合适的储层条件和圈闭条件就能形成岩性油藏。但是阿尔金山前区块的构造地形坡度大，物源近，岩性粗，从陆地到湖泊的岩性带和沉积相带比较窄。

昆仑山前区块邻近切克里克凹陷。切克里克凹陷下干柴沟组的沉积厚度较小，并且以浅湖相的粉砂岩和泥岩为主，故生油条件不太理想。此外，昆仑山前区块的构造地形坡度小，物源远，岩性细，从陆地到湖泊的岩性带和沉积相带比较宽。从这里大片分布的粉砂岩带可望找到岩性油藏。

阿拉尔河区块处于阿尔金山前区块和昆仑山前区块之间，这里既有较好的储层条件，还有较好的油源条件。因此，这里有重要的构造油藏，还有望找到岩性油藏。

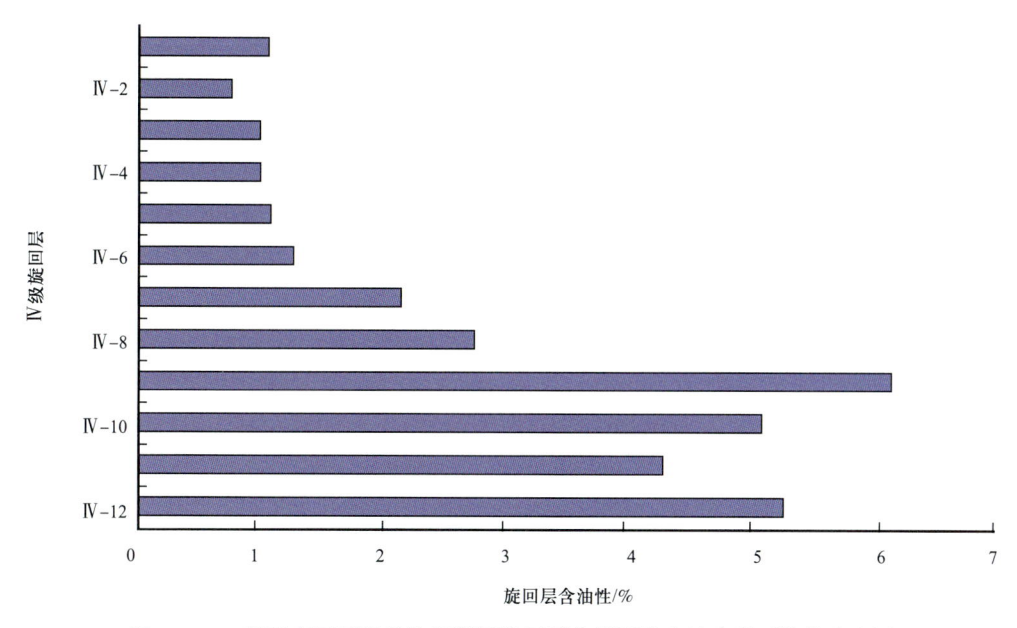

图 8-122 柴西南区下干柴沟组Ⅳ级旋回层全部探井含油参数平均值直方图

1）北部（阿尔金山）探区储层预测

北部探区包括三个沉积体系：干柴沟、狮北和七个泉沉积体系（图 8-123）。

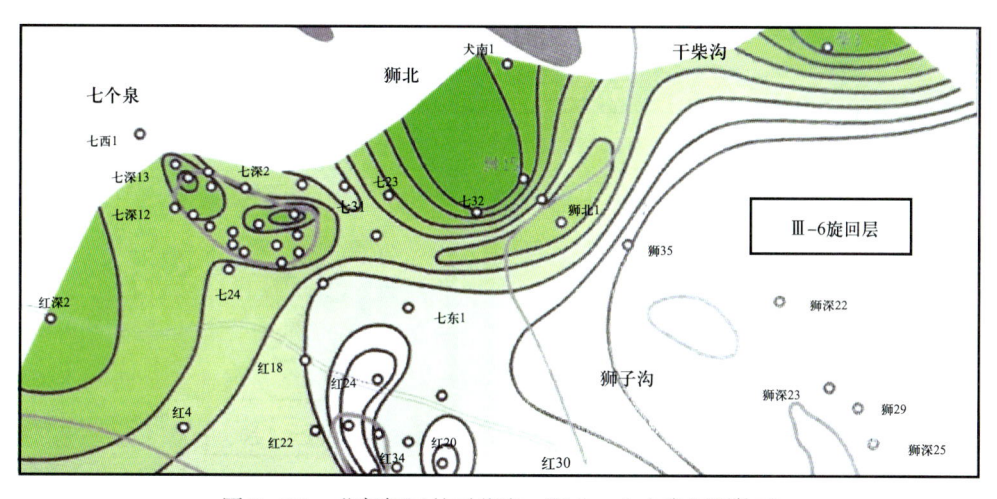

图 8-123 北部探区的干柴沟、狮北、七个泉沉积体系

（1）狮北探区储层预测。

狮北探区的沉积相是扇三角洲—滩坝组合。狮北扇三角洲源自阿尔金山，向南辐散。河流的流向，一条与大南 1 井—向狮 15 井平行，另一条流向七 23 井。

狮北扇三角洲的边缘，滩坝砂体非常发育。除Ⅱ-4 旋回层外，在狮 27、狮深 5、狮北 1、狮 15 井一带都有滩坝砂体存在。狮北地区发育滩坝砂体的原因是狮北扇三角洲提供丰富的粗碎屑物。

狮北扇三角洲的边缘紧邻狮子沟"湖区",这里水深浪大。在波浪作用下,在扇三角洲前缘容易形成沿岸分布的、长条形的滨湖滩坝(图8-124)。

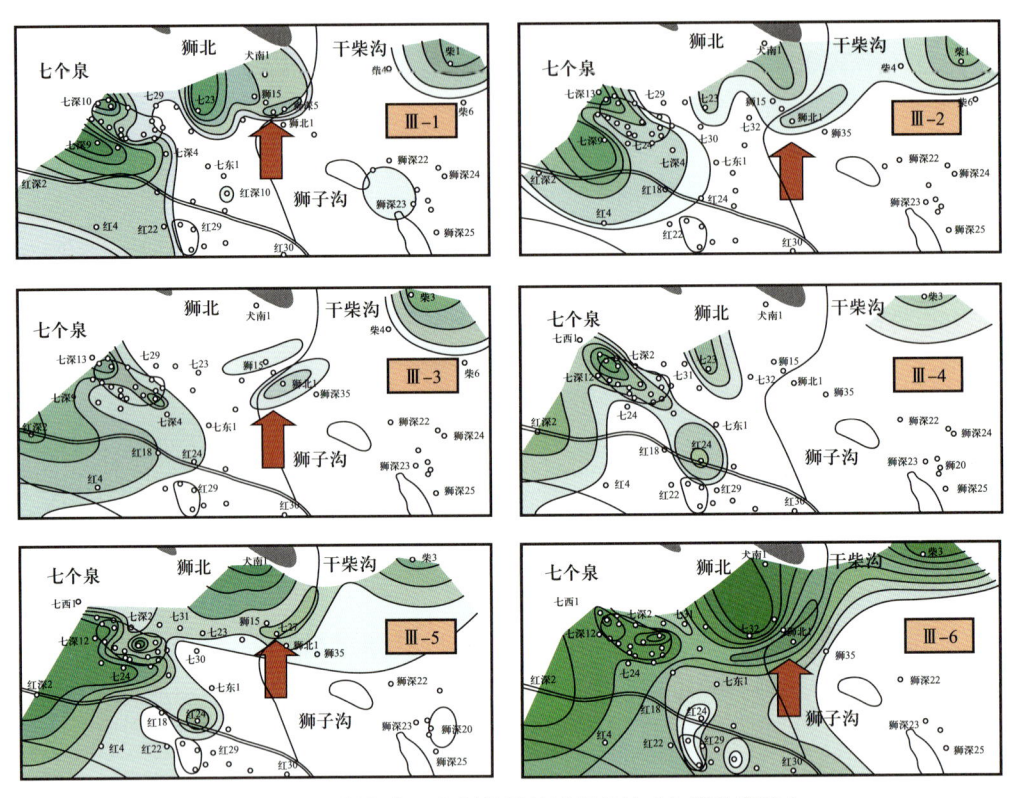

图8-124 狮北扇三角洲前缘的滩坝砂体(红箭头所指)

比较而言,狮北扇三角洲的规模略逊于七个泉。但是狮北扇三角洲中仍不缺粗碎屑岩,扇三角洲平原的分流河道砂体和扇三角洲前缘的滩坝砂体都很发育。狮北扇三角洲还紧邻狮子沟生油凹陷,这也是有利的成藏条件。但是在扇三角洲的分流河道砂体和滩坝砂体中,未见良好的油气显示,仅见少量油迹油斑显示。这可能因为扇三角洲前缘的滩坝是连岸滩坝,滩坝堆积体与扇三角洲平原堆积体是连通的,再加上它们的碎屑物都很粗,所以连岸滩坝的岩性圈闭条件差,在其砂岩中常常只见到走过油的痕迹。如在狮27井的Ⅰ-5旋回层(Ⅳ-10旋回层)中见到5m厚的油迹油斑细砂岩滩坝层(图8-125)。同理,可以在狮北扇三角洲外缘寻找有利于岩性圈闭的席状粉砂岩,只是这里的沉积相带很窄,未见粉砂岩圈闭油藏。

(2)七个泉探区储层预测。

从七个泉探区的四级旋回层砂砾岩等值线图(图8-126)来看,下干柴沟组上段(E_3^2)的旋回层中,有二个粗碎屑带:一个是沿七个泉油藏的长轴、呈北东—南西向分布。这个粗碎屑带的规模最大,从上深13井断续地一直延伸到七深8井。这个粗碎屑带在所有的四级旋回层中都稳定存在。另一个粗碎屑带分布在七深9井附近。虽然仅在此井中见粗碎屑物，但从其周围的砂砾岩分布来看，这里在Ⅳ-1—Ⅳ-4旋回层中，应该存在一条与七个泉油藏粗碎屑带平行的砂砾岩带。可惜，七深9井在Ⅳ-4旋回层以下缺乏岩屑录井资料。

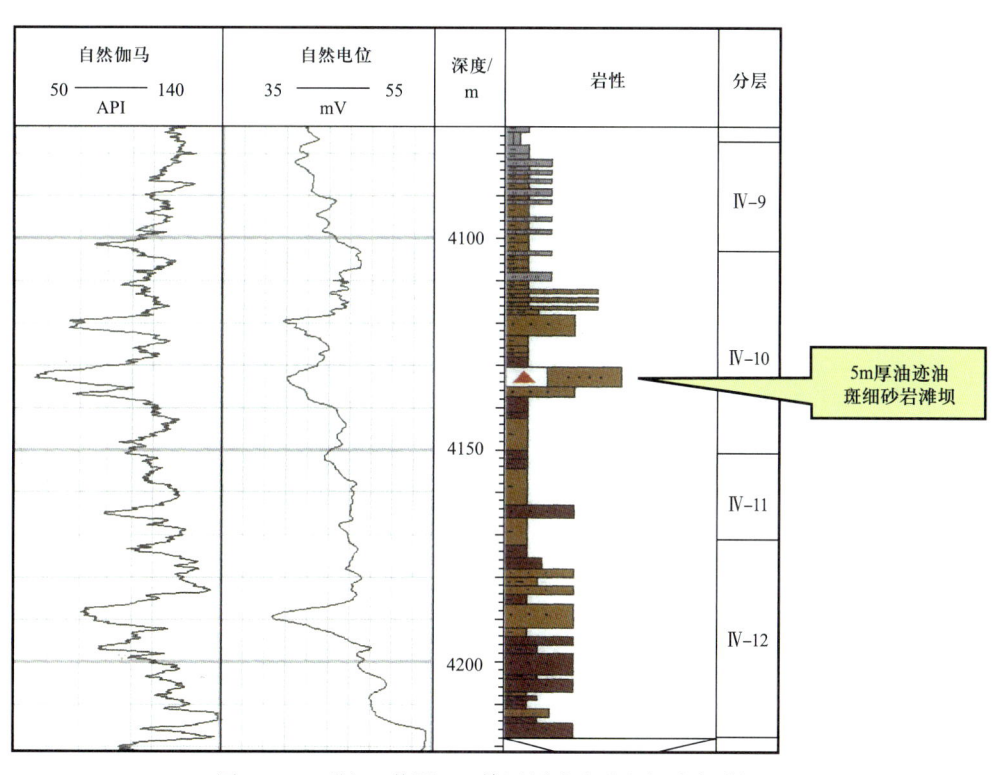

图 8-125　狮 27 井Ⅳ-10 旋回层油迹油斑细砂岩滩坝层

这两条粗碎屑带之间有一条较窄的细碎屑带，其中包括七中17等井。这是冲积扇槽洪粗碎屑带之间的漫洪细碎屑带，以粉砂岩沉积为主。

下干柴沟组下段（E_3^1）的Ⅳ-9—Ⅳ-12旋回层中，距离七个泉油藏比较远的红深2井，粗碎屑物明显增多。

七23井不属于七个泉沉积体系，它与七个泉沉积体系之间有一条明显的细碎屑带，这是七个泉冲积扇与狮北冲积扇的扇间洼地沉积，以粉砂岩沉积为主。可见，七23井是狮北沉积体系的一部分。

七个泉探区的探井中不缺粗碎屑岩—砂砾岩。在七个泉油藏中，许多排状开发井都含油，尽管它们的含油级别不高。但是，就在这些开发井附近的一些探井中，除了七深6井有油迹油斑记录外，都没有任何油气显示，这恐怕只能说明七个泉探井的录井工作中丢失了很多信息。

七中17井处于以粉砂岩为主的漫洪沉积带中，有许多油迹油斑显示（图 8-126）。

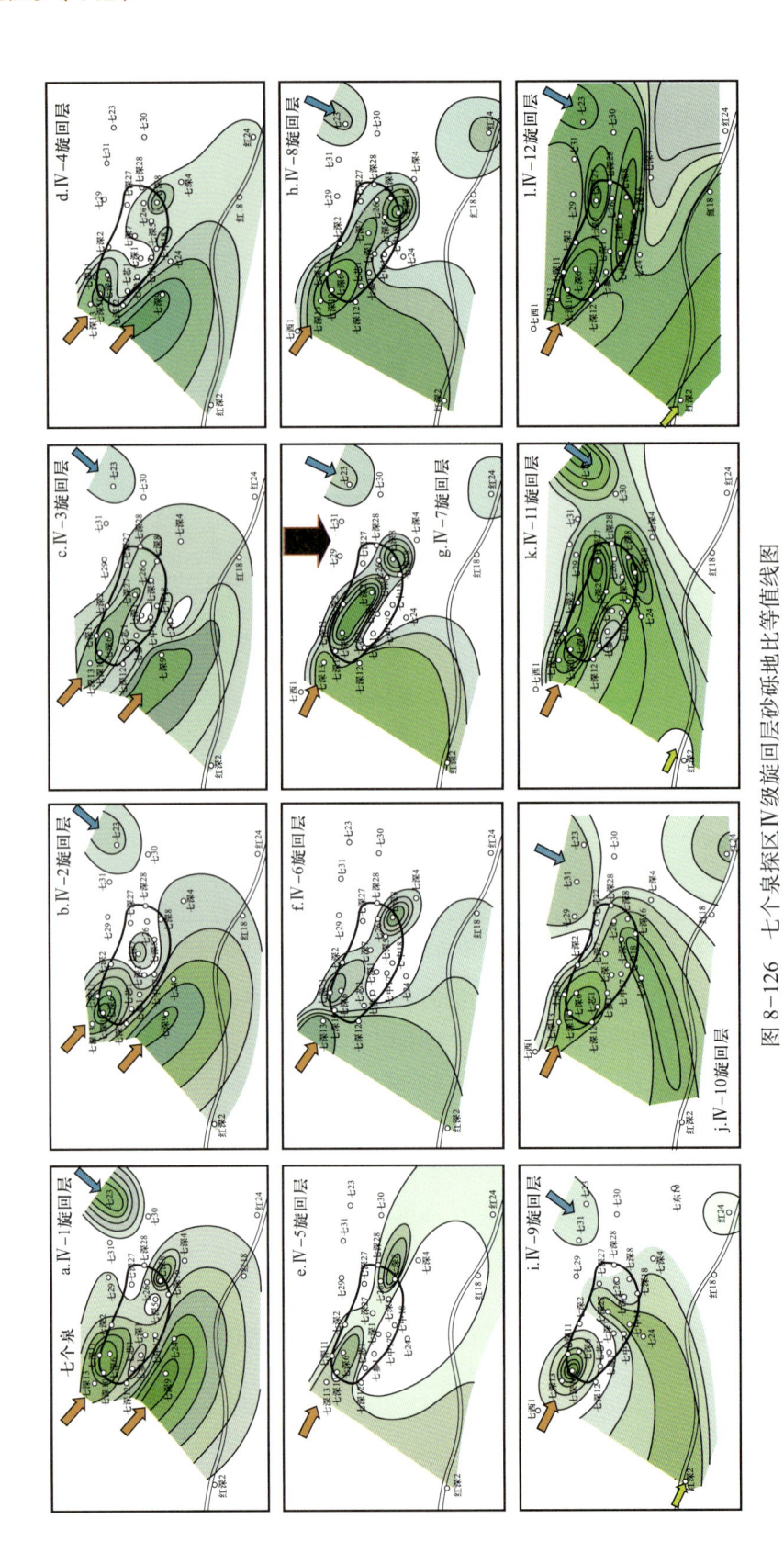

图 8-126 七个泉探区Ⅳ级旋回层砂砾地比等值线图

七个泉冲积扇与狮北冲积扇之间的扇间洼地中（见图 8-126 的Ⅳ-7 旋回层中黑箭头所者处），有七 29 井、七 30 井和七 31 井。Ⅰ-6 旋回层和Ⅰ-5 旋回层中，这里沉积砂岩和粉泥岩岩性圈闭条件差，未见油气显示。Ⅰ-4 旋回层至Ⅰ-1 旋回层，主要沉积粉砂岩和泥岩，具有较好的圈闭条件，在七 29 井中常见油气显示。以七深 6 井—七 29 井—七 23 井的Ⅱ-4 旋回层剖面为例，七深 6 井位于七个泉扇三角洲中，七 23 井位于狮北扇三角洲的边缘，它们的岩性都比较粗，前者以砾岩为主，后者以砂岩为主。七 29 井以粉砂岩和泥岩为主，粉砂岩中多见油迹油斑显示（图 8-127 和图 8-128）。

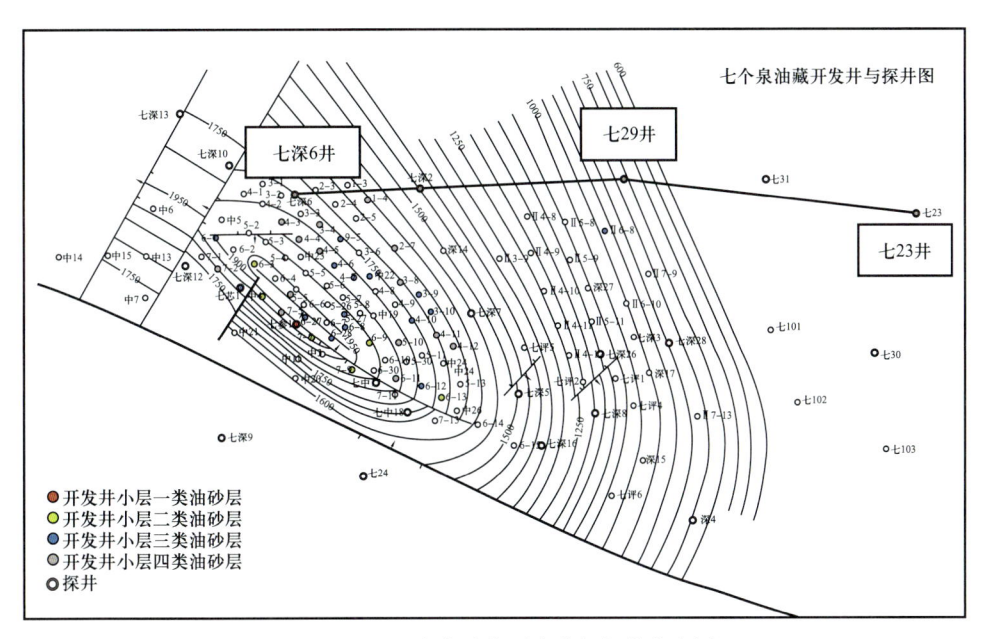

图 8-127　七个泉油藏开发井与探井分布图

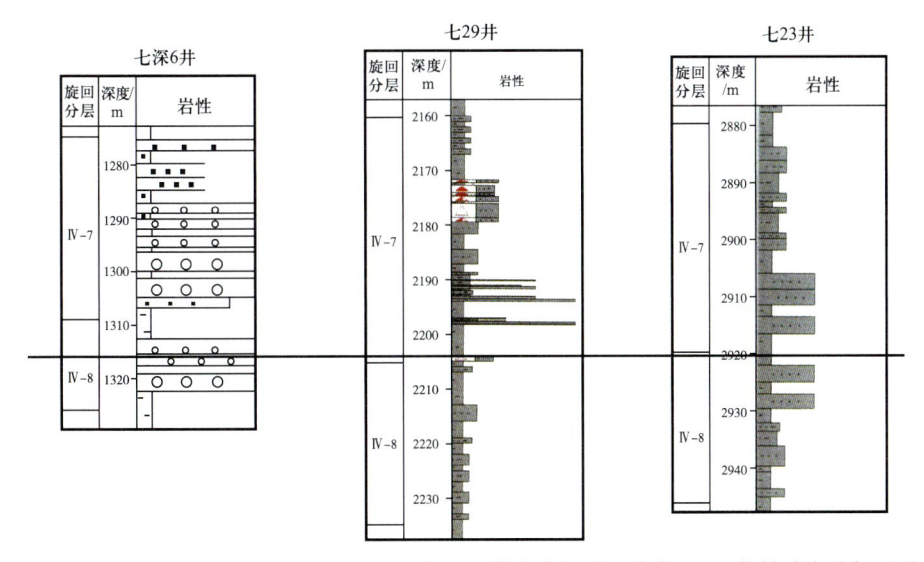

图 8-128　七个泉（七深 6 井）—狮北（七 23 井）扇间洼地中的七 29 井粉砂岩油气显示

狮北—干柴沟间洼处于狮北冲积扇与干柴沟三角洲之间的扇间洼地中，这里没有布置过探井。根据七个泉—狮北间洼条件来推测，这里也应该以粉砂岩、泥岩沉积为主，而且因为邻近红狮凹陷，应该具有岩性圈闭和油气储集条件。

综上所述，北部（阿尔金山）探区的储层勘探目标是：干柴沟远端坝砂岩储层、狮北滩坝砂砾岩储层。

2）中部（阿拉尔河）探区储层预测

中部探区包括两个沉积体系：北阿拉尔河沉积体系和南阿拉尔河沉积体系（图 8-129）。

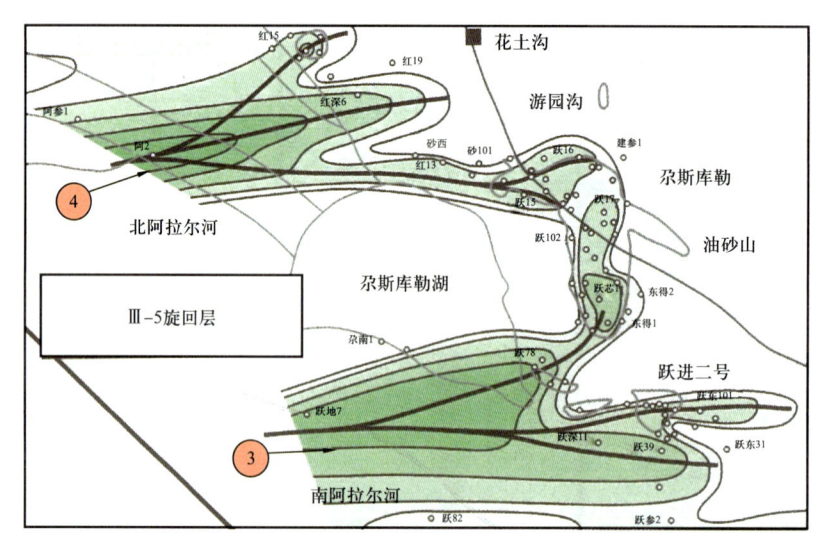

图 8-129　西部探区的北阿拉尔河、南阿拉尔河沉积体系

（1）尕斯探区储层预测：

尕斯探区的砂体分为南、北两部分（图 8-130）。

尕斯北砂体来自北阿拉尔河沉积体系，是辫状河三角洲分流河道、河口坝、远端坝积，呈东西向分布（图 8-131）；尕斯南砂体是滨湖的滩坝沉积，来自南阿拉尔河沉积体系，南北向分布。

随着湖进，尕斯油藏北区的沉积相带逐渐向上游后退，由分流河道微相演变为河口坝微相、远端坝微相和席状砂微相。尕斯油藏北砂体注水井的水线呈带状向东推进，南砂体的水线呈面状推进（图 8-132）。尕斯油藏北砂体，向东一直延续分布到油藏边缘的跃 36 井、跃 104 井、跃 107 井、跃 124 井附近（图 8-133）。因此推测尕斯北区的东斜坡上，分布有辫状河三角洲分流河道砂岩岩体与河口坝、远端坝、席状砂体（图 8-134）。尕斯油藏北区砂体的含油性很好，含油砂体向东直抵油藏东侧的跃 21 井、跃 36 井、跃 45 井、跃 124 井等井。西侧砂西油藏的砂 6 井见含油的粗砂岩（图 8-135）。那么，斯北区东南斜坡上的预测砂体是否含油呢？这有几种可能。

第八章 湖泊比较沉积学

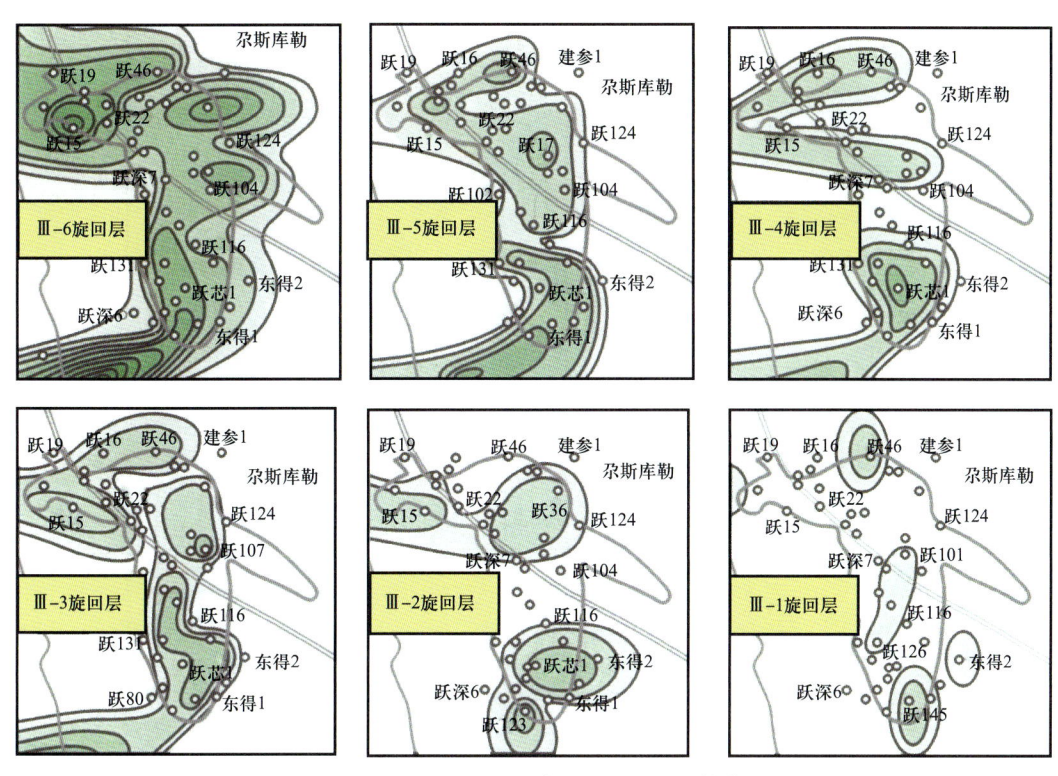

图 8-130 尕斯油田Ⅲ级旋回层砂砾地比等值线图

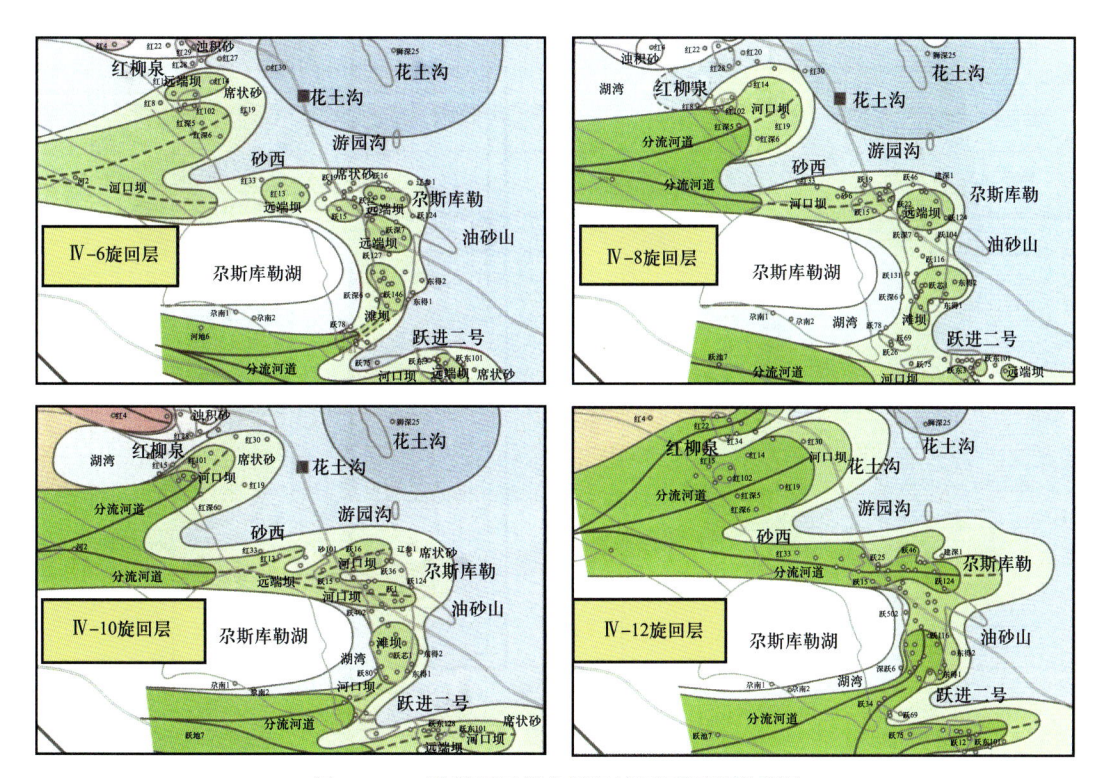

图 8-131 尕斯探区部分Ⅳ级旋回层沉积相带图

- 485 -

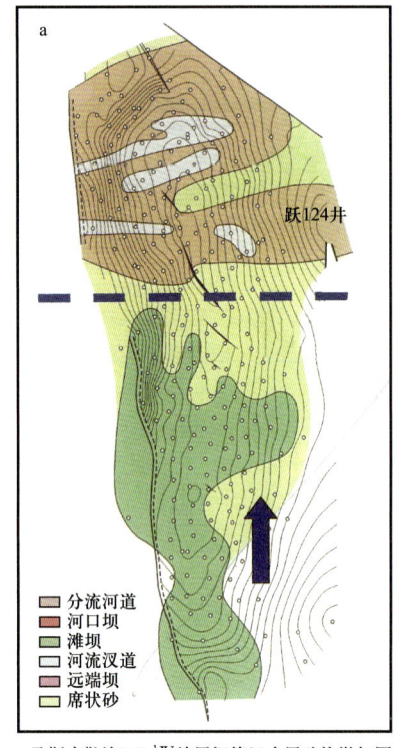

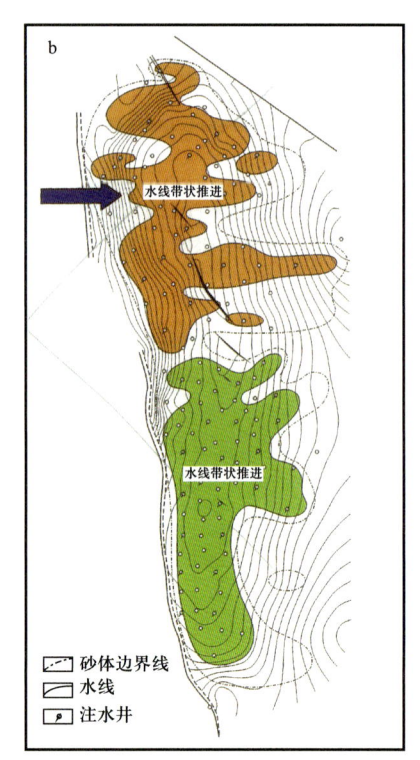

a.尕斯库勒油田E_3^1Ⅳ油层坝第21小层砂体微相图

b.尕斯E_3^1油藏Ⅳ-4小层水线推进图

图8-132 尕斯油田南、北砂体沉积微相与水线推进方向

a.尕斯库勒油田E_3^1Ⅳ油层组第22小层砂体微相图

b.尕斯库勒油田E_3^1Ⅳ油层组第21小层砂体微相图

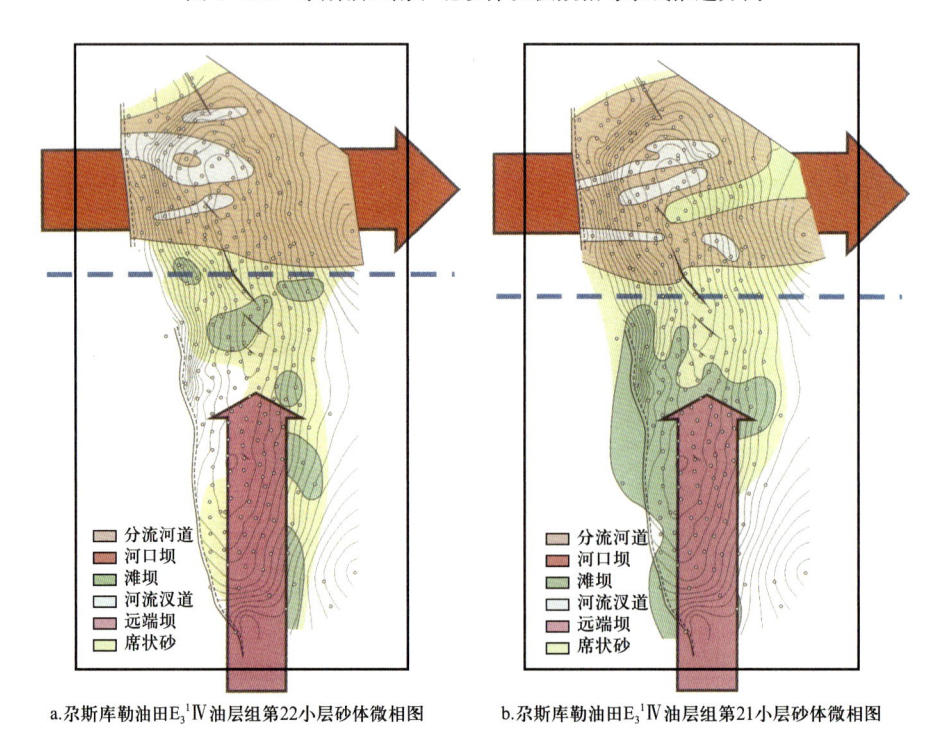

图8-133 尕斯油田北区东部储层预测

Ⅳ-6旋回层	河口坝	远端坝+浅湖		浅湖	
Ⅳ-8旋回层	分流河道	河口坝	远端坝	浅湖	
Ⅳ-10旋回层	分流河道	河口坝	席状砂	浅湖	
Ⅳ-12旋回层	分流河道			河口坝	席状砂	浅湖

a.沉积剖面

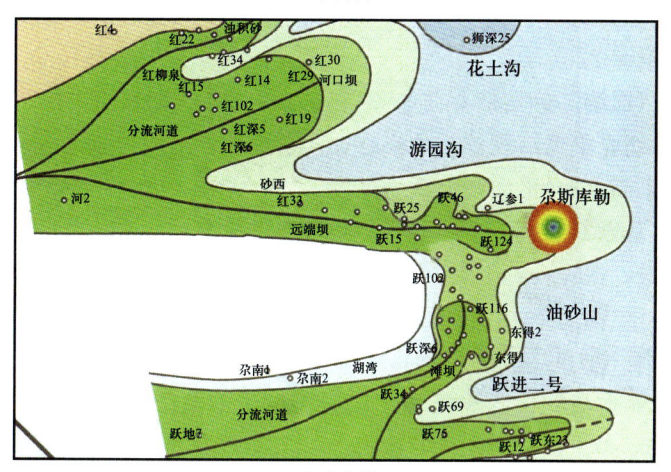

b.沉积相带

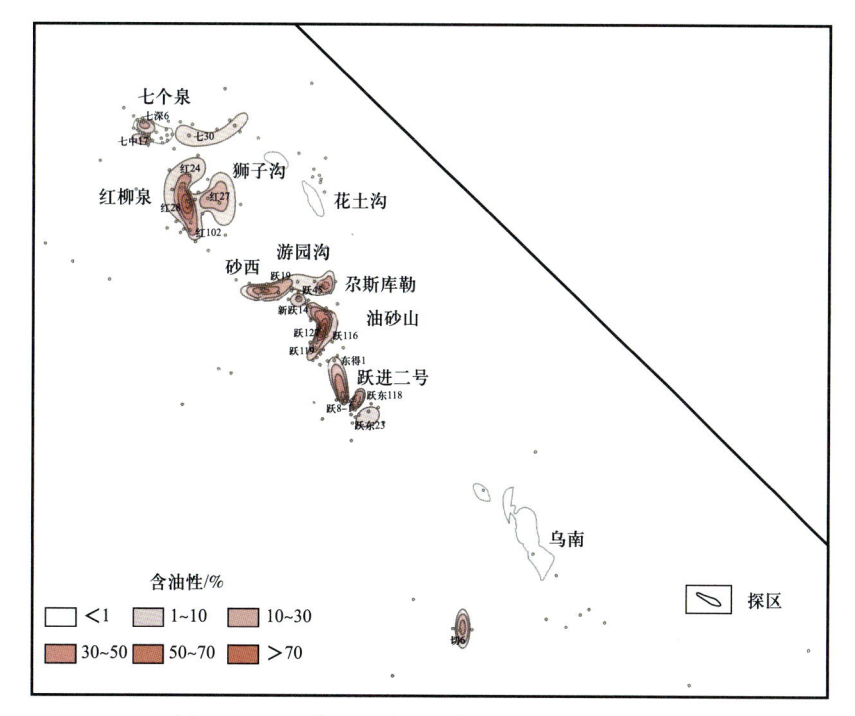

图 8-134 尕斯油田北区东部沉积相储层预测

推测北阿拉尔河具有辫状河三角洲河口坝、远端坝，席状砂储层

图 8-135 尕斯北区东、西侧储层含油性等值线图

① 东斜坡上若有物性好的含油砂体，砂体中的油气易被"吸引"到尕斯构造油藏的砂体中。尤其是与尕斯油藏连通的砂体，如辫状河三角洲、分流河道砂体与河口坝砂体。

② 东斜坡上若有孤立的远端坝砂体，可以产生圈闭条件，形成油气储层。

③ 东斜坡上若有粉砂岩的席状砂体，可能有油气圈闭。

（2）跃进探区储层预测。

跃进地区砂体的特点是由西向东呈发散状分布，有四个分支带（图8-136）。它们标志了辫状河三角洲平原的分流河道特征（图8-137）。

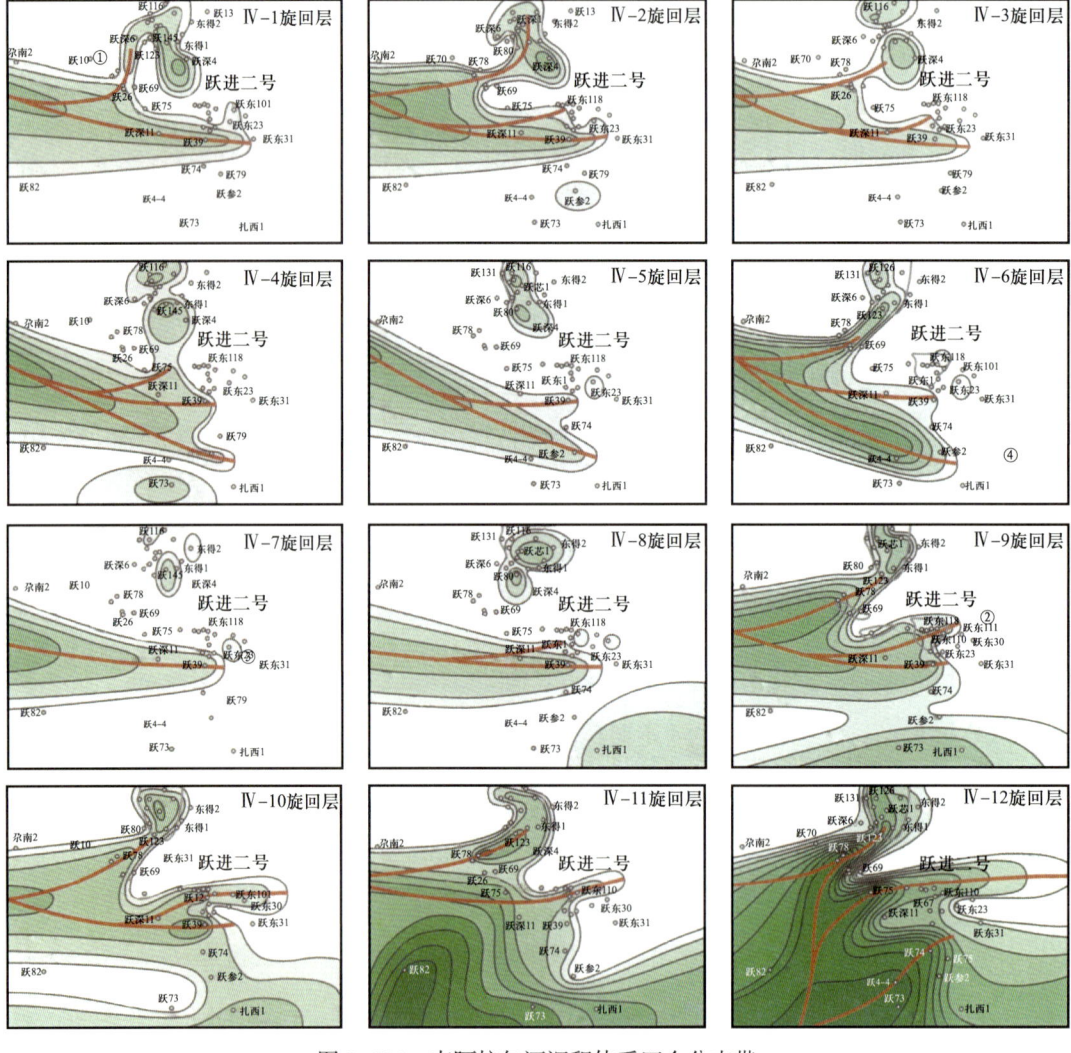

图8-136 南阿拉尔河沉积体系四个分支带

第一分支带存在于Ⅳ-1、Ⅳ-2、Ⅳ-3、Ⅳ-9、Ⅳ-10、Ⅳ-11、Ⅳ-12旋回层中。它来自南阿拉尔河三角洲平原，通过跃34井、跃78井、跃123井片的河口坝，连结到斯油藏南区的滩坝砂体，是尕斯油藏南区滩坝砂的主要来源。预测跃78井—跃123井之间的地带应该存在连结的砂体，濒临尕斯油藏和跃进二号西高点油藏，可能具有勘探潜力，建议加强此连结部的调查工作。

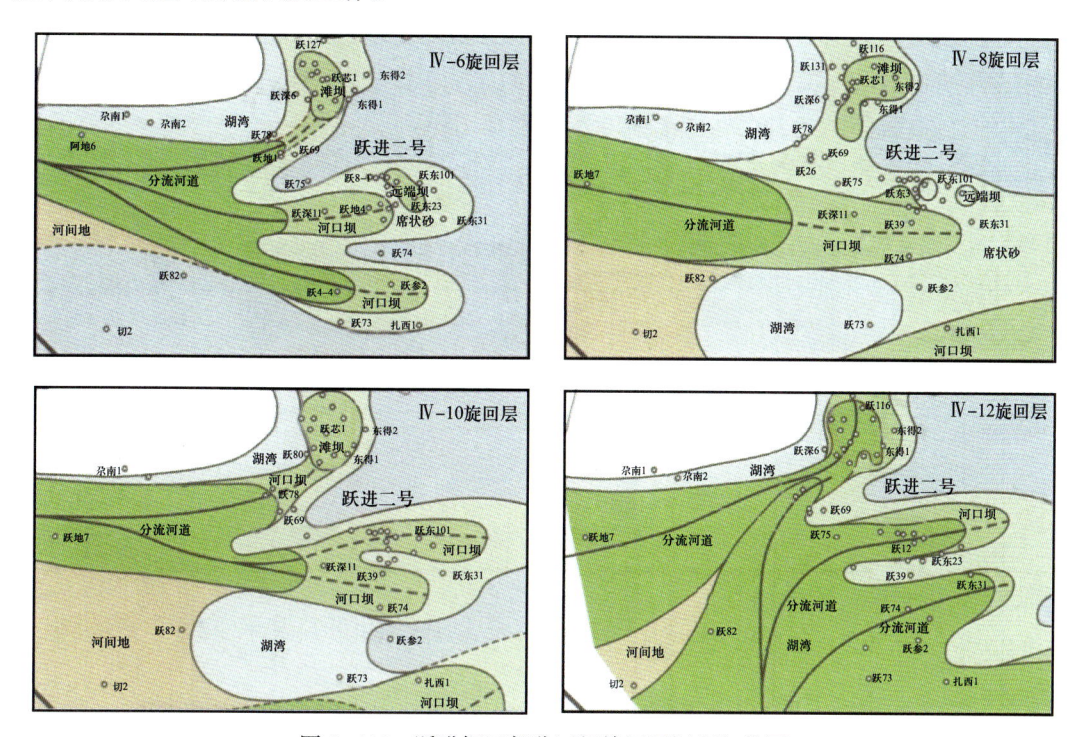

图 8-137 跃进探区部分四级旋回层沉积相带图

第二分支带存在于Ⅳ-9、Ⅳ-10、Ⅳ-11、Ⅳ-12旋回层中。除了Ⅳ-12旋回层来自切克里克沉积体系北支外，其他都来自南阿拉尔河沉积体系。它们都是通过跃进二号油田（东高点），最后指向跃东地区。从跃进二号油藏的小层微相砂体图来看，底部的分流河道砂体由西向东延伸（图8-138）。在Ⅳ-12旋回层中，发育粗碎屑的状河分流河道和

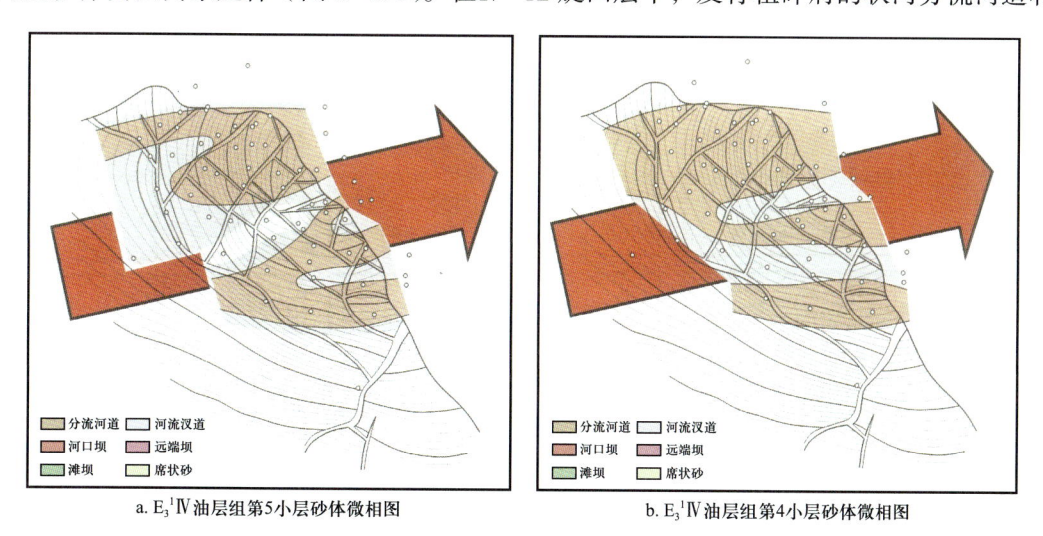

a. E_3^1Ⅳ油层组第5小层砂体微相图

b. E_3^1Ⅳ油层组第4小层砂体微相图

图 8-138 跃进二号油田 E_3^1 油藏底部辫状分流河道微相砂体分布图

河口坝砂体，而且有较好的油气显示。位于跃进二号油藏中的跃264井和跃东118，在Ⅳ-12、Ⅳ-11旋回层中见到含油的砂岩（图8-139）。同样，位于油藏中的跃东118井和跃东110井，在Ⅳ-10、Ⅳ-9旋回层中也见到含油砂岩。位于油藏东部的跃东23井和跃东30井中，在Ⅳ-6、Ⅳ-5旋回层中见到油浸的席状粉砂岩（图8-140）。因此，在跃东地区可能存在含油砂体，建议加强跃东地区的勘察工作。

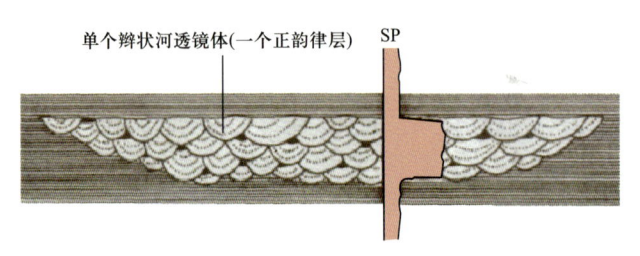

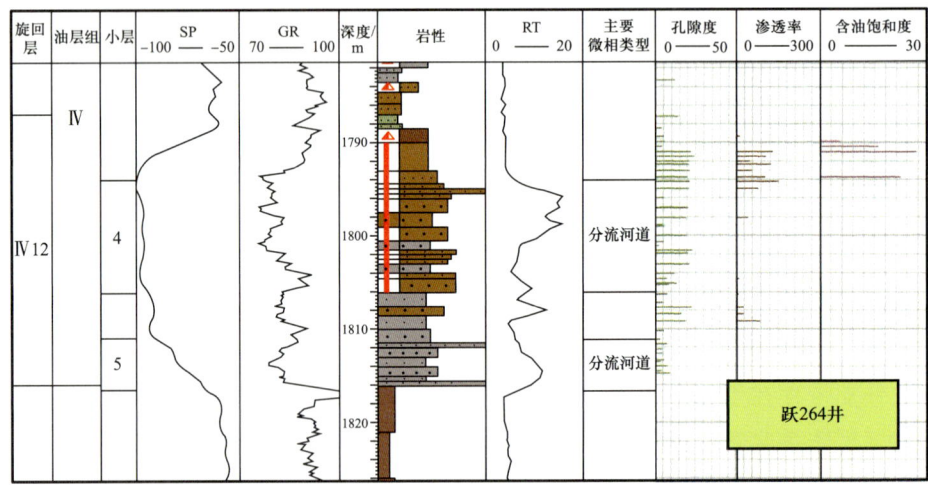

图8-139 跃264井Ⅲ-12旋回层含油辫状河分流河道粗碎屑砂体

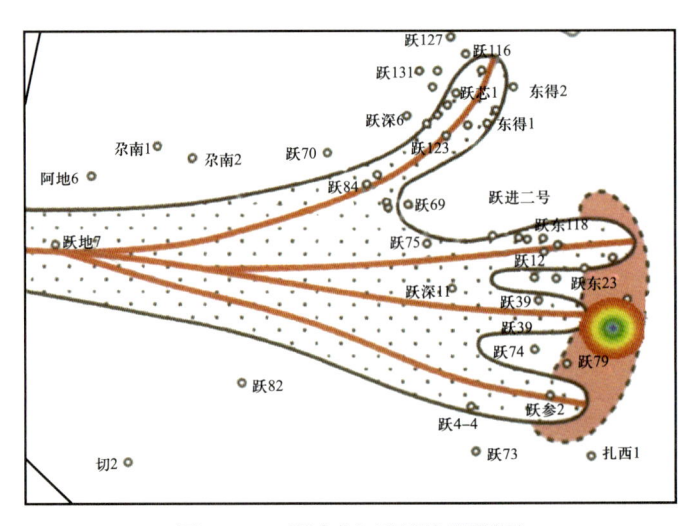

图8-140 跃东探区沉积相预测图
图中标记区为远端坝与席状砂预测区

第八章 湖泊比较沉积学

第三分支带是南阿拉尔河进入跃进地区的主要通道，分布在跃深11井、跃39井一带且存在的时间最长，见于Ⅳ-1、Ⅳ-2、Ⅳ-3、Ⅳ-7、Ⅳ-8、Ⅳ-9、Ⅳ-10旋回层。这里的砂体条件也比较好（图8-136）。

第四分支带是南阿拉尔河走向跃进地区的最南部的一条通道，指向跃参2井、跃4-4井（图8-137）。这里不缺储层，但是未见油气显示，有待进一步工作。

（3）红柳泉探区储层预测。

红柳泉探区位于七个泉沉积体系和北阿拉尔河沉积体系的末端，经常处于湖湾环境。它们分别受七个泉沉积体系和北阿拉尔河沉积体系的影响，主要发育三种沉积微相：远端坝微相、席状砂微相、浊积砂微相（图8-141），还可能存在滩坝微相。

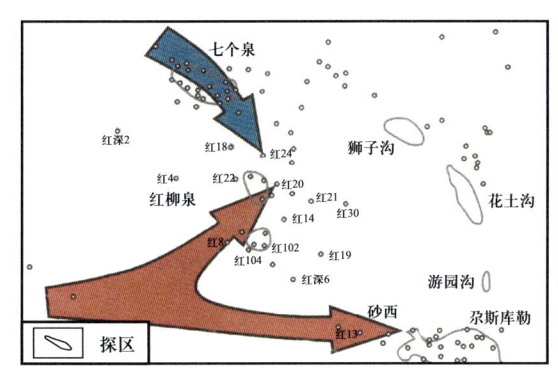

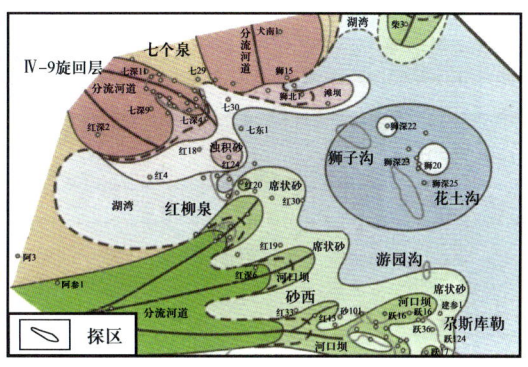

图8-141 受七个泉和北阿拉尔河沉积体系双重影响的红柳泉探区

① 砂岩的远端坝微相。

红柳泉探区的砂岩主要来自北阿拉尔河沉积体系的北分支，组成河口坝和远端坝微相。根据这里的探井岩屑资料，在这些微相砂体中都未见油气显示。可是，同样位于外围的取心井红20井却见到河口坝—远端坝微相的油浸极细砂岩和油浸细砂岩（图8-142）。可见在探井岩屑录井工作中，对油气显示的鉴定水平有待提高。建议在红柳泉油藏的东部外围区注意寻找远端坝油砂体，或对老探井进行复查。

② 砾岩的浊积微相。

红柳泉探区的砾岩主要来自七个泉沉积体系，在扇三角洲的外缘形成孤立的浊积微相（图8-143）。红24井的中上部发育浊积微相，在厚层的粉砂岩—泥岩中，孤立地分布一些岩层。而在相同的层位上，红24井周围的许多探井中，未见砂砾岩的踪迹，故红24井附近有很好的圈闭条件。可惜在砾岩浊积微相中未见油气显示。

③ 粉砂岩的席状砂微相。

红柳泉地区的粉砂岩呈北西—南东向片状分布，并稳定地出现在地层中（图8-144）。它们为粉砂岩—泥岩互层，很少见砂砾岩，有利于形成粉砂岩油气储层，勘探潜力很大。在其周围的许多探井的粉砂岩层中都有油气显示，尤其是红21井（Ⅳ-10旋回层）、红27井（Ⅳ-11旋回层）的粉砂岩中见到含油层（图8-145）。

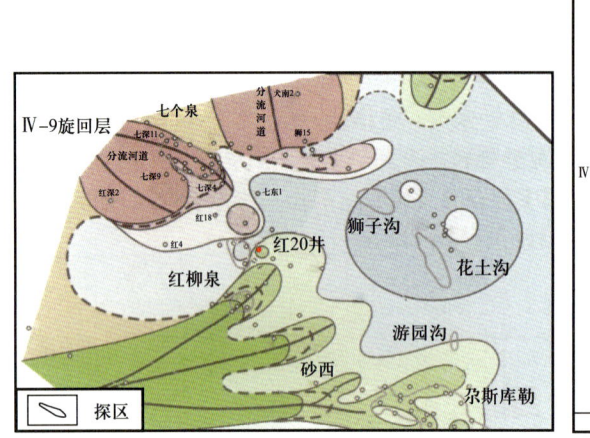

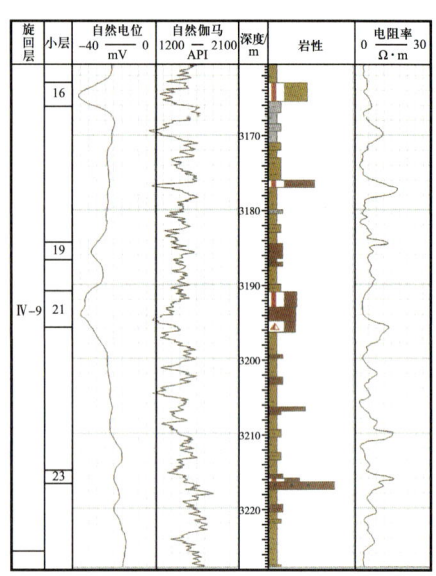

图 8-142 红 20 井位置与岩心录井图
红 20 井位于辫状河前三角洲，其Ⅳ-9 旋回层发现油浸的远端坝细砂岩、极细砂岩和席状砂岩

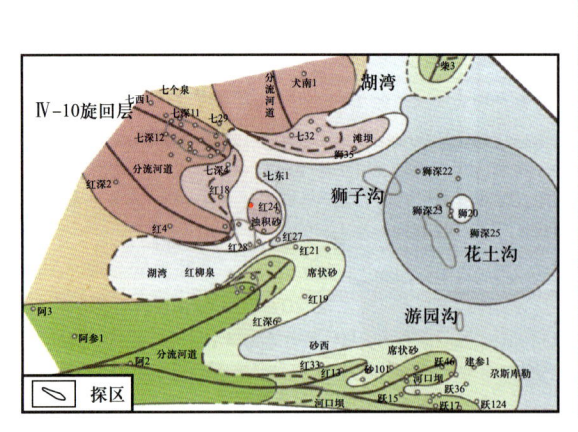

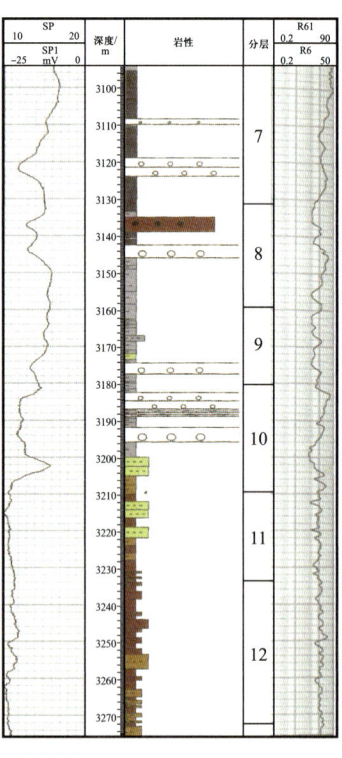

图 8-143 红 24 井位置与岩心录井图
红 24 井Ⅳ-7、Ⅳ-8、Ⅳ-9、Ⅳ-10 旋回层含前扇三角洲浊积砂砾岩储层

第八章 湖泊比较沉积学

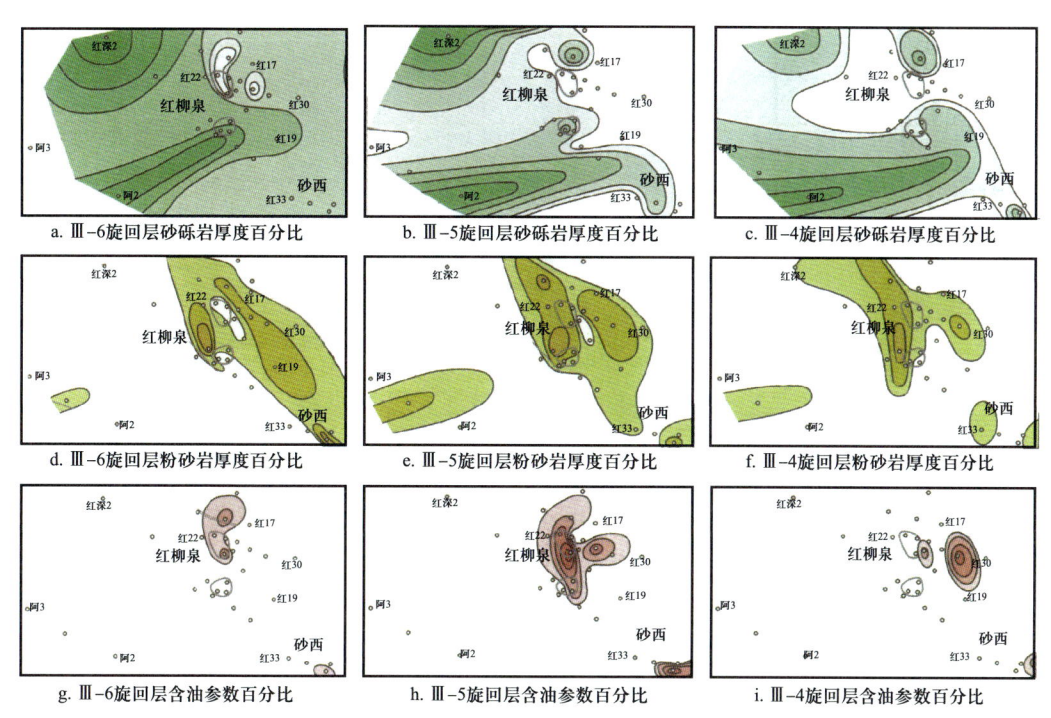

a. Ⅲ-6旋回层砂砾岩厚度百分比
b. Ⅲ-5旋回层砂砾岩厚度百分比
c. Ⅲ-4旋回层砂砾岩厚度百分比
d. Ⅲ-6旋回层粉砂岩厚度百分比
e. Ⅲ-5旋回层粉砂岩厚度百分比
f. Ⅲ-4旋回层粉砂岩厚度百分比
g. Ⅲ-6旋回层含油参数百分比
h. Ⅲ-5旋回层含油参数百分比
i. Ⅲ-4旋回层含油参数百分比

图 8-144 红柳泉探区Ⅲ-3、Ⅲ-4、Ⅲ-5旋回层沉积体系、粉砂岩、含油性对比图

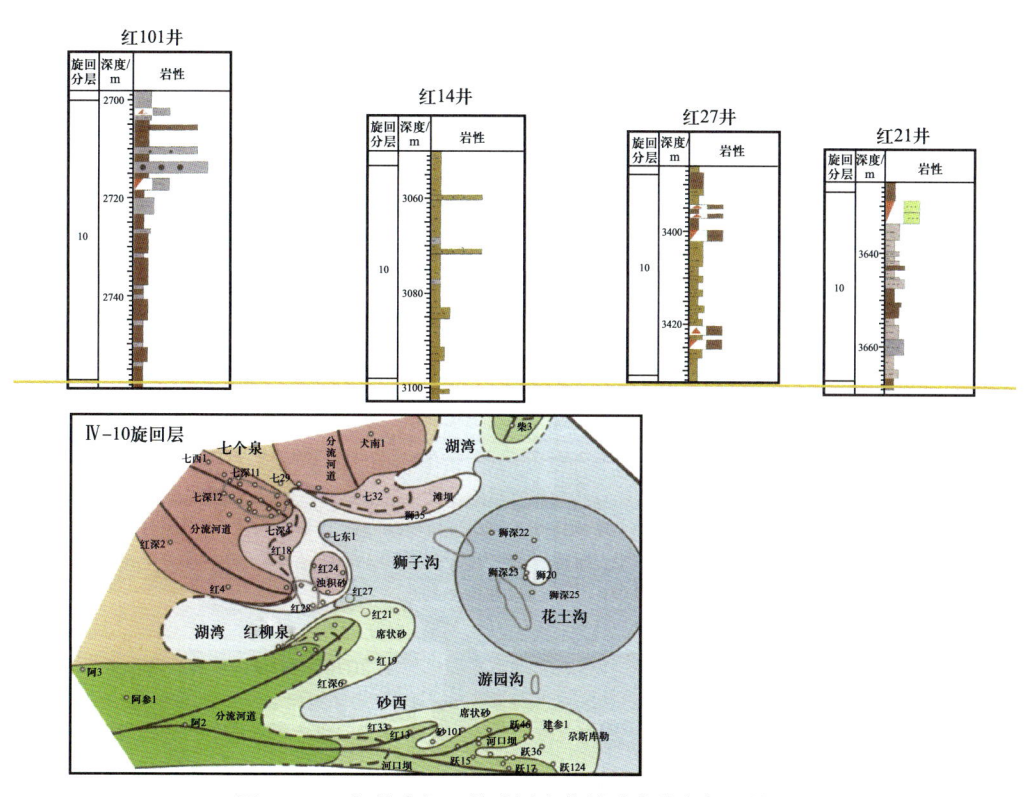

图 8-145 红柳泉探区的油浸席状粉砂岩分布与连井图
红21井、红27井为席状砂微相含油浸粉砂岩储层

- 493 -

④ 砂岩的滩坝微相。

在红柳泉油藏的东南部,是受北阿拉尔河沉积体系控制的辫状河三角洲地区。这里有丰富的碎屑物来源。从三级旋回层砂砾岩厚度百分比等值线图、粉砂岩厚度百分比等值线图和四级旋回层岩性四元图看,这里主要分布砂岩,砂岩带的展布与粉砂岩类似,呈北西—南东向。它们又邻近狮子沟"深湖",有可能是滩坝砂体的岩性组合。如果这种推测正确的话,红柳泉油藏东南部、砂西油藏北部缺少探井的地区应该有延续的滩坝砂体。它们可能属于岸外滩坝类型(图 8-146)。其内侧是潟湖沉积,外侧是浅湖沉积,所以岩性圈闭条件好。

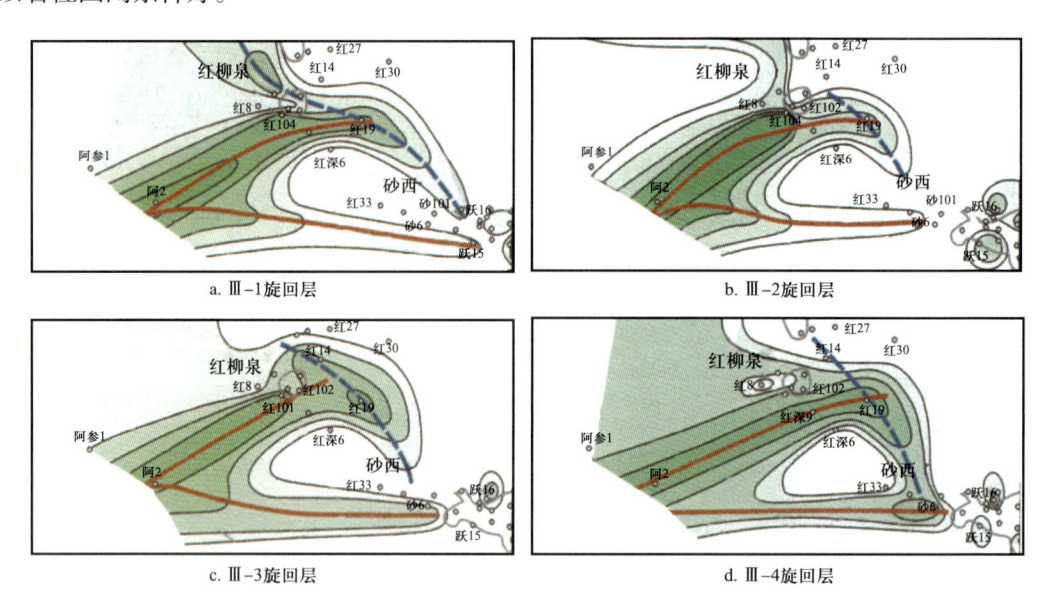

图 8-146　红柳泉探区的预测滩坝砂体(蓝线所示)

总之,红柳泉油藏的东部和东南部是柴西南区寻找下干柴沟组岩性油藏的最有利地区。在这里有望找到前扇三角洲的浊积砂砾岩储层、辫状河三角洲前缘滩坝砂岩储层、辫状河前三角洲远端坝砂岩储层和席状粉砂岩储层(图 8-147)。

3)南部(昆仑山)探区储层预测

(1)南部探区储层预测。

南部探区包括三个沉积体系:切克里克、东柴山和茫南沉积体系(图 8-148)。

南部探区的储层条件不同于西部探区和北部探区。切克里克、东柴山、茫南探区的岩性储层与油气显示特点如下。

① 南部探区位于柴西南区构造盆地的斜坡带,与它相邻的构造凹陷——乌南凹陷主要发育浅湖亚相,粉砂岩分布广,生油条件比较差。

② 南部探区的切克里克、东柴山和茫南沉积体系,其岩性细,以砂岩、粉砂岩、泥岩为主。发育辫状河三角洲相,沉积相带远比北部探区的宽,以前缘亚相的砂岩和前三角洲亚相的粉砂岩和泥岩为主。

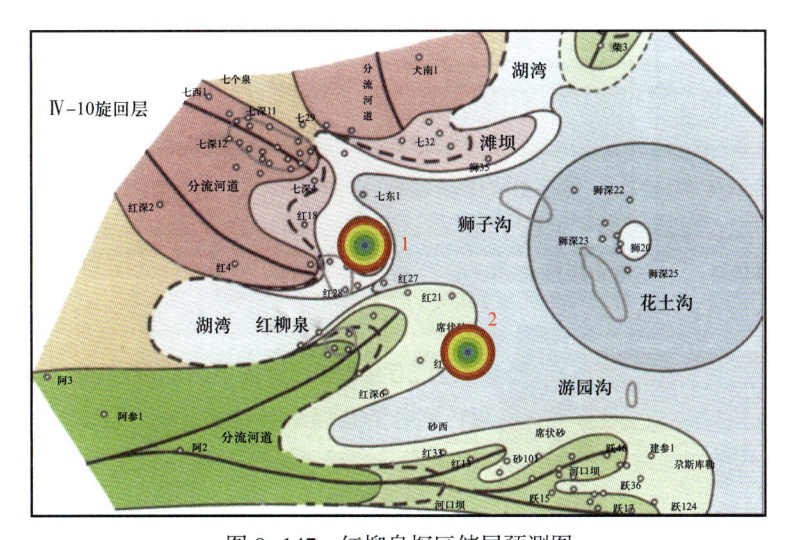

图 8-147 红柳泉探区储层预测图

1. 七个泉前扇三角洲浊积砂岩储层；2. 北阿拉尔河辫状河三角洲前缘滩坝砂岩储层和辫状河前三角洲远端坝砂岩储层席状粉砂岩储层

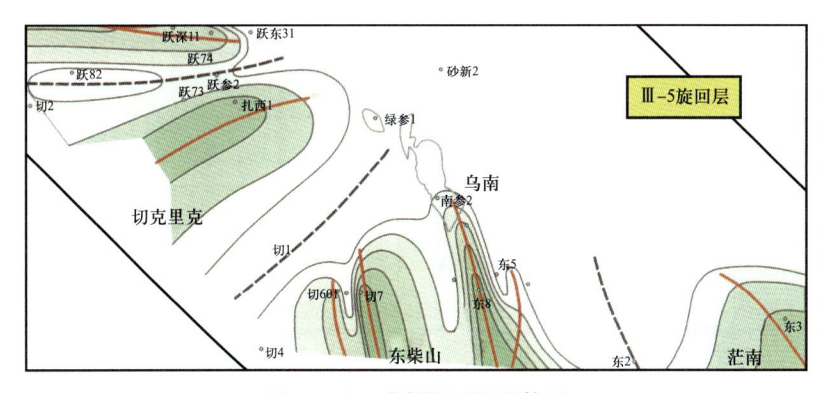

图 8-148 南部探区沉积体系

③ 从层序上来看，Ⅳ级旋回层的岩性—相序特征为：Ⅳ12～Ⅳ9 旋回层发育辫状河三角洲平原亚相、前缘亚相和前三角洲亚相，岩性最粗由粗砂岩—细砂岩—粉砂岩—泥岩组成；Ⅳ8～Ⅳ5 旋回层由于湖进，发育辫状河前三角洲亚相，岩性最细，主要由粉砂岩—泥岩组成；Ⅳ4～Ⅳ1 旋回层又发生湖退，发育状河三角洲前缘亚相和前三角洲亚相，岩性略变粗，由细砂岩—粉砂岩—泥岩组成。

南参 2 井是切克里克沉积体系与东山沉积体系之间的主要边界井，南参 2 井的岩性以粉泥岩为主，不含油。但是切克里克沉积体系远端的绿参 1 井、乌 3 井及东柴沉积体系远端的东 6 井、乌 10 井一带都存在含油的河口坝、远端坝砂岩（图 8-149、图 8-150、图 8-151）。东 2 井是东柴山沉积体系与茫南沉积体系之间的边界。它们的岩性都比较细，以粉砂岩和泥岩为主。

南部探区的四级旋回层含油性特征为：Ⅳ12～Ⅳ11 旋回层的含油性较好；Ⅳ10～Ⅳ5 旋回层的含油性差；Ⅳ4～Ⅳ1 旋回层的含油性又变好。

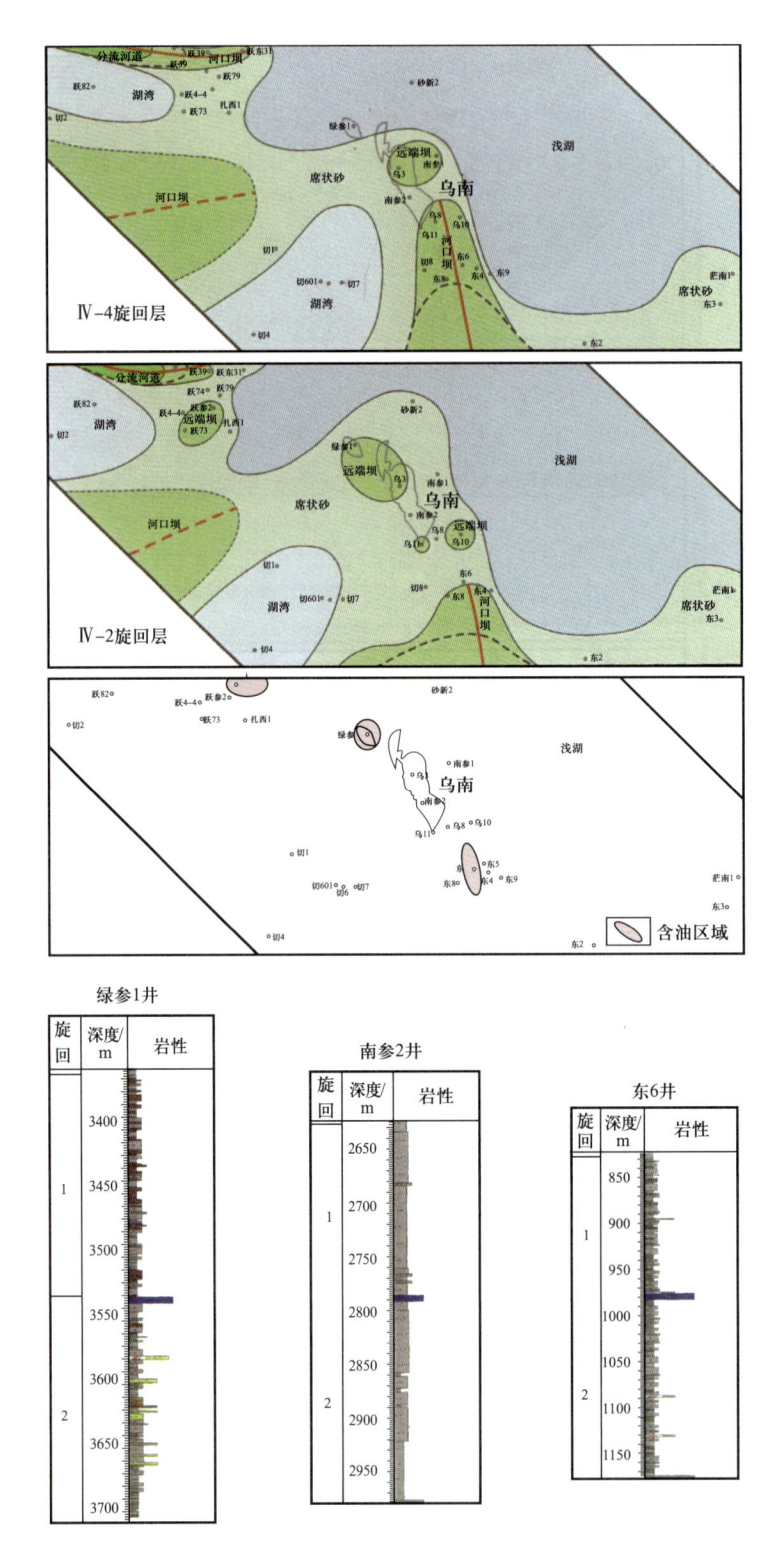

图 8-149 沉积相带图及绿参 1 井、东 6 井、南参 2 井柱状图

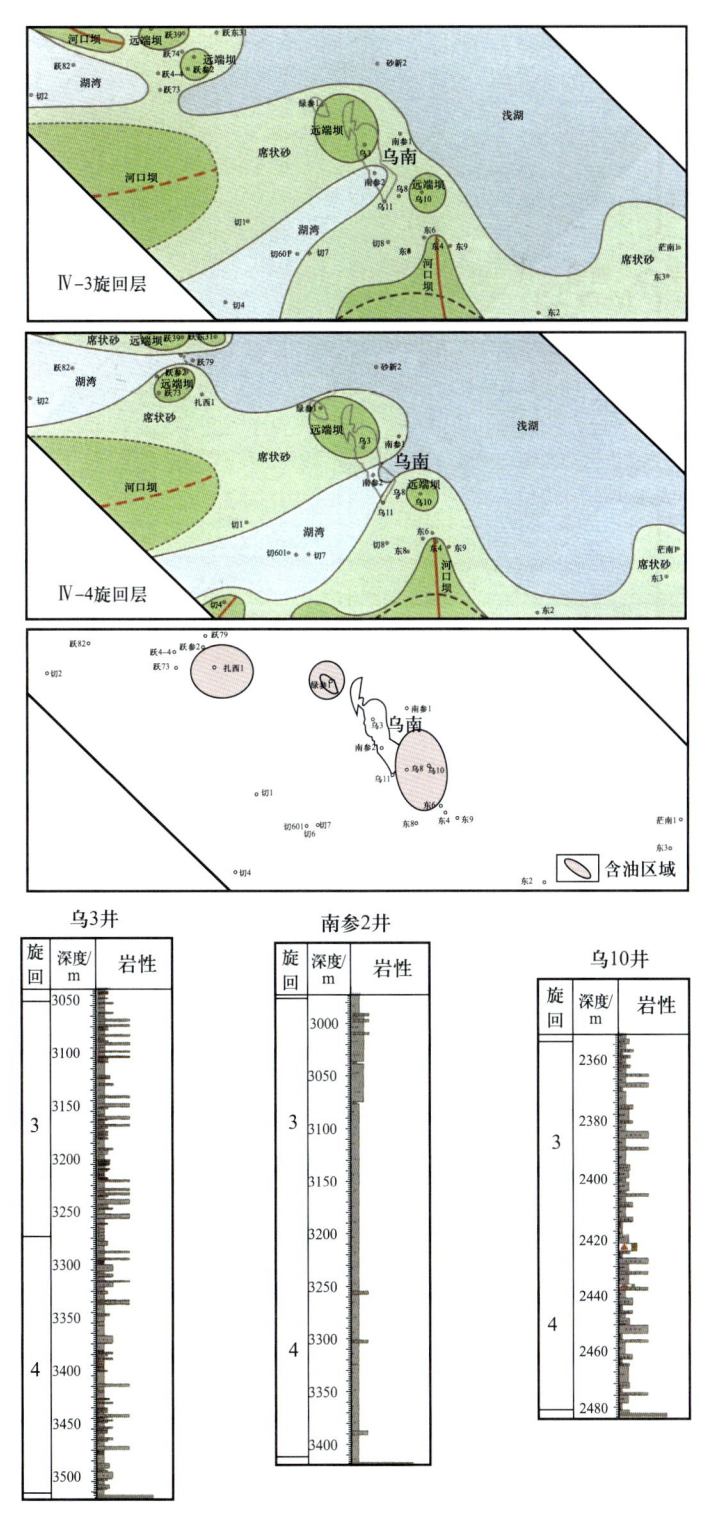

图 8-150　沉积相带图及乌 3 井、乌 10 井、南参 2 井柱状图

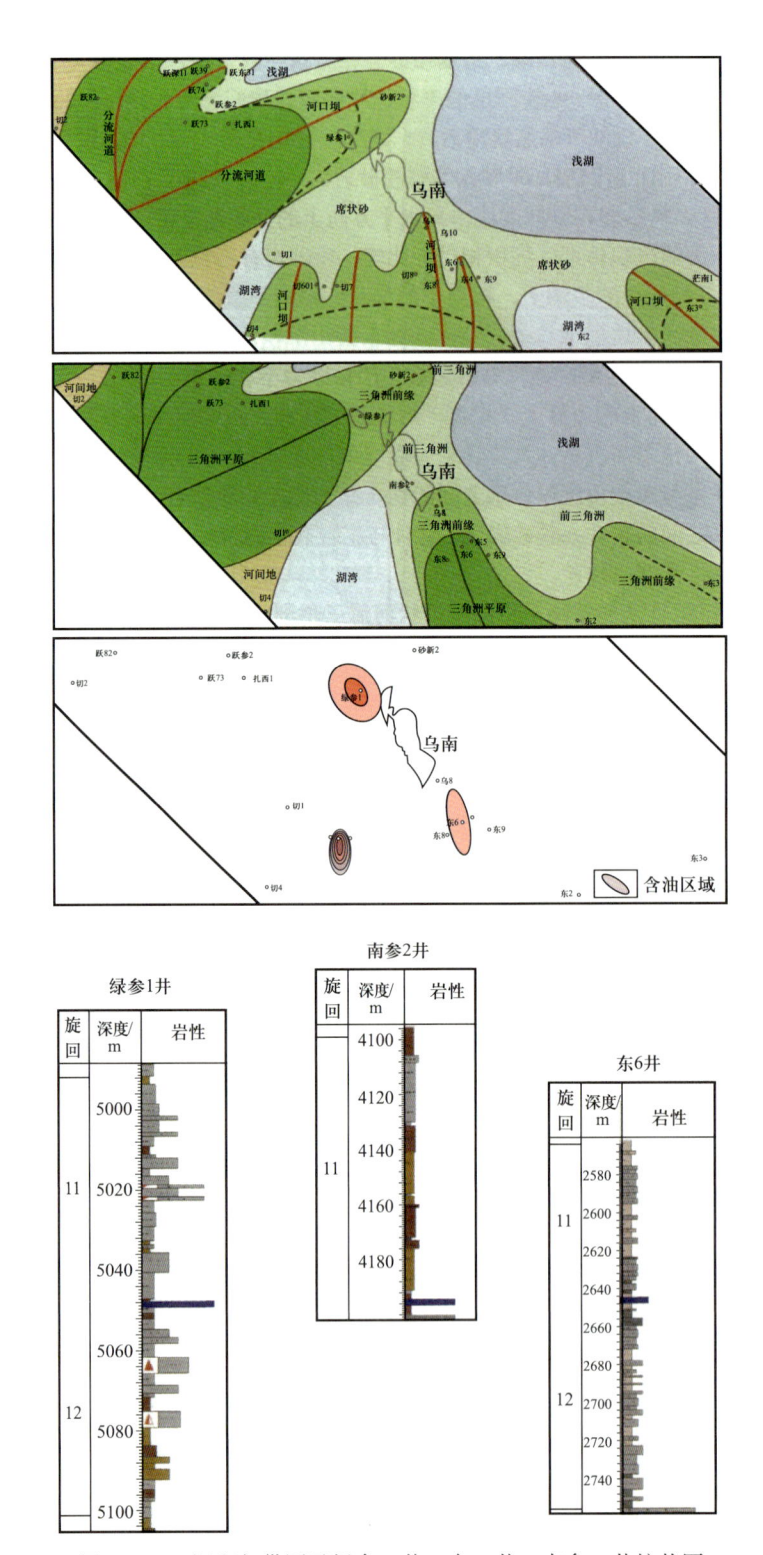

图 8-151 沉积相带图及绿参 1 井、东 6 井、南参 2 井柱状图

含油气储层出现在河口坝、远端坝砂岩和席状粉砂岩中,如绿参 1 井Ⅳ-11 旋回层的河口坝含油粗砂岩、Ⅳ-4 旋回层的席状油迹油斑粉砂岩,乌 3 井Ⅳ-2、Ⅳ-8 旋回层的远端坝油迹油斑细砂岩。含油气的席状粉砂岩,则广泛分布在乌 8 井、乌 10 井、东 6 井、切 6 井等井中,其中切 6 井的Ⅳ-10 旋回层,见席状油浸粉砂岩。

南部探区的粉砂岩在垂向地层中和水平方向上的分布都非常广(图 8-152、图 8-153)。将粉砂岩的分布与相关的沉积体系、沉积相进行比较,粉砂岩有三种沉积类型。

① 分布在沉积体系的主轴上,相当于辫状河三角洲平原的分流河道和三角洲前缘的河口坝沉积,这里的粉砂岩经常与砂岩共生。如东柴山沉积体系的Ⅳ-12 旋回层、茫南沉积体系的Ⅳ-7、Ⅳ-9、Ⅳ-10 旋回层。这种与砂岩共生的粉砂岩不利于圈闭油气。

② 分布在沉积体系的边界上,相当于辫状河三角洲之间的河间地或湖湾沉积,经常与泥岩共生。如南阿拉尔河沉积体系与切克里克沉积体系之间的切 2 井—跃 82 井粉砂岩带切克里克沉积体系与东柴山沉积体系之间的切 4 井—切 1 井粉砂岩带及东柴山沉积体系与南沉积体系之间的东 2 井粉砂岩带。这种与泥岩共生的粉砂岩有利于圈闭油气,但是这里离生油凹陷远,油源条件差。

③ 分布在沉积体系的前端,相当于辫状河前三角洲的席状砂沉积,经常与泥岩共生。如南参 2 井、南参 1 井、砂新 2 井、乌 3 井、乌 8 井片。这里的粉砂岩分布范围广,油气圈闭条件好又靠近油源区,是粉砂岩席状砂油藏的有利探区。

综上所述,在南部探区寻找岩性油藏,要特别注意连片分布的席状粉砂岩。在席状砂分布带中,要注意寻找孤立的远端坝砂岩储层。此外,在其上游还可能存在河口坝砂岩储层(图 8-154)。

(2)岩性储层预测。

① 砂岩储层预测。

砂岩是重要的油气储层,分选好、物性好,其周围有比较稳定的粉砂岩和泥岩地层能提供很好的岩性圈闭条件。砂岩储层的含油状况,与砂体类型有密切关系。椭圆形的孤立砂体,如辫状河三角洲外前缘的远端坝,其周围与席状砂的粉砂岩—泥岩共生,油气圈闭条件最好。长条形的带状砂体,如辫状河三角洲平原的分流河道砂体和三角洲前缘的河口坝砂体,油气经常发生纵向迁移,圈闭条件差。砂岩—粉砂岩—泥岩岩性组合广泛出现在河流、三角洲平原、三角洲前缘及前三角洲沉积中。

② 粉砂岩储层预测。

粉砂岩在地层中可以与砾岩、砂岩、泥岩等各种岩性地层共生。但是要形成独立的油气储层,必须与泥岩层共生,有稳定的泥岩层圈闭。粉砂岩—泥岩组合是形成粉砂岩储层的必要条件,这种岩性组合通常出现在前三角洲、浅湖和湖湾的席状砂中。席状砂由粉砂岩与泥岩互层,粉砂岩的单层厚度小,但是层位稳定,分布范围广。据大庆油田对粉砂岩油层的开发经验,席状砂的厚度小,连通性差,渗透率低,在稀井网条件下较难动用。但是只要加大注水压力,仍是重要的挖潜对象,可以获得稳定的产量。

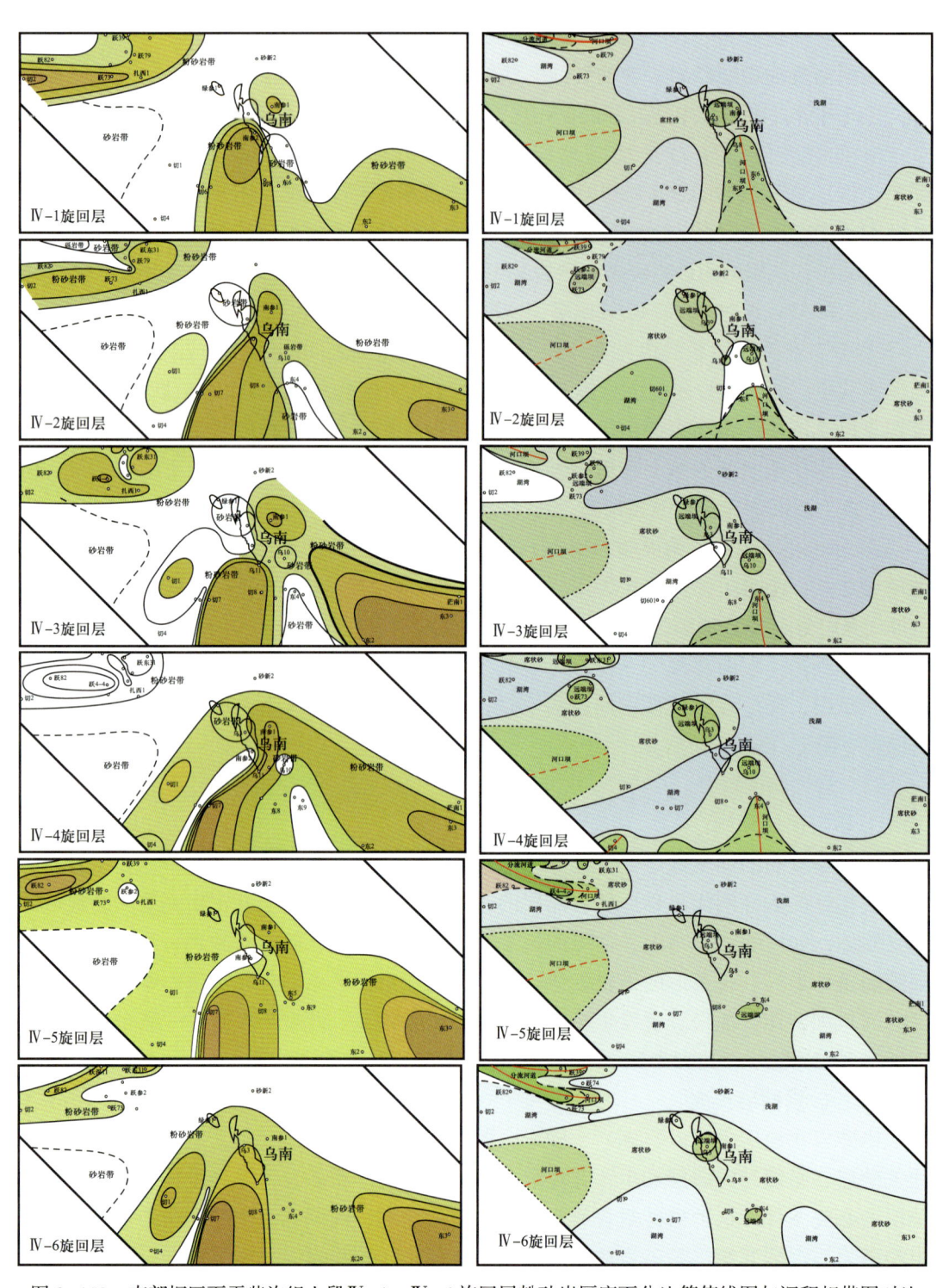

图8-152　南部探区下干柴沟组上段Ⅳ-1～Ⅳ-6旋回层粉砂岩厚度百分比等值线图与沉积相带图对比

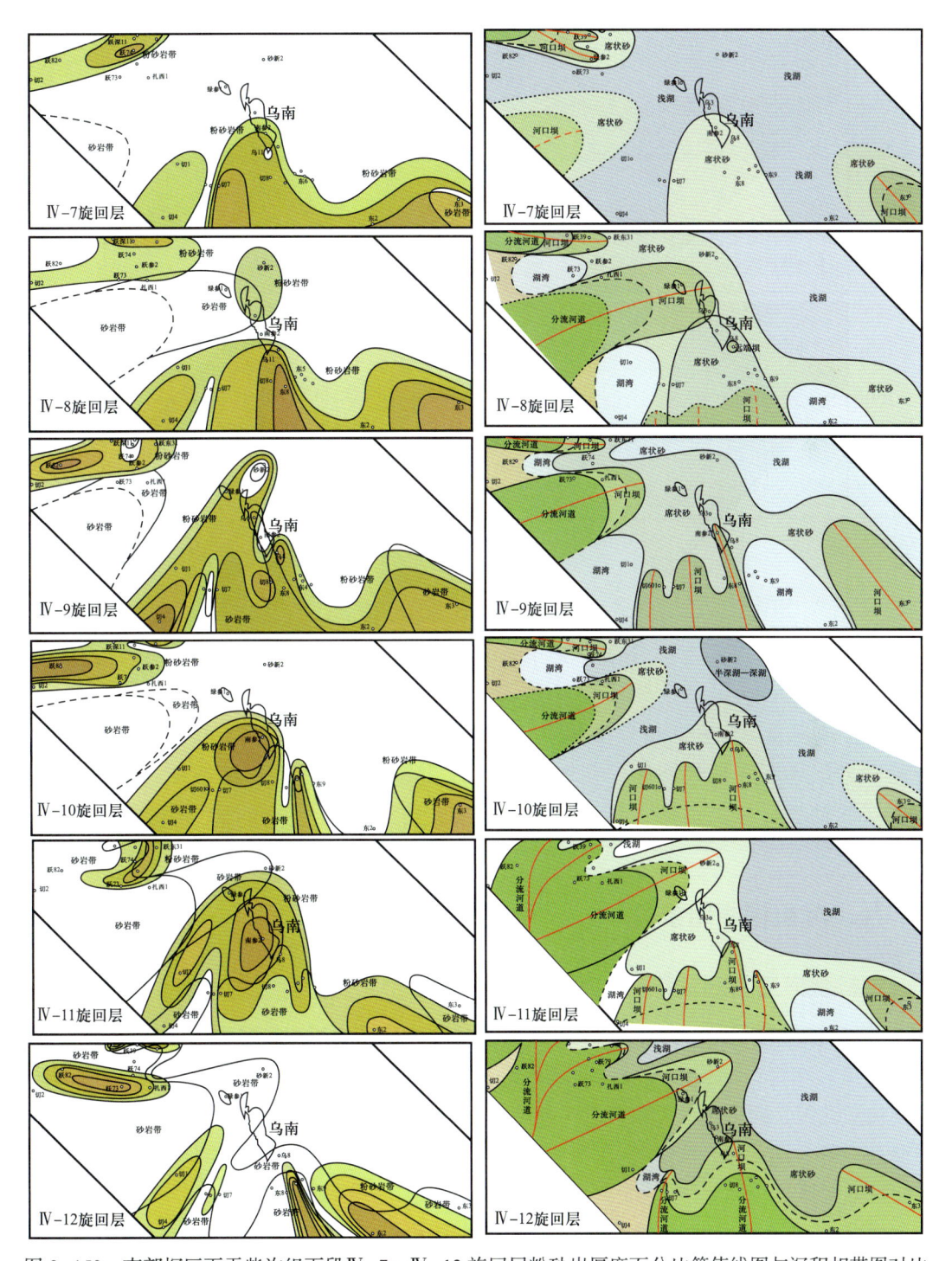

图 8-153 南部探区下干柴沟组下段Ⅳ-7～Ⅳ-12旋回层粉砂岩厚度百分比等值线图与沉积相带图对比

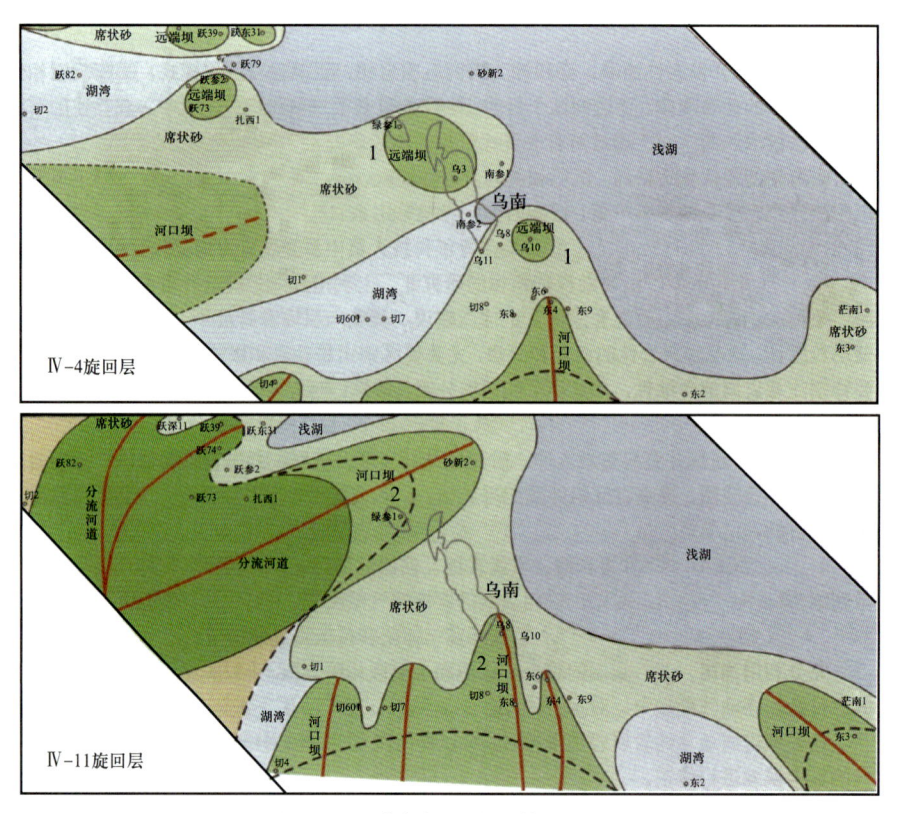

图 8-154　南部探区岩相储层预测图
1. 远端坝砂岩储层、席状粉砂岩储层；2. 河口坝、砂岩储层

在分流河道微相和河口坝微相中，尽管也有粉砂岩，但是因为与砂砾岩共生，这种粉砂岩层不利于油气圈闭，在地层中往往只能见到油迹等过油特征。因此，粉砂岩储层的勘探目标主要是三角洲外前缘、前三角洲及两个三角洲之间的湖湾、浅湖地区。

九、沉积相圈闭条件

1. 辫状河三角洲沉积岩相圈闭条件

辫状河三角洲平原亚相的分流河道微相主要由砂砾岩组成，呈明显的正韵律，带状砂砾岩体。在构造油藏中，分流河道砂砾岩体可以是较好的油气储集体。如砂西油田、尕斯油田北区、跃进二号（东高点）油田 E_3^1 地层的底砾岩就是辫状河三角洲平原的分河道微相，都含油（图 8-155）。在构造隐蔽区内，纵向连通的砂砾岩体不利于油气圈，而且距离油源区比较远。

辫状河三角洲前缘亚相的河口坝微相主要由分选好的细砂岩组成，呈以正韵律为主的复合韵律。河口坝砂体呈椭圆状，其上游端与三角洲平原的分流河道相接，向下游过渡为远端坝，或尖灭于席状砂中。在构造油藏中，河口坝是最好的油气储集体

（图 8-156）。但是在构造外围区，河口坝砂体的油气圈闭条件优于分流河道砂砾岩体，逊于远端坝砂体。

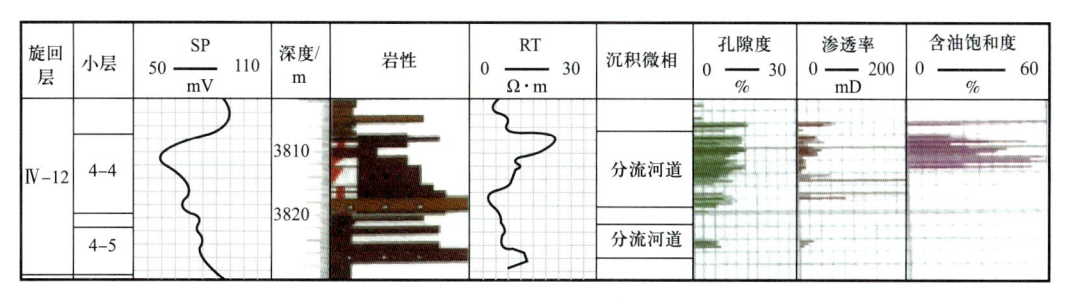

图 8-155　砂西油田分流河道综合柱状图

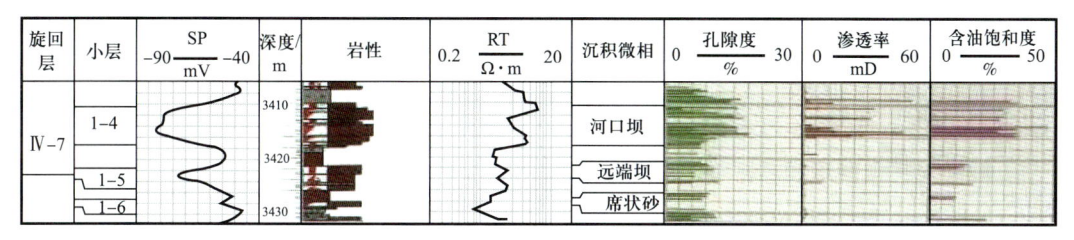

图 8-156　尕斯油田河口坝综合柱状图

辫状河三角洲的前三角洲亚相中，主要是由粉砂岩和泥岩交互组成的席状砂微相。粉砂岩的单砂层厚度小，层内粒度均匀，发育水平层理或微波状层理。粉砂岩层之间被泥岩相隔，很少上下连通。所以，层内非均质性弱，层间非均质很强。席状砂微相的油砂体成层性很强，层位稳定，分布范围广，有油气显示（图 8-157）。

2. 浊积砂与远端坝沉积岩相圈闭条件

浊积砂与远端坝都是一种孤立的砂体，分别出现在扇三角洲和辫状河三角洲远端的浅湖环境中。它们不仅有较好的物性条件，还有理想的圈闭条件，是岩性油藏勘探的主要对象。浊积砂分布在扇三角洲外前缘和前扇三角洲环境中，如七个泉扇三角洲下游的红柳泉地区发育前扇三角洲亚相带，分布孤立的浊积砂微相（图 8-158）。浊积砂由砂砾岩组成，砂砾岩的上下、周围被粉泥岩圈闭。远端坝广泛分布在砂西、尕斯、跃进、乌南等地区。

十、探区储层预测

油气储集条件与油源、岩性、层序、沉积相等有密切关系。

1. 层序储层预测

1）湖进—湖退层序与岩性变化

将全部探井的砂砾地比按四级旋回层统计其平均值。下干柴沟地层从Ⅳ-12旋回层

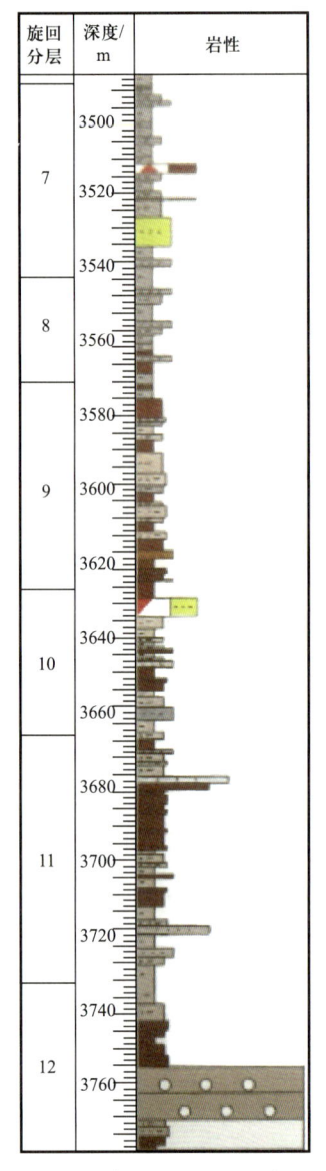

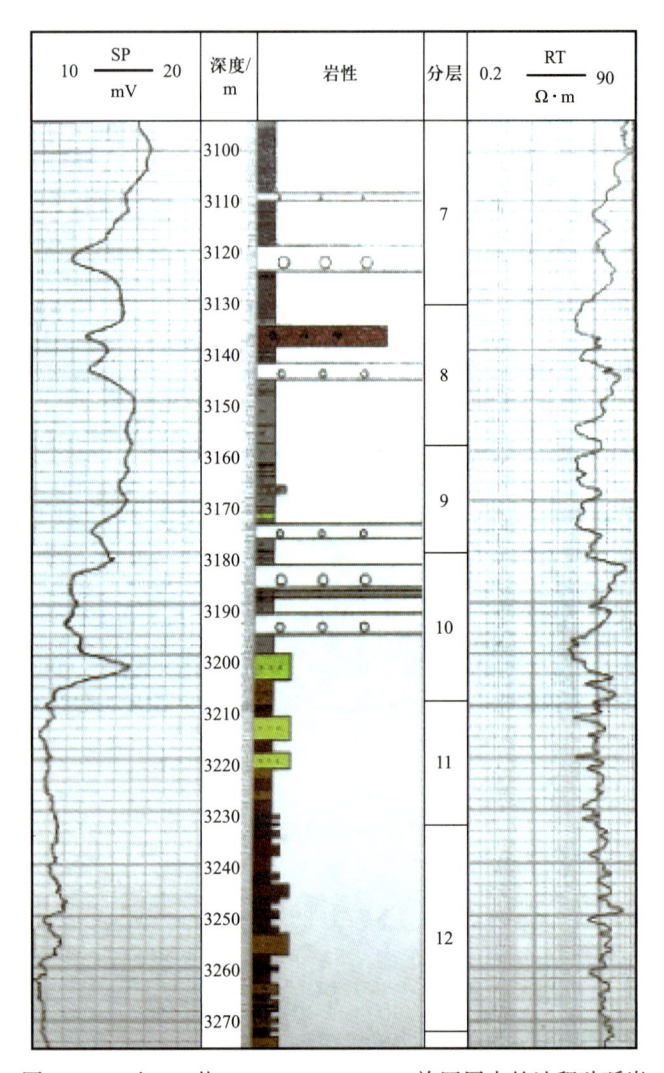

图 8-157 席状砂微相的油气显示　　图 8-158 红 24 井 IV-7、8、9、10 旋回层中的油积砂砾岩

至IV-5旋回层岩性逐渐变细，这是湖进的结果。从IV-5旋回层至IV-1旋回层岩性变粗，这是湖退的结果。

2）湖进—湖退层序与含油性分布

将全部探井的含油参数按四级旋回层统计其平均值。下干柴沟组中，IV-9旋回层最好的含油性，IV-2旋回层的含油性最差。

可见，柴西南区下干柴沟组的含油性与湖水进退及岩性层序有密切关系。E_3^1的岩性粗，湖进地层容易上倾到不整合面，故圈闭条件好，含油级别高。E_3^2的岩性细，湖退地层的岩性圈闭条件差，含油级别低，其中Ⅳ-12旋回层的岩性最粗，以砂砾岩为主，岩性分选差，所以含油性稍差。

2. 分区储层预测

1）北部（阿尔金山）探区储层预测

北部探区包括干柴沟、狮北和七个泉沉积体系（图8-159）。水平方向上（沿沉积体系延伸方向及沉积体系之间），岩性和相带变化快。由于这三个沉积体系与红狮凹陷相对位置的不同，其沉积微相、储层条件、油气分布各异。

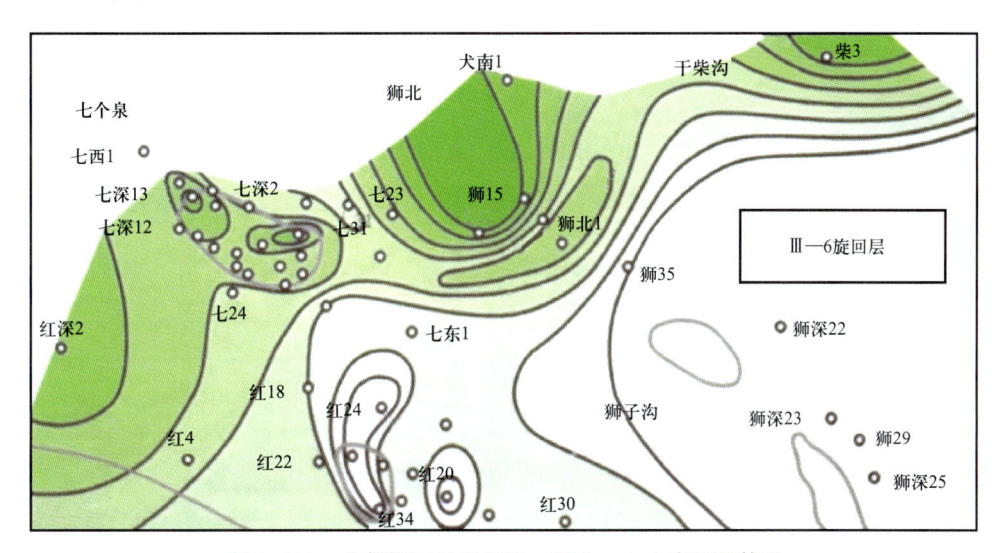

图8-159 北部探区的干柴沟、狮北、七个泉沉积体系

2）干柴沟探区储层预测

干柴沟探区有四口探井（柴1井、柴3井、柴4井、柴6井）。柴3井主要是E_3^1资料（表8-28），就这四口探井的局部资料分析，它们具有明显的沉积和含油特点：砂岩和部分砾岩主要分布在柴1井和柴3井中，而柴4井和柴6井中几乎全是粉砂岩和泥岩，只有少量砂、砾岩。可见，柴1井、柴3井是干柴沟沉积体系的主轴井，柴4井、柴6井是干柴沟沉积体系的边缘井，干柴沟沉积体系由北东向南西方向延伸（图8-160）。

表8-28 干柴沟探井的砾地比与砂地比

Ⅳ级旋回层	柴1井 砾地比/%	柴1井 砂地比/%	柴3井 砾地比/%	柴3井 砂地比/%	柴4井 砾地比/%	柴4井 砂地比/%	柴6井 砾地比/%	柴6井 砂地比/%
Ⅳ-1	3	27			3	0	0	0
Ⅳ-2	4	28			0	0	0	0
Ⅳ-3	3	33			0	11	0	0

续表

IV级旋回层	柴1井 砾地比/%	柴1井 砂地比/%	柴3井 砾地比/%	柴3井 砂地比/%	柴4井 砾地比/%	柴4井 砂地比/%	柴6井 砾地比/%	柴6井 砂地比/%
IV-4	2	30	9	18	0	3	0	0
IV-5	0	28	21	11	0	0	0	0
IV-6			1	42	0	0	0	0
IV-7			0	11				
IV-8			0	35				
IV-9			0	46				
IV-10			0	23				
IV-11			0	61				
IV-12			3	71				

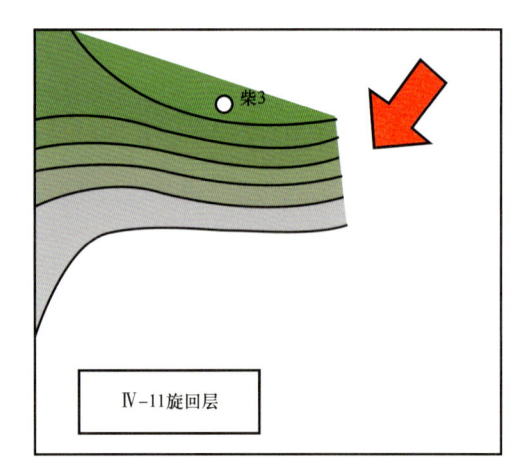

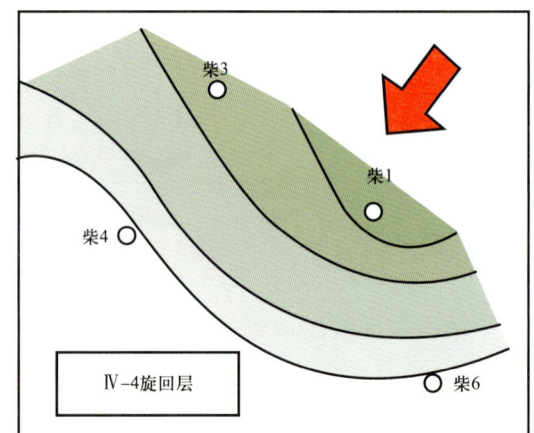

图 8-160 干柴沟探井的砾地比等值线图

柴3井的古近系砂岩比例较高，是辫状河三角洲分流河道—河口坝微相；柴井的E/地层中，砂岩比例较低，有较多的泥岩夹层，是辫状河三角洲远端坝微相，岩性圈闭条件比较好。

柴1井的远端坝砂体中，两处（IV-1旋回层和IV-3旋回层）见到含油级别的砂岩，一处（IV-5旋回层）见到荧光级别的砂岩（图8-161）。与这些砂岩相邻的泥岩中，也见到含油和荧光显示。

干柴沟探区的勘探方向，应该放在柴1井—柴3井及其东北方向的上游地区，尤其要在古近系中加强勘探的力度，寻找远端坝微相的砂岩油藏。

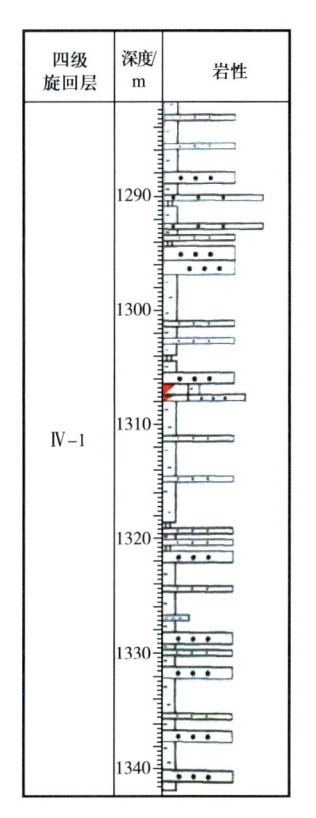

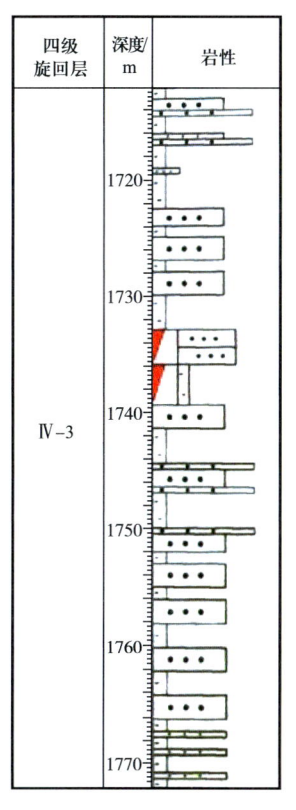

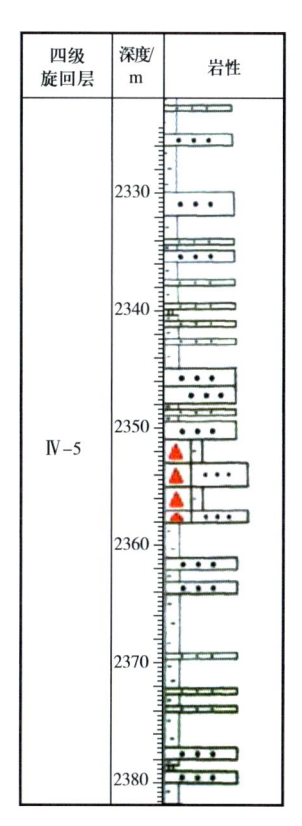

图 8-161　柴 1 井 E_3^2 的Ⅳ级旋回层中的含油砂岩

3）狮北探区储层预测

狮北探区的沉积相是扇三角洲—滩坝组合。

狮北扇三角洲源自阿尔金山，向南辐散。河流的流向，一条是由犬南 1 井向狮 15 井，另一条是向七 23 井。

狮北扇三角洲的边缘，滩坝砂体非常发育。除Ⅲ-4 旋回层外，在狮 27 井、狮深 5 井、狮北 1 井、狮 15 井一带都有滩坝砂体存在。狮北地区发育滩坝砂体的原因为：

（1）狮北扇三角洲提供丰富的粗碎屑物。

（2）狮北扇三角洲的边缘邻狮子沟"湖区"，这里水深浪大。在波浪作用下，在扇三角洲前缘容易形成沿岸分布的、长条形的滨湖滩坝（图 8-162）。

比较而言，狮北扇三角洲的规模略小于七个泉。但是狮北扇三角洲中仍不缺粗碎屑岩，扇三角洲平原的分流河道砂体和扇三角洲前缘的滩坝砂体都很发育。狮北扇三角洲还紧邻狮子沟生油凹陷，这也是有利的成藏条件。但是在扇三角洲的分流河道砂体和滩坝砂体中，未见良好的油气显示，仅见少量油迹、油斑显示。这可能因为扇三角洲前缘的滩坝是连岸滩坝。滩坝堆积体与扇三角洲平原堆积体是连通的，再加上它们的碎屑物都很粗，所以连岸滩坝的岩性圈闭条件差，在其砂岩中常常只见到走过油的痕迹。如在狮 27 井的Ⅳ-10 旋回层中见到 5m 厚的油迹油斑细砂岩滩坝层（图 8-163）。

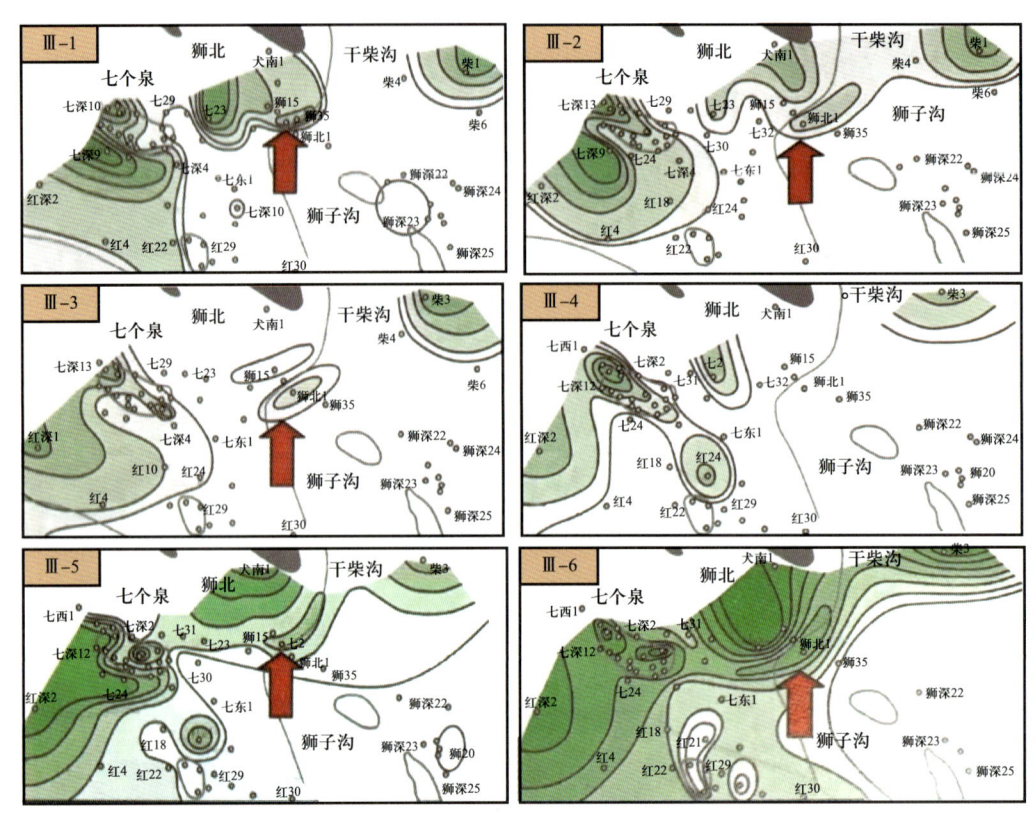

图 8-162 狮北扇三角洲前缘的滩坝砂体（红箭头所指）

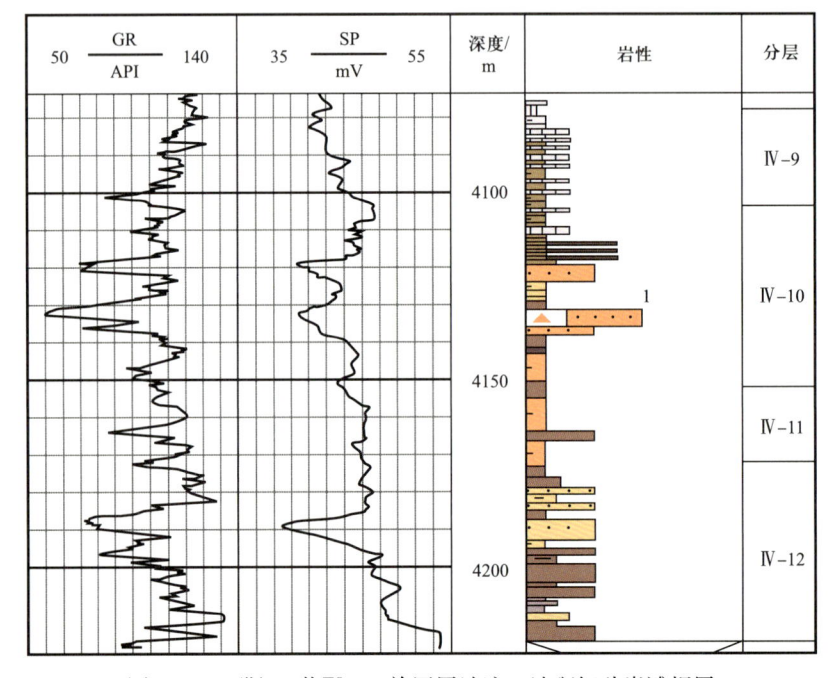

图 8-163 狮 27 井Ⅳ-10 旋回层油迹、油斑细砂岩滩坝层
5m 厚的油迹、油斑细砂岩滩坝

第十三节　青海尕斯库勒油田 E_3^1 油藏开发沉积相研究

一、E_3^1 油藏开发沉积相主要沉积特征

1. 岩性韵律

开发沉积相研究中，沉积韵律可以根据取心资料精确描述，而沉积层序很难用取心资料建立。E_3^1 中根据取心资料建立的岩性韵律有四类：正韵律、反韵律、复合韵律和交互韵律，以交互韵律和复合韵律为主（图 8-164）。交互韵律是间歇性洪水泛滥沉积的产物，由粗细碎屑层交互组成，常出现在河间泛滥洼地、湖湾或水下河间湾沉积中。复合

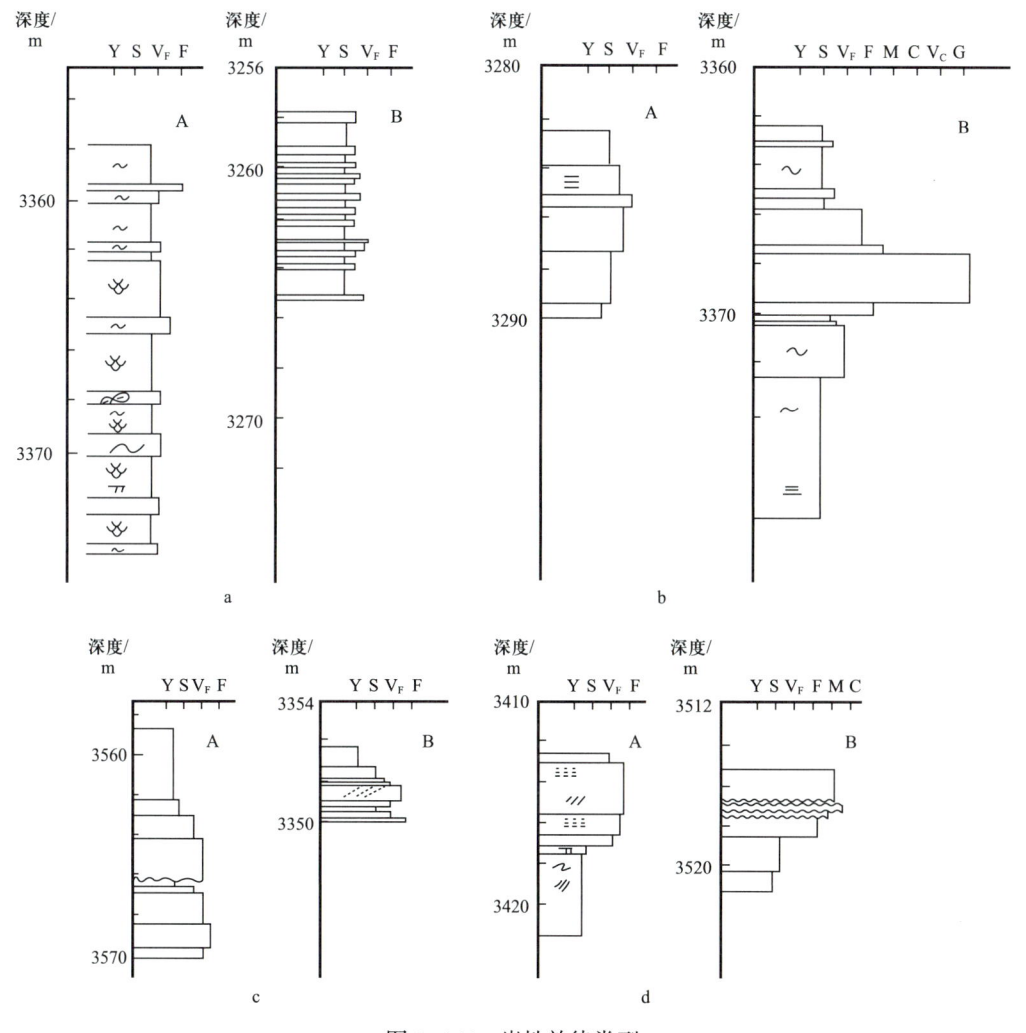

图 8-164　岩性韵律类型
a. 交互韵律；b. 复合韵律；c. 正韵律；d. 反韵律

韵律是三角洲沉积的重要特征。三角洲向湖泊沉积推进过程中,在较细的席状砂上首先沉积岩性粗、分选好的河口坝厚层块状砂岩,形成复合韵律的下部反韵律层,上部的正韵律层由三角洲平原分流河道沉积形成。小型复合韵律由三角洲平原的泛滥汊道迁徙形成。正韵律是河道流水沉积的特征。三角洲平原上,位置比较稳定的主干河道多形成厚的正韵律层,频繁迁徙的分流河道或汊道沉积,多呈薄正韵律层。反韵律是三角洲前缘沉积的特征,多见于河口坝、远端坝和前缘滩地砂体中。

2. 沉积旋回

尕斯地区在早渐新世经历了湖退—湖进的变化过程,形成了一个复合沉积旋回。早渐新世沉积的旋回性,首先表现在沉积相演变的时间序列上。早渐新世早期,本区主要处于三角洲前缘的水下环境,形成三角洲前缘亚相。早渐新世中期,湖水长时期退出本区,主要处于三角洲平原环境,发育平原亚相,与下部地层构成一个湖退相序。到早渐新世晚期,本区又遭湖侵,开始时主要发育三角洲前缘亚相;后来进一步发育了滨湖和浅湖亚相,构成一个湖进相序(表 8-29)。

表 8-29 尕斯地区早渐新世相序模式

地层	沉积亚相	砂体类型	湖水进退
K_1^1	浅湖亚相		湖进
	滨湖亚相		
E_2^1	弯曲河三角洲前缘亚相	河口坝砂体 远端坝砂体 席状砂体	
	弯曲河三角洲平原亚相	分流河道砂体 废弃河道砂体 泛滥汊道砂体	湖退
	弯曲河三角洲前缘亚相	河口坝砂体 远端坝砂体 席状砂体	
K_1^2	辫状河三角洲前缘亚相	水下河道砂体 前缘滩地砂体	

综上所述,尕斯地区 E_3^1 油藏的沉积相发育次序为:辫状河三角洲前缘亚相—弯曲河三角洲前缘亚相—弯曲河三角洲平原亚相—弯曲河三角洲前缘亚相—滨湖亚相—浅湖亚相。

3. 沉积构造

1)层理构造

层理类型是重建古环境的重要标志。块状层理、递变层理、平行层理(图 8-165a、b、c)

多分布在辫状河三角洲前缘快速沉积的水下河道砂体中。单向的斜层理（图 8-165d），包括似斜层理、槽状斜层理、楔状斜层理和板状斜层理，都是三角洲平原分流河道沉积的标志。波状层理（图 8-165e）由河流泛滥沉积形成。波状交错层理（图 8-165e）则由湖泊波浪的振荡运动形成，见于席状砂中。脉状和透镜状层理（图 8-165f）大多分别出现在滨湖砂滩和滨湖泥滩中。滨湖砂滩以砂质沉积为主，偶夹有泥脉。以泥质沉积为主的滨湖泥滩，间歇地接受砂质沉积，形成被泥质包裹的透镜状砂层。水平层理（图 8-165g）见于静水的浅湖泥滩沉积中。丘状层理是湖泊暴风浪作用于远端坝砂体形成的，呈舒缓状凸起，纹层互相切割。在三角洲前缘的各种砂体中，重力载荷、滑动、泄水引起的变形层理非常发育。生物扰动构造主要出现在三角洲平原的泛滥滩地沉积中。

图 8-165　层理构造
a. 块状层理；b. 递变层理；c. 平行层理；d. 斜层理；e. 波状交错层理；f. 脉状和透镜状层理；g. 水平层理

2）层面构造

层面构造是原始床面形态的遗迹图（图 8-166）。波浪形成的对称波痕见于三角洲前缘亚相的砂岩中，如席状砂体。流水形成的不对称波痕见于三角洲平原的泛滥滩地沉积。河流泛滥滩地和河口坝沉积间歇性地暴露于气下，常发生龟裂。

图 8-166　层面构造
a. 对称波痕；b. 不对称波痕；c. 龟裂

二、沉积相类型

尕斯地区 E_3^1 地层共分三种沉积相、五种沉积亚相、十五种沉积微相（表 8-30）。

表 8-30　尕斯地区 E_3^1 地层沉积相类相

沉积相	沉积亚相	沉积微相
湖泊	浅湖	浅湖泥滩 浅湖砂滩
	滨湖	滨湖泥滩 滨湖湖湾 滨湖砂滩
弯曲河三角洲	前缘	席状砂 远端坝 河口坝
	平原	泛滥沼洼 泛滥滩地 泛滥汊道 废弃河道 分流河道
辫状河三角洲	前缘	前缘滩地 水下河道

1. 弯曲河三角洲相

弯曲河三角洲相是本区 E_3^1 地层中最主要的沉积相类型，属于远端的三角洲沉积体系，由沿盆地长轴方向延伸的弯曲河入湖形成。由于盆地长轴方向的地形坡度小，河流流程大，沉积物细，沉积分异作用充分，因此沉积类型多，沉积特征各不相同，储集性能差异明显。弯曲河三角洲以平均湖面为界，分为三角洲平原和三角洲前缘两部分。

1）弯曲河三角洲平原亚相

弯曲河三角洲平原亚相是三角洲的水上部分，是 E_3^1 中厚度最大的亚相类型，主要分布在Ⅱ、Ⅲ油层组内。弯曲河三角洲平原亚相还可以细分为五种亚相：分流河道、废弃河道、泛滥汊道、泛滥滩地和泛滥沼洼微相，构成分流河道、废弃河道、泛滥汊道等三种砂体（图 8-167）。

2）弯曲河三角洲前缘亚相

弯曲河三角洲前缘亚相是三角洲的水下部分，按油气储集条件论，它是本区最重要的亚相类型。由于弯曲河输入湖泊的碎屑物比较细，所以三角洲前缘的坡度较小，湖水浅，砂体非常发育，弯曲河三角洲前缘亚相主要包括三种微相：河口坝（滩坝）微相、远端坝微相和席状砂微相。构成三种砂体：河口坝砂体、远端坝砂体和席状砂体。

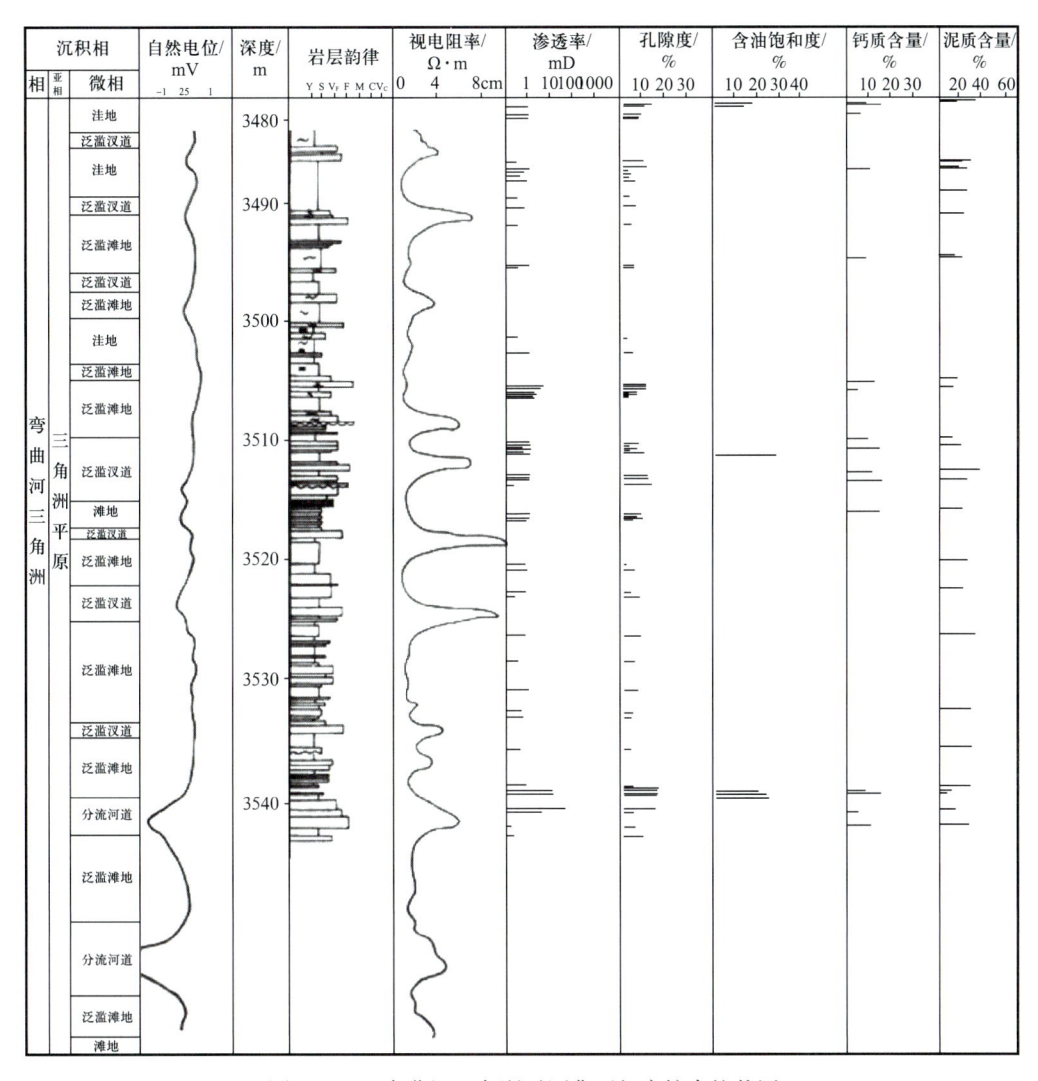

图 8-167 弯曲河三角洲平原典型相序综合柱状图

2. 辫状河三角洲相

这是一种近物源的三角洲沉积体系，由沿盆地短轴方向来的、洪泛性的辫状河流入湖形成的扇状沉积体，故常称扇三角洲。辫状河的水动力强度大，变化频繁，其沉积特点是：岩性粗，厚度大，泥质含量高，分选差。与任何其他三角洲一样，辫状河三角洲也由平原和前缘两部分组成（图 8-168）。但是尕斯地区 E_3^1 地层中只见到前缘亚相。辫状河三角洲前缘亚相包括水下河道微相和前缘滩地微相。

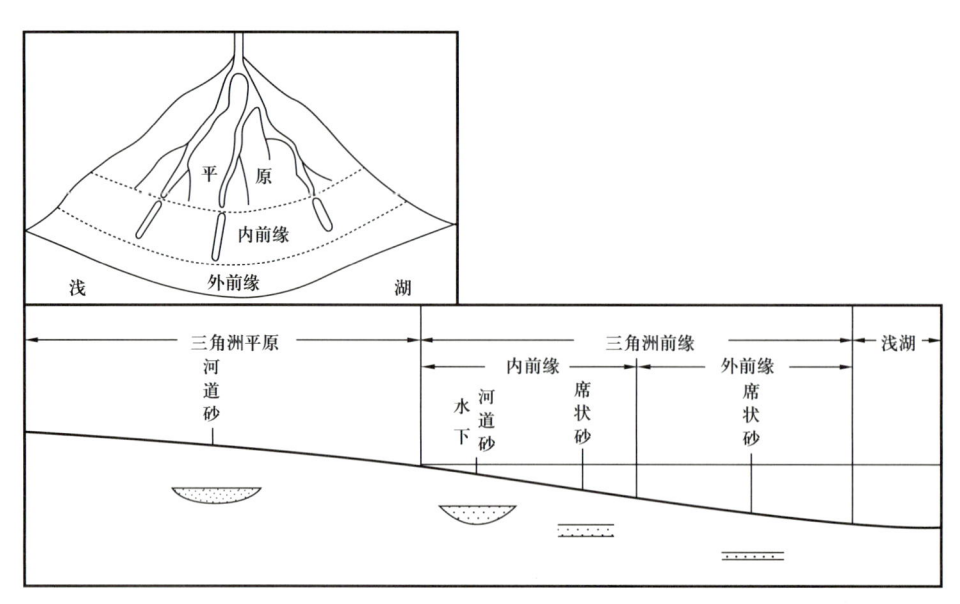

图 8-168　辫状河三角洲模式图

三、沉积相储层评价

1. 沉积相带与物性、含油性的关系

根据微相砂体的测井解释数据（渗透率与含油饱和度）与岩心实测数据（渗透率、孔隙度、含油饱和度），对弯曲河三角洲平原亚相的分流河道微相、泛滥汊道微相和前缘亚相的河口坝微相、远端坝微相和席状砂微相，以及辫状河三角洲前缘亚相的水下河道微相和前缘滩地微相进行评价（表 8-31）。

表 8-31　各种微相砂体的物性、含油性与胶结物参数

参数		弯曲河三角洲前缘			辫状河三角洲前缘		弯曲河三角洲平原	
		河口坝	远端砂	席状砂	水下河道	前缘滩地	分流河道含废弃河道	泛滥汊道
测井解释	渗透率 /mD	45.2	39.5	8.8	9.5	1.8	20.4	4.7
	含油饱和度 /%	67.3	66.3	62.3	67.9	61.2	60.9	55.2
岩心实测	渗透率 /mD	80.4	30.2	20.9	53.3*	2.1	26.1	3.2
	含油饱和度 /%	25.9	23.6	35.3		34.5	31.8	17.2
	孔隙度 /%	16.1	12.3	12.1	7.6	4.2	10.8	8.3
	泥质含量 /%	11.7	10.8	17.8	9.1	12.4	15.2	22.5
	碳酸钙含量 /%	9.4	11.5	9.6	10.2	7.1	10.7	8.7

* 在 12 个样本中，有 4 个样本的渗透率值为 999.9mD，推测受裂缝影响所致，故平均值偏高。

2. 微相砂体储层评价

1）砂体类型与渗透率的关系

将微相砂体的渗透率与泥质含量、碳酸盐含量进行比较，发现泥质含量与渗透率的关系比较密切。如在弯曲河三角洲前缘砂体中，河口坝、远端坝砂体的泥质含量低，席状砂高；弯曲河三角洲平原砂体中，泛汊道砂体的泥质含量远高于分流河道砂体；辫状河三角洲前缘的水下河道砂体的泥质含量低于前缘滩地砂体。泥质含量的分布格局与渗透率完全一致。

2）砂体类型与孔隙度的关系

按亚相砂体统计，与渗透率一样，也以弯曲河三角洲前缘砂体的孔隙度最大，平均13%；弯曲河三角洲平原砂体居次，平均9%，辫状河三角洲前缘砂体的孔隙度最小，平均6%。若按微相砂体排列，河口坝砂体＞远端坝砂体＞席状砂＞分流河道（含废弃河道）砂体＞泛滥汊道砂体＞水下河道砂体＞前缘滩地砂体。

3）砂体类型与含油饱和度的关系

据测井解释资料统计，弯曲河三角洲前缘砂体的含油饱和度和渗透率都很高，后者平均为31mD。其次为辫状河三角洲前缘砂体，弯曲河三角洲平原砂体的含油饱和度较低。按微相砂体划分，河口坝、远端坝、水下河道砂体的含油饱和度较高，席状砂、前缘滩地、分流河道（含废弃河道）砂体的含油饱和度较低，泛滥汊道砂体最低。

第十四节　柴达木盆地第四系湖相天然气藏

柴达木盆地东部地区还有丰富的天然气资源。其中涩北气田为中国陆上第四大气区和全世界已发现的埋藏最浅、规模最大、形成于第四系的大型生物气田，是世界级的生物气勘探理论研究基地。

一、柴达木盆地的构造历史

印支运动结束了柴达木地块的海侵历史，使其逐渐进入陆相盆地的演化时期。自柴达木地块成为陆相盆地以来，湖盆始终处于不断的调整转移之中。

最早在北缘出现箕状断陷接受湖相沉积，其后再次形成大规模湖相沉积是在古近纪—新近纪，在巨大挤压应力下，盆地西部有相对较快的上升速度，迫使沉积中心不断向东迁移，最终在盆地东部形成了持续稳定沉降的第四纪大型湖盆。

柴达木盆地是我国七大内陆含油气盆地之一。由于受印支、燕山和喜马拉雅构造运动的控制，在柴达木盆地构成了三个演化阶段，相应地形成了三个构造层，发育了三套不同时代、不同地域、不同规模的油气系统，在盆地不同部位发育第四系生物气聚集区。

二、沉积环境演变

1. 新近纪

由于受喜马拉雅运动的影响，柴达木盆地西北部逐步抬升，沉积湖泊自西向东不断迁移，到第四纪，湖泊已完全转移到三湖地区。第四纪更新世早期，沉降中心东移至西台吉乃尔湖—涩聂湖一带，在该区形成了三个沉积中心：一个位于伊克雅乌汝附近，属浅湖湖湾沉积，陆源碎屑供给不足，为非补偿性沉积；一个位于西台吉乃尔湖附近，由于南缘陆源碎屑补给充足，湖水逐渐变浅，属浅湖环境；一个位于涩聂湖附近，为一个范围不大的较深湖环境。在湖盆边缘发育了环状的滨湖相，湖盆南缘的滨湖环境以砂质湖岸为主，北缘滨湖环境则以泥质湖岸和滨湖沼泽居多。冲积扇主要分布在湖盆南部的昆仑山前和东北部的锡铁山、埃姆尼克山前（图8-169）。

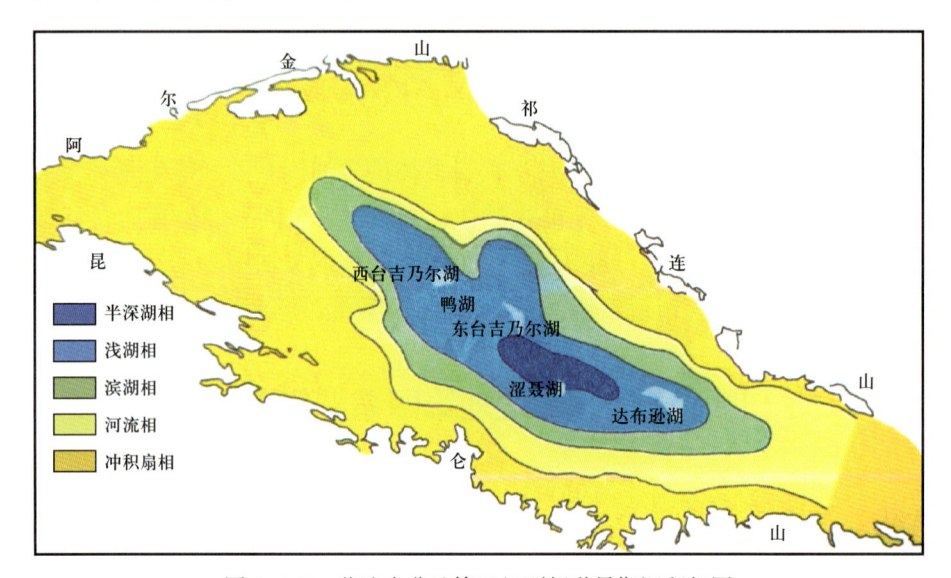

图8-169 柴达木盆地第四纪更新世早期沉积相图

2. 第四纪更新世中期

第四纪更新世中期柴达木盆地三湖地区的湖泊范围进一步加大，沉积水体也逐渐加深，这也是三湖地区湖泊面积最大的时期。湖盆的沉降中心东移至台南和达布逊湖之间，伊克雅乌汝地区以较深湖湖湾环境为主，一里坪地区也出现了短暂的较深湖环境，西台吉乃尔湖—达布逊湖地区形成了一个面积较大的较深湖环境。这一时期的浅湖范围也是空前的，已将这三个较深湖区连成一片。湖盆边缘的环状滨湖相则继承了更新世早期的特征，湖盆南缘仍以砂质湖岸为主，北缘主要为泥质湖岸和部分滨湖沼泽，但滨湖范围有所扩大。冲积扇、辫状河和三角洲相仍分布在昆仑山前和锡铁山、埃姆尼克山前，与更新世早期比较接近（图8-170）。

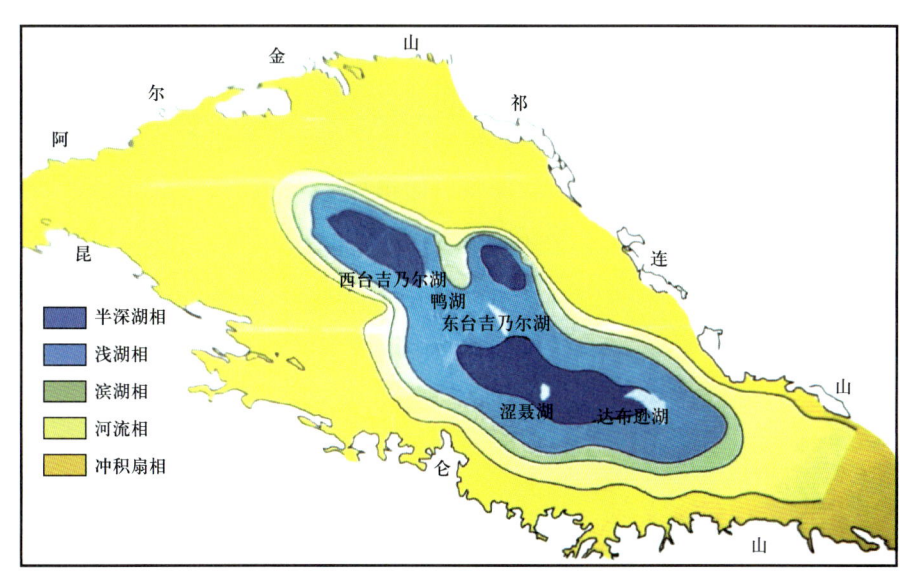

图 8-170　柴达木盆地第四纪更新世中期沉积相图

3. 第四纪更新世中晚期

湖泊沉积比较稳定，沉积水体深，湖泊面积相对较大。一里沟至一里坪一带湖水变浅，湖水盐度进一步增高，成为半咸水的浅水湖湾。伊克雅乌汝地区成为一个半闭塞的浅水湖湾。湖盆中心的西台吉乃尔湖—涩聂湖—达布逊湖一带成为唯一的较深湖环境，其范围和水体深度与更新世中期（K_5—K_9沉积期）大致相当。浅湖、滨湖的分布也与更新世中期比较接近。盆地南部的昆仑山系仍为湖盆水体和沉积物源的主要供给者（图 8-171）。

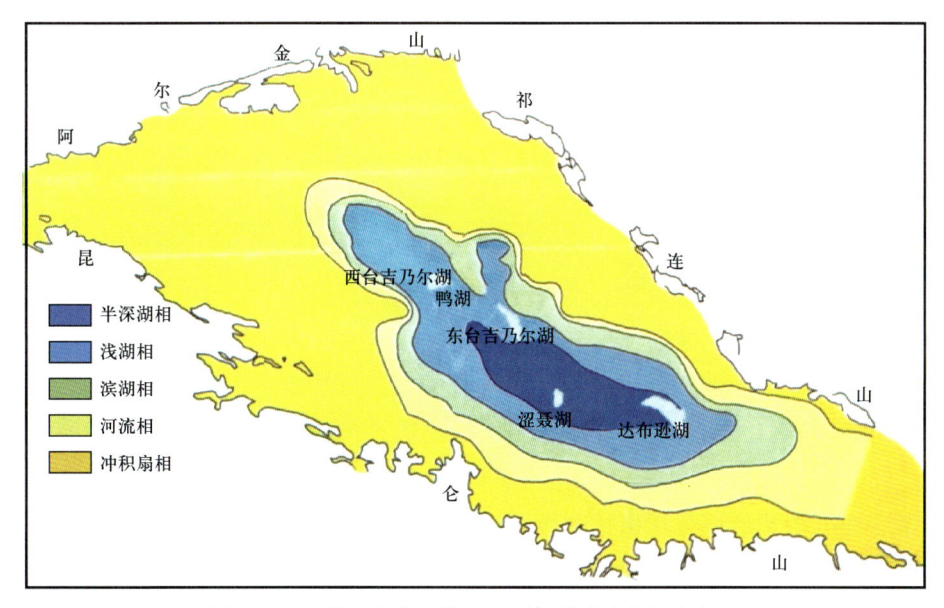

图 8-171　柴达木盆地第四纪更新世中晚期沉积相图

4. 第四纪更新世晚期

湖水面积大为减小，沉降中心继续东移至达布逊湖一带，三湖西北部地区成为剥蚀区，一里坪地区发育为滨浅湖湖湾，伊克雅乌汝地区演化为半闭塞的浅水湖湾。在涩聂湖一带，湖盆中心发育为一个狭长的较深湖，面积和水体深度比更新世中晚期更小。浅湖、滨湖的分布范围也大大缩小，湖盆南缘和东北缘的冲积扇、河流、三角洲也向盆地方向明显推进（图 8-172）。

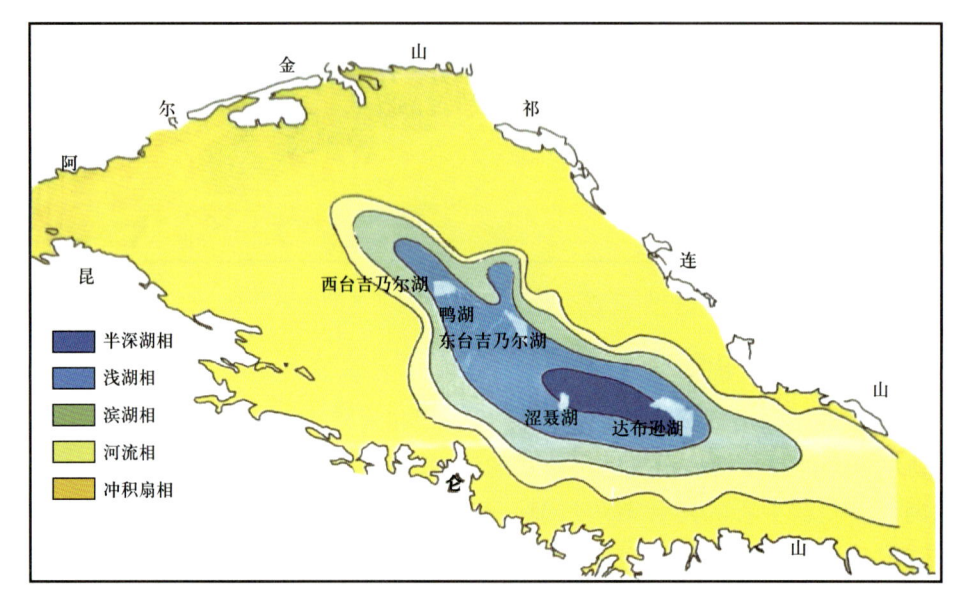

图 8-172 柴达木盆地第四纪更新世晚期沉积相图

5. 晚更新世至全新世

由于青藏高原的长期隆升，气候更加干燥，湖泊进一步缩小、水体变浅，并分割成东、西台吉乃尔湖和涩聂湖、达布逊湖两个面积不大的浅湖区。在两者及周围的广大地区发育了滨湖和滨湖—沼泽环境。后期因水体进一步缩小变咸而出现了盐湖相沉积，延续到现存的察尔汗盐湖。

三、气田储层沉积特征

气田储层比较疏松，成岩性比较差，即使埋深达一千多米的粉砂岩，也没有完全固结。岩性较细，最粗为中细砂岩。共生岩性种类多，以浅灰色、灰黑色泥岩为主，且频繁与浅灰色粉砂岩、泥质粉砂岩、细砂岩互层。这种沉积特征可能是相邻湖泊沉积与间歇性风沙沉积共生的结果。砂粒形态为中等磨圆。砂岩的分选好。地层含盐度高。

根据这些沉积特征，有理由认为柴达木盆地第四系天然气田是风成的。相对于湖岸的陆上沙丘来说，属于湖泊相中的风沙沉积的可能性更大。比如，这里的砂岩中根本见不到大型交错层理，地层的含盐度又高。

英国著名沉积地质学家里丁分析过：风成砂岩的鉴别一般要根据多种标志如：中粒到细粒砂；分选良好；高磨圆度和球度；颗粒表面的"霜面"和抛光；没有黏土和云母矿物；砾石的缺失；大型交错层理；清楚的纹理。这与柴东气田的储层沉积特征基本一致。

四、气田储层开发特征

气田储层开发特征为杂基含量低，多呈颗粒接触，取心难度大，固井质量差，易出沙。以原生孔隙为主，次生孔隙比较少，具有高渗高孔的物性。原生孔隙十分发育，次生孔隙比较少。优质储层主要存在于岩性相对较粗的细砂岩和粗粉砂岩中。频繁交互的砂泥岩层能阻止或减缓天然气散失。

第九章 风沙比较沉积学

第一节 现代风沙沉积

一、风沙流作用

沙粒在风力作用下的运移过程表现为风沙流。风沙流中的沙粒绝大部分是在紧贴地面的气流内移动的。距离地面越高，风沙流中的含沙量越小。风对沙粒的搬运方式也包括悬移、跃移和推移。粒径小于 0.05mm 的粉沙—黏颗粒在空气中的自由沉速很小，且被风扬起，进入悬浮状态后，能够悬移很长距离（图 9-1）。大于 0.05mm 的沙粒以跃移和推移为主。跃移的沙粒主要是由于飞跃的颗粒降落时，碰撞地面而产生的回弹性跳跃。这是风沙搬运所特有的。因为水的密度比气流密度大 800 倍，所以河流中跃移的颗粒沉降到河底后反跳不起来。推移是由于一些跃移的沙粒在降落时对地面产生冲击，使组成表层的较粗沙粒缓缓向前挪动。推移的速率很低，每秒仅向前移动 1~2cm，而跃移沙每秒钟可移动 10m（图 9-2）。一个粒级混杂的沉积物经风力长期作用后，可以产生良好的分选。砾石残留原地，沙以沙丘形式向前跃移和推移，粉沙和黏土则被吹向远方。

沉积颗粒的直径/mm	沉降速度/(cm/s)
0.01	2.8
0.02	5.5
0.05	16.0
0.06	50.0
0.1	167.0
0.2	250.0
2.0	500.0

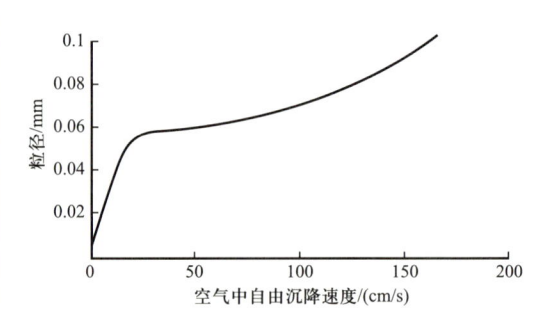

图 9-1　空气中颗粒粒径与自由沉降速度

风沙流在运动过程中遇到障碍如山体、沙丘、植被等，风力、风向减弱，或气流中含沙量相对增多超过了风力所能搬运的最大容量，都可使挟带的沙发生堆积。沙漠地区除上述风力作用外，暴雨引起的瞬息的洪流能侵蚀地面，造成非常宽浅而又延续不远的河床。其实这只是一种纵长的干河洼地，尾部有时还会有扇形堆积。沙漠中也有少数大河，上游来自较多雨的山地，下游终于盆地中心的湖泊。

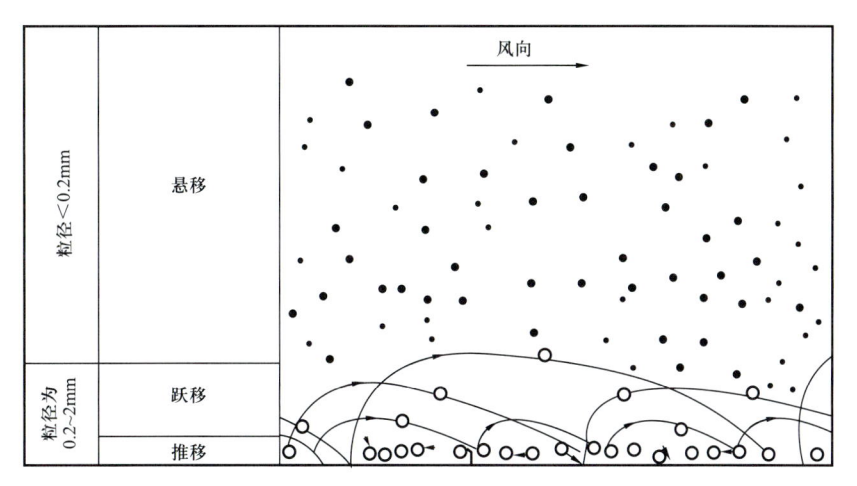

图 9-2　风沙运动的三种基本形式

二、风沙沉积特征

1. 粒度特征

在正态概率曲线图中，以沙粒级为主，90%以上为跃移组分，而且线段的斜度大，分选性好，粉沙和黏土的含量低。中值粒径为 0.15～0.25mm，分选系数 $S<1.25$，标准离差 σ 0.21～0.26，偏度 S_K 为 0.13～0.30，属于正偏态。风成沙的粒径频率曲线通常是单峰的，偶尔呈双峰。

2. 形态特征

风的磨圆作用比水强，所以风沙的磨圆度高。它们在双目显微镜下暗淡无光，在扫描电子显微镜下，沙粒表面有许多在搬运过程中由于撞击而产生的小凹坑，或个别在风暴时强烈撞击形成的碟形坑。比较粗的石英沙有时能被崩碎，使颗粒表面具有新鲜的贝壳状断口。沙粒在扫描电镜下常呈毛玻璃状，是风沙互相磨蚀的结果。

3. 矿物特征

砂岩岩性以轻矿物占绝对优势。

4. 构造特征

沙丘内部的构造有以下特征。

1）水平层理

水平层理倾角在 10°以下，通常见于迎风坡上、沙丘两翼、脊顶部分及丘间地上。单个纹层极薄，不过几毫米，由分选良好的砂组成。偶而有数厘米厚的粗沙夹层。纹理清晰。有时重矿富集的纹层与轻矿富集的纹层交替出现。

2）交错层理

交错层理由落沙坡上逐次崩落堆积的纹层组成。这种前组纹层倾角很大，多在25°~34°。但在落沙坡的坡脚，纹层倾角又变小，并有逐渐与下伏界面相切的趋势接近水平层理。单个前组纹层的厚度为2~5cm，但层理不如水平纹层清晰。每个交错层组之间的界面是一个平整的侵蚀面，因此绝大多数风成交错层组是板状的。只有当风向有变化时，才会形成楔状交错层组。在沙丘的上部，交错层组的顶面近似水平或略向上风方倾斜。在接近落沙坡处，交错层组的顶面很陡，向下风方倾斜（图9-3）。

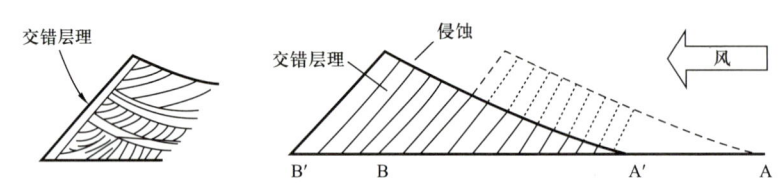

图 9-3 风沙固结形成的硬砂岩中的交错层理
如果风向和风速一致，随着沙丘从AB迁移到A′B′，形成单一平行的交错层理，当风向和风速经常变化时，形成复杂的交错层理。

3）下界面

沙丘沉积的下界面多半是老沙丘的波状起伏面，有时是一种切过许多沙丘沉积单元的光滑水平面。这种现象在古沉积岩中常能见到。这种光滑界面的成因是，当一系列沙丘移过一个地下水位不太深的盐滩湿地时，地下水沿沙丘沙中的毛细管上升到一定的高度。以后一次强烈的风蚀，把地下水浸湿面以上的干沙吹走，就产生上述的削切面。如果再有沙丘移来，上述过程重复进行，就有几个削切面。

4）其他层理类型

在沙丘中，槽状交错层理很少见。这种层理是由于风向改变引起掘蚀再填充而形成。单个交错层组的厚度相当大，为1~2m，有的可达数米。剖面由底到顶，交错层组的厚度减小。沙丘堆积主要由板状交错层组构成。斜交层组的前组纹层倾角为25°~34°，单个纹层厚度2~5cm（图9-4）。

三、沙丘沉积类型

沙丘是风沙沉积中最主要的沉积类型。沙丘的发育决定于风速、沙型、供沙量和下垫面性质。沙粒开始起动的临界风速（所谓"起沙风"）与沙粒粒径、地面性质等因素有关。

气流所搬运的沙量，即风沙流的强度和风速超过沙粒起动速度部分的三次方成正比。也就是说当风速显著地超过起沙风速后，气流搬运的沙量（风沙流强度）急剧增加。

风沙（流）运动是风将沙粒贴近地面搬运的过程。气流中搬运的沙量绝大部分是在离地面30cm的高度内通过的，其中又特别集中于紧贴地面0~10cm的气流层中。

a. 堆积在水平层上的沙丘沙

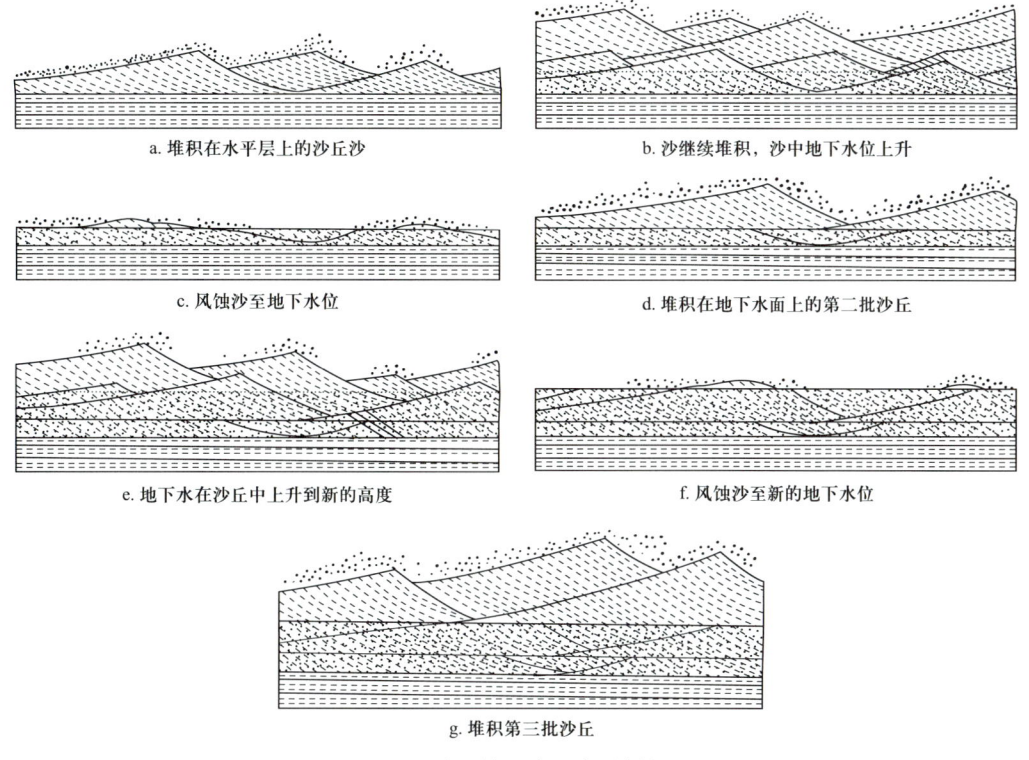

b. 沙继续堆积，沙中地下水位上升

c. 风蚀沙至地下水位

d. 堆积在地下水面上的第二批沙丘

e. 地下水在沙丘中上升到新的高度

f. 风蚀沙至新的地下水位

g. 堆积第三批沙丘

图 9-4　沙丘堆积中的水平削切面

当风速减弱，遇到障碍，或下垫面性质改变时，沙从气流中沉积下来形成沙堆。沙堆一旦形成，就成了风沙流运行的障碍。气流在沙堆的背风坡形成具有水平轴的涡旋，速度减弱，使气流带来的沙在沙堆背风坡的涡旋区内堆积。沙的沉积速率在沙堆顶部为零，在背风坡上最大，到背风坡的最前端又为零。因此沙堆的移动，背风坡的上部要比下部推进得快，使背风坡的坡度越来越陡。当坡度超过沙粒的最大休止角（34°）时，沙体发生剪切运动，部分沙粒崩坠。小型落沙坡形成，这就是新月形沙丘的雏形。迎风坡上的沙粒在风力作用下以跃移或推移的形式向坡上方移动，最后堆积在落沙坡的上部。当沙粒堆到超过休止角时，又发生崩坠。这种过程重复进行，使沙丘不断向前移动，结果在背风坡上形成一系列倾斜的微层理。

1. 新月形沙丘沉积

新月形沙丘沉积由单向风造成，呈单个的、链状的或成群出现。沙丘的两翼顺着风向往前伸出，是由从沙丘两侧绕过的、具有垂直轴旋涡的横向环流引起的。两翼之间交角的大小（称"两翼的开展度"）取决于优势风的强弱。优势风越强，交角就越小。新月形沙丘的两坡不对称。迎风坡凸而缓，坡度在 5°～20°；背风坡凹而陡，倾角为 26°～34°，相当于沙的最大休止角。

在顺风向的纵剖面上，层理大多向背风坡倾斜，交错层理的倾角为 26°～34°。下界面也向下风方倾斜，角度为2°～6°。也有少数层理顺迎风坡倾斜，可能是风向变化的结果（图9-5）。在垂直风向的横剖面上，沙丘两翼的交错层理的倾角较小，为12°～23°。下界面近乎水平，层理的倾斜方向与风向近于垂直。交错层理的形态多半为板状。

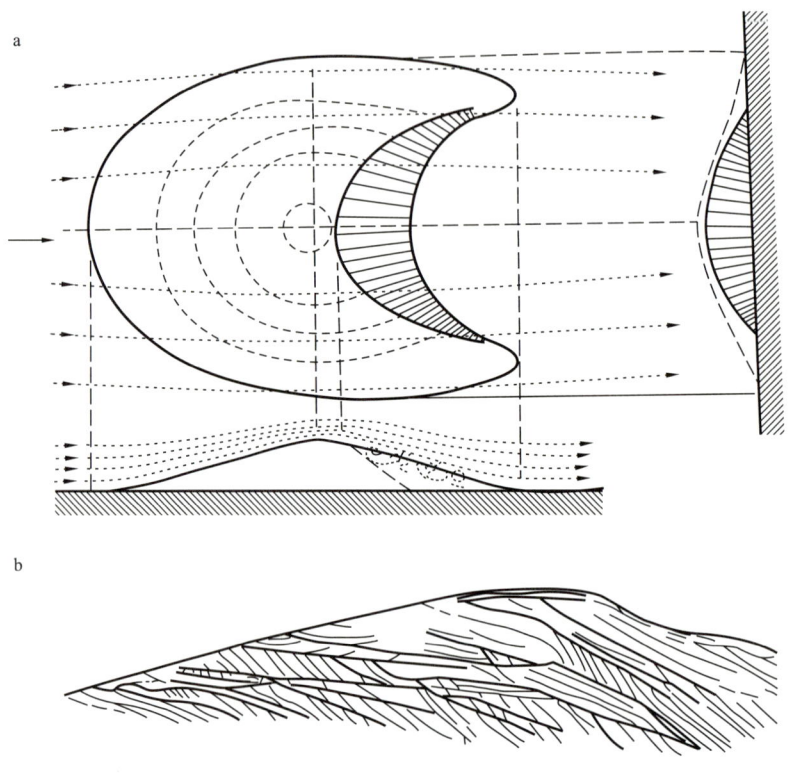

图9-5　新月形沙丘与风作用关系（a）及其内部层理构造（b）

2. 纵向沙垄沉积

纵向沙垄沉积是一种互相平行的长条形沙脊，沙脊的长轴与风向平行。脊线连续，但有曲折。沙垄间为开阔的洼地。纵向沙垄是在风向呈锐角相交的两种风共同作用下形成的，其延伸方向与主风向和次风向都成一定的角度。斜交的风作用于沙垄时，斜向越过垄体的气流在背风坡产生旁侧气流。它顺着沙垄延伸的方向运行，并有吸入背部的趋势，陕北群众称之为"顺岗风"。由于这种气流作用的结果，使沙粒顺着沙垄延伸的方向搬运和堆积，沙垄两坡不断堆高，并向纵向延伸。沙粒交错地堆积在垄顶的两侧。交错层理的倾向与沙垄的走向成正交，层理倾角多为23°～33°。沙垄两坡坡脚附近层理的倾角很小，近于水平（图9-6）。

3. 横向沙丘沉积

横向沙丘沉积是一种与盛行风向正交的长而直的沙脊，丘间地开阔，有时发育盐滩湿地。沿沙脊走向的剖面中，层理与界面近于水平。在垂直沙脊走向的剖面中，交错层组多为板状。前组薄层长而平整，倾向下风方，倾角为30°～34°。前组薄层长而平整，倾向均向下风方，倾角为30°～34°（图9-7）。

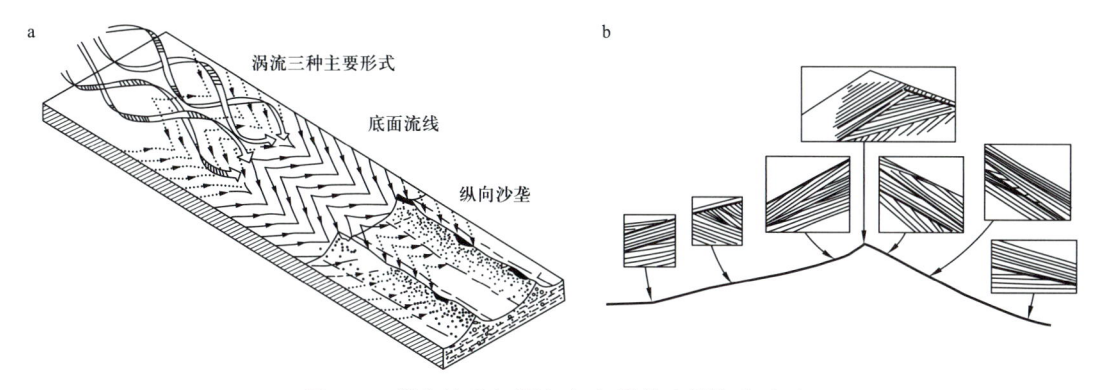

图9-6 纵向沙垄与涡流（a）及其内部构造（b）

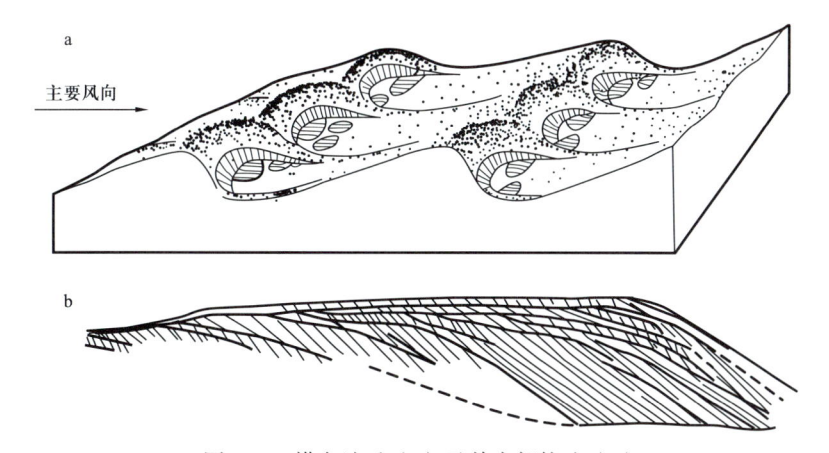

图9-7 横向沙丘（a）及其内部构造（b）

4. 抛物线形沙丘沉积

抛物线形沙丘沉积形态特征刚好与新月形沙丘相反，沙丘的两翼指向上风方。迎风坡凹而平缓，背风坡陡而呈弧形凸出，平面图形好像一条抛物线。这是一种发育在干草原地区的固定、半固定沙丘。这里水分条件较好，沙丘两翼植物生长良好，风的作用受阻，使沙丘的两翼固定不动。沙丘中部植物稀少，沙体在风作用下不断向前移动。这种抛物线形沙丘主要分布在毛乌素和小腾格里沙地。

5. 盾形沙丘沉积

盾形沙丘沉积是发育在沙源附近地区的馒头状低沙丘。沙丘两侧的斜坡较为对称，无明显的落沙坡。内部构造的重要特征是前组纹层的倾角小，通常为20°～28°，很少超过30°。沙丘迎风坡的坡脚，纹层的倾角为8°～14°，前组纹层的倾向变化在150°范围内。盾形沙丘主要分布在塔克拉玛干沙漠北部塔里木河老河床以南和乌兰布和沙漠西南地区。

第二节　塔克拉玛干沙漠的风沙沉积

一、风沙地貌特征

1. 复合新月形沙丘及复合型沙丘链

复合新月形沙丘及复合型沙丘链主要分布于沙漠内部，沙丘高大，在巨大沙丘的迎风坡上层层迭置着新月形沙丘链，顶部为最密集，整个巨大沙丘复合体的走向和优势风向大致垂直，进一步分析其形态可分成为下列几种（图9-8）。

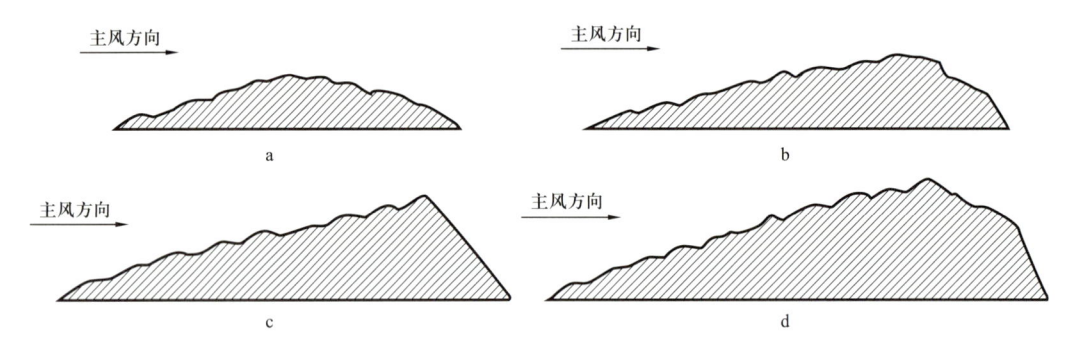

图 9-8　沙漠中部复合型沙丘链的几种形态横剖面特征示意图
a. 复合体本身没有明显的巨大落沙坡，斜坡两侧形态较为对称，沙丘最高点在丘体中；b. 复合体本身已具有巨大落沙坡，斜坡两侧形态不对称，沙丘最高点趋向落沙坡方向；c. 复合体本身具有巨大落沙坡，沙丘最高点和落沙坡顶相吻合；d. 形态特征和c相似，在丘顶形态出现金字塔状

第一种是复合型沙丘作单个分布，一般高20～40m，在平面图形上为一完整的新月形，在剖面图形上虽成一对称的斜坡，但背风坡并不十分高大，丘体的长宽比例也大致相似，次一级沙丘的排列方向和复合体方向一致，在部分地区复合型沙丘与另一复合型沙丘相连，但仍保留原来每一个沙丘的曲弧体，使形成的复合型沙丘链弯曲而不规则。

第二种是复合新月形沙丘呈链状，但较平直，曲弧体不很明显，横向延伸一般在1～3km，宽度一般在300～500m，长宽之间的比例已明显不对称，高度在30～50m，在剖面图形上成一不对称的斜坡，但陡峭的落沙坡不显著，且较低矮，其顶部向末和复合体的顶部相符合，丘间地较为狭小，一般都伴生着低矮（高3～5m）密集的沙或新月形沙丘链。

第三种复合型沙丘主要呈横向延伸很长的链状，一般为5～15km，最高可达30km，宽度在1000～1500m，高度一般在50～100m。在剖面图形上，斜坡两侧很不对称，具有高大明显的陡峭落沙坡，其顶部已和复合体的顶部重合，但覆盖在复合体上的次一级沙丘链的走向和复合体走向不一致。复合新月形沙丘链之间的丘间地一般较为开阔，宽度在1~2km，延伸较长，与沙丘复合体相垂直的短矮复合新月形沙丘链所分隔形成一个个闭塞的低地。部分地区还遗留有湖泊的残余。在丘间地上都分布有较稀疏的低矮沙丘，一般来说在高大背风坡麓都是沙垅，稍远除沙垅外尚有纵向排列的新月形沙丘。在沙漠东部塔里木河下游和车尔臣河之间的广大地区都为这种复合形沙丘链。

第四种复合型沙丘链（图9-9）的基本形态，虽和上述相似，但有局部差异。这种差异主要表现为：（1）复合体上所覆盖的次一级沙丘链走向和复合体的走向相一致，平行或成10°以下的交角。（2）高大陡峭的落沙坡斜面上有着与它的走向相一致的次一级沙垅排列。这些沙垅的出现破坏了落沙坡斜面的平整性。在沙漠中南部北民丰隆起附近的克里雅河下游与尼雅河下游之间是这种沙丘的主要分布地区。

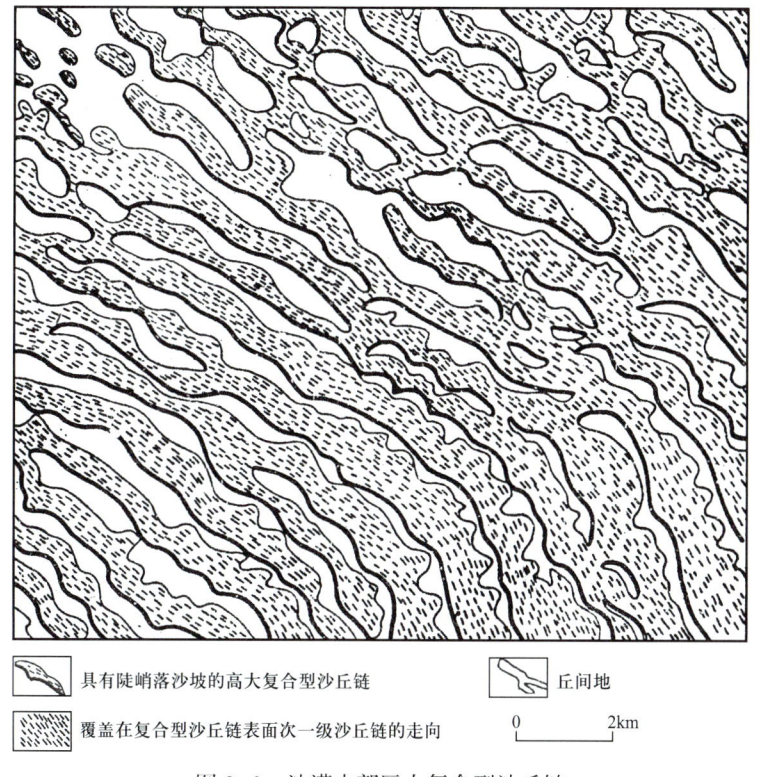

图9-9 沙漠中部巨大复合型沙丘链

第五种复合型沙丘链的形态特征虽然也是背风坡高大，丘顶和背风坡顶相重合，迎风坡上具有层层叠置的次一级沙丘链，但因除了主风作用外，还受到与主风成直角相交的影响，所以在次一级沙丘链的丘间地上形成低矮沙埂，呈现出很有规则排列的格状形态。

2. 复合型纵向沙垅

复合型纵向沙垅主要分布在沙漠西南部罗斯塔格以南皮山以北的地区，以及沙漠中部东经82°~85°的地区，其排列方向和主风向相平行或成30°以下的交角，其主要的特点如下。

（1）沙垄延伸很长，一般在 10~20km，最长可达 45km。
（2）垄体表面覆盖着许多叠置的新月形沙丘链，垄高一般在 50~80m。
（3）垄体一般宽 0.5~1km，垄体间地宽度一般在 400~600m，其间分布有低矮的沙垄或沙丘链。

3. 金字塔沙丘

金字塔沙丘因其形态与非洲尼罗河畔的金字塔相似，所以称为金字塔沙丘，也称为角锥状沙丘。在非洲的撒哈拉沙漠有广泛的分布。

4. 鱼鳞状沙丘群

鱼鳞状沙丘广泛分布在塔克拉玛干沙漠西部及西北部。其特点是沙丘不为个体分布而是成密集的群体分布，沙丘覆盖的面积可占该地区总面积 80% 以上，丘间地不明显，前一个沙丘的迎风坡的起点为后一个沙丘背风坡麓。若从群体上每一个个别形态来看，沙丘与主风风向垂直，两翼顺风向延伸和其前方沙丘的迎风坡相连，造成沙丘与沙丘之间顺风向延伸的沙埂。因而从整个沙丘群来观察，具有与主风向相平行的纵向沙丘形态特征。

5. 穹状沙丘

穹状沙丘主要分布在沙漠北部塔里木河的老河床以南及喀拉喀什河干三角洲以西的地区，其形态特征是：沙丘两侧斜坡较为对称，次一级沙丘叠置其上，没有明显高大的曲弧状落沙坡，复合体长宽度的比例大致相等，高度一般在 40~60m。平面图形呈圆形或椭圆形，如馒头状。

二、风沙沉积特征

1. 风沙的机械组成特征

任何粒度分析方法所得到的结果都是一种统计资料。从统计学来看，每一组统计资料都有三个中心值可以用来说明被统计对象的分配特征。这三个中心值就是数学平均值、均方差和不对称系数。我们首先来论述塔克拉玛干地区风沙物质的数学平均值，即这些物质的粗细。风成沙的数学平均值都在 0.06~0.19mm，而且 50% 集中在 0.08~0.11mm（表 9-1）。可见所有风成沙均属细沙，而且粗细差异不大。

表 9-1　风成沙的各种粒径数学平均值的含量

粒径数学平均值/mm	0.19	0.18	0.17	0.16	0.15	0.14	0.13	0.12	0.11	0.10	0.09	0.08	0.07	0.06
百分比/%	—	1.6	3.2	—	3.2	6.4	8.1	8.1	4.9	14.5	22.5	12.9	6.4	8.1

风沙物质的粗细，除了用数学平均值表示以外，也可以用代表性粒级含量的直分数来分析。从这种分析中我们可以得出下列几个特点：（1）所有的风成沙大多集中在 0.06～0.25mm 的粒级中。这个粒级一般都占颗粒数的 70%～90%，最少的占 47%，最多的占 94%。（2）从粗粒级（0.11～0.25mm）和细粒级（0.03～0.06mm）的含量来看，同样也可以看到前面提及的地方性差异特点。在大范围内英吉沙—麦盖提—阿恰的粗粒级含量为 37%～78%，细粒级为 2%～11%；叶城—皮山—和田一带的粗粒级含量是 3%～24%，细粒级是 22%～47%；民丰一带粗粒级含量为 36%～66%，细粒级为 4%～8%；罗布泊地区粗粒级含量为 37%～71%，细粒级为 4%～11%。至于现代河床附近变粗的情况则可以在图 9-10 中清楚地看到：在和田河、克里雅河的位置上，粗粒级含量的曲线陡然增加而细粒级含量陡然下降。

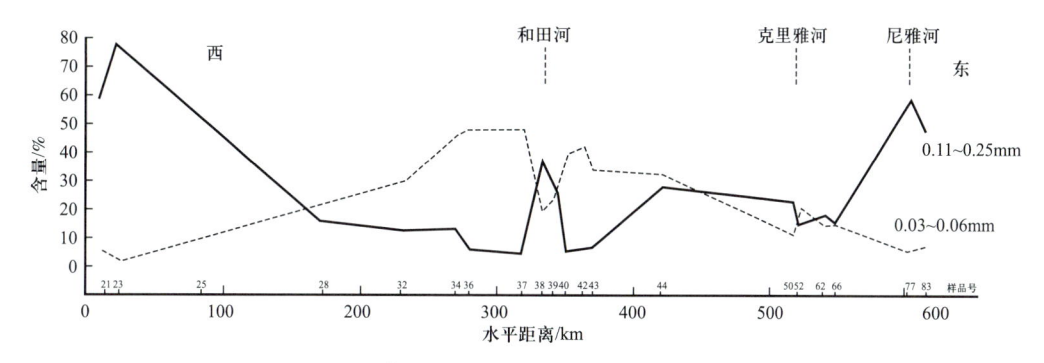

图 9-10　沙漠西南边缘风成沙粗细粒极含量水平变化

2. 风沙的矿物组成特征

总的说来，边缘地区可以分为西部的喀什地区、南部的昆仑山和阿尔金山北麓地区、天山南麓地区和东部的罗布泊地区四个矿物组合区。

喀什地区沉积物的矿物组合是相当复杂的，因其北部有喀什噶尔河，西南有盖孜河和库山河等，东南为叶尔羌河，而各河的沉积物有着不同的矿物组合。北部受喀什噶尔河影响，沉积物具有优势的金属矿物（39.5%）和较多的绿帘石（22.6%）；盖孜河的云母含量很高（48.3%），且有较高的石榴石含量（12%）；在英吉沙一带则有特别高的石榴石含量（20.1%）和较高的金属矿物含量（35.4%）。叶尔羌河有较高的角闪石量（37.5%～49.2%）和较前三者为高的辉石量。

从分析的资料中可以看出，风的作用对矿物组合的改变可以表现为下列两个方面：第一，是风从上风地区带来物质的混入，造成矿物组合的改变。第二，是风本身对物质的分异作用，例如在数对风成沙与下伏物质的对比中，可以看到云母含量相对变少，特别是白云母更为明显。同时金属矿物含量降低，角闪石含量增高。

第三节　华南信江盆地晚白垩世风沙沉积

位于江西省东北部的信江盆地保存有发育良好的晚白垩世沙漠沉积，曹硕等（2020）对该盆地的风成沉积序列和沉积模式开展了详细的沉积学研究，为探讨沙漠沉积的识别和研究提供了很好的实例。信江盆地呈东西向展布，向东毗邻浙江金衢盆地，向西靠近永丰—崇仁盆地，北接怀玉山脉，南邻武夷山脉。该盆地总面积约 3600km^2，轴向延伸约 130km。在区域构造上，信江盆地形成于赣杭造山带中段。受白垩纪燕山运动的影响，发生地壳差异升降，演化为陆相断陷盆地。信江盆地经历了陆内碰撞造山、陆内裂谷期、坳陷期和反转期等不同阶段，构造背景随之从陆内会聚挤压体制转变为右行走滑挤压体制。

一、信江盆地白垩系

信江盆地白垩系主要包括冷水坞组、茅店组、周田组、河口组、塘边组、莲荷组。下白垩统冷水坞组下部为浅灰色砾岩、砂砾岩、砂岩、粉砂岩、泥岩，上部为灰白色砂质砾岩、粉砂岩等，可见典型的逆粒序结构，整体为一套陆相河流、湖泊碎屑岩沉积组合。下白垩统茅店组由砾岩、含砾砂岩、细砂岩等构成发育大型板状交错层理、虫管遗迹、钙质结核等，为辫状河—三角洲—滨湖相沉积。下白垩统周田组主要为紫红色细砂岩、粉砂岩和泥岩，为一套滨浅湖沉积组合。上白垩统河口组分布最为广泛，岩性主要为紫红色、砖红色厚层、巨厚层状砂岩、砂质砾岩，夹少量砂岩及粉砂岩，可见大型交错层理、底部冲刷面等构造，代表了一套山麓洪积扇到辫状河—三角洲相的沉积组合。上白垩统塘边组厚 300~900m，岩性为特殊的砖红色块状中砂岩、细砂岩夹粉砂岩，盆地边缘地区发育砖红色块状砂岩夹砂质砾岩、含砾砂岩，块状砂岩内部普遍发育大型高角度交错层理、平行层理等，具有典型的风成沉积特征，边缘地区则过渡为辫状河—冲积扇沉积。上白垩统莲荷组主要为砖红色厚层—巨厚层状砾岩、砂砾岩与厚层砂岩和粉砂岩构成，向上变为巨厚层状含砾砂岩与泥质粉砂岩互层，发育平行层理和交错层理，代表了冲积扇和河流相沉积。

二、信江盆地塘边组的风成沉积

在信江盆地的塘边组，可识别出颗粒流砂岩、落淤粉砂—细砂岩、沙波层理粉砂—细砂岩和水平纹层粉砂—细砂岩 4 种风成岩相，构成了沙丘相、丘间相和沙席相 3 种沉积相。颗粒流沉积层由砖红色—浅棕色、分选较好、次棱角—圆状的石英砂岩组成，单层厚 2~10cm，横向宽度可达 0.5m，呈舌状向下减薄，最终在底端尖灭，内部为松散堆积或发育逆粒序结构（图 9-11）。落淤沉积层呈砖红色—红棕色，由分选较好、次棱角—圆状的细砂岩组成，在沙丘沉积中较难识别，内部为松散堆积，呈楔形沿脊线向下减薄（图 9-11）。沿着沙丘背风坡，落淤层覆盖范围可达几十米远，这与颗粒流层形成鲜明的对比。对于小规模沙丘，落淤层可以从沙脊一直延伸到底部；但在较大规模的沙丘上，落淤层常呈楔状被颗粒流层截切，同时颗粒流层的砂粒也可能来自之前形成的颗粒流层沉积。沙波层为砖红色—浅橘色分选较好的细砂岩，单层厚0.2~1m，发育近水平的平行层理（图9-11），构成条纹状层组特征内部发育生物扰动构造。水平纹层由砖红色—浅橘色分选较好的细砂岩构成，单层厚度达10mm。由于分选较好，水平纹层不甚明显，加之生物扰动普遍发育，使得纹层更不清晰。水平纹层的层系组厚度0.3~3m，内部可见逆粒序结构（图9-12）。风成块状砂岩主要为砖红色—橘色的粉砂—细砂岩，内部不发育任何层理，偶见生物扰动、钙质结核和根迹，表面多发育多边形开裂。该砂岩单层厚度为0.5~1.5m，层系组叠置厚度可达5m以上。这些岩相指示了3类沉积相，即风成沙丘相、风成丘间相和风成沙席相。风成沙丘相主要由风成粒流层、落淤层和沙波层3种岩相组成。

图9-11 信江盆地上白垩统塘边组的风成沙丘交错层理（据曹硕，2020）
Ax. 颗粒流层；Af. 落淤层；Ar. 沙波层

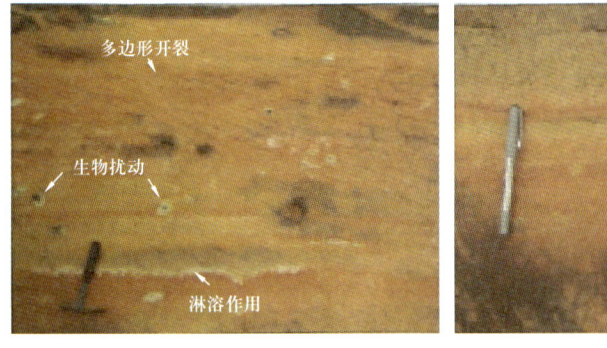

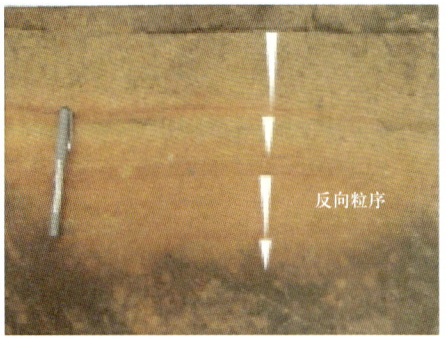

图9-12 信江盆地上白垩统塘边组的水平纹层砂岩（据曹硕，2020）

1. 风成沙丘相

风成沙丘波长5~250m，一般分为迎风坡和背风坡两部分，前者倾角较缓（8°~16°），后者倾角较陡（20°~34°）。沙丘的存在对风力形成阻挡，翻过沙脊后风力减弱，在背风坡不断形成沉积，因而沙丘顺风向不断迁移。信江盆地晚白垩世风成沉积体系中，风成沙丘相最为发育，约占60%。沙丘相由大型交错层理砂岩亚相、小型交错层理砂岩亚相和块状砂岩亚相组成（图9-13）。沙丘砂岩为砖红色分选较好，为次棱角—次圆状的中—细粒石英砂岩，颗粒支撑结构，可见明显的层理。在大部分石英颗粒表面可见明显的"沙漠漆"黑色外膜，在扫描电镜图像中可见有球状外轮廓、碟形撞击坑、新月形撞击坑、直撞击坑、上翻解理片、溶蚀坑等结构。

图9-13 信江盆地晚白垩世塘边组沙丘及丘间沉积野外照片（左）和素描图（右）（据曹硕，2020；Cao et al.，2020）（a、c露头位于盆地中心地区；e露头位于盆地边缘地区。素描图中黑色实线代表3类风成痕迹界面，灰色虚线代表交错层理的前积纹层。）

大型交错层理砂岩亚相由颗粒流层、落淤层和沙波层组成，主要由高角度槽状、板状交错层理砂岩构成。砂岩普遍为细粒结构，分选磨圆较好，颗粒支撑。平面上，这些交错层理的前积层呈现近直线到中度弯曲的形态。该亚相可进一步分为简单型和复合型两类。简单型交错层理由交替沉积的舌状颗粒流层和落淤层组成，底部穿插有向上爬升的沙波层。一般厚度可达6~10m，横向延伸百米以上（图9-13a、b）。简单大型高角度交错层理在盆地内广泛发育，边缘到中心均有分布。复合型交错层理主要由颗粒流层组成，落淤层夹于其中但厚度极薄，厚约几厘米的沙波层仍在层理底部出现。该类交错层理之间平行叠置，由横向展布稳定的低角度叠置界面分隔开来（图9-13c、d）。一般情况下，复合型交错层理单层厚度仅为3~5m，其叠置厚度可达几十米到上百米，横向延伸更是达到几百米甚至几千米，厚度变化较小。复合型交错层理是巨型沙丘沉积最重要的组成部分，仅发育在沙漠中心环境（Mountney et al.，2000）。

小型交错层理砂岩亚相由颗粒流层和沙波层组成，主要由高角度槽状交错层理构成，板状交错层理较常见，层厚一般小于2m，平面展布在各个方向上只有几十米（图9-13e、f），其规模远小于大型交错层理砂岩亚相。该亚相层理底部呈冲刷槽状，沿轴向可对称发育，也可不对称发育。由于形成较小规模的沙丘，对风力的减弱程度不足，因而落淤层不发育，仅发生颗粒流层和底部低倾角的沙波层沉积。在信江盆地内，小型交错层理砂岩亚相一般发育在边缘或边缘向中心的过渡地区，常与丘间沉积互层。在过渡地区，该亚相也可与大型交错层理砂岩亚相共同发育，但其厚度和横向展布十分有限。块状砂岩亚相由块状砂岩组成，主要由风成块状砂岩岩相构成，为分选好、次棱角—次圆状的细砂岩。该亚相在整个盆地内均有发育，覆盖在风成交错层理亚相之上，厚5~10m，横向展布范围较大，均在百米以上。该亚相与其他亚相的界线十分明显，内部偶见生物扰动构造、钙质结核或根迹，表面普遍发育多边形开裂，顶部为五边形或六边形，侧面为四边形。

2. 风成丘间相

相对于风成沙丘，丘间环境是指沙丘与沙丘之间的平缓地带，是风成系统重要的组成部分，主要由沙波层、波纹层和平行层理砂岩构成。信江盆地的晚白垩世风成沉积体系中，丘间相沉积约占15%，其沉积物组成与风成沉积十分相似。岩性主要为砖红色、分选较好、次棱角—次圆状的中细粒岩屑石英砂岩。丘间相可进一步分为干丘间和湿丘间两种亚相（图9-14）。

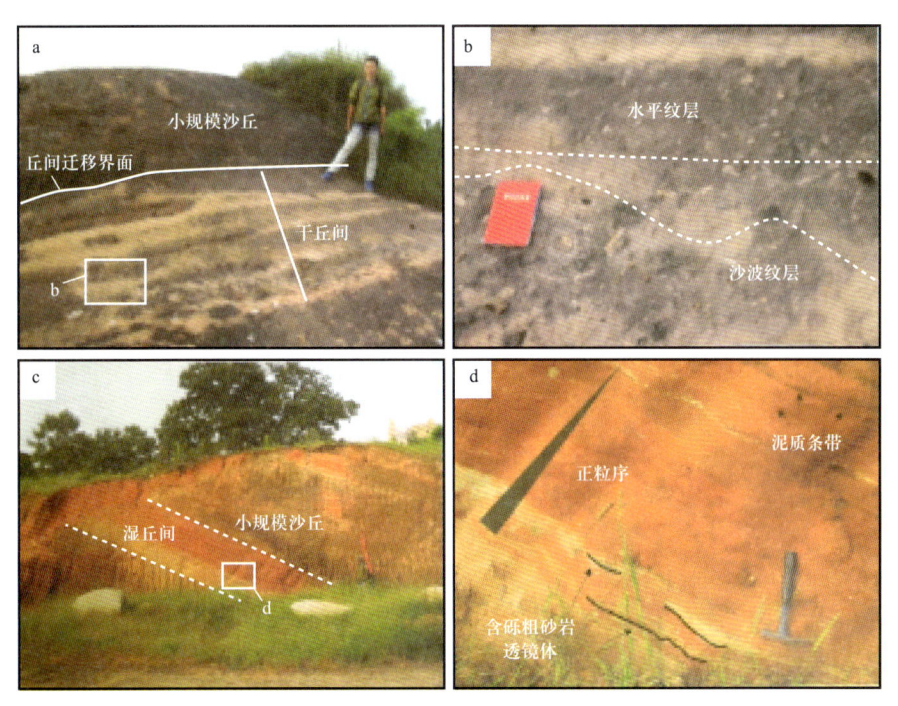

图9-14 信江盆地上白垩统塘边组的丘间沉积及其结构构造（据曹硕，2020）
a. 干丘间沉积之上变为小规模沙丘；b. 干丘间沉积内部的低角度沙波纹层和水平纹层；c. 湿丘间沉积之上覆盖有小规模风成沙丘沉积；d. 湿丘间沉积的内部构成

对于信江盆地晚白垩世风成沉积体系，70%以上的丘间沉积都属于干丘间类型，以平行层理和低角度沙波层理为特征（图9-14a、b）。主体由沙波层和沙波纹层组成，岩性为砖红色砂岩，砂岩成分、特征与沙丘砂岩类似，但粒度一般更细。单层厚度为3～5mm，内部可见逆粒序结构，内部根迹、虫迹等构造不发育。在风成系统的不同地区，干丘间亚相以不同的形态展布，其厚度变化可从几厘米到几米不等。在中心地区，干丘间沉积往往形成空间上彼此独立的透镜状凹陷，夹于大型交错层理之间；在过渡地区干丘间沉积可形成狭窄的延伸走廊，与小型交错层理互层（图9-14a）；在边缘地区可以形成广阔的平地。

湿丘间亚相一般发育在平坦广阔的地区，形成几米厚的沉积记录（图9-14c、d）。该亚相主体由沙波纹层和平行层理砂岩组成，岩性主要为深红色—砖红色泥质、粉砂质、砂质沉积物，内部发育波纹和包卷层理（图9-14c）；另外，还偶见泥砾、生物扰动构造和小型根迹。在信江盆地风成沉积系统中，湿丘间亚相局限发育于边缘地区，一般与小型沙丘沉积或河流相砂砾岩共存（图9-14d）。

3. 风成沙席相

信江盆地风成沉积体系沙席相零散分布于边缘地区，约占总体沉积的10%。风成沙席相主要由沙波纹层和平行层理砂岩组成，通常与沙丘沉积、丘间沉积共存，横向延伸可达数千米，厚度稳定在5～15m（图9-15）。风成沙席相主要由横向爬升纹层构成，单层厚约几厘米，发育逆粒序结构。沙席沉积通常发育板状或低角度的超长波长巨型沙波层理。此外，生物潜穴、根迹、树皮形成的多边形开裂构造在沙席相中十分常见。

图9-15 信江盆地塘边组的风成沙席沉积
（据Cao et al.，2020）

三、小结

通过对信江盆地上白垩统的详细沉积学分析，曹硕等（2020）共识别出与风成沙漠沉积有关的4种岩相和3类沉积相。基于岩相和沉积相分析，以及风成沉积内部沉积特征、横向展布特征和地层连续性，确认信江盆地上白垩统塘边组风成沉积形成于沙漠环境。

第四节 鄂尔多斯高原第四纪古风成沙

古代风沙沉积是研究古环境的重要依据。风沙环境的特征沉积是交错层理发育，前组纹层倾角大，水平层理也很发育（图9-16）。沙粒磨圆好，石英沙粒表面呈毛玻璃状，有的具有贝壳状断口。石英颗粒表面经常有氧化铁覆盖，使沉积物呈红色。通常不含云母片。沉积物的分选性特别好，尤其是细砂、粉砂与黏土含量很低。粒径频率曲线一般是单峰型的。每个沙丘沉积序列的底部都是水平的或小角度的沉积，粒径较粗，分选差—中等，有时含砾。往上是分选好的砂，具有大规模的交错层理。前组纹层倾角大，倾向稳定。

鄂尔多斯高原第四纪古风成沙是指现代风沙出现以前的第四纪由风的地质作用所形成的沙质沉积物。国外对第四纪古风成沙或古沙丘（又称化石沙丘）已有较多的研究，国内不少地方屡有发现，但系统研究尚少。

地处黄河大拐弯以南、长城以北的鄂尔多斯高原（图9-17），是我国第四纪古风成沙比较发育而又最先发现的地区。早在19世纪末，俄国学者奥勃鲁契夫在黄土高原北缘的黄土中发现夹杂砂质成分较多的现象。20世纪30年代，在神木至榆林一带的长城北边发现与红色土类似，但富含砂质、钙结核和动物化石的风成堆积，并命名为榆林系。自20世纪50—60年代，严钦尚、于永和刘东生教授等在鄂尔多斯东南洼地、高原西部梁地沙区的全新统和晚更新统中及内蒙古东南部、陕西和山西北部新老黄土中，也分别发现过古沙丘或风成夹砂层。他们进而推测是当时河套或鄂尔多斯沙漠已存在，并向东南部黄土区侵袭的原因。可惜这些重要发现和科学结论，长期以来未得到足够重视与注意。为深入探讨这一问题，作者近年来在前人工作基础上，对该区又进行了

图9-16 微薄的水平层理与前组纹层构成的斜层理（据Glennie，1970）
风向从右往左

广泛调查结果，在北起黄河沿，南抵长城边的整个鄂尔多斯高原地区，再次发现了大量包括早更新统至全新统的古风成沙质沉积（图9-17）。就目前所知，其分布范围之广，类型、形态之丰富，沉积层位之齐全，剖面结构之清晰，无论在我国还是世界其他地区都是十分罕见的，很值得地学界予以重视并进一步研究。

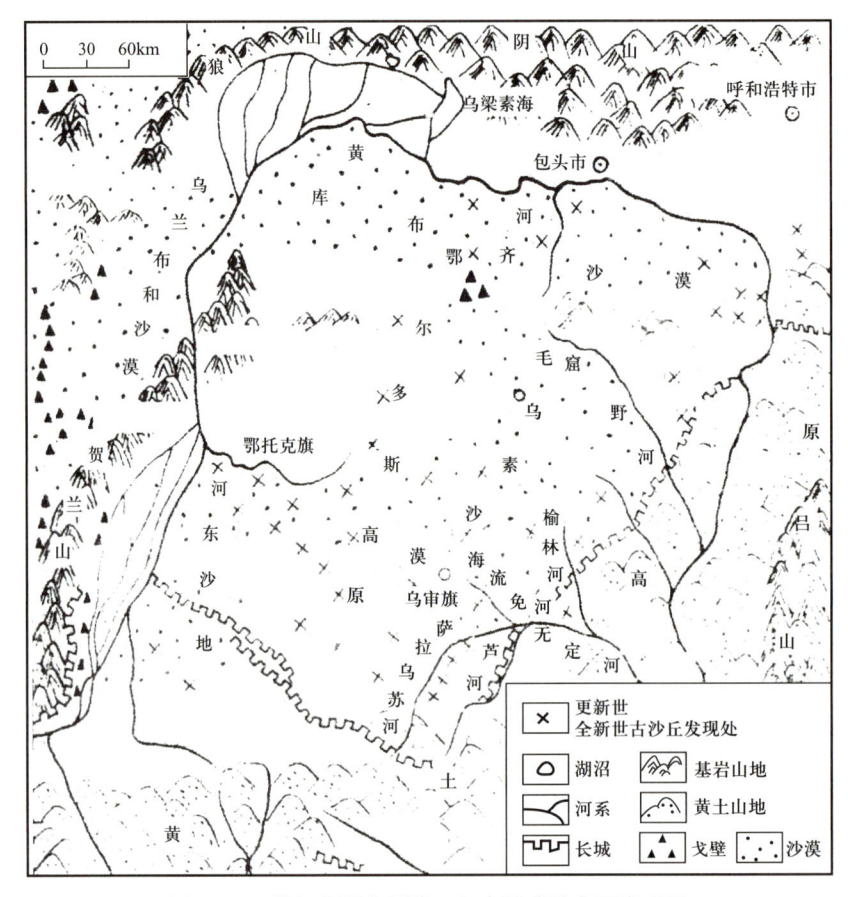

图9-17 鄂尔多斯高原第四纪古风成沙主要发现地

一、古风成沙的分布、类型和形态

鄂尔多斯高原第四纪古风成沙在黄土高原西北缘的黄土丘陵、鄂尔多斯高原西南部、北部黄河沿和东南部洼地（包括河谷、滩地及低矮的剥蚀残梁、残丘）与中西部构造剥蚀高地等主要地貌单元上都有分布。按其保存状态可分两类：一是被较新沉积物掩盖于地表以下的地层中，原始形态、结构相对完整保留的，称为埋藏古风成沙；二是直接露于地表，形态、结构受到后期不同程度破坏的，称为残留古风成沙。二者在同一地区往往同时存在。相对而言，埋藏古风成沙主要见于黄土丘陵和洼地河谷、滩地，在构造剥蚀高地及其向洼地延伸的低梁、残丘顶部的平坦低凹区也有分布，而以第四纪沉积广厚、沟谷深切的黄土丘陵区含古风成沙的天然露头最多，也最好。据初步观察，这一带埋藏古风成沙的分布地点和层位各地不尽相同,可是在该区沉积的各个主要层位上均断续可见,其中以陕北榆林地区含古风成沙的地层剖面最为完整。根据地层剖面中黄土岩性、古土壤特征和剥蚀面等标志,自上而下可分为全新统、晚更新统、中更新统上部和下部、早更新统五个含风成沙地层组合。这五组地层大体可与陕西洛川剖面对比(图9-18)。

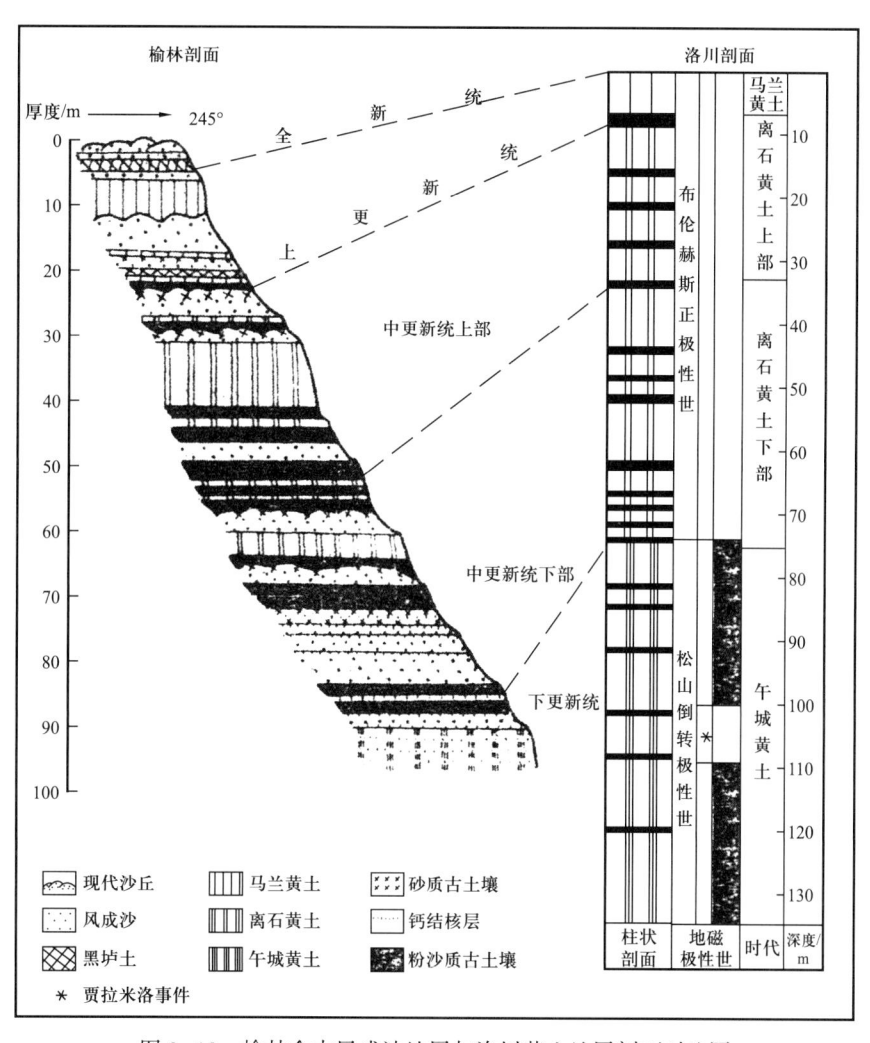

图 9-18 榆林含古风成沙地层与洛川黄土地层剖面对比图

埋藏古风成沙通常在黄土地层中以细砂和砂壤土夹层形态出现,在横、纵向展布上不连续,与黄土、粉砂质古土壤(剥蚀面或河湖相沉积)构成互为间层的沉积系列。因所处的层位不同,埋藏古风成沙的性状也有差异。在现代风成沙或黄土之下,马兰黄土之上,细砂夹层为1~2层,层厚几十厘米至两米,灰黄或暗灰黄色,结构松散,不含钙结核。砂壤土夹层系砂质黑垆土,一般为1层,层厚几十厘米至两米,灰黑色,质地粗松,中下部含白色假菌丝和钙膜,不含钙结核。在沙质黑垆土之下,老黄土之上的马兰黄土中,细砂夹层有1~3层,层厚1~5m,黄或深黄色,结构松散至稍紧实,不含或极

- 537 -

少含零散小钙结核。砂壤土为黑垆土型古土壤，见 1~2 层，层厚 1m 左右，淡灰黑色有时略发红，质地紧实或稍硬，中下部含较多假菌丝、钙膜及较软的土质小钙结核。在马兰黄土之下，下更新统砂砾层或中生代基岩与古近系红土剥蚀面之上的老黄土里细沙夹层多达 7~10 层，层厚由几十厘米到二十余米不等，棕黄或微红色，常见灰黑色铁锰斑点，上下部较紧实至较硬，内部松散或松软，有时在底部或交错层理间含较大、较硬的钙结核或数毫米至几厘米厚的钙片和钙板。沙壤土系砂质褐色土型古土壤，7~10 余层，层厚 1~4m，红褐至深红褐色，多见黑色铁锰斑点和草本根管，质地较硬或坚硬，在底部往往含较多的大钙结核甚至形成钙结核层。而老黄土越古老，内含的细砂和砂质褐色土型古土壤夹层颜色越红，铁锰斑点越黑越多，结构越坚实，钙结核和钙片也越多、越大、越密。

残留古风成沙以正在受冲蚀的黄土丘陵、洼地剥蚀的斜坡上最为常见，而在受风蚀的洼地河谷、滩地和中西部构造剥蚀高地的低洼地里也有零星出现。它一般在地面上以单个或成群的蚀余沙丘和砂壤土墩形态分布，与周围相关的地层基本断开，在其下风向地表或沟槽中形成新的风成相、流水相或风水交替相的砂质沉积物。现在所见的蚀余沙丘以结构紧实或坚硬、含大小钙结核、棕黄至微红色细砂居多，而结构松软、不含或极少含钙结核、灰黄或深黄色细砂较少，而且表面多少已有一定程度剥蚀、切割，颗粒粗化甚至布满灰黑色铁锰膜的钙结核、钙片等残积物。蚀余砂壤土墩以灰黑色沙质黑土最多，红褐或深红褐色砂质褐色土少见，并且剖面多半变形，色泽变浅，发生层次模糊。这些残留古风成沙显然是由相应地层中的埋藏古风成沙被剥蚀出来之后，又经历了风化、剥蚀作用的缘故。

二、古风成沙的沉积特征与指向性质

不同地点和不同层位上的古风成沙，都具有风成相沙质沉积物的共同特征，尤以埋藏细沙夹层最为醒目。

（1）夹沙层在黄土中既分布于低洼沟谷，也见于平缓斜坡及平坦地段。

（2）夹沙层的堆积形态，有些是沿黄土地形面延展，厚几厘米至两米左右的平沙层，但以平底透镜状沙质小丘占绝大多数，有时二者交替重复出现。沙质小丘的高度介于 1~5m，也有达 20 余米，水平延伸距离至 30 多米，个别达 100m 以上，其高度由顶部往两坡侧逐渐降低，直至尖灭于黄土层之中。

（3）沙层中风成层理明显。在所遇的风成层理中以极薄（厚 1~2mm 或小于 1mm）的加积纹层构成的水平层理最为常见。同时也见有板状或楔状交错层理，其前积纹层厚几毫米至数厘米，且不均一，倾角 24°~35°，倾向东南。有时也见有由加积纹层与前积纹层组合而成的水平—交错层理。

（4）沙体的机械组成以细沙特别是极细沙为主，粉砂、黏土及中粗砂极少，不含任何砾石和黏土碎块等混杂物及其透镜体。颗粒分选较均匀。由细沙夹层至黄土粒级一般由粗到细逐渐过渡。

（5）碎屑矿物成分与黄土相似。以石英、长石等轻矿物占绝对优势，角闪石、绿帘石、石榴石等重矿物只占很小比例。

（6）石英沙粒几经打磨，颗粒形态多为次棱至次圆形，尖形、角形和滚圆形极少。颗粒表面常有红褐色铁质氧化膜，暗而无光，并具毛玻璃化痕迹和由机械破碎引起的裂纹，以及因沙暴撞击而形成的麻点、碟形坑。此外，在沙层里还偶见遭受风蚀的钙结核、驼鸟蛋片和被沙埋的成堆无损的鸟蛋、鼠穴及类似锦鸡儿的钙化木等。

细沙夹层的这些沉积特征，与该区地表的现代风成流沙十分相近。表明细沙夹层乃系风成的古流动沙丘、草丛或灌丛沙堆及平沙地，主要搬运营力仍是与今日类似的西北风系。

沙壤土，不论是沙质黑土还是沙质褐色土，由于在横、纵向上分别与新老黄土中的粉沙质黑垆土和褐色土处于相同的发生层位并彼此连接，理化性质类似，故是属于同一类型的古土壤。但因前二者仅出现于以古流沙为成土母质的一定区段，所以土壤剖面中依旧保留以细沙成分较多，石英颗粒表面具麻坑及加积纹层等风成沙质沉积的许多特征。

这与目前该区地表上正在生草成壤的半固定和固定沙地极为相似。表明，沙质黑垆土和褐色土，实质上乃是不同地质时期的古流沙经过不同生草成壤过程而形成的固定、半固定沙地。

第五节　风沙油气藏储层沉积

一、英国莱曼气田[1]

莱曼气田位于英国北海南部的SolePit盆地，平均水深38m。1966年发现，1968年投产。莱曼气田发育在一个简单的背斜构造中，气柱高约260m（图9-19、图9-20）。储层由上二叠统Leman砂岩组的风成沙丘砂岩组成（图9-21），砂层厚达240m，其中有效储层厚180m。整个砂层分成三层，上层含有约80%的地质储量，但因为伊利石含量高和深埋成岩作用形成的硅质胶结，故比中层致密，后者平均渗透率为6.03～15.6mD，下层大部分位于气水界面以下。储层具有层饼状几何形状，在沙丘前积层中具有高渗透性条纹（高达1000mD），由致密的碳酸盐胶结与沙丘底积层分开，形成阻拦流体垂直流动的夹层。对西北区的深层储层，其渗透率可能低至0.01mD，需要大规模压裂才能获得工业流量，天然裂缝的存在可以提高气井产能达50%。天然气的成分95%是甲烷，靠天然能量驱动生产。由于含水层不活跃，产水量很少。1974—1978年的高产期平均日产量为$44 \times 10^6 m^3$，1976年峰值日产量为$50 \times 10^6 m^3$。此后产量显著下降，到2006年日产量为

---

[1] C&C Reservoirs，2019，Field Evaluation Report：Leman Field

$6.3×10^6m^3$。截至 2019 年年底，累积产量 $340×10^8m^3$（采出程度 86%）。该年的平均日产量为 $2.8×10^6m^3$。

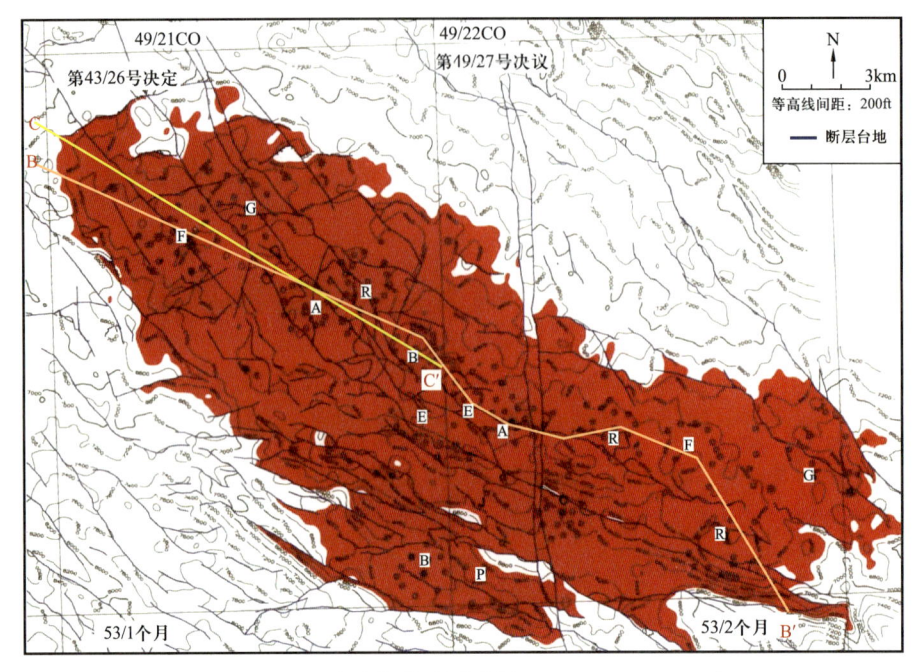

图 9-19 北海南部构造图（据 Gluyas et al., 2003）

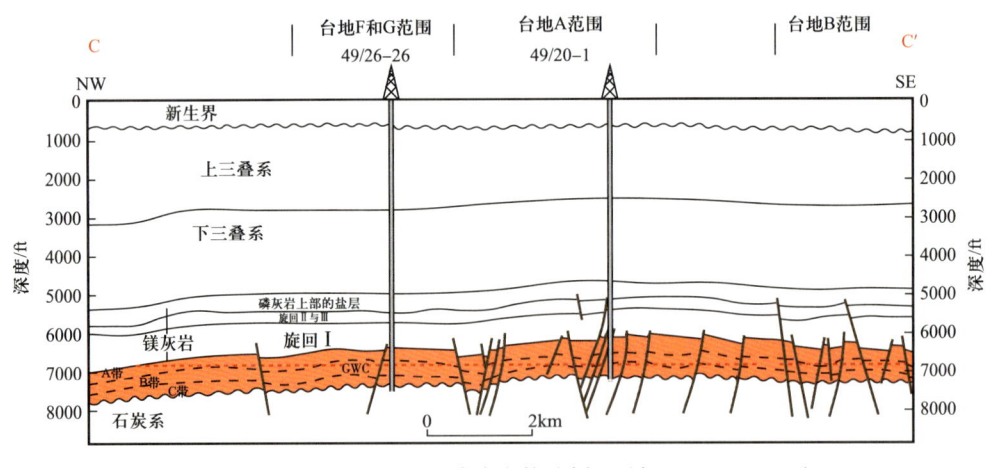

图 9-20 莱曼气田北西—南东向构造剖面（据 Hillier, 1990）

1. 储层沉积特征

莱曼砂岩组属于 Rotliegend 群。其沉积形成于大陆沙漠环境中，经由河流改造。风沙形成于向西迁移的横向沙丘场，其延伸方向垂直于盛行东风（George et al., 1993），且常受向北流动的河道及席状洪水改造成滨湖泥滩（萨布哈），最终汇入沙漠干盐湖（Silverpit 湖）（图 9-22）。河道属季节性河流，可能受源区季节性降雨的控制。莱曼气田位于风成沙丘沉积为主的区域，不受 Silverpit 湖湖水水位波动的影响。莱曼砂岩沉积最后因 Zechstein 海侵而终止。海侵在很短时间内淹没了整个盆地，并改造了地层上部。

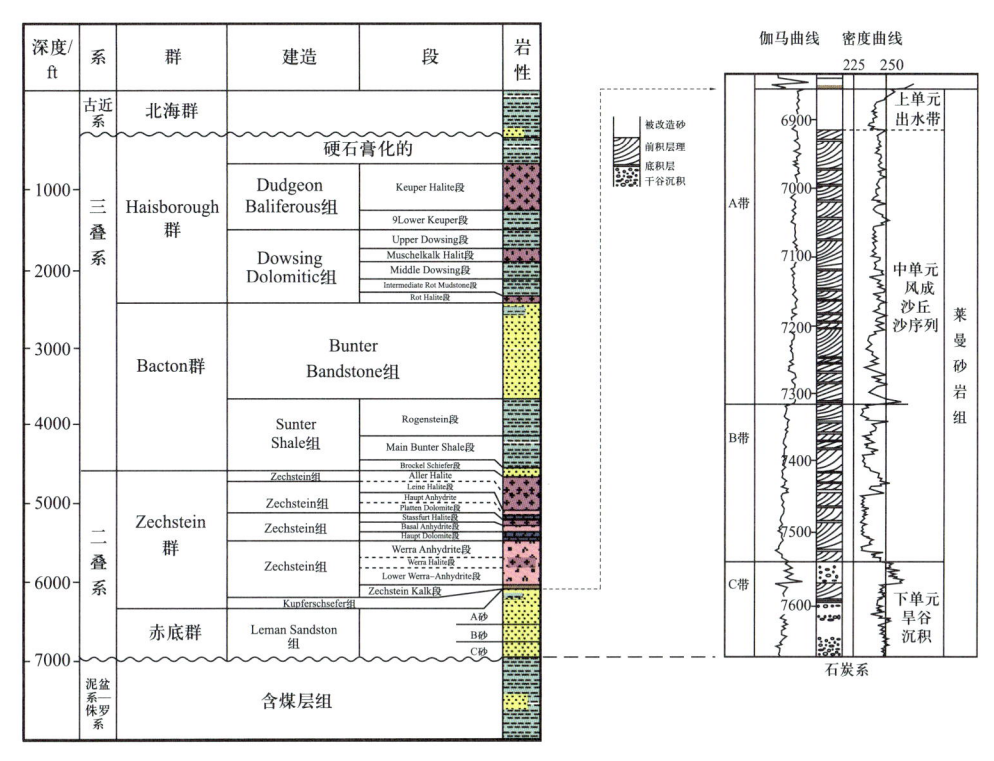

图 9-21　莱曼气田综合地层柱状图及典型井测井曲线（据 Hillier et al., 1991）。

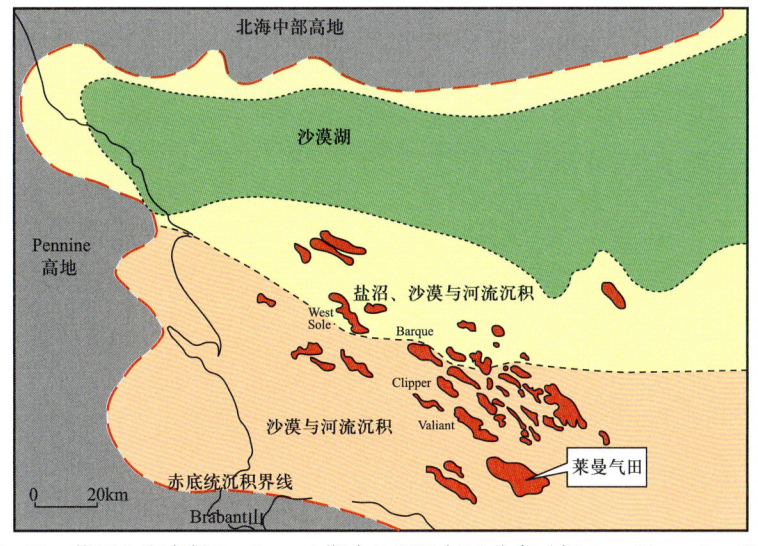

图 9-22　英国北海南部 Rotliegend 期古地理及气田分布（据 Leveille et al., 1997）

莱曼气田的储层厚 170~270m（平均 240m）（Mijnsson and Maskall, 1994；Hillier, 2003）。岩心中可以识别出高达 30m 的沙丘（Hiller, 1991），每套沙丘砂由一系列的前

积层，包含毫米—厘米级的纹层，倾角约25°（图9-23）。相互成层的纹层粒径不同，但纹层内的分选极好。每套沙丘砂与前期的沙丘砂，由分选不好的水平层状的底积层分割开来。底积层的底部为剥蚀面，具细纹理，多含泥质，且常有碳酸盐胶结（图9-24）（Hillier，2003）。因此，底积层孔隙度低而密度高，故易于在伽马测井和密度测井上识别出来（Weber，1987）。

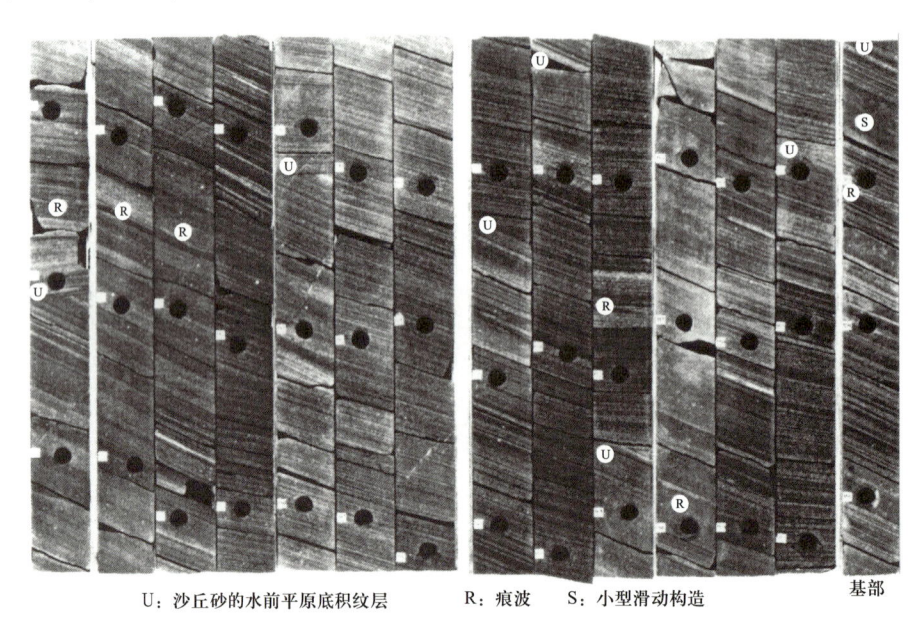

U：沙丘砂的水前平原底积纹层　　R：痕波　　S：小型滑动构造　　基部

图9-23　莱曼气田莱曼砂岩风成沙丘岩心照片（据Weber，1987）

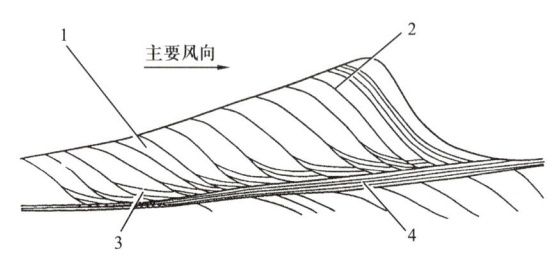

图9-24　莱曼气田莱曼砂岩沙丘砂相变特征示意图
（据Mijnsson et al.，1994）
1.高角度风成波痕沙，大倾角、由风成沙迁移形成的纹层沙；
2.滑移沙，大倾角、由碎屑物崩落形成的纹层沙；3.沙丘崩落沙，由风成沙波在沙丘脚部迁移形成的纹层状沙；4.丘间沙，在两个沙丘之间的界面上迁移形成的水平纹层沙

储层分为三个主要产层，从上到下分别为A、B、C，在全气田范围内可以对比。A层厚30～200m，主要为沙丘砂，上覆6～30m的块状水成沉积（Weissliegend期），后被Zechstein海侵改造而均质化（Weber，1987）。A层占80%的储量，但由于胶结严重，储层质量不如B层。B层为8～120m叠置的灰绿色—红棕色细粒—中粒风成沙丘砂，胶结疏松，为该气田最优储层，但在气田的西北区缺失。C层厚8～100m，为分选差的砂岩、砾岩及页岩，为片流及暂时性河流沉积。其厚度受下伏石炭系侵蚀面起伏影响。该层大部分位于含水层中，且因分选差及早期胶结而使孔隙度低，故而没有经济价值。

2. 储层架构及非均质性

莱曼砂岩为块状架构，沙地比为1.0（Hillier，2003）。地层厚170～270m（平均240m），

砂层厚平均为240m，有效厚度100～270m（平均180m），但储层性质为极端地非均质。测井资料显示，大部分的产量来自少量高渗透层段（图9-25）。这些高渗透层段极有可能是风成沙丘的交错层组，一般厚5～6m，长900～1200m，宽450m。层内的相对非渗透隔层由分隔沙丘交错层组的沙丘底积层及断层构成。这些底积层被钙质胶结严重，以至于其渗透率低于沙丘前积层一到二个数量级（Hillier，2003）。沙丘砂的渗透率也表现出强烈的各向异性。顺层理面的渗透率比垂直于层理面的渗透率要高很多。倾斜井的资料显示，单井产量与井的方向有大致的对应关系，即顺着古风向的井产量较高。因此，钻井设计调整为平行于盛行古风向（南东—北西向），以使单位厚度钻透尽可能多的前积层（Mijnsson and Maskall，1994）。断层对局部井的产量有影响，在渗透率受成岩作用大的西北区，能够增产达50%。有些被石英、白云石及硬石膏胶结的断层，则明显降低水平流动性（Sullivan et al.，1994；McNeil et al.，1998）。

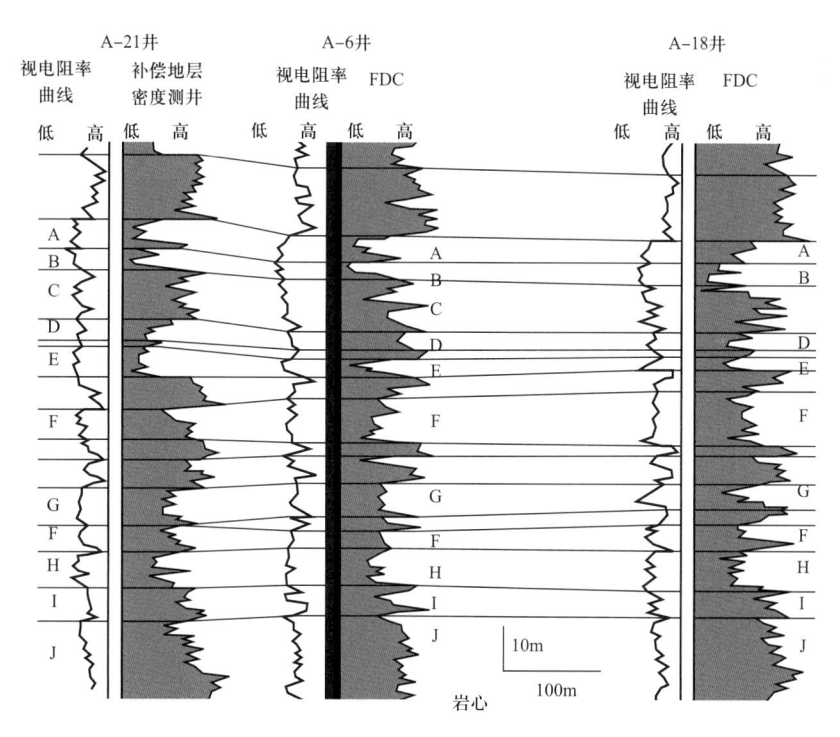

图9-25　莱曼气田莱曼砂岩三口井测井对比剖面（据Weber，1987）
由GR曲线和FDC曲线组合可以判别优质的沙丘前积层与致密的底积层

莱曼砂岩为细粒—中粒，较成熟的石英砂岩，其成分中70%～80%为石英，7.5%为岩屑，3.5%为长石。就渗透性及产能而言，成岩作用的影响大过沉积相的影响。由于地层曾经深埋至4400m，后于晚侏罗纪被抬升。因此，压实和胶结是使储层物性差的主要原因。自生石英，尤其是纤状和毛状伊利石是造成渗透率损失的最大因素，白云石、含铁碳酸盐及硬石膏也有影响。石英胶结不均匀，且大多是在压融作用之后。在干净的沙丘前积层中，石英胶结占0～20%，就是源于底积层和前积层中的黏土的压融作用

（Juhasz-Bodnar et al.，2001）。早期碳酸盐胶结形成于埋藏初期，是 Rotliegend 期的地下水与上覆 Zechstein 期的蒸发盐中的海相孔隙流体混合而成。硬石膏是由 Zechstein 期的孔隙流体在更高的温度下形成（图 9-26）（Glennie et al.，1978）。

莱曼气田的储层埋深，最深达 3500m，西北部要比其他部分深 300m。经历后期的抬升，大约 1500m 的地层被剥蚀，因此成岩作用对物性的影响变化极大。总体平均孔隙度为 12.9%，渗透率变化极大，甚至在毫米—厘米级的尺度上都有数量级的差别。由于颗粒大小的不同，即使是纹层之间的渗透率差别也非常可观（图 9-27）。

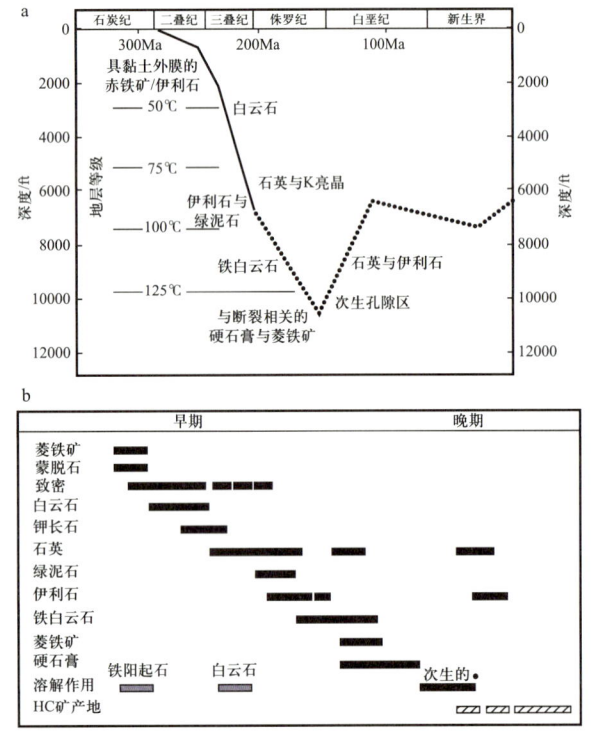

图 9-26 莱曼气田莱曼砂岩的埋藏史（a）与成岩作用序列（b）（据 Sullivan et al.，1994）

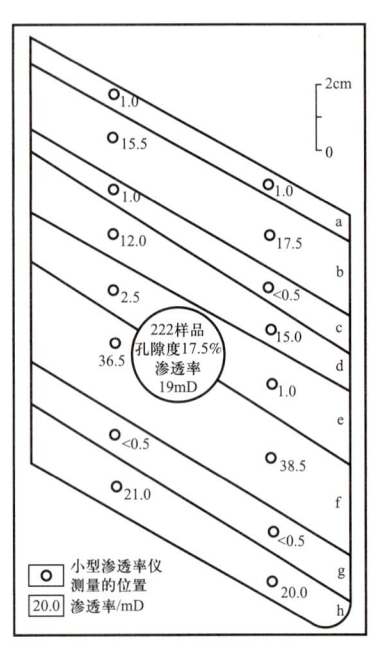

图 9-27 莱曼气田沙丘砂交错层理的岩心素描（据 Weber，1987）
显示便携式渗透仪测试的渗透率值及岩心测试的孔渗数值

最后的储层出现在 B 层的沙丘砂，其粒间孔隙度为 11%~15.5%，渗透率为 1~1000mD（图 9-28），区块平均为 6.0~15.6mD。A 层平均孔隙度为 13%，但渗透率只有 1~100mD，区块平均仅有 1mD。即便是同样的孔隙度，B 层的渗透率比 A 层要高三至七倍，原因就在于后者有包围在颗粒周围的赤铁矿和伊利石胶结物。在埋藏成岩过程中从长石分解出来形成的纤状伊利石，在气田的西北部最富集，所以该区的渗透率低至 0.01mD（图 9-29）。生产主要是从 B 层而来。当与高渗透的 B 层有连通时，A 层也可以有油气贡献。

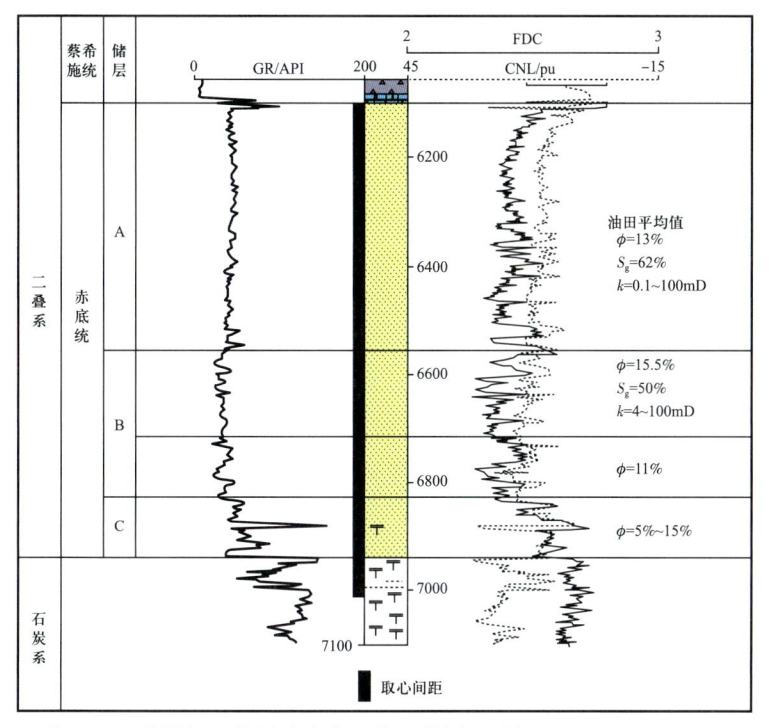

图 9-28　莱曼气田莱曼砂岩典型井测井剖面（据 Hillier et al.，1991）

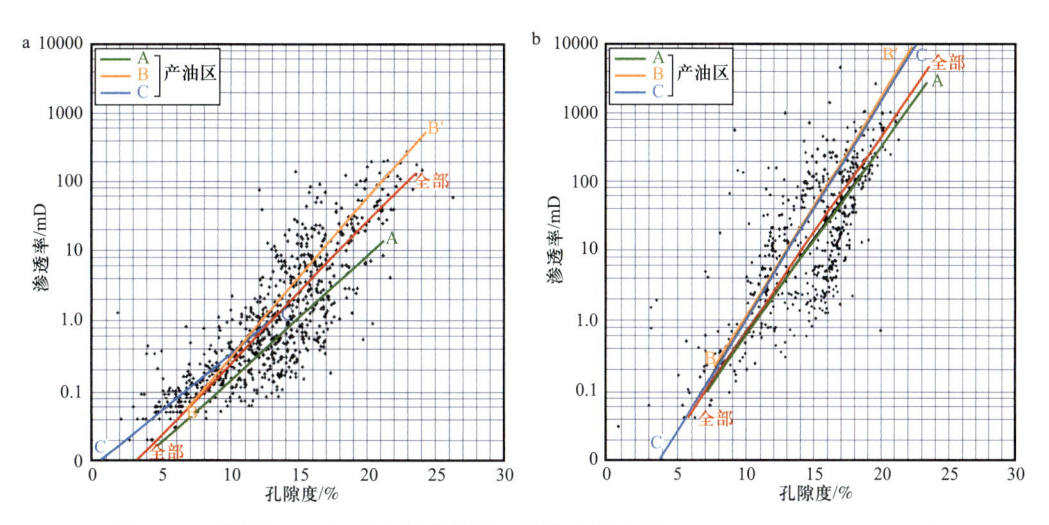

图 9-29　莱曼气田两口代表性井的孔—渗散点图（据 Hillier and Williams，1991）
（a）西北区的 49/26-26 井；（b）D05 井

二、美国仁吉利油田[1]

美国仁吉利油田位于美国科罗拉多州。油田的主要产层是上石炭统—二叠系的韦伯砂岩（Weber Sandstone），储层砂岩自南向北增厚，平均厚度 160m。储层由风成沙丘及

---

[1] C&C Reservoirs，2019，Field Evaluation Report：Rangely Field

沙丘间沉积的极细—细粒的亚长石砂岩组成，并与非储层的河流沉积互层，构成一个似层状的储层架构。其砂地比为0.35。砂岩平均孔隙度12%。韦伯砂岩属于宾夕法尼亚纪（图9-30、图9-31）。

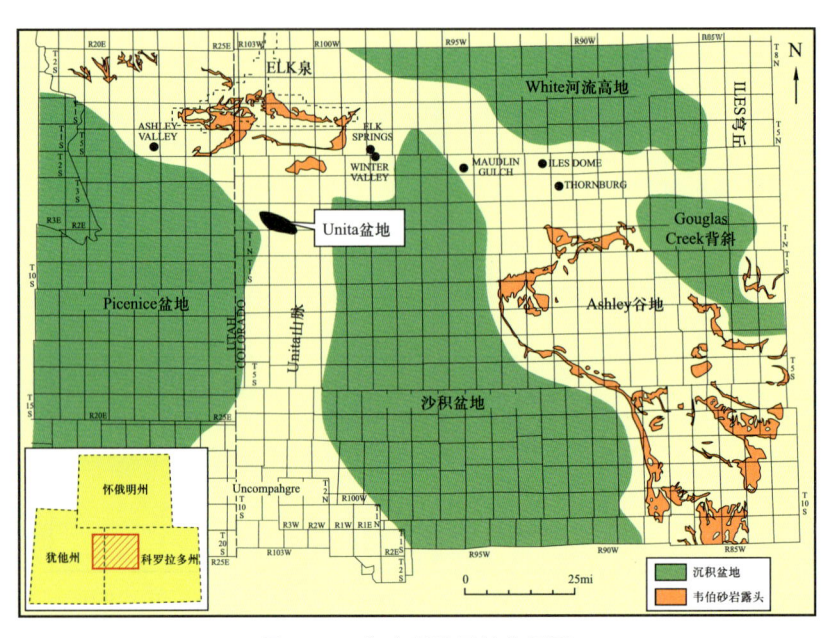

图9-30 仁吉利油田的位置图

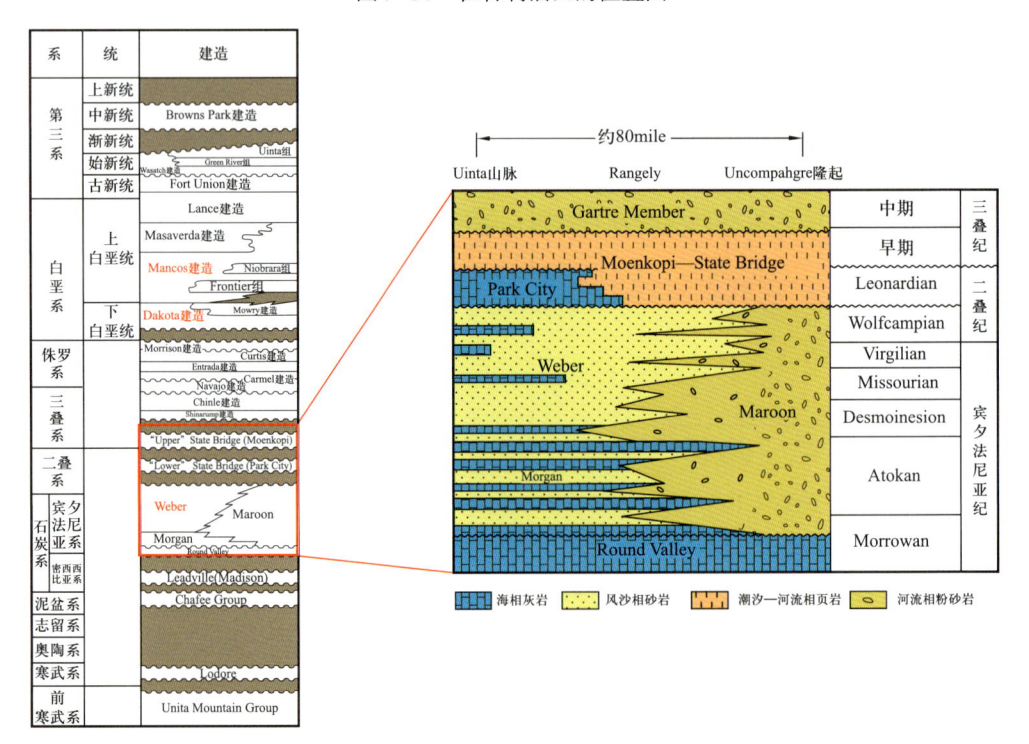

图9-31 Morrowan-Wolfcampian 地层示意图
显示韦伯砂岩与南面横向对应的 Maroon 地层的关系

第九章　风沙比较沉积学

沉积于大陆沙漠环境，处于一个广袤的冲积平原（Maroon组）的北边（图9-32）。仁吉利油田的韦伯砂岩的底部由冲积平原相的席状砂构成（图9-33中第9和11层），其上为沙丘相沉积（图9-33中3～7层），为向南迁移的沙漠沉积所成。向北流动的暂时性河流沉积，在油田的东南部最厚。整个韦伯砂岩的地层厚度由南向北加厚，最厚达300米以上。在油田范围内，韦伯砂岩的平均厚度为160m。

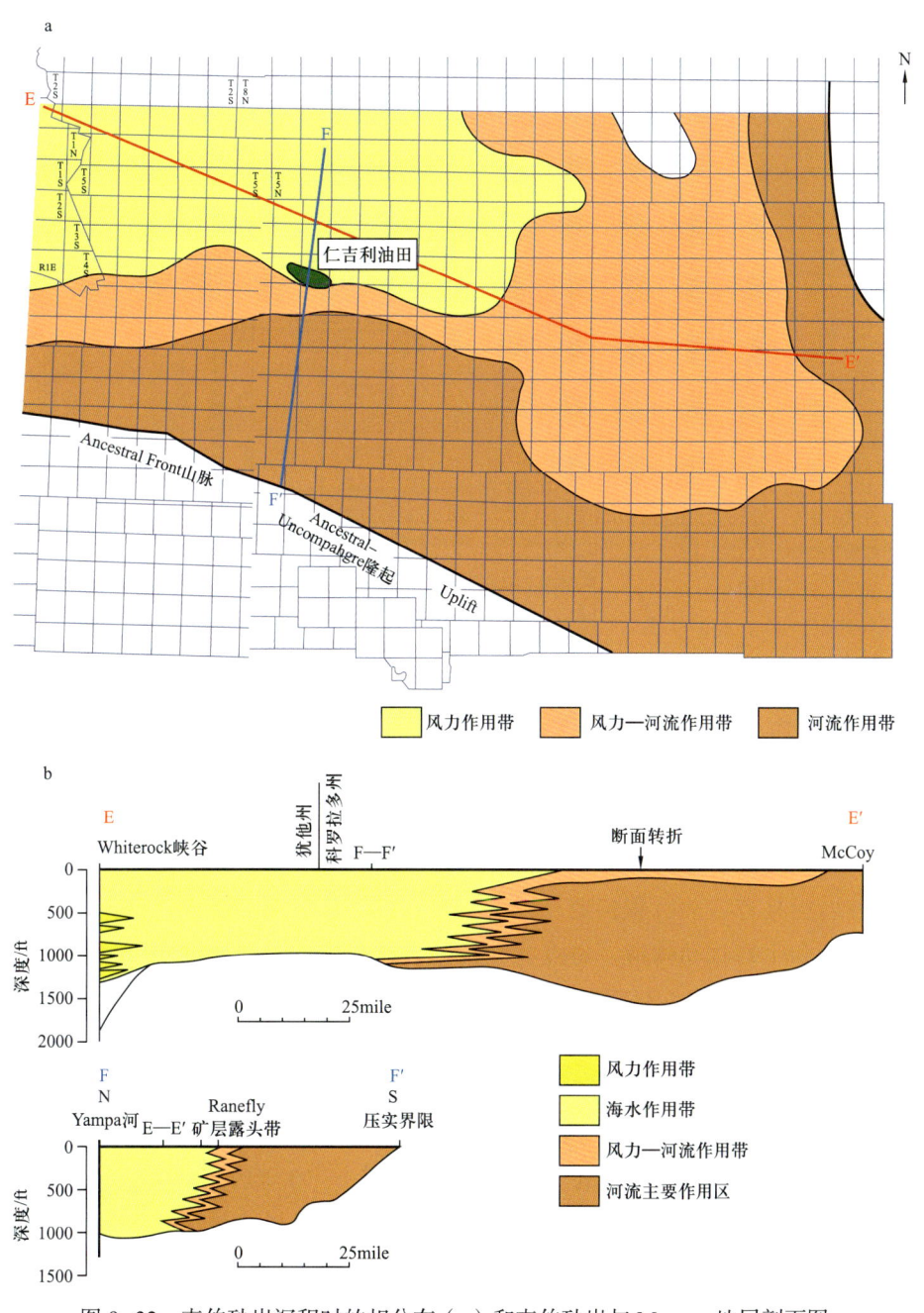

图9-32　韦伯砂岩沉积时的相分布（a）和韦伯砂岩与Maroon地层剖面图

- 547 -

韦伯砂岩包括 11 个层段，其中有六个风沙层段（1、3、5、7、9、11），与五个厚约 1.5～6m 的致密的河流相砂层（2、4、6、8、10）互层。这些致密层在全油田普遍分布，具有标志层的意义。风沙沉积可以划分为三个沉积相，包括沙丘相、沙丘间相及沙丘外相。沙丘的顶部常有中强度的生物扰动构造，而在一个复合的沙丘体中，也可识别出多个生物扰动带（图 9-33）。

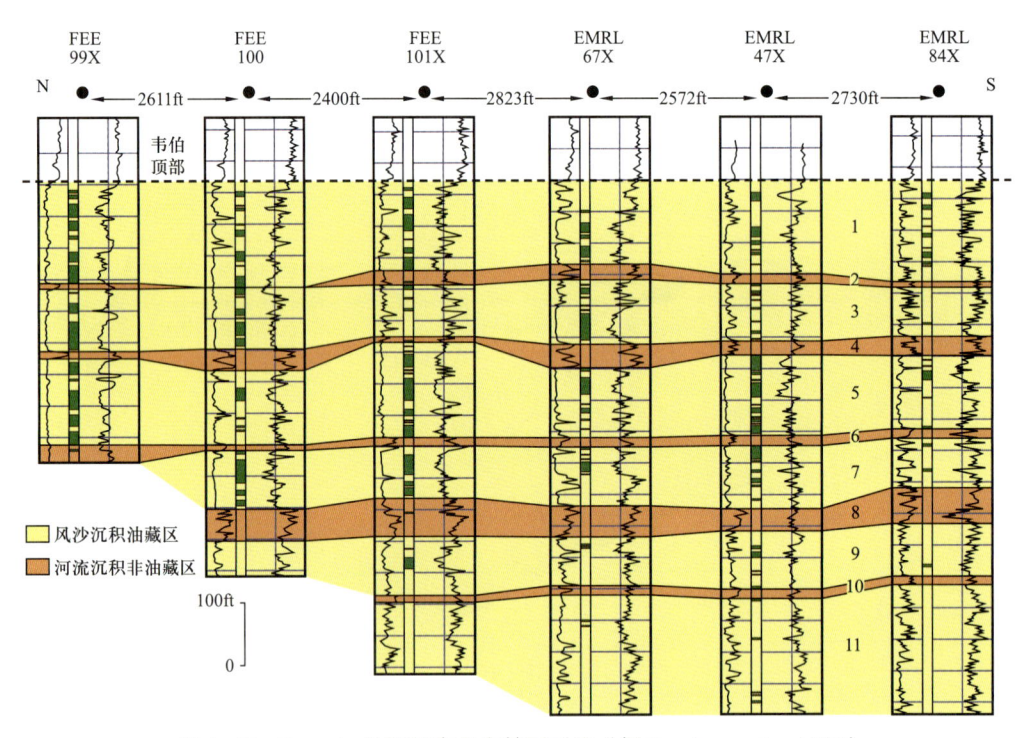

图 9-33　Rangely 油田的南北向储层对比（据 Bowker et al., 1989）
显示风成相储层区（1、3、5、7、9 和 11）和非储层区（2、4、6、8 和 10）

仁吉利油田韦伯砂岩的南北向剖面显示了贯穿整个序列的多孔储集砂体高度变化的横向范围，向南方向的多孔砂岩减少（图 9-34）。

韦伯砂岩相具有各种沉积构造，包括沙丘相的风波纹、粗粒纹层中的残油，湿丘间相的波状层理和生物扰动构造、斑点状和角砾状砂质灰岩，湿丘间相和河流相粉砂岩显示波状层理和向上的波纹（非储层）（图 9-35）。

油藏的砂地比为 0.35，渗透砂层平均厚 58m（孔隙度＞8%，GR 值＜50API），有效层厚 15～120m。单个砂层的渗透砂层厚达 9m。油田范围内，渗透砂层的厚度向北和西北加厚，与沙丘相的增加及河流相的减少相符。单个砂体可呈透镜状，或向南尖灭。砂体的横向非均质性使得井间砂层的对比十分困难。生产 30 年后，根据压力剖面比较，可见显著的垂向及横向压力差。显示即使是同一套砂层，虽然大体是连续的，内部还是包含有多个互不连通的砂体（图 9-36）。某个砂层内的流体流动，很可能受控于线性沙丘的展布。

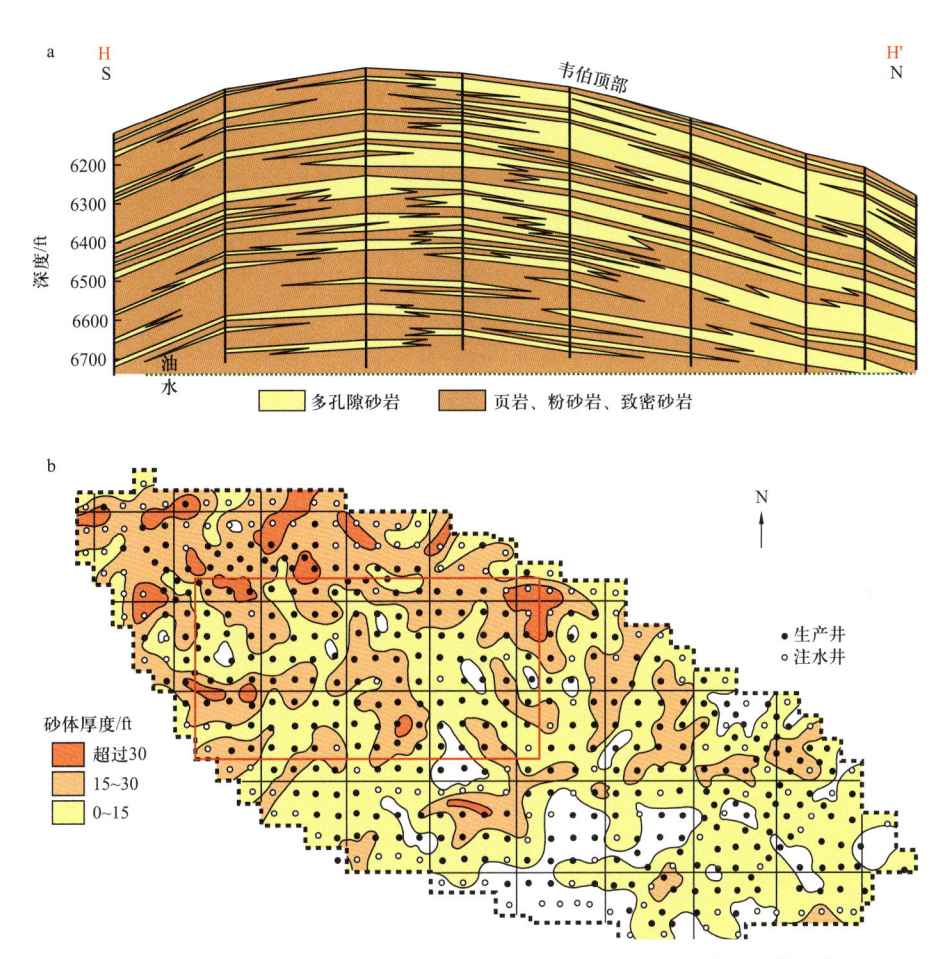

图 9-34 Rangely 油田韦伯砂岩的南北向剖面示意图（a）和典型韦伯砂岩带的净产砂（b）
（据 Larson，1977）
显示了贯穿整个序列的多孔储集砂体高度变化的横向范围。由于与栗色地层的相互作用，向南方向的多孔砂岩减少

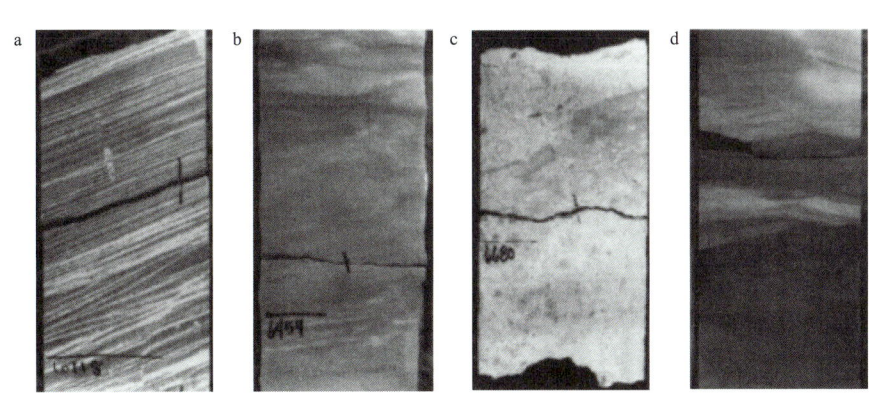

图 9-35 韦伯砂岩相岩心照片（据 Hefner et al.，1992）
a. 沙丘相的风波纹，颜色较深的地层为粗粒纹层中的残油；b. 湿丘间相的波状层理和生物扰动构造；c. 湿丘间斑点状和角砾状砂质灰岩；d. 河流相粉砂岩，显示波状层理和向上的波纹（非储层）

— 549 —

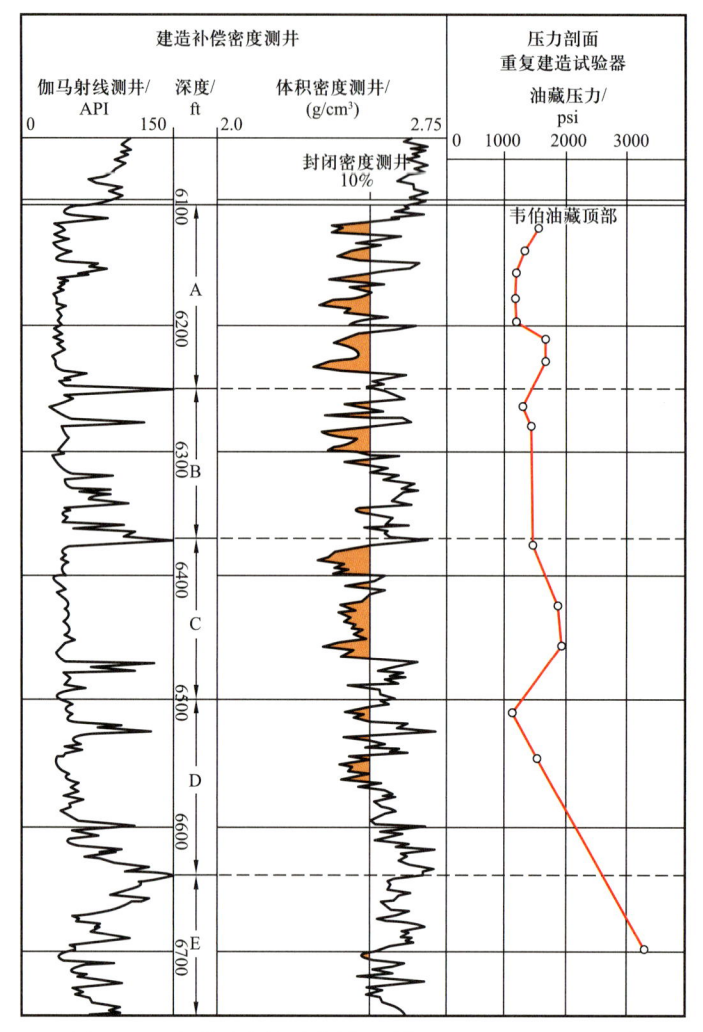

图 9-36　韦伯砂岩的压力剖面（据 Smolen et al., 1979）
伽马射线和密度测井，显示了贯穿储层的典型垂直压力差

韦伯砂岩风成砂由分选好的极细—细砂级亚长石砂岩构成。河流相则以长石砂岩和粉砂岩为主，包含洪泛沉积的泥岩披盖和泥砾。风沙相和河流相在放射性测井和电阻率测井曲线上都有特征性显示，因此在垂向上容易识别。风沙相的测井曲线呈块状，GR 值为 25～65API，而河流相的 GR 值则高达 150API（图 9-37）。

韦伯砂岩的显微照片，显示出以下特征：（1）风沙沉积，位于向上粗化的层理的底部；（2）生物扰动沙丘相，与石英生长引起的长缝石英颗粒接触；（3）由于石英、白云石和伊利石沉淀而减少的粒间孔隙度（图 9-38）。

成岩矿物主要是方解石和白云石，少量伊利石，以及绿泥石、伊利石/蒙脱石混层和硬石膏。孔隙度平均为 12%，最高为 25%。渗透率为 0.1～200mD，均值 8mD。交错层理沙丘相储层物性最好（孔隙度为 10%，渗透率为 1.2mD）。其次是块状的生物扰动相（孔

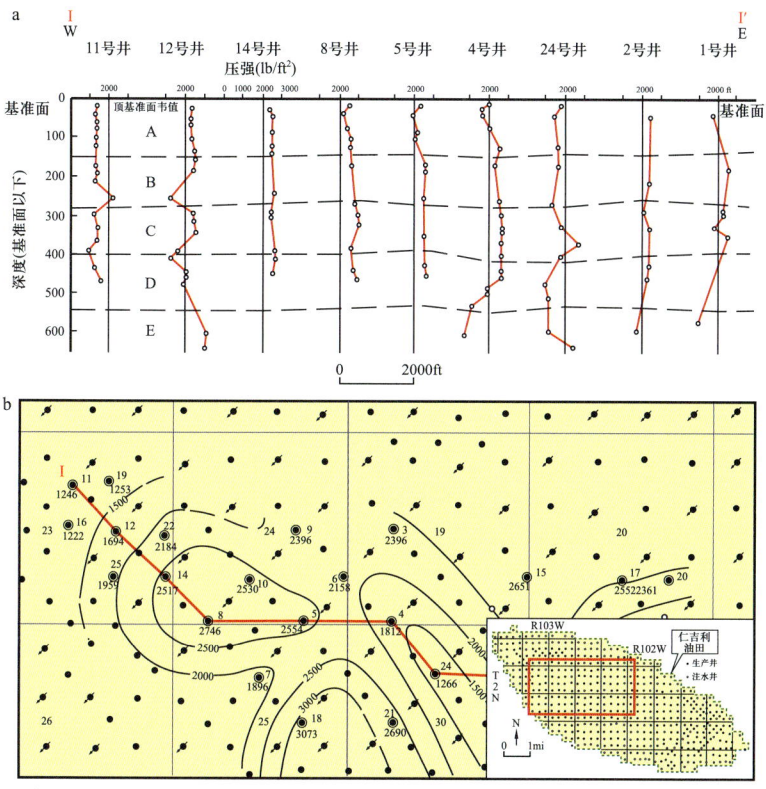

图 9-37　韦伯砂岩中的侧向和垂直压力变化（a）和储层区等压图（b）（据 Smolen et al.，1979）

图 9-38　韦伯砂岩的光学显微照片（据 He et al.，1992）
a. 风成沙波，包括下一个粗化的向上叶片的基部（箭头）；b. 韦伯砂岩的风成沙波地层的 SEM 照片，显示生物扰动的沙丘相，与石英过生长导致的长缝石英颗粒接触；c. 原始粒间孔隙度；d. 由于石英、白云石和伊利石沉淀而减少的粒间孔隙度

隙度为 7%，渗透率为 0.25mD）。非渗透的河流相孔隙度、渗透率较低（孔隙度为 3.5%，渗透率为 0.025mD）。风沙相的测井解释孔隙度为 8%～15%。因此，孔渗性的主控因素是沉积相，成岩作用也有明显的印迹。储层上部 120～150m 含有最厚的沙丘沉积，是最好的产层。在小尺度上看，对于纹理分明的层段，胶结完好的纹层可能成为流体的隔挡；卷曲层理的流体流动更加复杂。剩余油常见于风成砂纹中粒径较大的纹层。因为河流相增多及相应的方解石和伊利石胶结物的增加，储层物性向东南方向变差（图 9-39）。

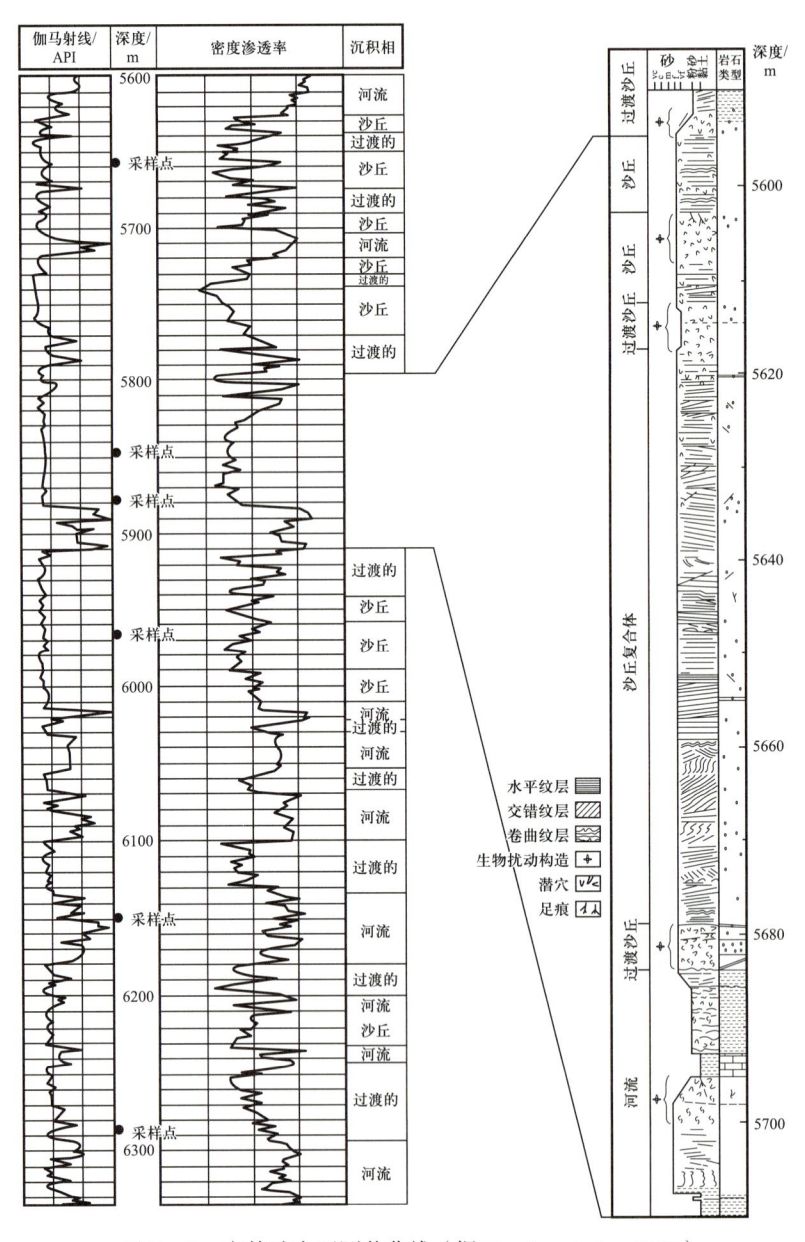

图 9-39 韦伯砂岩型测井曲线（据 Bowker et al.，1989）
显示沙丘复合体和下游河流相的岩心描述

第十章　冰川比较沉积学

第一节　现代冰川沉积

一、冰川的环境条件

冰川环境可以划分为以下亚环境：（1）冰川底部或冰下环境，以冰川底部直接接触的环境为主；（2）冰上环境，以冰川上表面环境主；（3）冰接带环境，冰川最外侧区域；（4）冰川内部环境，是冰川地带的内部区域（图10-1）。此外，冰川边缘以外的地区主要受到冰川消融作用的影响，但不直接与冰川发生接触，这些环境被划归为冰前环境，主要包括冰河环境、冰川积平原、冰湖环境及当冰川进入海洋后形成的冰海环境。此外，在冰川学中还存在冰缘环境和近冰环境等术语。前者主要用来描述冰川系统附近受到低温作用强烈影响的区域，例如冰川冻土带。有观点认为冰缘环境和冰前环境可视为等价术语，而后者描述的是一个从冰川作用影响中恢复的过渡性地貌（图10-2，Slaymaker，2011）。

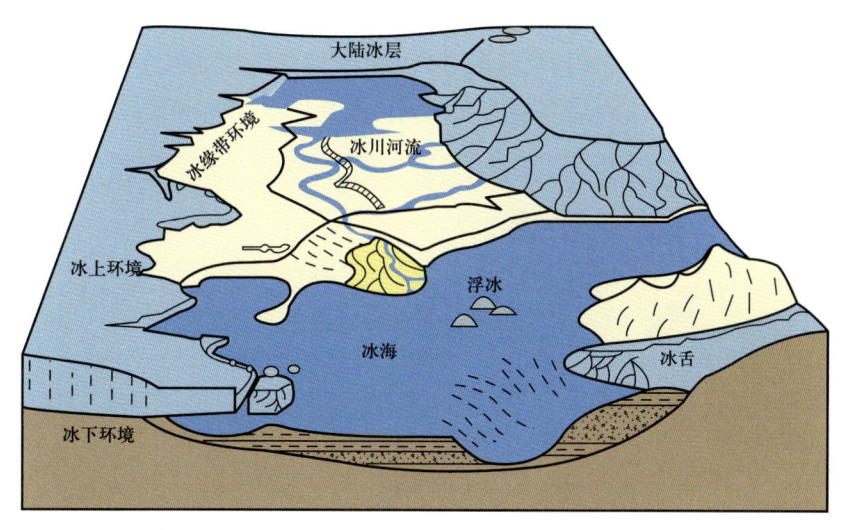

图10-1　冰川及相关联的典型地貌与沉积环境（据 Edwards，1986，修改）

冰川环境往往具有低温、干旱、昼夜温差大、生物活动弱的总体背景，在该环境中，物理风化作用占据主导，化学与生物风化作用较弱。冰川底部或冰下环境以冰川对下伏基岩的刨蚀作用为主。刨蚀作用形成的碎屑物嵌入冰川底部，增大了粗糙程度与摩擦力，

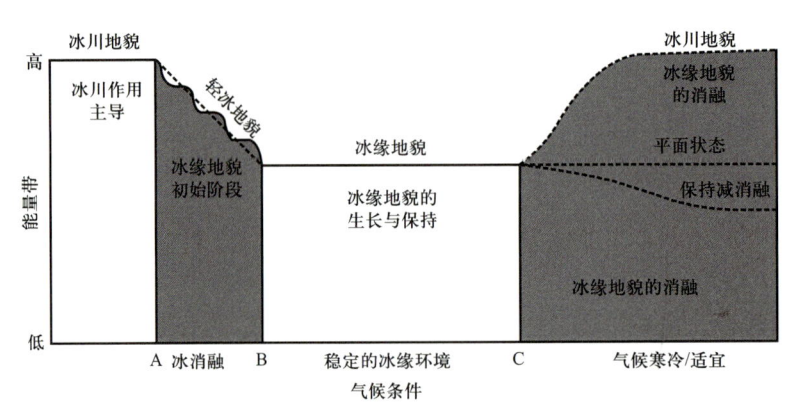

图 10-2　冰川、近冰及冰缘等亚环境与地貌之间的转换关系示意图（据 Slaymaker，2011）

当冰川发生移动时，对基岩的刨蚀强度进一步加剧。冰上环境与冰接带环境主要沉积冰川融化作用释放出的碎屑物，这两个环境在地质历史时期的沉积记录中难以保存，仅见于现代冰川环境。冰前环境是冰川活动的主要沉积区域，可划分出数个亚环境（图 10-3、图 10-4）：（1）冰河环境发育于冰川前缘的斜坡带上可延伸至相对平缓的地形区，河流类型以辫状河为主，河流沉积物为冰川消融释放的粗粒碎屑；（2）冰川冲积平原一般位于终积堤以外的地区，以冰川河流和风的沉积物为主；（3）冰川湖泊广泛分布于冰前环境，主要由冰川或沉积物的堰塞作用产生，冰融水形成的径流携带大量的粗粒碎屑物进入湖泊，可在湖泊边缘形成扇三角洲，较细粒的碎屑物则以悬浮物或浊流的形式进入湖泊更深处；（4）冰海环境是当冰川延伸到海洋中时形成的特殊沉积境（图 10-5）。融化的冰川会在海岸带释放出冰川内部携带的沉积物，或是以浮冰的形式将碎屑物带入陆架或大陆斜坡地区。

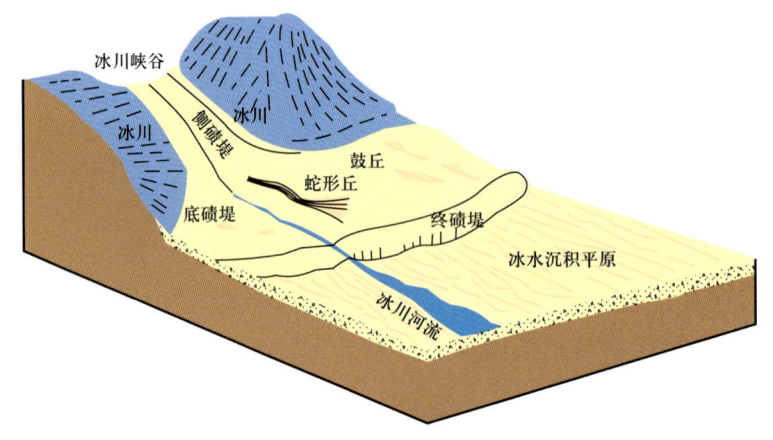

图 10-3　大陆冰川的地貌特征与沉积环境（据 Nichols，2009，修改）

图 10-4 现代冰川环境
a.新疆帕米尔高原，图中可见冰川活动形成的U形谷及辫状河；b.西藏阿里，图中可见冰川成因辫状河及冰川冲积平原；c.西藏定结，图中可见冰川湖泊

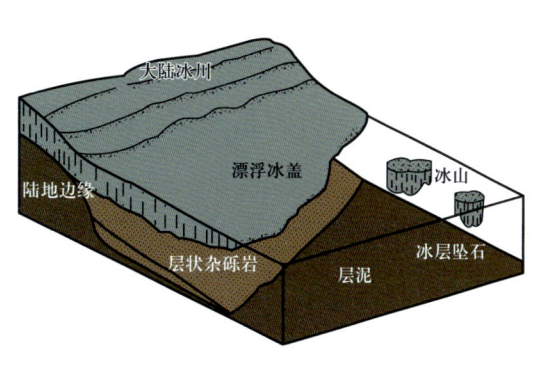

图 10-5 海洋冰川及冰山的典型形态与沉积过程

二、冰川的侵蚀、搬运、堆积作用

虽然冰川主要以固体形式存在，但由于其具有可移动性（冰川移动速度最高可达80m/d，平均速率为每天移动数厘米），仍然可以将其视为高黏度非牛顿假塑性流体。这种冰川环境中特有的流体运移方式，造成冰川环境中特有的沉积过程，此外极地成高山区的冰川融水、风和再沉积作用，也会强烈影响冰川环境的沉积过程。

冰川具有特殊的侵蚀方式。冰川的移动包括冰川内部形成破碎与底部滑动两种主要方式，在冰川移动过程中会产生极大的摩擦力，较于河流能提供更大的侵蚀力。因此，冰川的活动过程将会产生大规模冰蚀地形与巨量沉积物。冰川的侵蚀主要包括拔蚀和磨蚀两种方式。一般而言，冷底冰川一般分布在高纬度极地地区，仅发生拔取基岩碎块的拔蚀作用（图 10-6），即冰川在运动过程中，对与冰川底部或侧面冻结在一起的冰床基岩产生机械破坏作用。其发生机制是冰床底部或冰斗邻近的基岩，因冰劈作用发生物理风化，冰川将破碎的碎屑物质拔起带走的过程。暖底冰川（图 10-6）一般分布在低纬度高海拔地区，底部所堆积的碎屑物质在冰床上摩擦形成岩粉，因为化学风化作用在冰川环境的低温条件下被极大抑制，因此岩石的主要成分为新鲜的冰床基岩岩屑（粒径一般小于100μm）。冰川的磨蚀作用还会产生磨光面、擦痕或刻槽等。

在冰川搬运过程中，碎屑物质可能出现在冰川的任何部分，但多数集中于冰川的底部。冰川的底部冰层厚度最厚可达15m，例如在阿拉斯加地区的Matanuska冰川（Lawson，1979），但是一般的冰川底部冰层不会超过1m（Boulton，1972）。冰川底部的碎屑物含量变化范围较大，一般在25%左右，但是在低纬度地区冰川中，其体积占比最高可达90%（Drewry，1986）。由于大量剪切作用与磨蚀作用在此发生，这些碎屑物可以

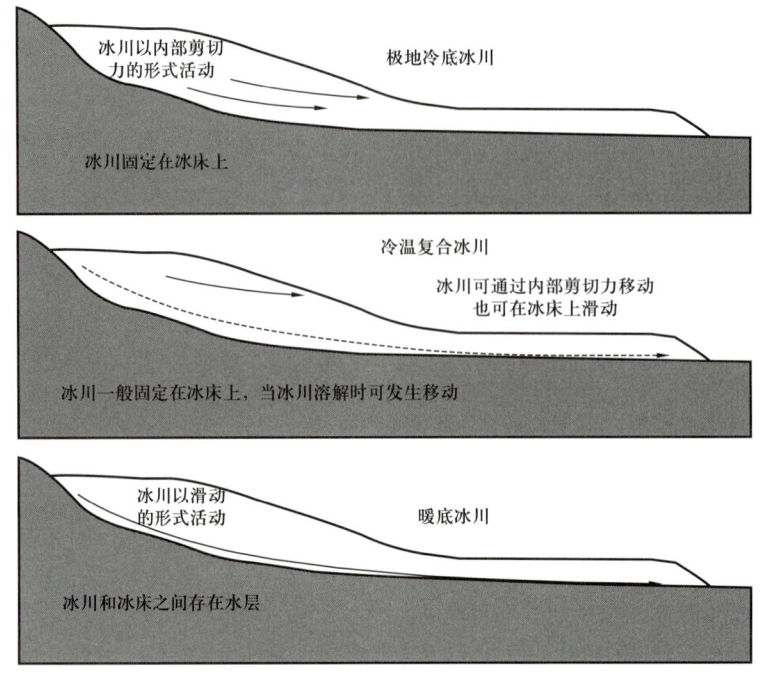

图 10-6 冷底冰川、复合冰川与暖底冰川不同运动机制（据 Nichols，2009，修改）

表现出一定程度的层理并存在定向性，但分选性差，岩粉在此区域较为常见。碎屑物中擦痕和磨光面较为常见，但是由于磨蚀作用，冰下环境中的碎屑物圆度要大于冰上环境。

一些术语被用以描述冰川作用形成的沉积物，其中使用最为广泛的是冰碛物和冰碛岩，这些术语是解释性术语，严格与冰川环境对应（图 10-7）。为了克服这一问题，杂砾物及杂岩被用来描述未成岩或已成岩的分选性差的沉积物/岩，通常语境下如果没有特别强调其他成因，杂砾岩一般用来描述冰川成因的含砾沉积物/岩。

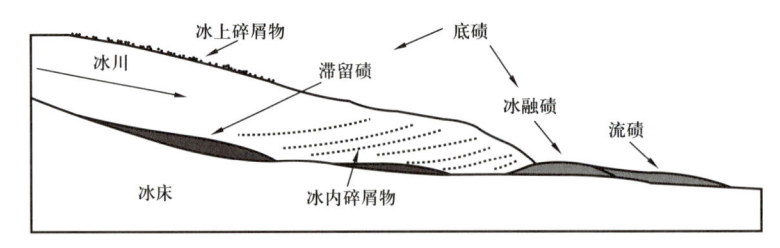

图 10-7 大陆冰川形成的碎屑物分类（据 Nichols，2009，修改）

冰川中的沉积物可以直接从活动冰川或滞留冰川中发生沉积。在活动冰川下，底控制了冰川沉积作用，并在冰床上留下分布均匀的冰川底层碎屑物。在滞留冰川环境，沉积作用主要发生在冰川消融时期。滞留碛的产生一般由两种机制控制：（1）地表的摩擦力大于或等于冰川对碎屑物的牵引力；（2）活动冰川底部的融化导致附着于冰川底部的较小碎屑颗粒被释放，沉积在冰中之上。两种机制均受控于冰床的岩性，并将导致冰碛物分布与厚度的差异，其中第二种机制在暖底冰川的冰积物形成过程中最为常见

（Boulton，1972；Sugden et al.，1988）。冰融在滞部冰川的冰上环境或冰下环境中均可产出，因为其伴随着冰川消融的被动过程，因此冰载荷的证据往往得以保留，但是冰融化及冰融水的改造作用可能会对沉积物造成一定程度的改造。

除冰川活动之外，冰川融水也是冰川环境中重要的地质营力之一，特别是对于冰川消退区域或暖底冰川区域沉积物形成有重要意义。冰川融水在冰川的亚环境中广泛出现，在高沉积物载荷、季节性冰融水流变化、流速的突然改变（例如冰下水道中的流水突然进入盆地水体中）等因素的控制下，沉积速率可以非常高。冰下水流可以以径流或片流的形式存在，径流又分为切割下伏基岩的类型及切割冰川的类型，前者主要在活动冰川环境中发育，后者主要在滞留型冰川环境中发育（Shaw，1985；Drewry，1986）。当冰下水道无法容纳径流流量或当径流水压大于或等于冰层压力时，将会形成冰下层流。在冰前环境中，冰融水以河流、湖泊或海洋的形式存在，一些极端气候的发生可能会导致冰融洪水的爆发，洪水会搬运巨量的沉积物。各类型的重力流在大多数冰川系统中扮演非常重要的角色，重力流中的含水量是其性质的主要控制因素，往往随着含水量的变化而展现出流体性质的连续性变化，重力流在冰川边缘附近多见，可同时存在于陆上及水下环境。在冰川地区，强风作用同样较为常见，这主要是因为冰盖系统会影响大气循环，并且风力作用会因为缺少植被与大量裸露的碎屑物而被加强。

三、冰川沉积

冰川沉积又分为两种主要类型：冰上沉积和冰下沉积。

1. 冰上沉积

冰上沉积包括融出碛和流碛。冰上融出碛是在冰上大气压力下冰体融化沉积形成的冰碛。沉积过程主要受重力控制，冰碛物从冰面坠落、滑动和滚动等，最后沉积到侧碛堤和终碛堤上。这种冰碛物，因搬运距离短，遭受磨蚀的机会少，所以具有以下特点：磨圆差，多数带棱角；分选差，砾级、沙级、泥级的沉积物同时存在；冰川擦痕的形态和方向多变；岩块或砾石不具定向排列；冰碛石和冰碛石英砂的磨光度差，多为棱角状和次棱角状，石英沙表面有受挤压和磨蚀而成的贝壳状断口、阶梯状断口和解理面局部有次生构造，如褶曲、劈理等；冰积物内部保存旱冷孢子与花粉。

冰川侵蚀产生的大量物质及通过其他方式进入冰体的碎屑物，随冰川流动而被搬运，这类搬运物质叫冰碛物（图10-8）。其中由冰川刨蚀谷槽两壁或由两侧山坡滚落下来形成的叫侧碛。侧碛分布在流动速度较慢的冰川两侧，故迁移性较差，很少参加到冰川末端的终碛中。同一时期而不同段落的侧碛岩性很不一致。当两条支冰川汇合时，其侧碛相汇成中碛。中碛分布在流速较快的冰川中部，故迁移性较强。尤其是海洋性冰川区的冰川中碛几乎都能达到冰川末端，加入冰川终碛。陷入冰川裂隙或冰洞中的碎屑叫内碛。由内积降落或冰川刨蚀作用产生的底部碎屑叫作底碛。靠近冰川末端的底碛物随着冰川逆推剪切流动和消融，逐渐向冰面集中，最后以终极形式堆积下来（图10-9）。因此终极的堆积高度往往比底碛高度大得多。冰的密度很大，所以冰川搬运岩屑的能力相当强，它能将粒径和质量很大的物质带走。苏格兰的许多冰川漂砾重达100多吨。当冰川停止发展或者消融后退时，冰碛物使冰川超负载，一部分碎屑物被堆积下来。这类冰川堆积大多以终碛堤的形式出现在冰川的尾端。如果冰川呈间歇性后退，可以产生一系列终碛堤。终碛层与底碛层往往同时存在，它们都由完全未经分选，磨圆度很差，不发育任何层理的混杂的泥砾构成。

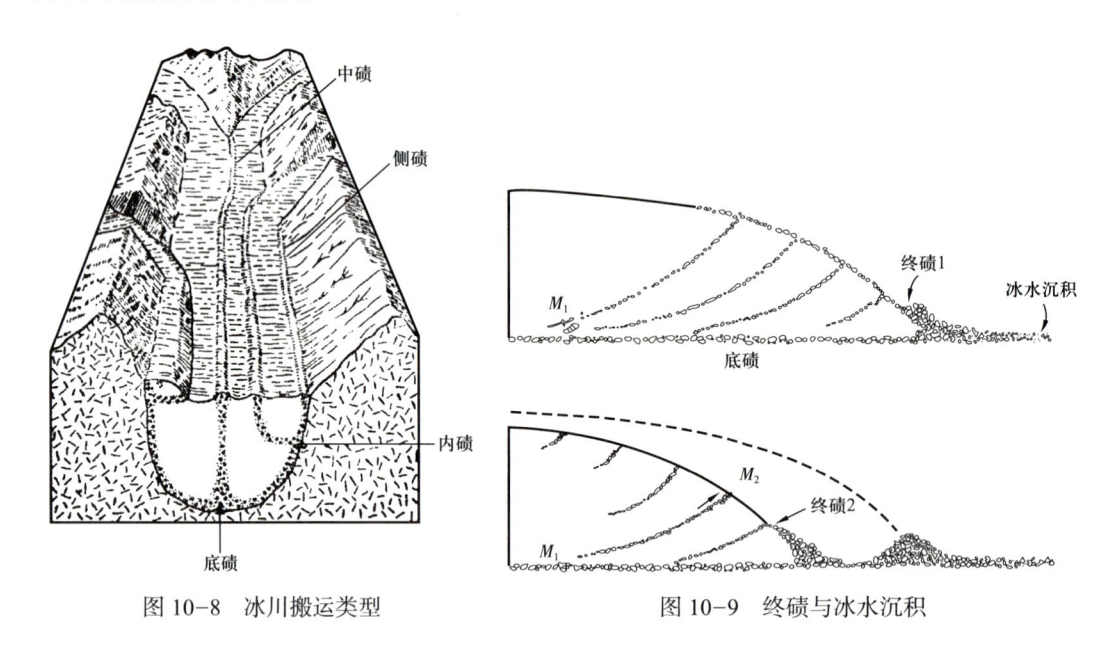

图10-8 冰川搬运类型

图10-9 终碛与冰水沉积

2. 冰下沉积

由冰川搬运来，后来又经过融冰水的再搬运并堆积下来的物质叫冰水堆积。冰水堆积的特征是既有冰川作用的痕迹，如带有擦痕和磨光面的冰川砾石，又有流水作用造成的分选性和磨圆。冰水堆积的重要特征是具有一定的层理。冰水堆积按其分布位置可以分为冰前堆积和接冰堆积。

1）冰前堆积

冰川消融过程中形成的终碛堤，往往阻滞融冰水外流，在冰川前端形成冰水湖。在春夏温暖季节，融冰水将大量碎屑物带入湖中。砾石和粗沙沉积在湖滨细沙、粉沙和淤泥以悬浮状搬运到湖心，其中细沙和粗粉沙很快沉积下来，淤泥则长期保持悬浮状态。秋冬季节，冻结的冰湖得不到新的物质供给，在沙层顶部沉积了淤泥层，结果在湖底形成了粗细粒度相间，深浅色调交互的季节纹泥。在希夏邦马峰北坡，中更新世的冰水湖纹泥厚度有60m。每个由粗到细的纹泥薄层代表一年的沉积。因此人们可以根据纹泥的层数和厚度来推算沉积年代和速率。其实每个年纹泥层中又包含了上百个粗细相间的、厚度在 1mm 左右的细层，说明春夏季节内沉积物供给的速度也有变化。

融冰水进入冰水湖处堆积形成小三角洲。它具有明显的底积层、前积层和顶积层。底积层是细沙和粉沙，以水平层理为主，夹有波状层理。前积层主要出现波状层理，倾角可达 20°～30°。顶积层由粗粒的沙砾组成，具有大型交错层理。冰水成因的小三角洲沉积的分选性比较差（图 10-10）。

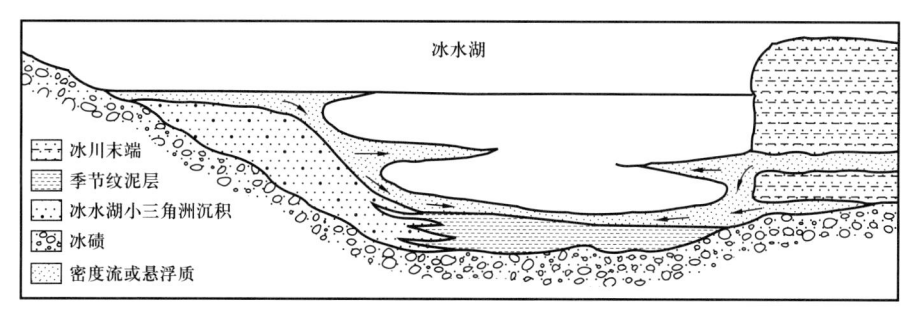

图 10-10　冰水湖中小三角洲沉积、冰碛和季节纹泥的组合关系
湖中的纹泥层由季节性的密度流与悬浮质交互沉积形成

当融冰水切过终碛堤时，在外围形成扇形堆积体，叫冰水冲积扇（图 10-11）。几个冲积扇连接在一起形成平缓的冰水平原。冰水湖冰水平原沉积是层状沉积，主要由沙砾组成。在相邻的薄层之间，粒径变化很大。终碛堤沉积物的分选性比冰川沉积好，但是比河流沉积物的分选差。在分选中等的细沙中偶而见到冰川漂砾。最显著的沉积构造是槽状的切割—填充构造，水平薄层与板状、槽状交错层交互出现（图 10-12）。向冰水平原外围去，沙砾粒径显著减小，而磨圆度显著增大。冰水平原沉积能延续几千米，然后逐渐过渡为辫状河流沉积。

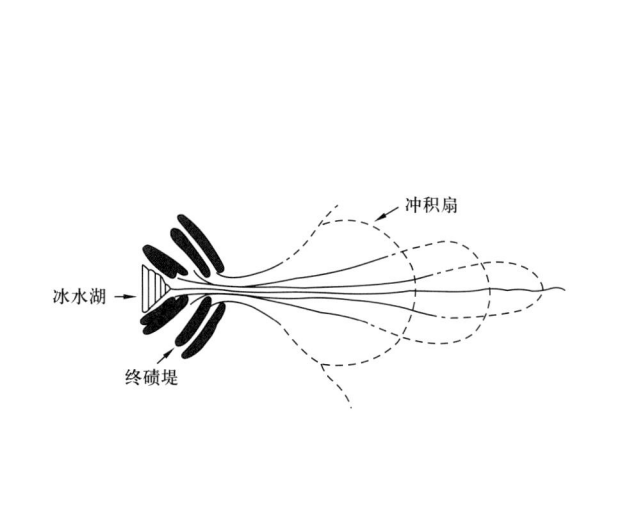

图 10-11　冰水冲积扇示意图 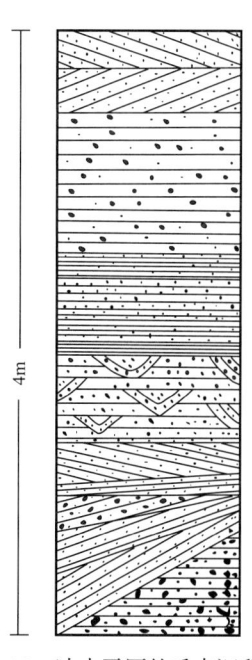　　图 10-12　冰水平原的垂直沉积层序

2）接冰堆积

这是一种与冰川冰接触分布的融冰水沉积，具有薄层理或以薄层夹杂在块状层的沉积中，其中包括蛇丘和冰砾阜堆积。蛇丘堆积按其成因可以分为两种：一种是隧洞堆积，由融冰水沿冰川底部的隧洞流动时将搬运物质填充其中而成。另一种是蛇丘堆积，冰川消融后，蛇丘堆积保存下来，呈曲线形延续的长堤，长度可达几千米至几十千米，有时甚至能分支。堤的边坡倾角10°～20°，底宽500～600m，高40～50m。蛇丘的延伸方向与冰川的流动方向一致。蛇丘堆积能爬坡分布，既能出现在地形低处，也能爬到地形高处。堆积物具有板状纵向平行成层或交错成层的特征，缺乏细沙、粉沙、黏土等细粒物质。古水流方向变化小。还有一种由冰水三角洲连续后退堆积形成的串珠状蛇丘。这种蛇丘堆积的相变很快，向下游方向，由砾石变为湖底的粉沙—黏土。堆积物中夹有泥流和密度流沉积。古水流方向变化大。串珠状蛇丘堆积主要形成在夏季融冰季节（图10-13）。

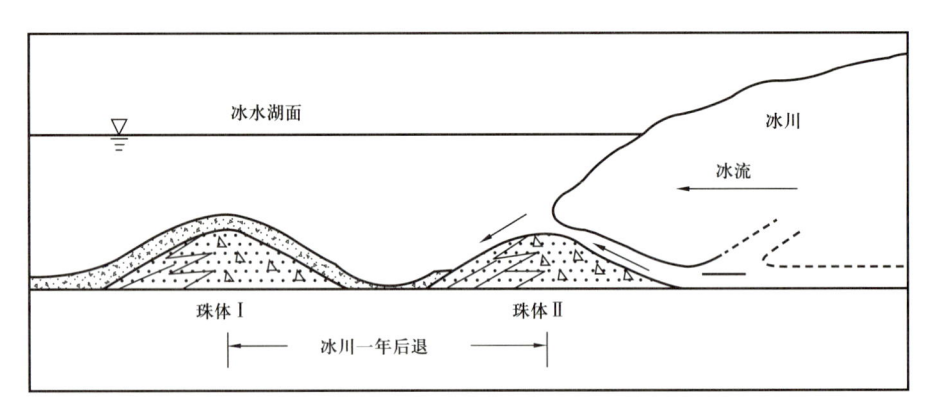

图10-13 串珠状蛇丘的发育图式

蛇丘堆积受融冰水的作用，具有一定的磨圆度和分选性。蛇丘堆积保存有原始沉积层理，层理比较明显，主要层理类型是交错层理和水平层理。据交错层理测量表明，蛇丘堆积是垂直蛇丘轴线作横向堆积形成的，故层理的倾角与蛇丘边坡的坡度相当。蛇丘的外壳由分选不好、无层理的泥砾组成。

冰砾阜堆积是冰川表面的河流与湖泊中的冰水沉积物，随着冰体的融化，沉落在底床上形成的（图10-14）。冰面河道比较大，推移质比例高，故多呈辫状。由此形成的冰砾阜堆积呈断续分布的垄岗地形，堆积物中具有在自由水面条件下才能形成的向冰川上游倾斜的逆流层。冰川边缘河流沉积在冰川消融后沿谷槽边坡分布，形成冰砾阜阶地，其原始沉积层理因沉积物倒塌而发生变形。冰面湖泊沉积演化来的冰砾阜堆积呈丘状，具有同心的层状构造，其层理的产状与冰面湖泊的原始沉积构造恰好相反（图10-15）。冰砾阜堆积由经过分选、具有层理的沙砾组成。

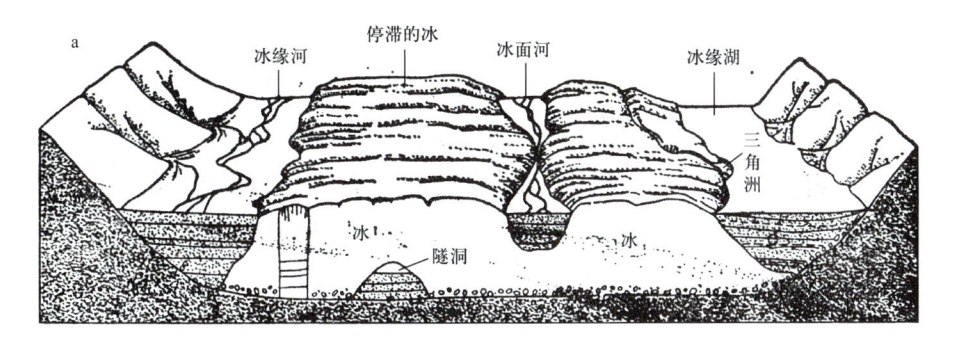

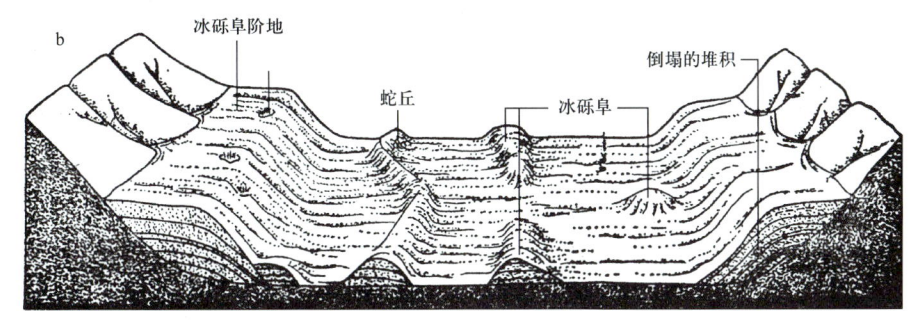

图 10-14 冰砾堆积环境（a）和堆积类型（b）

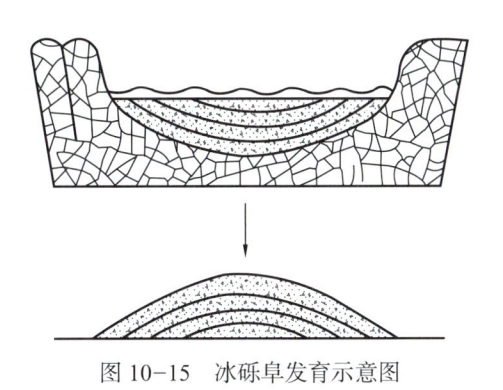

图 10-15 冰砾阜发育示意图

第二节　古代冰川沉积

一、南沱组的沉积特征与沉积相分析

1. 总体沉积特征

在南沱组的命名区域——华南峡东地区，南沱组与上覆陡山沱组底部盖帽碳酸盐岩及下伏莲沱组紫红色砂岩—粉砂岩均为平行不整合或微角度不整合接触关系。在其他地区则可能不整合覆盖在其他地层之上，如在神农架地区，南沱组不整合覆盖于中元古代神农架群（图 10-16）。南沱组厚度变化较大，厚度在不同地区从数百米到数米变化，部

分地区缺失（Lang et al., 2018）。以湖北神农架地区南沱组厚度变化为例，在30km的距离内，南沱组厚度从280m骤减为2m，岩性特征也发生巨大变化（图10-17）。总体而言，南沱组典型的岩性特征为一套灰色—灰绿色厚层块状杂砾岩、含砾砂岩夹少量砂岩，局部层位发育落石构造和粒序层理。杂砾岩中砾石与基质大小混杂、分选差，主要为基质支撑。磨圆以次棱角—次圆状为主，也可见磨圆较好的砾石。砾石成分在各地区出现差异，砂岩和花岗岩最为常见，其次为变质岩、碳酸盐岩和石英岩，部分砾石表面可观察到典型的冰川擦痕。

图10-16 南沱组野外特征（胡军摄）

a、b为宜昌九龙湾剖面；c、d为神农架剖面；a. 南沱组以底部杂砾岩混合层与下伏莲沱组呈平行不整合接触关系；b. 南沱组总体岩性特征；c. 南沱组与下伏神农架群呈微角度不整合接触关系；d. 南沱组与上覆陡山沱组，下伏神农架群地层序列

2. 沉积相划分与解释

以湖北省神农架地区南沱组沉积为例，在5个典型剖面中（图10-17），鉴别出4种岩相：块状杂砾岩相、砾岩相、含坠石砂岩相及细碎屑岩相。它们分别形成于冰川环境的不同亚环境中（Hu et al., 2020）。

1）块状杂砾岩相

块状杂砾岩是南沱组的主要岩性类型，层厚度2~150m，一般最厚的层位出现于组的中部位置。块状杂砾岩底部多见波浪起伏的载荷构造，总体显示出偏暗的色调，以暗灰色至暗绿色为主。砾石含量比较大，可在5%~40%变化。砾石尺寸多为砾石至中砾级，散布在基质中无定向性。碎屑成分为白云岩及砂岩，还包括部分砾岩和岩浆岩，砾

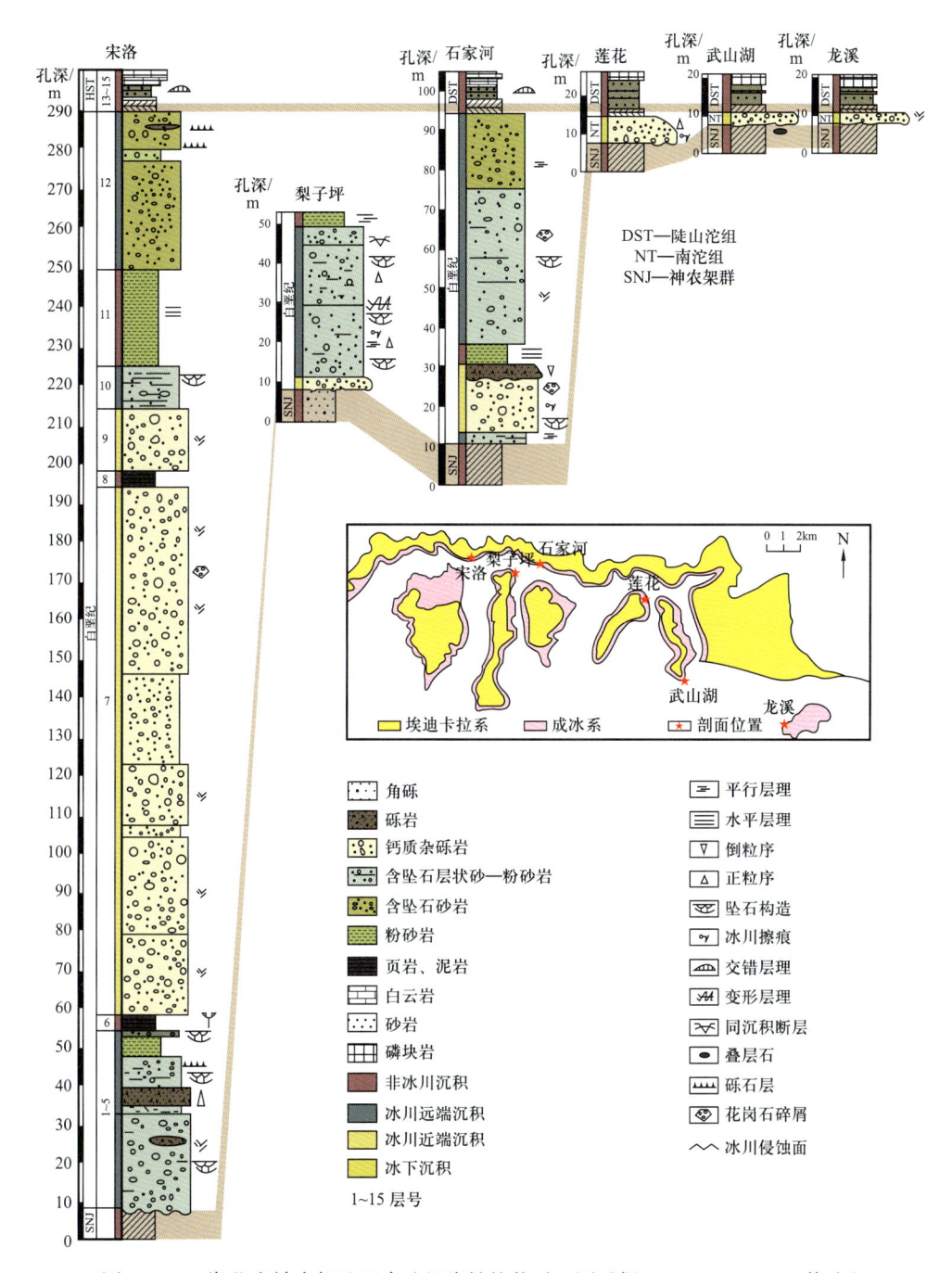

图 10-17　湖北省神农架地区南沱组岩性柱状对比图（据 Hu et al., 2020, 修改）

石中可保留原岩中的一些沉积结构构造，如在白云岩中见叠层石与角砾。砾石可呈现出多边形、子弹状及马鞍状等，表面较为光滑，多见擦痕，有些砾石上可保留不止一组擦痕方向（图 10-18）。块状杂砾岩的基质成分变化较大，在宋洛剖面以白云岩为主，而在武山湖及龙溪剖面以石英和白云岩为主，在显微镜下可见一些软沉积变形现象。

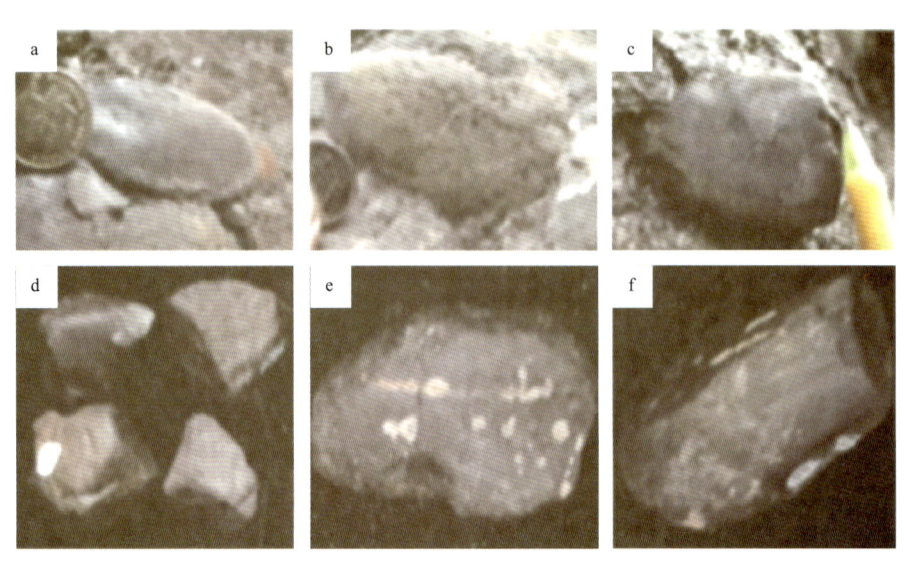

图 10-18　南沱组块状杂砾岩中的砾石特征（胡军摄）
a～c 为神农架地区；d～f 为宜昌地区；注意砾石的多面体形态及表面的冰川擦痕

块状杂砾岩的形成原因可能具有多解性，因此寻找冰川成因的证据是进行相解释的关键。对于神农架地区的南沱组而言，冰川成因的关键性证据来自块状杂砾岩内的碎屑组分及沉积构造，大量来自下伏神农架群的白云岩砾石出现在南沱组中，此外冰川擦痕及抛光面的出现也指示冰川成因。

2）砾岩相

在石家河及宋洛剖面中出现砾岩相沉积，碎屑物主要由白云岩组成，包括灰色微晶白云岩及灰黄色砂质—泥质白云岩，可见少量砂岩碎屑。颗粒主要为中砾至巨砾，形态为次棱角—次圆状。在石家河剖面中，砾岩层显示出反粒序层理（图 10-19a），为重力流成因。不规则的侵蚀面在岩层底常见，上部与含坠石相沉积之间的接触界线平直且突变（图 10-19a、b）。砾岩层与含坠石相的关联性可能与滑坡形成的沉积物重力流性质变化有关，例如从高密度重力流向低密度重力流转化。一些砾岩体以孤立透镜体或水道的形式存在于块状杂砾岩中（图 10-19c、d），显示出典型冰环境重力流特征。

3）含坠石砂岩相

含坠石砂岩相在各剖面中较为普遍，层厚多为数厘米至数十厘米。在部分剖面中，如宋洛剖面，坠石砂岩相总厚度可达南沱组总厚度的 15% 左右。在纵向上，含坠石砂岩相沉积与下伏杂积岩存在突变接触，与上覆细粒沉积一般为过渡变化。在横向上，该岩相沉积厚度变化较大，部分显示出粒序层理（图 10-20a、b）。砾石的尺寸变化较大，从卵石到巨砾均有分布，砾石主要成分为碳酸盐岩，也存在石英岩。岩石的纹层显示出典型的同沉积变形特征（图 10-20c、d），含坠石砂岩层上、下为缺少坠石的纹层状砂岩或粉砂岩。

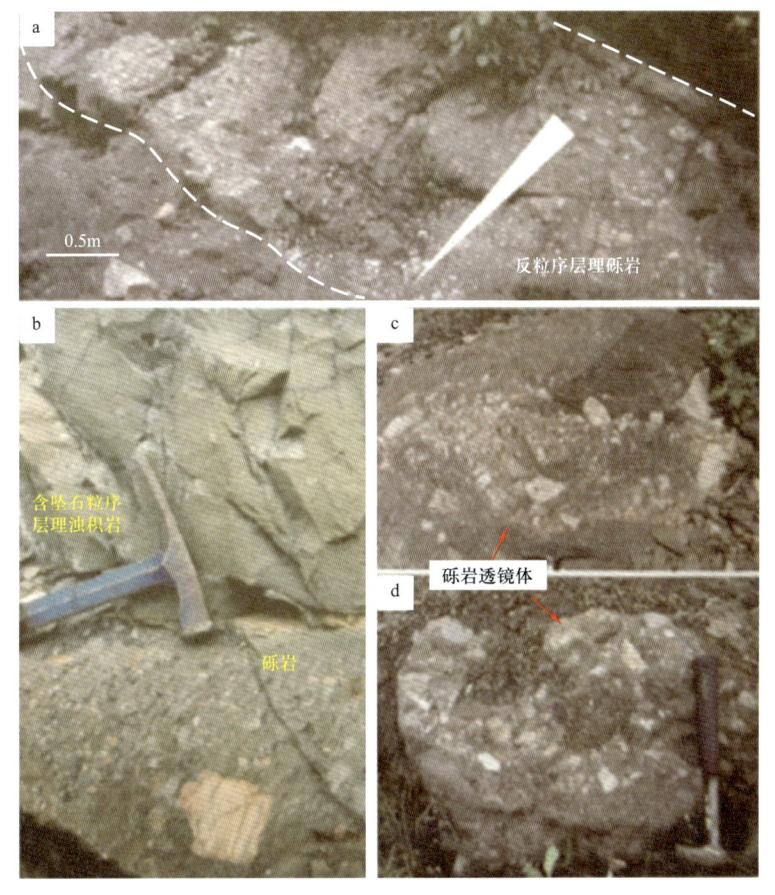

图 10-19　神农架地区南沱组中的研岩相沉积（胡军摄）

在微观尺度，纹层基质中也存在大量孤立的砂级至砾石级的坠石碎屑（图 10-20e～h），围绕着这些碎屑，周围微细纹层同样发生强烈变形与弯曲。部分碎屑被泥质至细粉砂质均匀包裹（图 10-20e、f）。这显示碎屑曾经在水体中发生翻滚，因此外部均匀包裹住一层泥质成分，指示浊流沉积的特征。总结以上沉积学证据，含坠石砂岩相形成于受到冰山和浊流扰动的冰海沉积环境。

4）细碎屑岩相

细碎屑岩相主要出现在南沱组上部，横向上连续性可达数千米，主要包括粉砂岩与页岩沉积。细碎屑岩相一般与上、下含坠石砂岩相呈过渡变化关系。粉砂岩主要为灰绿色，层理发育，粉砂—泥粒级碎屑，页岩相为灰黑色，水平层理发育。细碎屑岩相中未出现指示冰川活动的沉积学证据，说明该套沉积物形成时未受到冰川或冰山的影响。细碎屑岩相也缺失波痕或丘状交错层理等指示牵引流成因的沉积构造，沉积物应主要以悬浮荷载的形式发生搬运，主要来自粉砂或砂质底流的细碎屑流。因此，厚度较大（最厚可达 25m）的粉砂岩沉积应该形成于冰川消退过程中的开阔海域，而上覆地层中的含坠石砂岩相则指示下一次冰川生长过程。

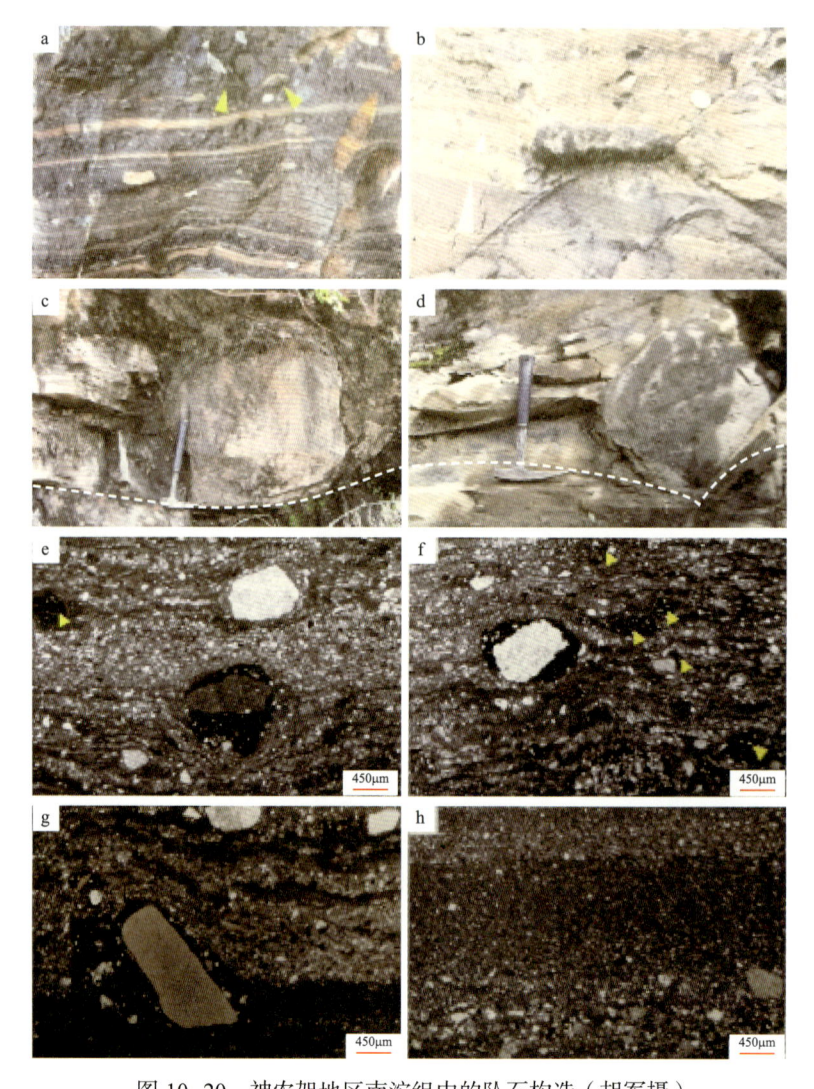

图 10-20　神农架地区南沱组中的坠石构造（胡军摄）

a～d 为野外宏观照片，注意坠石对基质及层理的扰动情况；e～h 为显微照片；e～g 为坠石的包裹及对微纹层的扰动；h 为砾级坠石

通过以上分析，对于南沱组主要岩相所指示的沉积环境可以进行恢复（图 10-21）：含有冰川擦痕碎屑物及同沉积变形构造的块状杂砾岩主要形成在冰川下部环境，该岩相沉积的大量产出可能代表冰川活动正处于活跃时期；砾岩及块状砾岩代表了冰川近端的碎屑流；含坠石的砂岩及细碎屑岩可能代表了冰川远端的冰筏沉积；细碎屑岩相代表了冰川消退时的沉积记录。

以厚达 300m 的南沱组的宋洛剖面为例进行沉积相分析，该剖面至少保留了南沱组内部 3 期冰川生长—消退旋回，并且包括 4 个主要冰川演化阶段（图 10-22）。一个完整的冰川旋回从下到上包括：）（1）底部的冰川侵蚀面或冰进面（对应阶段 A）；（2）块状杂砾岩（对应阶段 B）；（3）含坠石砂岩（对应阶段 C）；（4）细碎屑岩（对应阶段 D）。

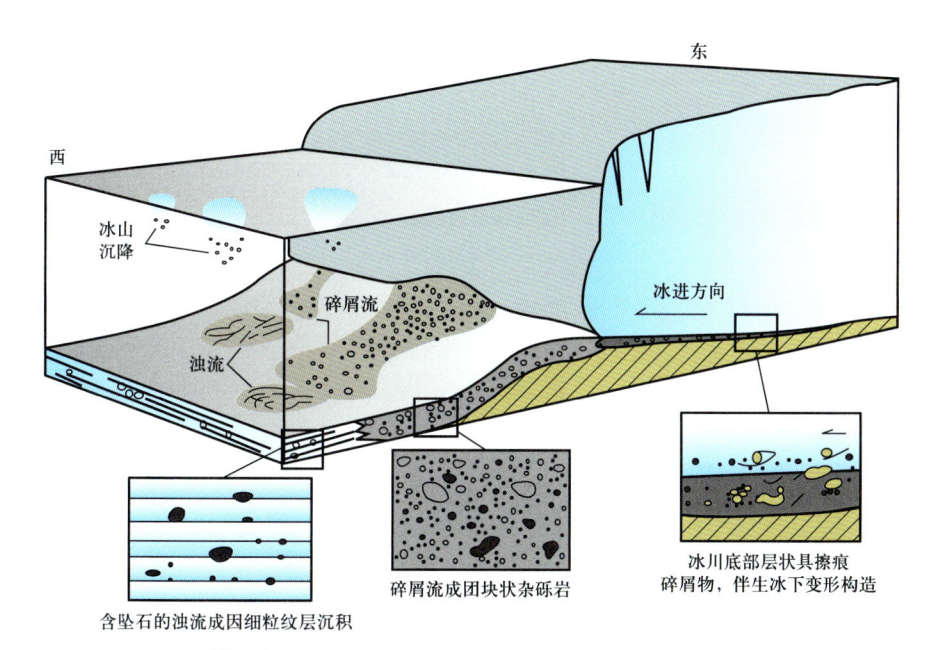

图 10-21　神农架地区南沱组形成模式示意图（据 Hu et al.，2020，修改）

旋回1（10～60m）代表了南沱冰期初始阶段，包括一个冰进与冰退的旋回。通过南沱组与下伏神农架群之间的侵蚀面起伏程度来看，冰川在初始生长阶段强烈地切割了神农架群碳酸盐岩，形成了沟谷纵横的古地貌（图10-22A阶段）。在冰退阶段，细碎屑岩覆盖在冰海相沉积之上。

旋回2（60～250m）开始于旋回1顶部细碎屑岩的突变。旋回2主体为厚达150m的块状杂砾岩，砾石具有冰川擦痕及磨蚀面等特征（图10-22A—B阶段）。当冰川消退后，海平面上升导致含坠石的砂岩及细碎屑岩形成（图10-22C_2—D_2阶段）。巨厚的块状杂岩说明冰盖在旋回2中较为稳定，但是向上的岩性突变表明冰川的消融是一个快速的过程。

旋回3（250～290m）内缺失块状杂砾岩，说明宋洛剖面在该阶段已经远离冰川边缘区域，大量含坠石砂岩的出现说明此时宋洛剖面所在地区已经主要由冰海环境控制，碎屑物主要来自冰筏沉积。此时期南沱冰期的冰盖可能更加局限，之后冰期结束，冰盖系统消失。

二、前寒武纪晚期的冰川沉积

除南极洲外，所有的大陆和海洋中都发现有前寒武纪晚期的冰川沉积物，这些沉积物的岩相和厚度变化都很大。在许多情况下，这个时代的混杂沉积岩或冰碛岩都产在以海相为主的地层层序里，而元古代早期、奥陶纪晚期和古生代晚期的冰川沉积物则与此相反，它们存在于陆相或混合相的地层层序中。

对混杂沉积岩的冰川成因问题，进而引出这个时期是否存在分布广泛的冰川作用

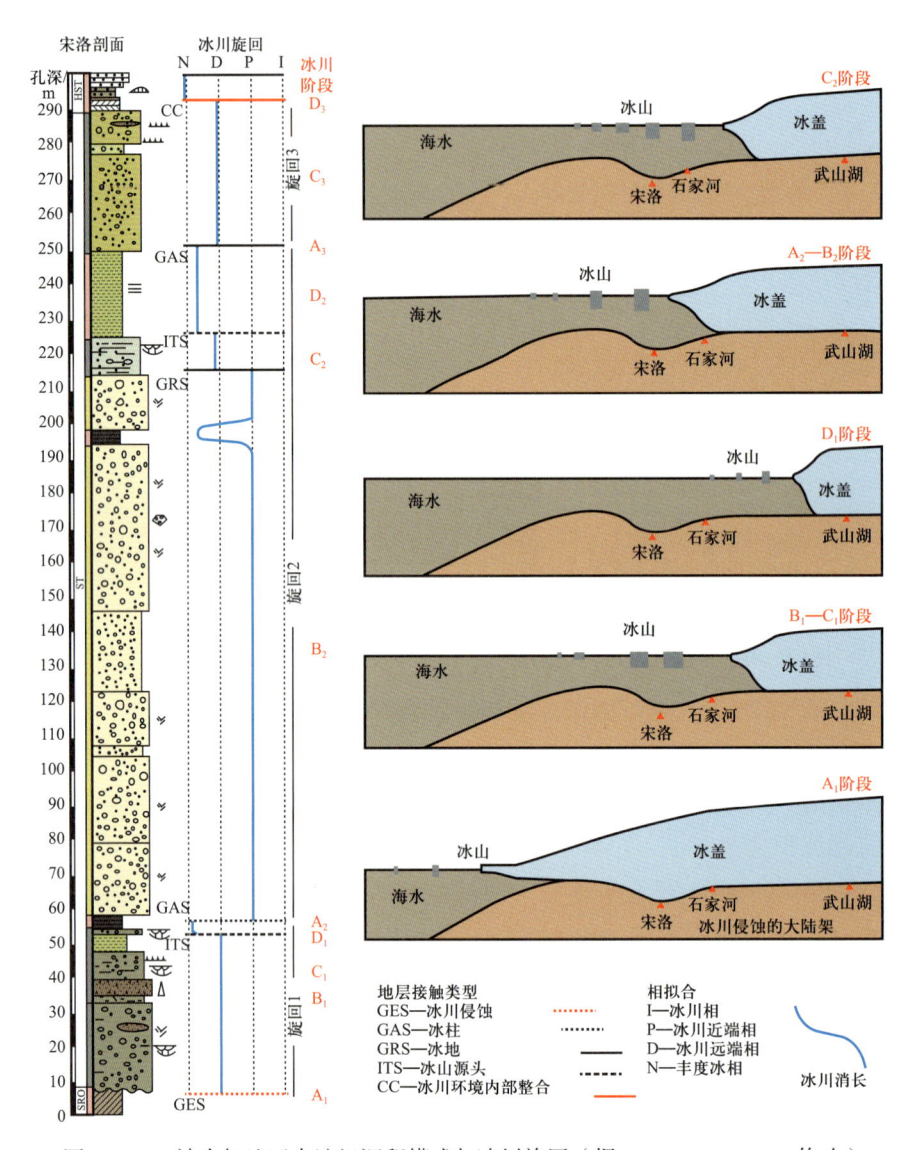

图 10-22 神农架地区南沱组沉积模式与冰川旋回（据 Hu et al., 2020, 修改）

有人还是持怀疑态度的，主要依据是下列三个方面：（1）全球分布且不受气候的限制；（2）低的古地磁纬度；（3）与白云岩共生。围绕赞成还是反对前寒武纪晚期为一次重要冰川作用时期的热烈争论，已发表了几篇重要的论文（Harland, 1964; Saito, 1969; Schermerhorn, 1974）。在断定为冰川沉积的地层层序里（常含有具冰川擦痕和刻面的岩屑），坠石纹层岩的经常产出、考虑其上下的伴生相是冰川成因的良好依据。

在许多层序里，岩性均以混杂沉积岩为主（图 10-23）。在挪威北部、斯瓦巴德群岛和苏格兰等地，侵蚀的底界、厚度、内部层状岩体及其他特点，都是块状底碛岩所具有的特征。在挪威北部的冰碛岩里，具有纹层岩夹层（局部含有坠石）和少量冰水的水下砾岩及砂岩夹层。在纵剖面上，沉积相呈旋回性重复，底碛岩向上过渡到层状冰前沉积物，其上又覆有呈侵蚀接触的底碛岩。每个旋回可以看成是一次冰川前进和后退的反映。从一个底碛层到下一个底碛层，在成分和结构上都有很大变化，这表明随着冰川的连续推进，冰流的路径也产生了重要变化。同时，这些旋回似乎与在更新世沉积物中所辨认出来的"冰碛层"相类似，这可能反映了间冰期范围的气候和冰川的变化。在其他地区，混杂沉积岩主要呈透镜状，没有明显的侵蚀面，有时是递变的。有人把这些混杂沉积岩看成是块体流沉积物，其中可能有冰川痕迹，也可能没有，例如在法国和中非。在该层序里，在透镜状混杂沉积岩层具有坠石纹层岩夹层的地方，以及解释成是底碛岩的厚层混杂沉积岩的地方，能够证明它形成于冰川环境，例如在北美西部和挪威南部。

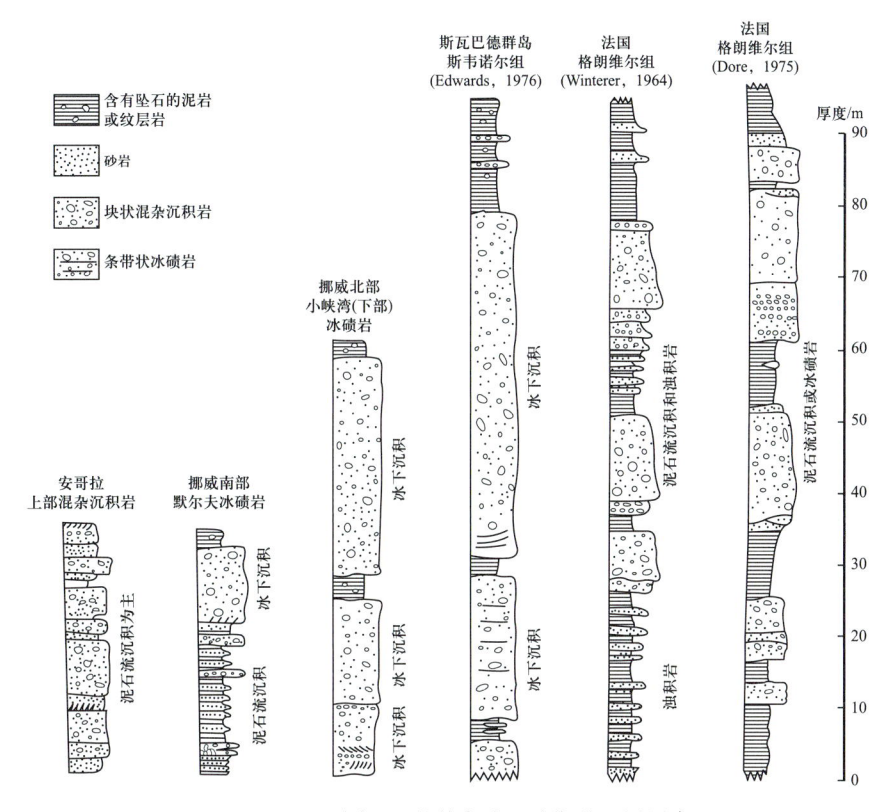

图 10-23 不同地区的前寒武纪晚期的地层层序

第三节 冰川沉积油藏

一、阿曼的马穆尔油田[1]

马穆尔油田位于阿曼境内，处在南阿曼盐盆地的东南部。1956 年发现，1980 年开始生产。油田有两个储层，下部的 Haima-Al Khlata 油藏和上部的 Gharif 油藏。地质储

---

[1] C&C Reservoirs，2019，Field Evaluation Report：Marmul Field

量 $5\times10^8m^3$，可采储量 $1.25\times10^8m^3$，采收率为25%。二叠系—石炭系的阿尔赫拉塔储层的地质储量为 $2.34\times10^8m^3$，可采储量为 $7\times10^7m^3$，采收率30%。该油田位于与盐穹构造有关的短轴背斜构造的顶部，为一构造—地层复合圈闭。阿尔赫拉塔组厚75～215m，砂地比为0.7，为冰川相、冰河相和冰湖相互层，渗透率高度变化，并且冰河河道砂岩（＞10mD）与混积岩（＜10mD）的层间渗透率差距巨大。原油是重质（22°API）高黏度（90cP）。天然能量来自水驱，但水能量大小变化，受储层非均质性和黏度的控制。到1981年，油田采出程度只有0.1%，就已经发生出水。早期蒸汽驱试点虽然取得了一定的成功，但也受到储层非均质性的影响。然而，聚合物驱试点显示了其对改善采收率的潜力。阿尔赫拉塔油藏的产量在1983年达到峰值，整个油田的峰值出现在1984年。20世纪90年代初的水平钻井和1996年的注水扭转了油田的颓势。裸眼完井携砂采油也大大提高了油井产能。自2005年以来，阿尔赫拉塔油藏一直采用直井面积注水生产。截至2014年底，该油藏已生产 $0.52\times10^8m^3$，日产量5300m³，开发井288口。

在未受侵蚀的情况下，阿尔赫拉塔地层的厚度范围从西南部的小于75m到东北部的大于300m（图10-24、图10-25）。它几乎在整个油田中都得到了保存，仅在顶部区域不存在，并且由横向和纵向不均匀的砂岩、砾岩、页岩和混积岩序列组成，解释为冰川河流沉积、三角洲沉积、冰湖沉积和冰川沉积（Levell et al.，1988）。已识别出10种岩相类型，并从中得出Al Khlata地层的整体沉积模型。

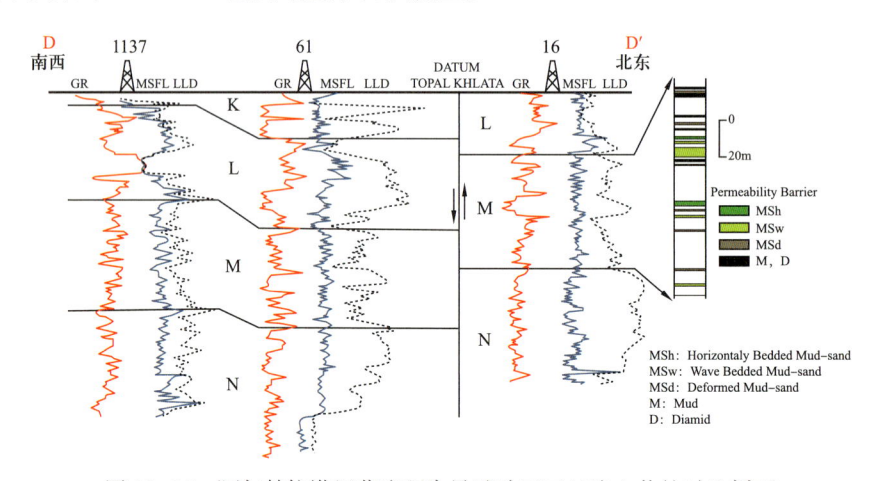

图10-24 阿尔赫拉塔组蒸汽驱先导试验区三口取心井的对比剖面

冰流路径和外冲扇沉积物的分布受到盐动力学控制地形的影响，因此，近40%阿尔赫拉塔地层的地质储量被认为出现在两个主要盐系之间的北向中央山谷中（图10-26）。冰间冲积砂和砾石通过辫状河流系统沉积在广阔的沙洲上，并夹有冰湖沉积纹泥（Grandville，1982）。一个主要的区域性冰盖从东南部推进穿过该地区，沉积了混积岩和一系列冰川河流沉积物。随着冰盖后退，越来越远特征的冰湖三角洲相沉积下来，随着时间的推移成为广泛的冰湖泥（Rahab页岩），其中含有落石（图10-27）。没有明确的迹象表明有任何直接的海洋联系（Levell et al.，1988）。

第十章 冰川比较沉积学

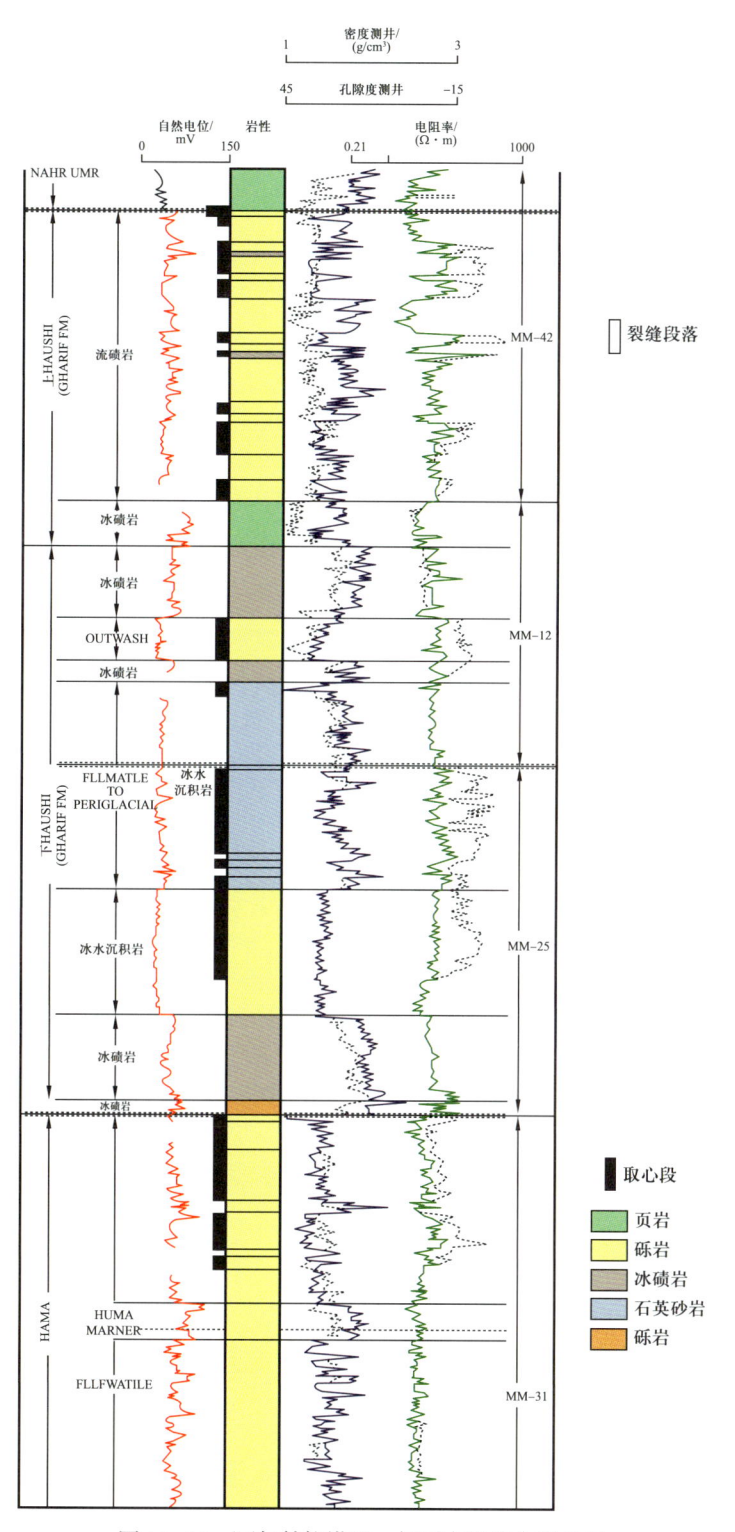

图 10-25 阿尔赫拉塔组—加利夫组综合测井图

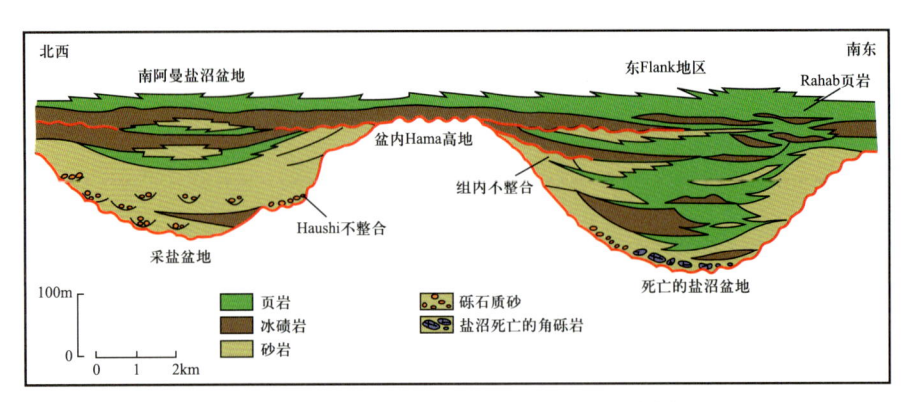

图 10-26　南阿曼盐盆地北西—南东向示意剖面
展示阿尔赫拉塔组沉积的古地势与内部非均质性

阿尔赫拉塔组的沉积历史始于向西北流动的山谷冰川在气下暴露的前寒武系—奥陶系基底上沉积的冰碛混积岩。冰流路径和外冲扇沉积物的分布受到盐动力学控制地形的影响，因此，近40%阿尔赫拉塔地层的地质储量被认为出现在两个主要盐系之间的北向中央山谷中。冰间冲刷砂和砾石通过辫状河流系统沉积在广阔的沙洲上，并夹有冰湖沉积纹泥。一个主要的区域性冰盖从东南部推进穿过该地区，沉积了混积岩和一系列冰川河流沉积物。随着冰盖后退，越来越远的特征的冰湖三角洲相沉积下来，随着时间的推移渐次成为广泛的冰湖泥（图10-27）。

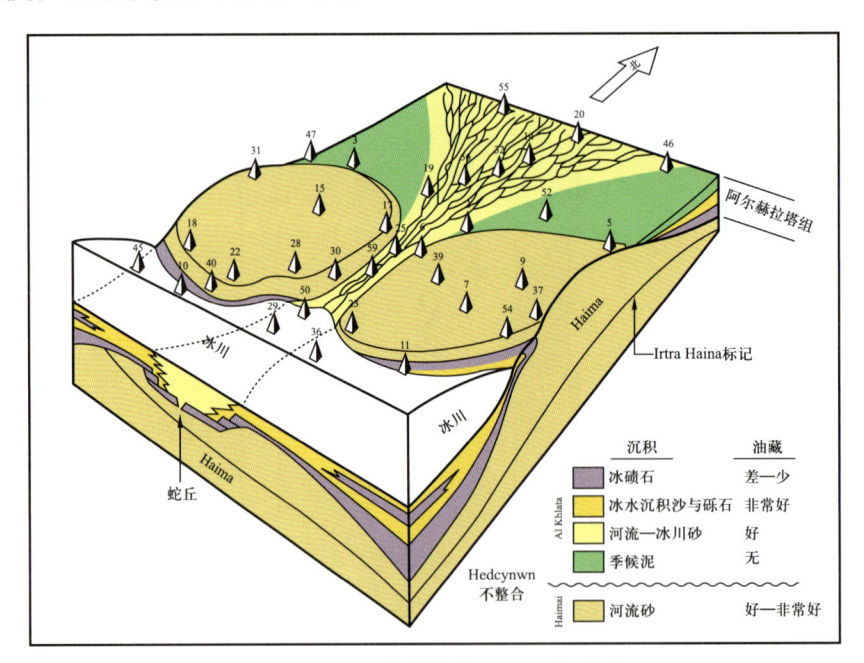

图 10-27　阿尔赫拉塔组沉积模式图

阿尔赫拉塔组是一个非均质储层，具有拼图式和迷宫式结构，反映了其复杂的沉积环境。然而，井间对比很困难，油藏最初被分为五个单元：一个非生产的基底单元，上面覆盖着四个生产单元，从底部到顶部称为 N—K 区。随后，根据孢粉学，阿尔赫拉塔油藏被细分为三个单元。P1是最上面的单元，仅保留在油田边缘周围；P5大部分被侵蚀；P9为油田优势含油层段（图10-28）。P9储层进一步细分为P9（下）和P9.0（上）两个成因单位。P9单元由P9.1、P9.2、P9.3、P9.4和P9.5层组成，主要位于西侧和东侧。P9.2和P9.4层的冰河三角洲沉积与非渗透层P9.1、P9.3和P9.5的冰湖沉积互层（图10-29）。P9.0单元由P9.0D、P9.02、P9.03和P9.04层组成，出现在中心冰川谷内，穿过油藏顶部呈南北走向。填谷沉积物是冰川河流沉积物（P9.02、P9.04）和冰湖沉积物（P9.0D、P9.03）的混合物。

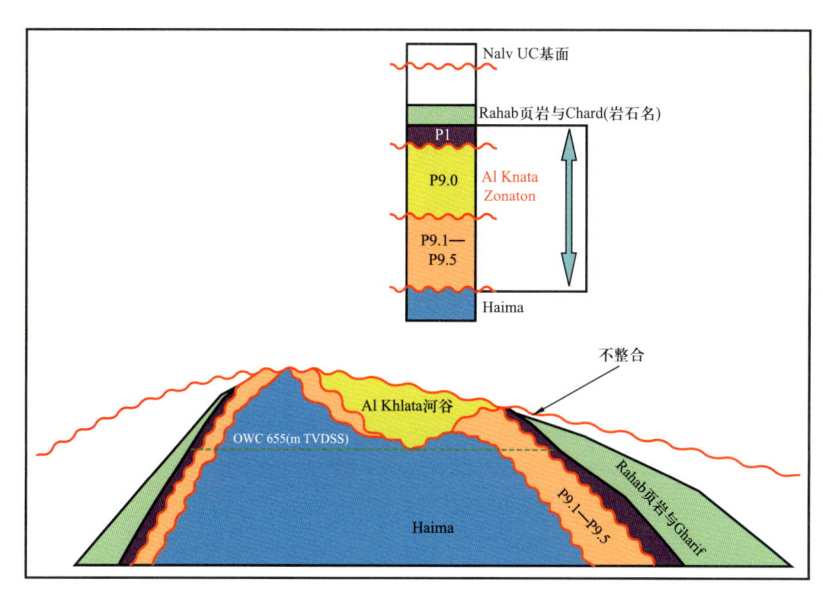

图10-28　阿尔赫拉塔组冰川谷沉积的上下层接触关系和横切剖面图

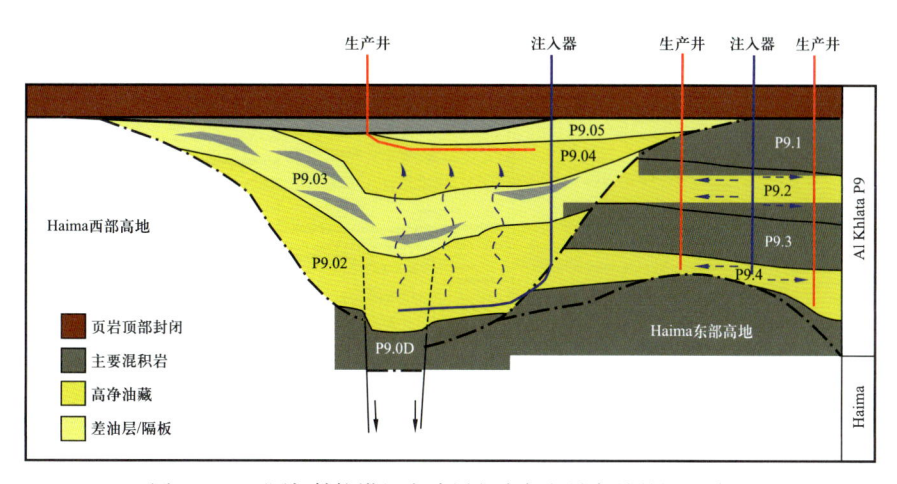

图10-29　阿尔赫拉塔组在冰川谷内与谷坡各处的沉积分层

大多数阿尔赫拉塔储层砂体处于压力连通状态（Teeuw et al.，1982）。然而，该储层横向和纵向相变化较快，除少数例外，单个储层单元在212m井距之间无法对比。阿尔赫拉塔储层已识别出泥（M）、混杂岩（D）、水平层状泥砂（MSh）、波浪层状泥砂（MSw）和变形泥砂（MSd）五种渗透屏障类型。M 型渗透隔层的厚度小于 0.1m，而 MSd 型的厚度大于 2m。M 和 D 潜在隔层的横向延伸小于井距，在远端冰河三角洲沉积物中很少超过 200m，在粗粒近端层段中甚至更短（图 10-30）。阿尔赫拉塔储层的孔隙度为 1%~35%，平均为 24%，而渗透率范围为 1~10000mD。冰河河道和冰河三角洲顶积砂体储层质量最好，它们通常是松散的（图 10-31）。

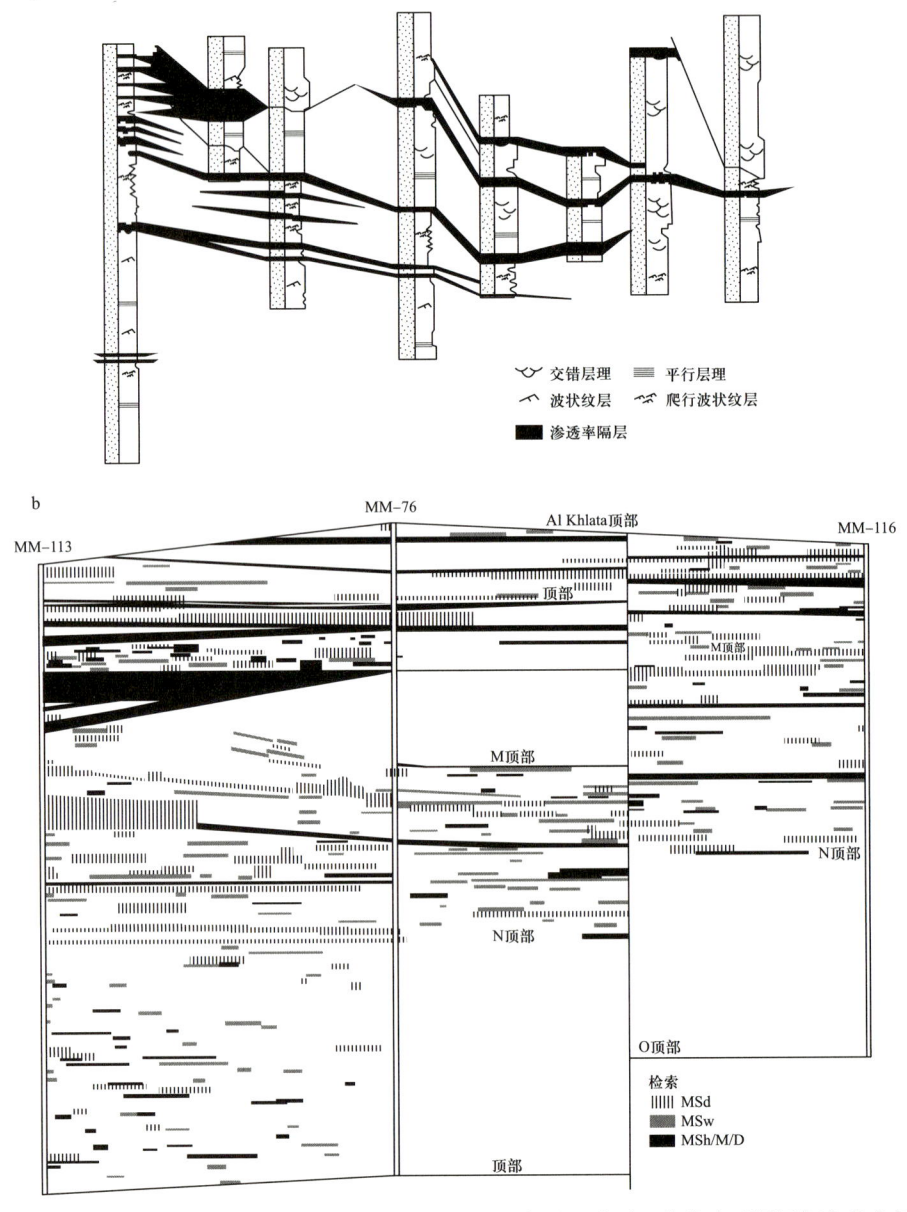

图 10-30 远端外冲扇相中非渗透隔层分布剖面（a）和驱先导试验项目的非渗透隔层概率分布部面（b）

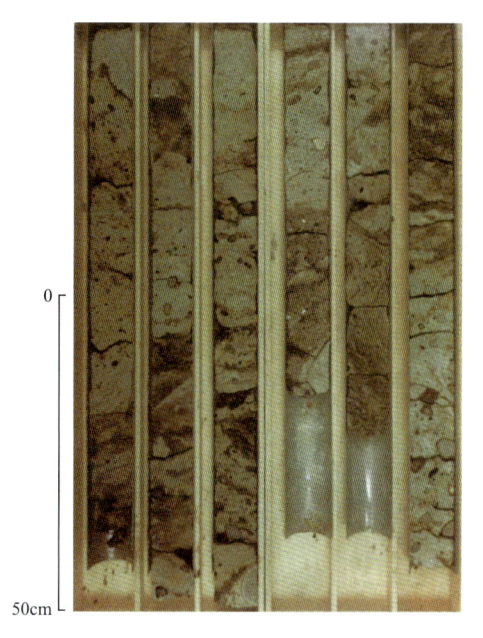

图 10-31　阿尔赫拉塔组含有混积岩心照片
深色的是高渗透薄层

对比垂直井与斜井的有效厚度，后者根据三维地震而钻，穿透更多的有效砂层。这些砂岩为细粒至粗粒岩屑砂岩、长石砂岩至杂砂岩。其中孔隙度主要为原生孔隙，只有2～3%的孔隙是次生孔隙，由长石和其他碎片淋滤形成。颗粒分选、碎屑黏土含量和自生胶结物含量极大地影响沉积物的固结程度，这反映在用于绘制储层和非储层区域的地震阻抗对比中（图 10-32）。

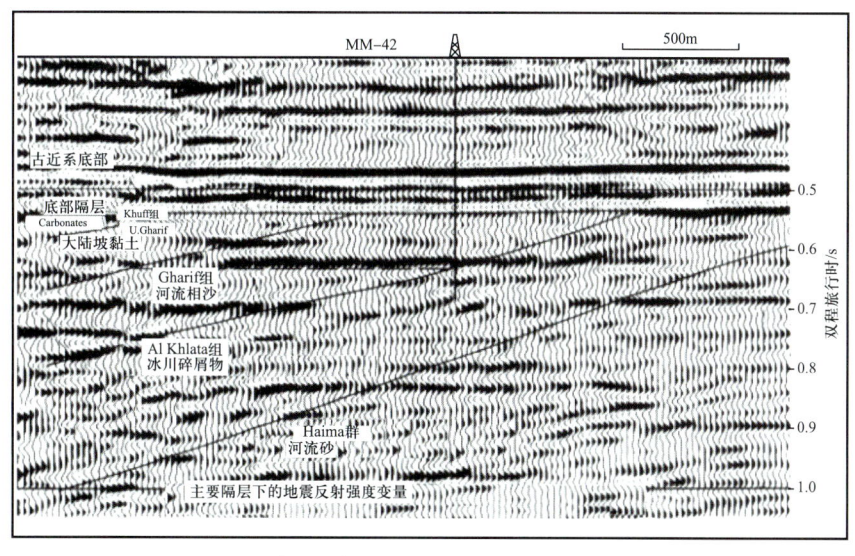

图 10-32　过马穆尔油藏顶部的地震测线（据 Grandville，1982）
表示 Nahr Umr 不整合处振幅的变化，反映其下岩性的变化

二、丁福耶塔班科特油田[1]

丁福耶塔班科特油田位于阿尔及利亚伊利齐盆地。1961年发现，1967年投产。油田地质储量为 $3.28×10^8m^3$ 原油加 $3×10^7m^3$ 天然气，可采储量为 $1.33×10^8m^3$ 油、$2.2×10^7m^3$ 天然气及 $4.3×10^7m^3$ 凝析油。

丁福耶塔班科特油田赋存在上奥陶统Ⅳ单元储层中，形成于一个宽缓的基底隆起背斜内，具有与水动力圈闭相关的倾斜的油水界面。Ⅳ单元储层沉积物是冰川形成的，代表了两个冰蚀谷的填充物，包括冰下沉积物和前冰川沉积物。水道砂岩和席状砂岩具拼图到迷宫架构，偶有层状架构，代表外冲积扇和三角洲砂，以及和冰海浊积岩，嵌入在非储层泥石流和落石沉积物中。储层的平均孔隙度和渗透率分别为6%和10mD。次要储层是上泥盆统F6储层，由受潮汐影响的边缘海相砂岩组成，孔隙度和渗透率平均分别为14%和50mD。

上奥陶统储层由两个砂岩层段Ⅳ-2和Ⅳ-3亚单元组成，上覆富含有机质的下志留统海相页岩（图10-33）。Ⅳ单元填充了冈瓦纳大陆范围的不整合面，该不整合面深深切入伊利齐盆地Ⅰ~Ⅲ单元的下伏寒武系—奥陶系碎屑岩中。这种侵蚀面部分是构造性的，但主要是海平面大幅下降和与短暂的奥陶纪末期冰川作用相关的冰川发育的产物。

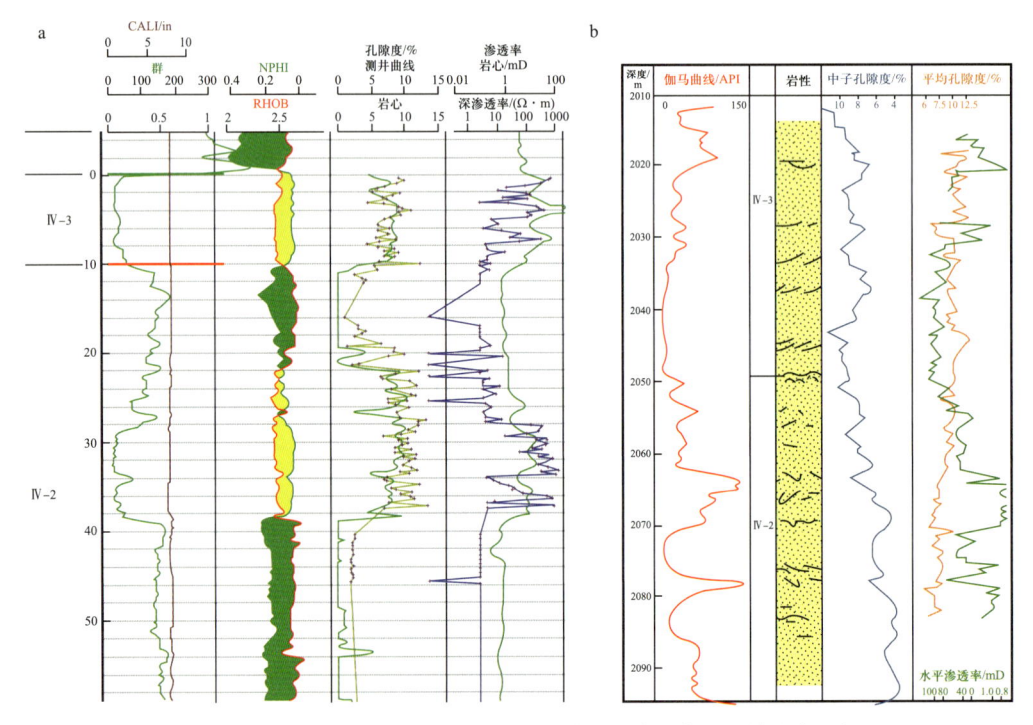

图10-33 丁福耶塔班科特油田奥陶系上部Ⅳ单元岩心孔隙度—渗透率及测井响应（据 Askri et al., 1995）
a. 带气顶的井；b. 无气顶的油井

[1] C&C Reservoirs，2017，Field Evaluation Report：Tin Fouye-Tabankort Field

通过Ⅳ-2亚单元0～250m钻探厚度的变化，已确定了两个北向、约1km宽的古冰川谷，由约15km宽的相对平坦的谷间地分隔开（图10-34a）。在TinFouyé-Tabankort油田中，Ⅳ-2亚单元和上覆的Ⅳ-3亚单元之间的边界是一个非常小的侵蚀面，标志着古冰川谷充填的结束及厚度模式的重大变化。从其变化多端的下伏单元到更为均匀和连续的Ⅳ-3亚单元，其厚度通常为10～20m（图10-34b）。

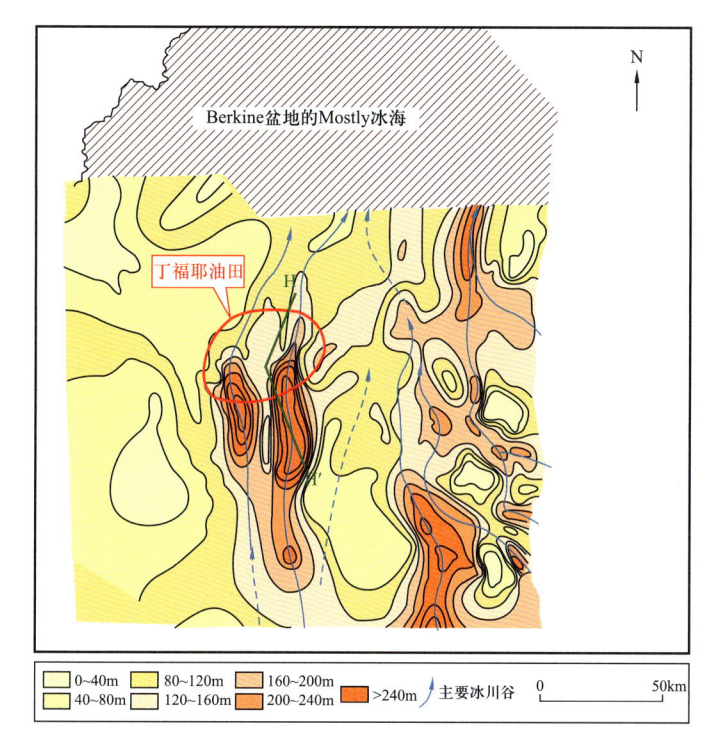

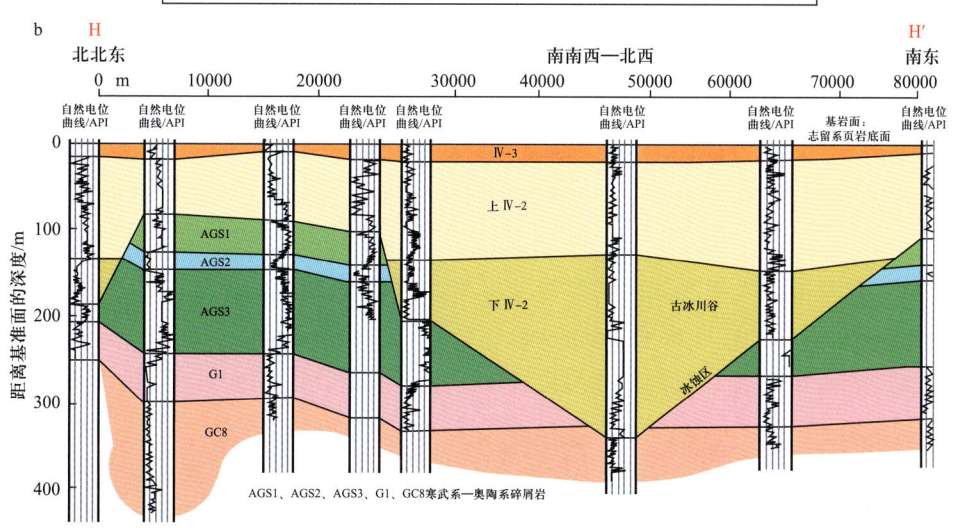

图10-34 Ashgillian Ⅳ单元冰川沉积厚度图和地层剖面

a为大致南北向的异常带，对应于冰川沉积填充的古河谷；b为层状的寒武系—奥陶系中的深切谷被Ⅳ-2亚单元充填古地貌的解释暂时得到了二维地震测绘的支持（Charpal et al., 1971）。利用 2003 年在气顶西部延伸部分采集的三维地震数据，并采用改进的处理方法来处理采集中困难的地表和浅层条件，Ⅳ-2 亚单元内的古地形得到了更好的成像，展现了 Tin Fouyé 的西部山谷呈西北走向 Tabankort 西部地区（图 10-35）。总体而言，古冰川谷填充物中的单个冰川单元总体上呈现出向上粗化和向上细化的趋势，可能分别对应于冰盖的前进和后退，但不同冰川期的不规则叠置和合并产生了严重的岩性非均质性。

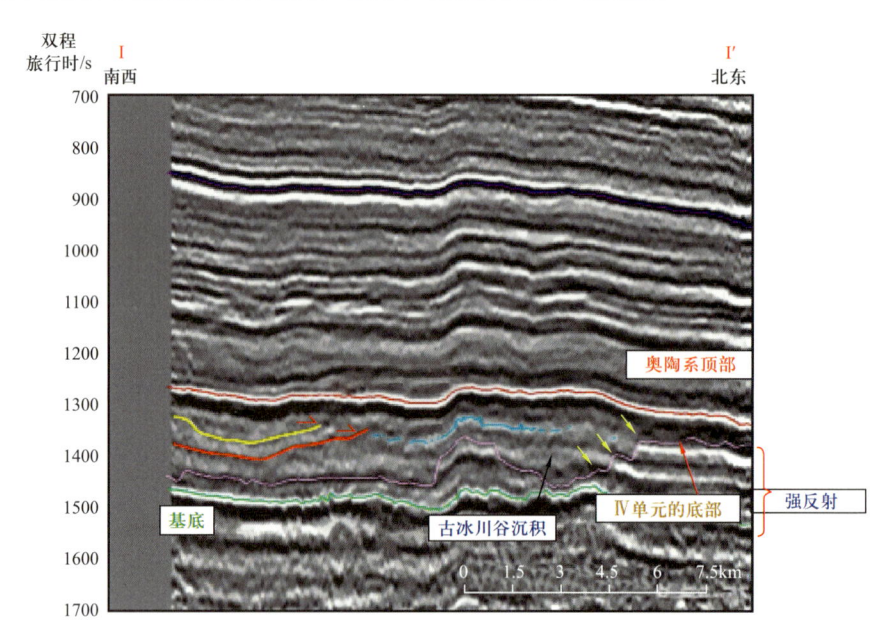

图 10-35　横切 Tin Fouyé-Tabankort 西部的三维地震剖面
显示可能的北西向古冰川谷，其中充填了Ⅳ单元的冰川沉积

在丁福耶塔班科特油田上奥陶统Ⅳ单元的岩心中识别出了四种主要岩相（图 10-36）：（1）块状、未分选的、极粗砂到含砾砂岩及砾岩，包括尺寸大于 1m 的块体；（2）具纹理的粗砂岩，有隐约可见的递变层理；（3）清洁、富含石英的细砂岩，具有交错层理、波状层理和波状纹理；（4）非储层的细粒泥质砂岩、粉砂岩、砂质页岩和页岩，含零散的砂、砾和细砾碎屑，呈块状或层状的，常因松软沉积物变形结构而扭曲。这些岩相已通过与伊利齐盆地南部大面积暴露的对等地层单元的露头描述类比及冰川环境的现代类比来解释（Beuf et al., 1971; de Charpal et al., 1971; Eschard et al., 2005）。

块状砂砾岩相代表了沉积在冰川侵蚀面上的冰碛岩，很少被保存下来。粗粒纹理砂岩相是受河流改造的冰碛沉积，后者可能是在冰川环境沉积（所谓的"隧道谷"砂岩），或者是冰前外冲扇中的冰碛。因为古流向变化很大，它们留存在冰川侵蚀表面上，这样的侵蚀面因为冰盖的反复进退而在整个Ⅳ-2 亚单元中重复出现。细粒砂岩相有时出现在冰屑岩处，但更常见的是在露头上形成绵延数千米的席状砂。它们的沉积环境不固定，显示一些河流沉积结构，也可能包括风成沉积结构，如水流波纹、交错层理和沟道，但也显示了冰缘的特征，如多边形冻胀裂缝，表明它们可能是在较粗的冰前外冲积扇周围的低能量冰缘条件下形成的。细粒泥质砂岩、粉砂岩、砂质页岩和页岩是Ⅳ-2亚单元的主要成分，沿古冰川谷的轴线特别厚，可能是在间冰期堆积在浅湖或海湾中。松软沉积物变形可能是由于陡峭（高达30°）的山谷两侧的沉积造成的，或者是由于周期性冰载荷和牵引造成的。松软沉积物变形结构，可能在泥石流中形成。覆盖河道间的较薄的泥质砂岩和粉砂岩层则很可能是在间冰期海平面升降期间沉积在浅海环境中，同时页岩在更深的水中形成。页岩含有来自冰筏碎片的分散的砂和砾石落石（图10-37）。

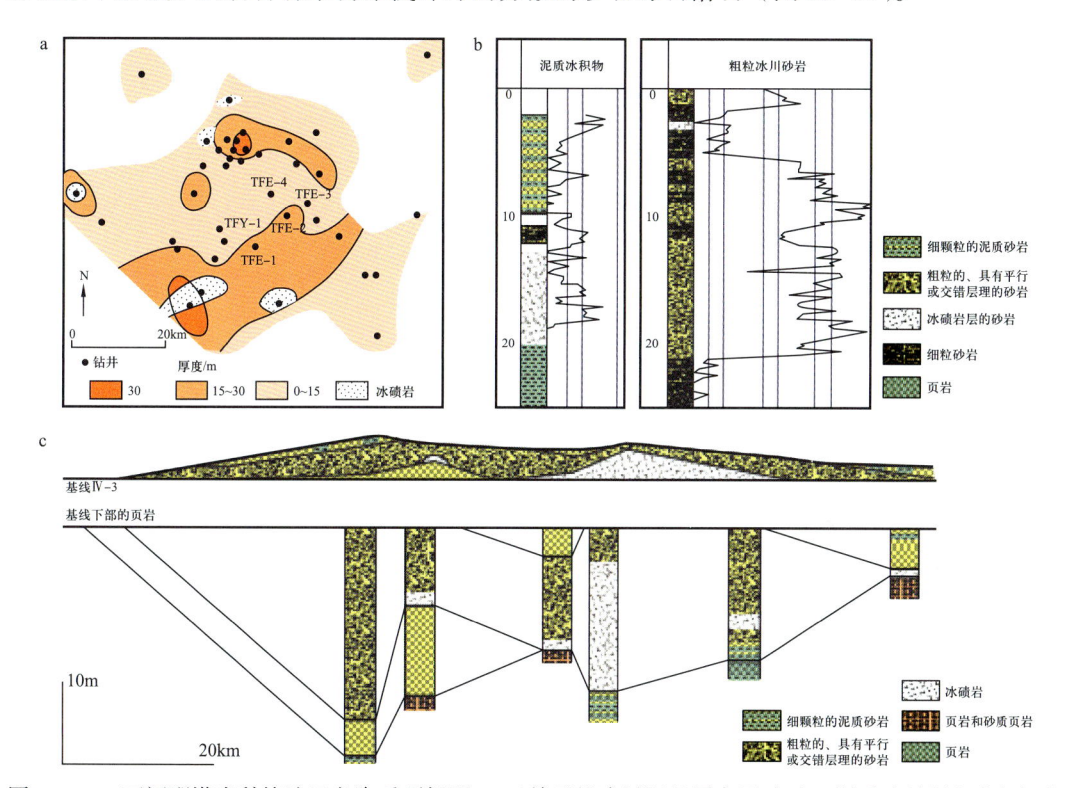

图10-36 丁福耶塔班科特油田奥陶系顶部Ⅳ-3亚单元的冰川沉积厚度图（a）；泥质冰川混积岩与粗粒的砂岩之间显著的渗透率差异（b）和岩性井间对比图（c）

西部古冰川谷主要充满各种砂岩，上覆薄薄的页岩层段，而东部冰川谷则含有较高比例的砂质页岩，但南半部的砂岩更丰富。在北部和东部，Ⅳ-2亚单元的顶部出现了标志性的持续冰川消融事件，由砂质页岩、泥质砂岩和粉砂岩组成，但在中央河道区及西部却没有这种现象。在西部，Ⅳ-2和Ⅳ-3亚单元的砂岩呈直接接触关系。

Ⅳ-3亚单元由冰碛岩和冰前砂岩组成，与下伏层段的粗粒岩相类似，具有毫米级的较细和较粗砂粒互层，具明显的水平层理和斜层理。在Tin Fouyé-Tabankort油田，Ⅳ-3单元曾经被解释为冰前终碛或侧碛岩的残余物（图10-38a），在冰川消退、下志留统海侵之前，大部分通过河流和可能的风成过程，改造成清洁的交错层状砂岩（Charpal et al., 1971）。该层段沉积背景的不确定性反映在对伊利齐盆地南部露头的对等地层沉积的解释

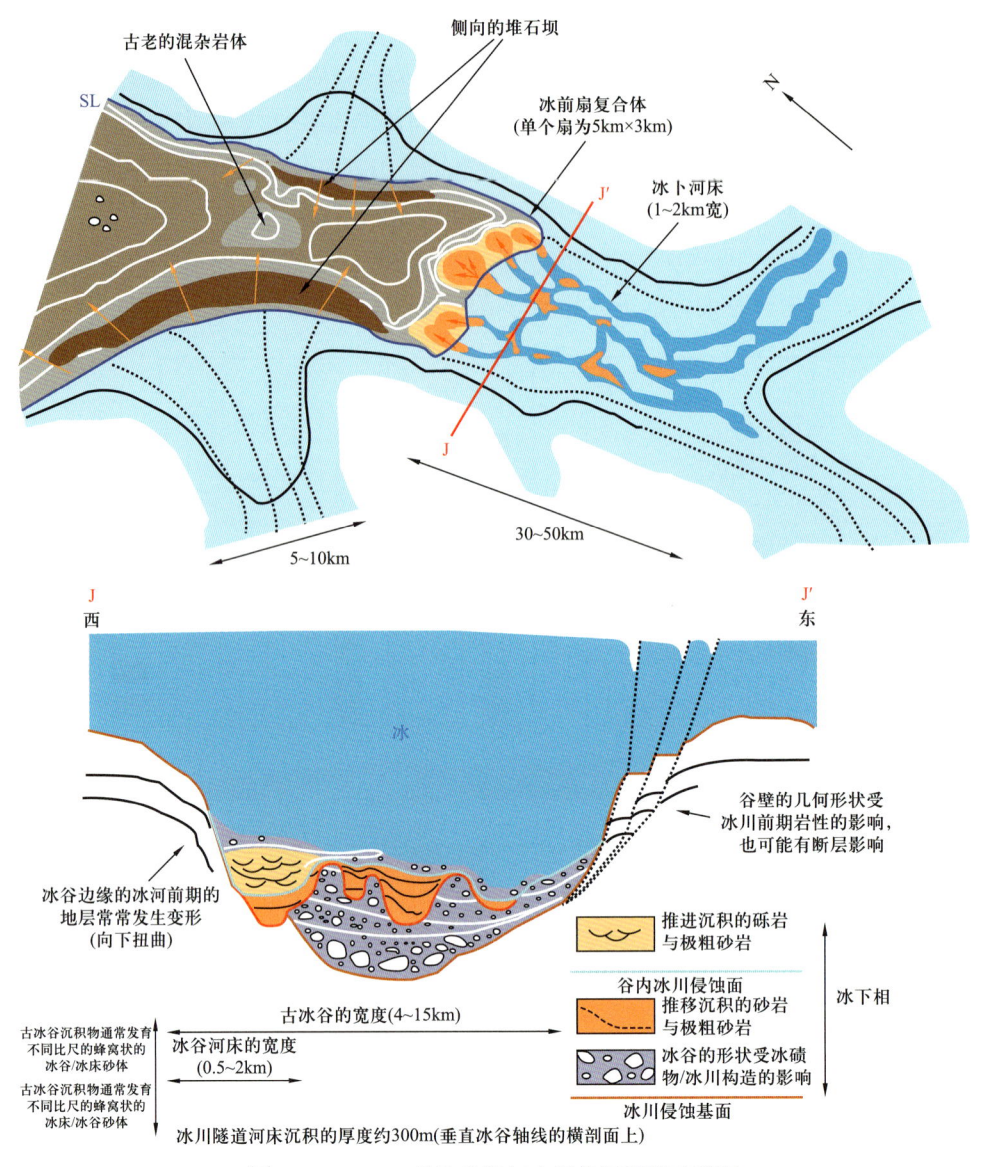

图 10-37 Illizi 盆地奥陶纪末期的沉积相示意图

大不相同。特征是大规模的迁移沙丘地貌，这些地貌被归因于：（1）近端吉尔伯特三角洲；（2）高密度和低密度浊积三角洲前缘水道（图 10-38b）；（3）河流—冰川外冲沉积，顶部的滨岸沉积物上覆有多边形永久冻土裂缝。

2003 年，在Ⅳ单元气顶开发之前，获得的三维地震提供了有关沉积模式、储层结构和裂缝网络的宝贵信息（Freudenreich et al., 2005; Gomez et al., 2005; Perrot et al., 2005）。上奥陶统Ⅳ单元的地层厚至少有 48m，其中Ⅳ-3 亚单元和Ⅳ-2 亚单元是古冰川谷中最薄的。古冰川谷中心的地层厚约为 490m，所有三个亚单元都存在于此。Ⅳ-3 亚单元的地层厚度为 8~30m（平均 20m），总体呈层饼状几何架构。在北部和东部，Ⅳ-3

和Ⅳ-2两个亚单元被厚约1m的薄隔层分开，但在中央河道和西部不存在这种隔层。极端的非均质性和厚度变化是Ⅳ-2亚单元的特征，该单元被分为上段和下段。上段厚40～120m，下段厚0～340m。根据层序分布的复杂程度，该储层具有拼图式至迷宫状架构（图10-39）。

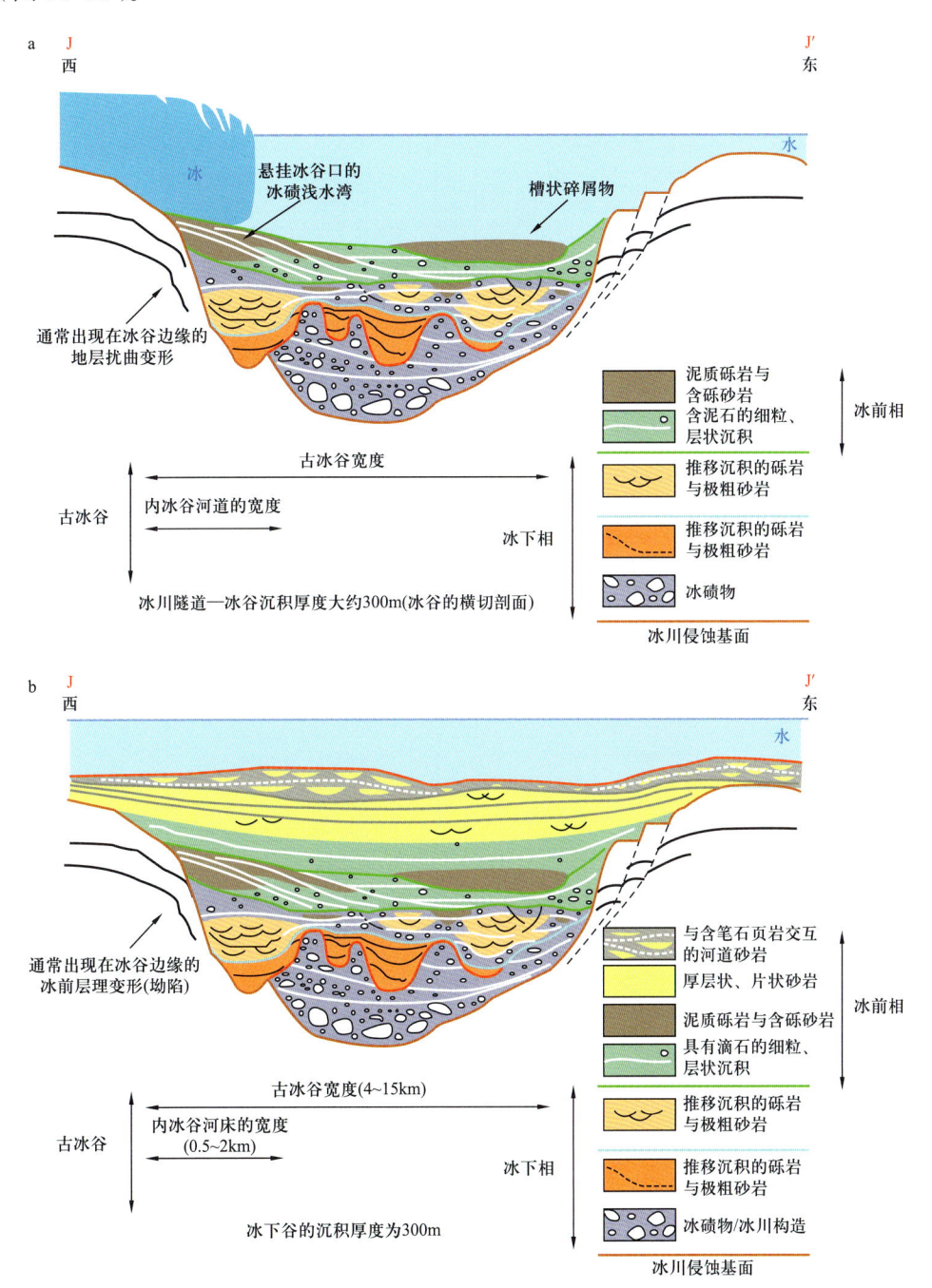

图10-38 Illizi盆地奥陶纪末期一个冰川谷冰前岩性的示意性剖面
a.以泥质为主的泥石流和页岩；b.厚层席状砂岩，可能为密度流

- 581 -

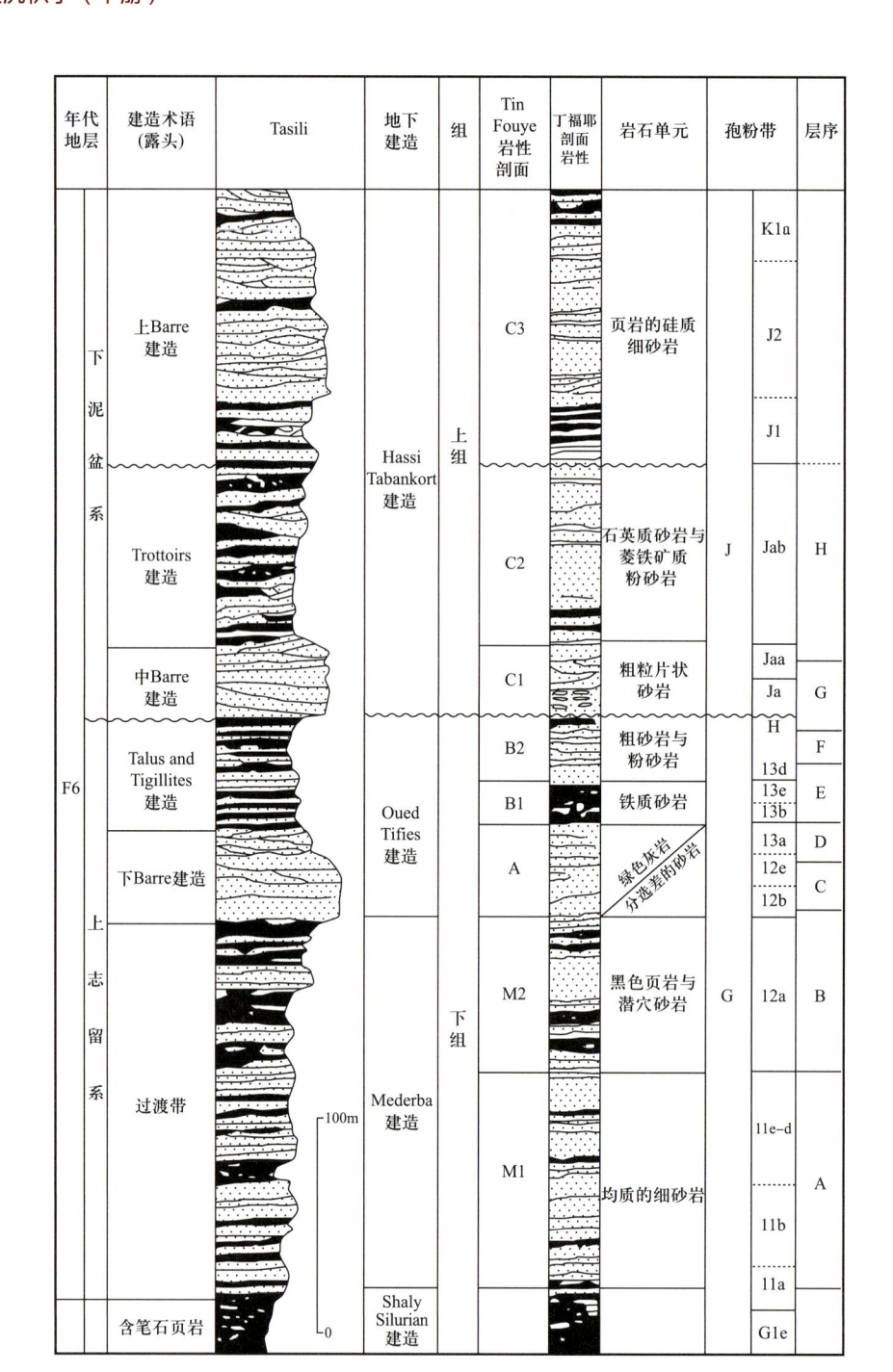

图 10-39 丁福耶塔班科特油田 F6 储层综合柱状图

在一些水平井中记录的裂缝密度在垂直段中增加到每米 1~4 条裂缝，这些裂缝被认为在整个油田范围内是持续存在的并且与断层有关。在这些层段之外，裂缝是断续的，并且不会对流体流动产生显著影响。主要断裂走向为北东向，次要走向为北西向，西区的三维地震属性分析也报告了其他几种走向，只有5%的裂缝完全张开，绝大多数裂缝部分或完全被胶结物填充（图10-40）。

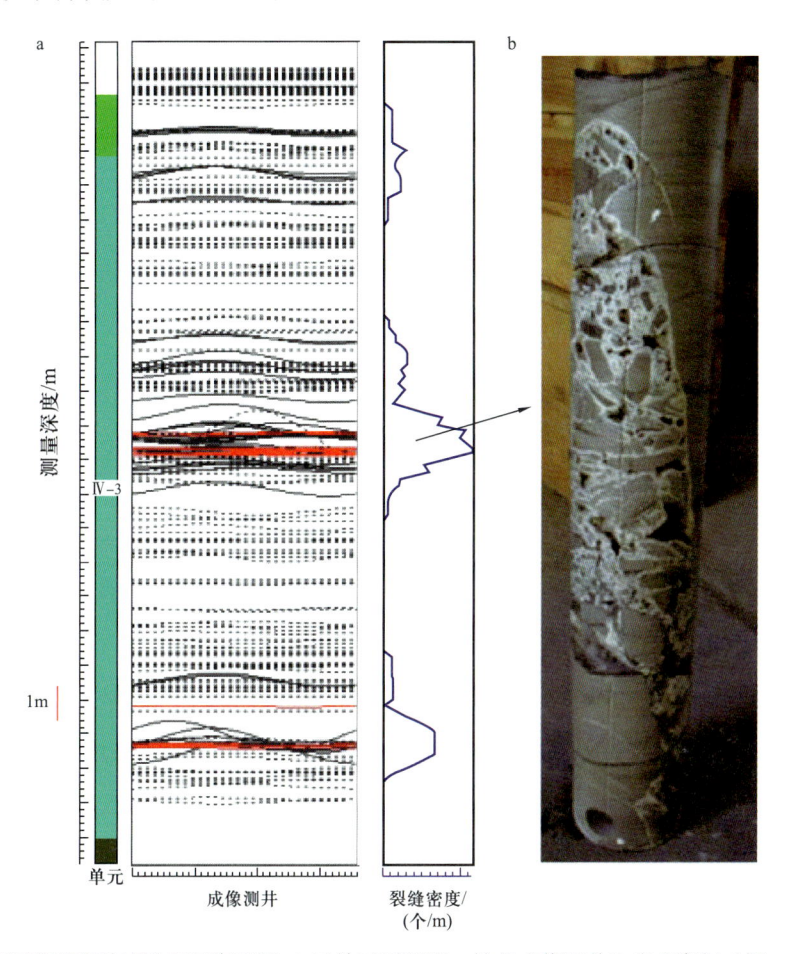

图10-40　丁福耶塔班科特油田奥陶系Ⅳ-3亚单元裂缝测、钻井成像测井和岩芯资料（据Le Maux et al.，2006）

岩心照片为对应于裂缝密度最高层段的断层角砾

上奥陶统Ⅳ单元在厚约100m的含油气层段中平均孔隙度为6%，渗透率为10mD。储层质量横向变化向南降低，但局部因垂直天然裂缝的发育而增强（Chaussumier et al.，2004）。油田中部和北部Ⅳ-3亚单元平均孔隙度为9%，平均渗透率为50mD。Ⅳ-3亚单元中的冰碛岩和砂岩是粗粒的，通常具有良好的渗透率，一般为50mD，最大为500mD。局部因分选不良及碎屑黏土的存在，渗透率降低至5mD以下。Ⅳ-2亚单元储层质量较低，最大孔隙度为8%，平均渗透率为15mD。在极粗砂、含砾砂岩和砾岩（冰碛岩）中渗透率为1~10mD，在粗粒砂岩中为0~50mD，在较清洁的细粒砂岩中通常为10~50mD。泥质砂岩、粉砂岩和砂页岩致密。

第十一章　浊流比较沉积学

第一节　现代浊流沉积

一、入海浊流沉积

入海浊流是一种悬浮质含量很高，主要靠自重沿海底斜坡呈片状向下流动的高密度流。它们分布在大陆坡下，紧接海底峡谷的尾端，呈一种扇形堆积体，叫作深海扇。深海扇的扇面坡度较缓，一般小于1°，并向洋底倾斜，延伸范围可达2000km。深海扇上发育类似河流的天然堤，堤的高度可达100~150m。堤内的沟槽与切过陆坡的海底峡谷相连接，并呈支汊状分流。可见作为侵蚀地貌的海底峡谷与相关沉积的深海扇是浊流沉积的产物。

1. 地貌特征

在横剖面中，扇表面包括水道、堤与水道间区（图11-1）。在径向剖面中，可以区别出上扇环境（或内扇）、具有扇上朵体的中扇环境和下扇环境（或外扇）。在径向剖面中，可以区别出上扇环境、中扇环境和下扇环境（图11-1）。

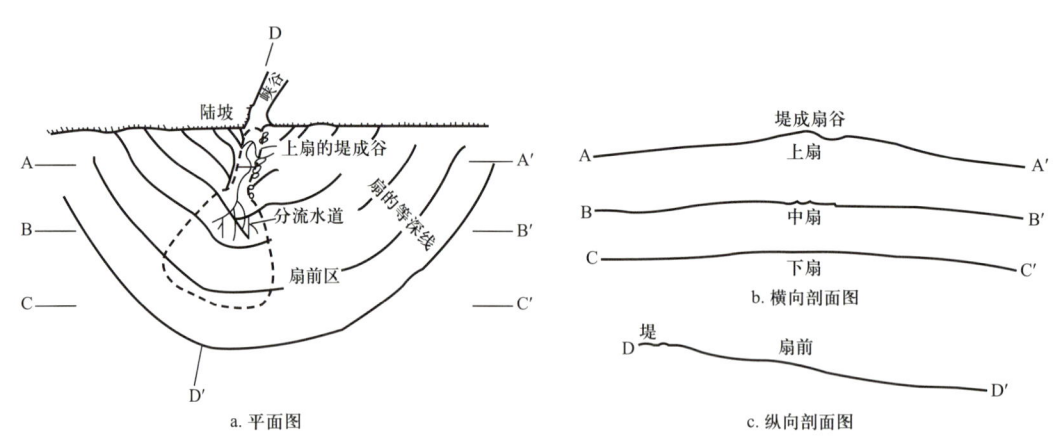

图11-1　浊积扇的自然地理模式（据Normark，1970）
主要根据北美西海岸外深海扇的特征总结

上扇环境在理论上具有上凹断面的特征，地势不平，并有一个主扇谷（图11-1）。扇谷可以是直的或弯曲的，具有高出谷底几十米到200m的堤。谷底本身也是沉积的，可以高出相邻的扇表面数十米，谷宽0.1~10km。中扇环境具有凸断面的特征，圆丘状地形，主扇谷分裂成许多分流,称为扇水道。水道为曲流或网状,可以是活动的或废弃的,其轴部深度几十米,宽度约达 1km。在中扇的下部,水道末尾处出现沉积朵体。下扇环境具有上凹断面,地势平坦,具有许多漫堤的小水道(图 11-2)。中扇和下扇环境的界线是渐变和模糊的。一般来说,扇谷和水道可能为沉积的、侵蚀的或沉积—侵蚀混合的(图 11-3)。除浊流以外的块体重力搬运作用主要限于上扇。在扇的横剖面上,有两种浊流沉积物分散类型(图 11-4)。大部分粗粒沉积物经过水道迅速搬运,在分流水道内沉积成厚的长形沙体或在水道末尾沉积成朵状沙体并不断向外和两旁建造。细粒沉积物通过溢流,横向搬运到堤上和水道间区。

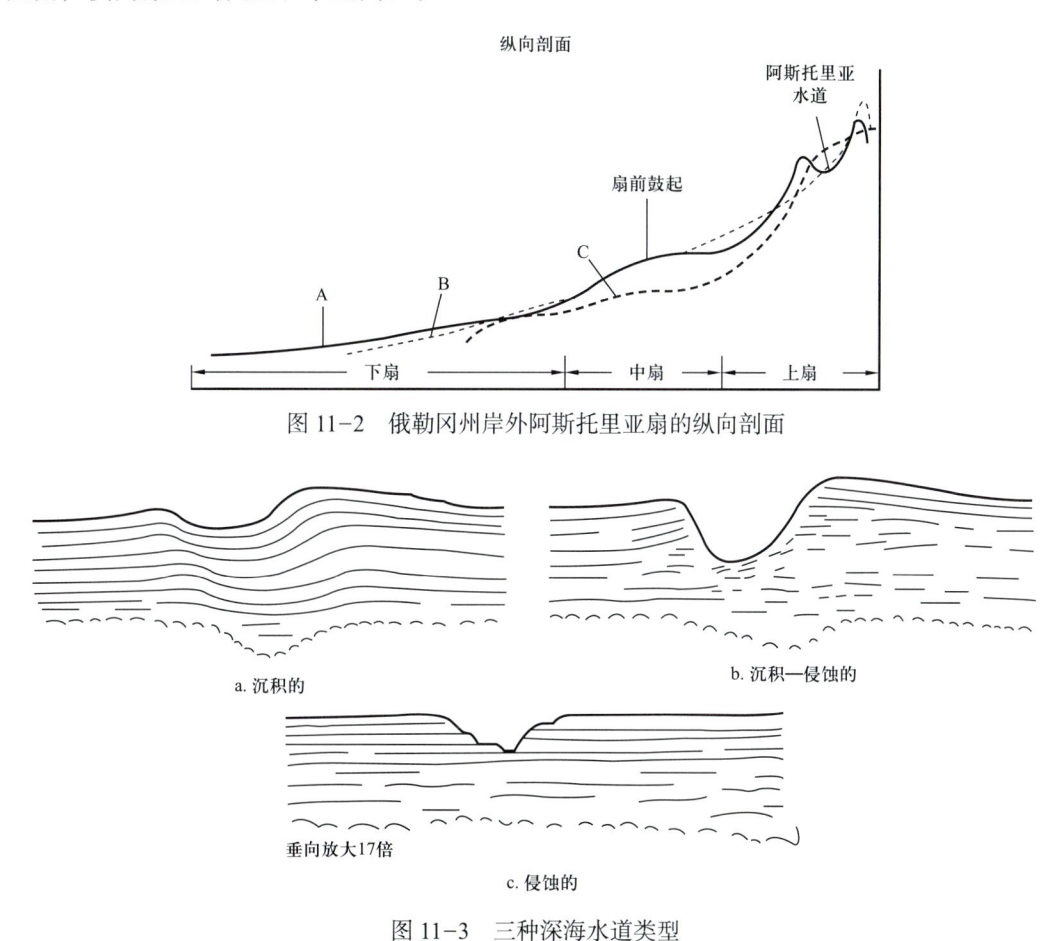

图 11-2　俄勒冈州岸外阿斯托里亚扇的纵向剖面

图 11-3　三种深海水道类型

2. 沉积特征

砂页岩比在水道内高,在水道间区内低。漫滩泥的特征是片状成分(如植物碎片、云母片)的百分比较高,它们聚积在浊流的稀释尾部。

在上扇中,水道沙一般是厚层的不成熟的浊积岩,以鲍马层序的单位发育不全为特征。在中扇和下扇中,水道沙是中等厚度的成熟浊积岩。在堤上和水道间区是薄层浊积粉沙，随着水道深度减小，它和顺扇向下变粗的粉沙一起沉积。与盆地平原相比，扇表面具有高流态和低流态浊积岩并列的特征，在顺扇向上的方向沉积物类型之间的差别逐渐增加（图11-4）。

浊积沙的沉积作用局限于水道内和进积的朵体中，水道和朵体的横向迁移构成扇形。迁移可以逐渐发生或由于决口而灾变性地发生，在这个过程中，老的分流系统废弃并形成新的分流系统（图11-5）。因此，浊积沙就富集在水道间泥的顶上。

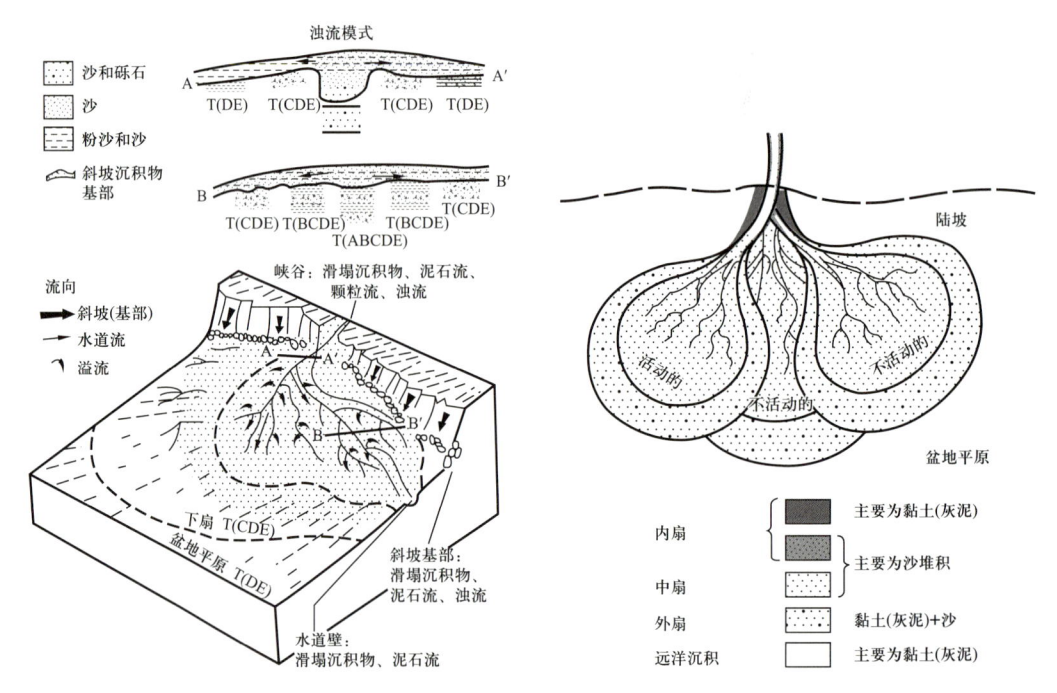

图11-4　浊流越过浊积扇形成的双向水道和漫滩沉积作用

图11-5　以活动主扇朵体的推进和横向决口方式生长的扇模式

3. 近端相与远端相

近端相和远端相古水流分析是复理石相分析的概念基础。应用古水流类型的知识就有可能在顺流方向上追索岩性变化，并且把这些变化和紧靠物源（近端）及远离物源（远端）的沉积环境联系起来。根据若干早期研究，像砂页岩比、层厚、粒度、粒级递变等这样一些特征，在顺流方向上似乎是有系统地变化。

根据大量的观察和已发表的资料，Walker（1967）概括了近端相和远端相的特征。在浊积岩层序中，在顺流方向上发生如下的变化：砂页岩比、砂岩厚度、粒度和侵蚀性质（合并的砂岩、水道）全部减少；冲刷痕（如槽痕）在数量上减少，而压刻痕（如沟痕）侧增多（表11-1，图11-6）。

对于这些近端性准则，Walker（1967）还补充了ABC指数。这种指数是建立在依据流态解释鲍马层序的基础上的。在顺流方向上浊流是在流态日益减弱的条件下沉积的

（图 11-7）。因此，浊积岩层的底部应是近源的鲍马单位 A，而进一步远离物源就变成单位 B 或 C。因此，在底部是鲍马单位 A、B 或 C 的浊流层序中，层的百分数表示了离开物源的相对距离或近端性。ABC 指数为从 A 单位开始的层百分数加上从 B 单位开始的层百分数的一半。正如其他近端性指标的情况一样，ABC 指数只是对来自单向物源的、由纵向坡面径流沉积的浊积岩层序有效。在浊积扇中，近端和远端两方面的浊积岩可以直接并置（图 11-4）。

表 11-1　近端浊积岩和远端（或薄层状）浊积岩层序比较

	近端浊积岩	远端浊积岩
1	层厚	层薄
2	层由粗粒碎屑构成	层由细粒碎屑构成
3	单层砂岩常常合并形成厚层	单层砂岩很少合并
4	层的厚度不规则	顶底层面平行，规则成层
5	冲刷、冲蚀和水道常见	少数小冲刷，没有水道
6	分开砂岩的泥岩发育不好或缺乏，砂泥比高	砂岩之间的泥岩层发育，沙泥比低
7	层无递变或递变不清晰	层的递变良好
8	砂岩底面总是分明的，顶面通常是分明的，AE 层序多	砂岩底面总是分明的，顶面渐变到细粒沉积物，AE 层序很少
9	纹理和波痕不常见	纹理和波痕很常见
10	冲刷痕比压刻痕较常见	压刻痕比冲刷痕常见

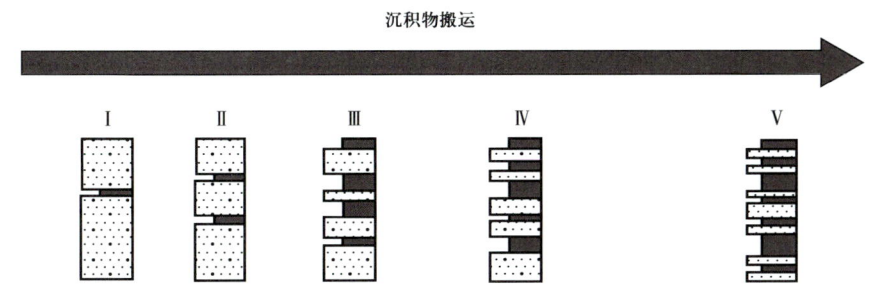

图 11-6　在顺流方向上，浊积岩层序中层厚、粒度和砂页岩比减少示意图

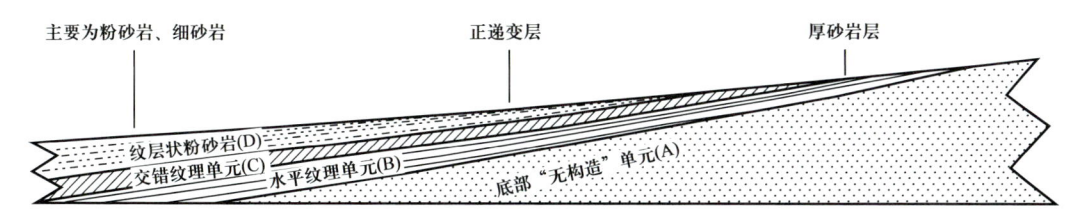

图 11-7　一个简单浊积岩层中理想的横向变化

4. 沉积类型

1）深海锥

开阔洋盆地中深海锥的实例有密西西比河锥、刚果河锥、恒河（或孟加拉）锥、印度河锥和亚马孙河锥。地中海有罗讷河锥和尼罗河锥。

深海锥发育在具有大的汇水盆地和大量悬浮负载的大河的三角洲外。这些锥是从三角洲经过一个主要的和若干次要的三角洲前缘槽补给的。宽阔的头部逐渐过渡到大陆坡，没有明显的顶点。由于河流流量的变化，补给槽的废弃，新槽的侵蚀或老槽的再活动，保持了一个供给深海锥沉积物的宽阔前缘。深海锥向海变宽，一般逐渐进入大的深海平原。锥的半径约 300（罗讷河锥）～3000km（孟加拉锥）。上锥厚度达 10km 以上。扇表面大部分广泛发育水道。沉积物以细粒占优势，仅在很局部地方见到砾石。

2）深海扇

深海扇的典型实例是北美西海岸外的那些扇。它们发育在海底峡谷外，对于来自相连河流、沿岸漂流或两者兼有的沉积物来说，海底峡谷起着漏斗的功能。在大多数例子中相连的河流较小，没有形成陆地三角洲。补给峡谷口是一个固定点源，因此深海扇有一个明显的顶点，尽管起作用的峡谷都可以混淆扇的形状或产生联合扇。在深海扇的向海侧很少出现大的盆地平原，但是可以出现小的堵塞平原，深海扇的半径从加利福尼亚边缘扇的几十千米到蒙特雷扇的 300km 左右。沉积物厚度至多为 1km。深海扇的粒度一般比深海锥粗些，砾石层在上扇中广泛分布。

二、入湖浊流沉积

1. 浊流沉积的分布

我国的湖相浊流沉积，以云南抚仙湖的研究最为详细。抚仙湖是我国最大深水型淡水湖泊。在地质构造上位于滇东凹陷。自古生代至三叠纪，滇东凹陷基本上处于沉降状态，沉积了厚 8～9km 的盖层。三叠纪晚期，滇东凹陷周围开始大面积隆起，四周中山环绕。山体走向北北东，与构造线方向一致。因山麓临湖岸，四周入湖小溪形成一系列小型扇三角洲。

在抚仙湖的北部，整个浊积体自湖滨至中心呈扇形展开。根据浊积砂体的平面分布特征，大致可以划分以下三个区（图 11-8）。

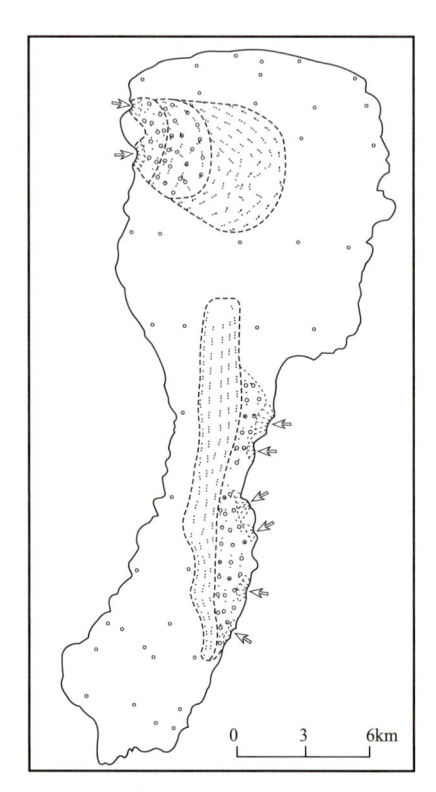

图 11-8　抚仙湖浊积砂体平面分布图

（1）物源区：自西岸的河口湖滨至水深约 50m 处，地形坡度达 10°～11°，为碎屑物质组成的扇三角洲沉积，从沉积物的组成和分布看，它是浊积物质的主要来源区。

（2）驱动或流动区：自扇三角洲前缘至水深 100～120m 地段，湖底波度 5°～6°，为沙、砾、泥混合组成，泥质含量可达 30% 以上，单层厚 6～8cm，向上依次递变为沙层和黏土层。在湖底地形上，并伴有侵蚀谷地宽达 10～100m，深 1～2m，反映出具有滑动型浊流沉积特征。

（3）浊积区：分布于深度 100～150m，沉积物为含砾的中粗沙，向前缘渐过渡为粉、细沙层，水深 150m 以下的最前缘部分，则以含泥的粉沙为主，堆积形态上呈现为几个大型舌状体，舌状体之间为宽 10～20m，长达数百米的槽状洼地。

整个沙体直接覆盖在早期的湖相黏土层之上，接触面清晰（图 11-9）。接触面附近，偶尔还可见到一些气孔，它是下伏有机质含量高的湖相黏土层，在还原环境下形成的少量天然气体，向上扩散和运移的结果。可见，浊积砂体在陆相油田中可以成为很好的储集体。

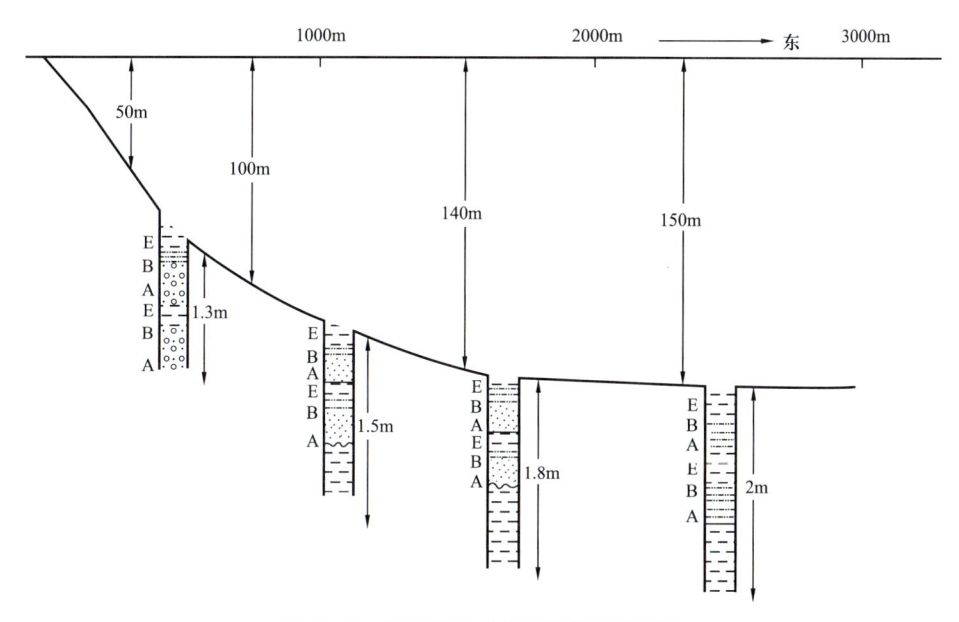

图 11-9 抚仙湖现代浊流沉积柱状剖面

2. 抚仙湖浊流沉积的特征

1）粒级组成

主要是粉沙和黏土，即使在最深地区，含沙量仍占到 45%，因悬浮搬运，仍可见到少量中细沙和小砾石，这一点与深湖沉积有明显不同，具有较高的混合和较宽的峰度，多为混合搬运和堆积，而又未经环境的改造。粒级概率图如图 11-10 所示，均呈现一条以悬浮组分为主的直线段，异重流悬浮组分占 90%～95%，而浊流的 A、B 段悬浮组分占 80%，跃移部分增大为 20%。

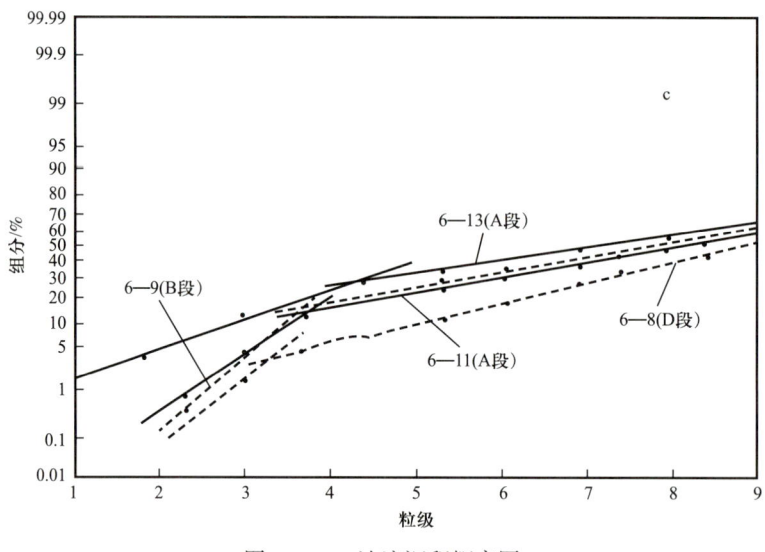

图 11-10 浊流沉积概率图

2）矿物成分

浊流沙体的矿物组成及含量有以下特征：岩屑含量高，一般达 25%～30%；重矿物含量在 0.7% 左右，如北部的浊积沙体，重矿物主要为赤铁矿—电气石—锆石—绿帘石组合，这与湖泊西部的尖山河、路岐河三角洲的矿物组合一致，表明其浊积物源是来自于河口、三角洲前缘地区；重矿物种类 15 种以上，其中不稳定矿物占 65%～70%，矿物风化程度较深，成熟度低，粗细混杂，粒径差异可达 4 倍以上，分选磨圆差，如锆石、金红石、尖晶石、磁铁矿等晶形仍保存较好，有时还可见到保持着母岩的矿物特征，表明其在动力上为快速搬运和堆积；轻矿物主要有石英、长石，其次为方解石，镜下常见轻重矿物及岩屑等相互包裹，反映了悬浮滚动的运动特点。

在沉积层的 E 段中，黏土矿物主要是片状水云母，此外还见有埃洛石及蒙脱石。在浊积体的 D 段中，有较多的多水高岭石及高岭石向水云母的过渡形态，也反映了尽管处于深水地区，却表现出明显的快速沉积特征。

3）石英沙表面形态

石英沙表面形态据扫描电镜观察，颗粒磨圆度不高，棱角明显，保持了陆源形态特征。颗粒表面具有大量的撞击 V 形坑和新月型沟槽，反映高能的水下环境。V 形坑表面被 SiO_2 沉淀和覆盖，其上形成新的叠置的 V 形撞击坑，反映了水下二次撞击过程；石英表面次生加大显著。生长各种完好的石英晶簇，类似于深部地层高压下的早期成岩过程的现象，反映了深水环境的特点；石英表面的溶蚀坑及溶蚀裂隙，反映了南方湿热高能化学环境的沉识特征。

4）化学特征

砂岩的化学组成如表 11-2 所示，其中 SiO_2 含量在 63%～70%，SiO_2/Al_2O_3 值为 5～7，

明显属于成熟度低的杂砂岩类（裴蒂正，1978）。对黏土的某些化学组成进行了分析，pH 值为 7.0~7.4，Eh 值为 0~150mV，均属中性弱还原环境。Fe^{3+}/Fe^{2+} 值近于或略高于 1；Al_2O_3 含量高；Al_2O_3/K_2O 值大于 5，成熟度高于河流值，而低于深湖沉积，具有类似于扇三角洲及前缘的过渡类型。

表 11-2　浊积层及湖相黏土层中化学组成　　　　　　　　　　　单位：%

采样点号	水深/m	沉积类型	SiO_2	Al_2O_3	Fe_2O_3	TiO_2	MgO	CaO	Na_2O	K_2O	Al_2O_3/K_2O
80-6-16	73	浊积黏土层 CD—E 段	58.4	13.76	5.49	1.14	2.12	1.88	0.611	2.6	5.29
80-8-1	76	浊积黏土层 CD—E 段	62.7	13.49	4.54	0.86	1.48	1.10	0.43	2.3	5.87
80-12-5	133	浊积黏土层 CD—E 段	58.7	12.19	4.56	0.89	1.74	0.65	0.968	2.09	5.83
80-9-4	138	浊积黏土层 CD—E 段	47.6	12.69	4.58	1.03	1.49	3.25	0.452	2.39	5.31
80-16-1	150	深湖沉积	46.3	17.67	8.05	1.92	2.49	3.27	0.305	2.44	7.24
79-8-1	150	深湖沉积	49.38	19.41	9.03	1.362	2.04	3.33	0.33	3.15	6.16

部分微量元素 Mn、Co、Ni 等亲铁性元素富聚系数大于 1，而亲硫性元素之均小于 1，基本上与三角洲地区元素分布相一致。

5）生物特征

在水深 73m 至湖底的浊积层中的介形类，见有主要生活于深水底栖的刺玻璃介、抚仙湖玻璃介、伴抚仙湖花介，以及不少湖滨或浅水底栖的属种：湖土星介、丽星介、新纹星介等，还见有大量浮游的硅藻（小环藻）及较深水底栖的摇蚊幼虫、水蚯蚓等。这类底栖生物可以在沉积层中形成一系列的蠕动及虫孔现象。此外，还见有主要生活于湖滨的方格短沟蜷的碎片和幼体，以及来自湖滨陆地植物根茎。如在水深 133m 的 80-12 孔的沙层中，见有陆地上冲来的桃核。由此可见在浊积层中，它既包含有陆地植物残片，同时又有深水、浅水及浮游、底栖等不同生态环境的生物化石共同组合，这也反映了它的搬运和沉积过程。

第二节　古代浊流沉积

一、岩性与层序分析

古代浊流沉积的主要鉴定特征如下。

1. 岩性

在物源附近是厚层粗粒的块体流沉积物占优势，而不是浊积岩如泥石流、颗粒流或流体化沉积物流的沉积物占优势（图 11-11）。粒级可能是砾石或巨砾。突然的相变发生在垂直于放射状古水流方向的方向上，从长形的砂岩和砾岩体变成细粒粉砂岩和泥岩。在古代扇序列内，可以表示出若干等级的层序。

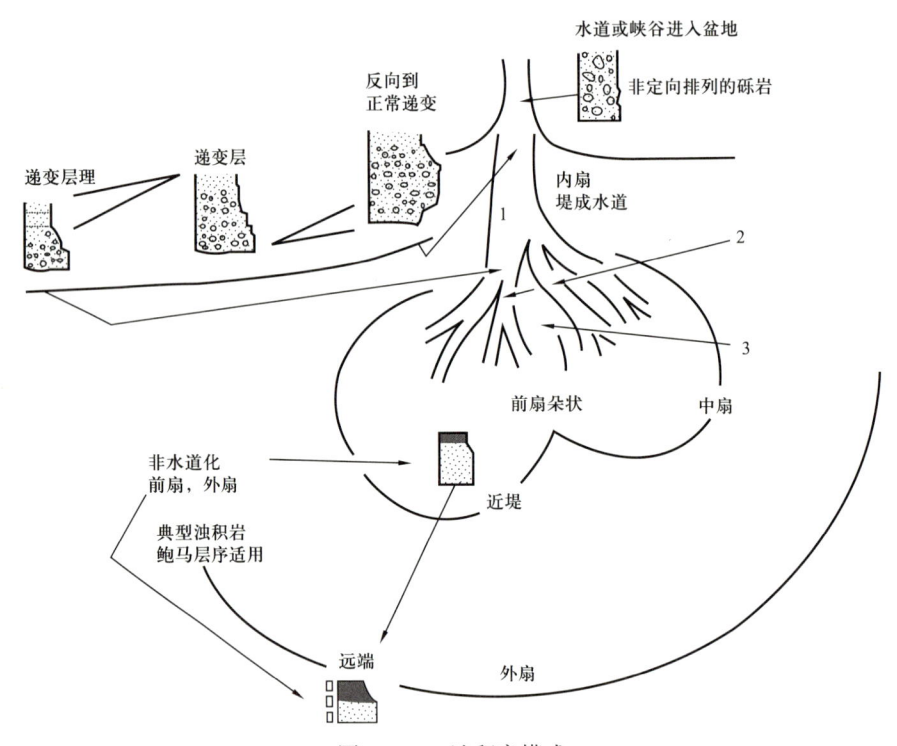

图 11-11 浊积扇模式
1. 砾岩模式顺水道向下的递变情况：反向递变较落，发育"较差"正常递变发育"较好"层理明显；
2. 水道化前扇砾质砂岩，块状砂岩，很少量的泥岩，鲍马层序不适用；3. 水道间漫滩细沉积物

2. 层序

在古代序列内，可以表示出若干等级的层序。在一端是盆地充填层序，一般几千米厚，由盆地平原沉积物组成，向上进入到扇沉积物、大陆坡沉积物、最后是大陆架沉积物。在另一端是单个的递变层，厚度一般几厘米或几分米。前者主要是大地构造成因，后者是沉积成因。在这两端之间，出现厚度几十米或几百米的层序，它主要由扇表面的沉积地形和沉积作用的相互制约产生（图 11-12）。向上变厚的层序反映沉积朵体进积作用引起的局部沉积作用（图 11-13）。向上变薄的层序表示水道横向迁移或渐次废弃的特征（图 11-14）。按照现代浊积扇模式（特别是北美西岸沿海那些扇）类推，可以用上扇相、中扇相和下扇相术语来解释古代扇。另一种解释是应用分流的内扇和进积的外扇。

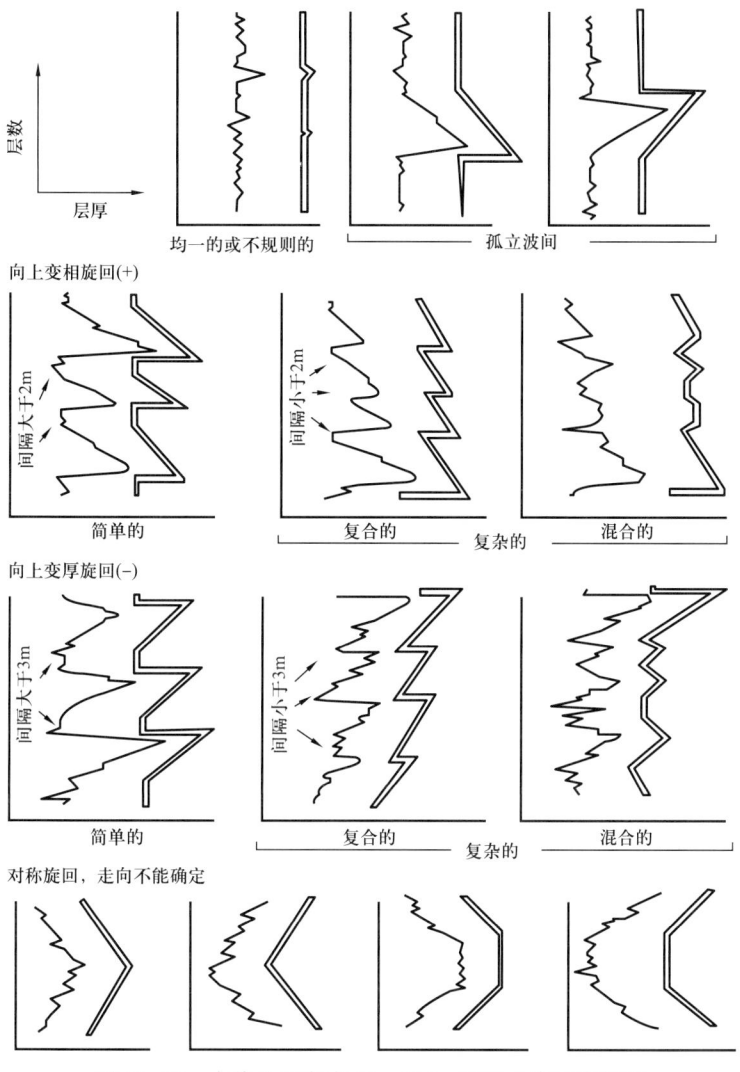

图 11-12　古代浊积扇中 10～100m 厚的垂直层序类型

图 11-13　西班牙坎塔布连山晚石炭世复理石的向上变厚层序

图 11-14　西班牙比利牛斯山西南部始新世复理石的向上变薄层序

上扇相组合的特征一般是具有厚层的透镜状粗粒砂岩相和层纹状、生物扰动的泥岩相，它们分别代表水道和水道间沉积物。薄层砂岩或粉砂岩和薄层泥岩互层代表堤相。堤相层序中的古水流方向偏离了水道层序中的古水流方向。

中扇相组合的特征是一般具有上部向上变薄的层序（分流水道）和下部向上变厚的层序（进积的沉积朵体）。中—粗粒浊积砂岩是主要的层类型。浊积岩在横向上不连续，其古水流方向在顺坡方向上越来越分散。水道间或朵体间区的特征是具有细粒层和少量决口扇砂岩。外扇相组合的特征是缺少横向的相变和向上逐渐变厚。主要的砂岩层类型是中粒浊积砂岩，可以同地平原浊积岩合并（图11-15）。

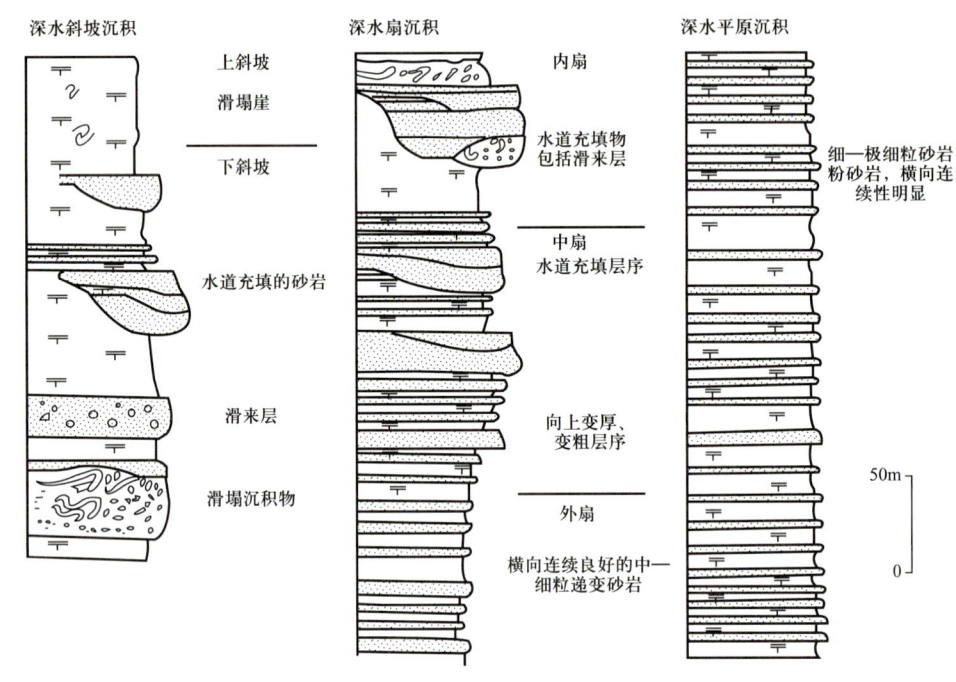

图 11-15 可作为斜坡、扇和盆地平原相特征的层序

二、相分析

1. 近端相

近端相又称近岸洪水浊积扇，简称近岸浊积扇。

我国东部许多古近纪—新近纪断陷湖盆常有很陡的边界断层，断层倾角一般 30°~50°，大的达 60°~70°，断层落差也很大，最大达 8000m。在深陷扩张期，深湖区占的面积大，紧邻断层，山地洪流沿断层面直泻入湖，在断崖脚下深水带坡度突然变缓处迅速将大量碎屑物质沉积下来，并且由于洪流流速很大，入湖后虽受湖水顶托，仍有继续向前推进和下切的能力，因此形成辫状水下河道，将一些砂砾和泥质继续向前搬运和沉积，形成规模较大的粗碎屑含量高的浊积扇体，如泌阳凹陷南面边界大断层下降盘，在渐新世核桃园组三段时发育的双河镇近岸浊积扇体，济阳坳陷沾化凹陷东面五号桩凸起西侧，在沙三段时发育的近岸浊积扇体。前者面积73~120km², 后者面积60km², 厚度都达500m，倾向剖面上扇体呈楔状，根部紧贴基岩断面，砂层向湖心伸展，可细分为内扇、中扇和外扇三个微相带，如图11-16至图11-19和表11-3所示。

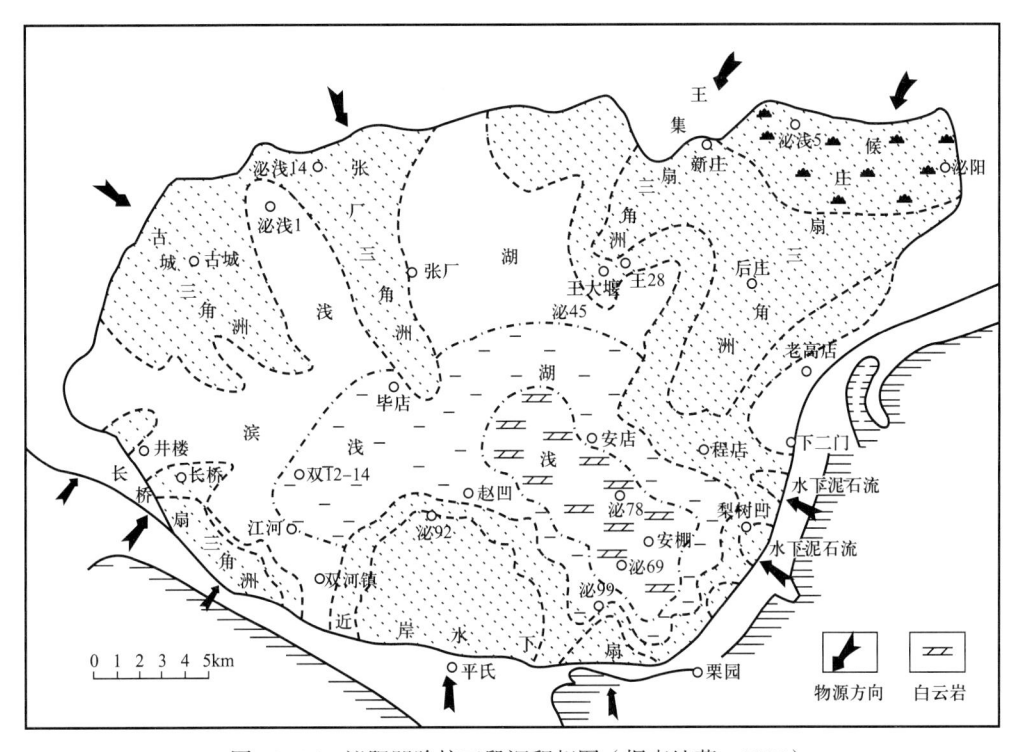

图11-16 泌阳凹陷核三段沉积相图（据李纯菊，1987）

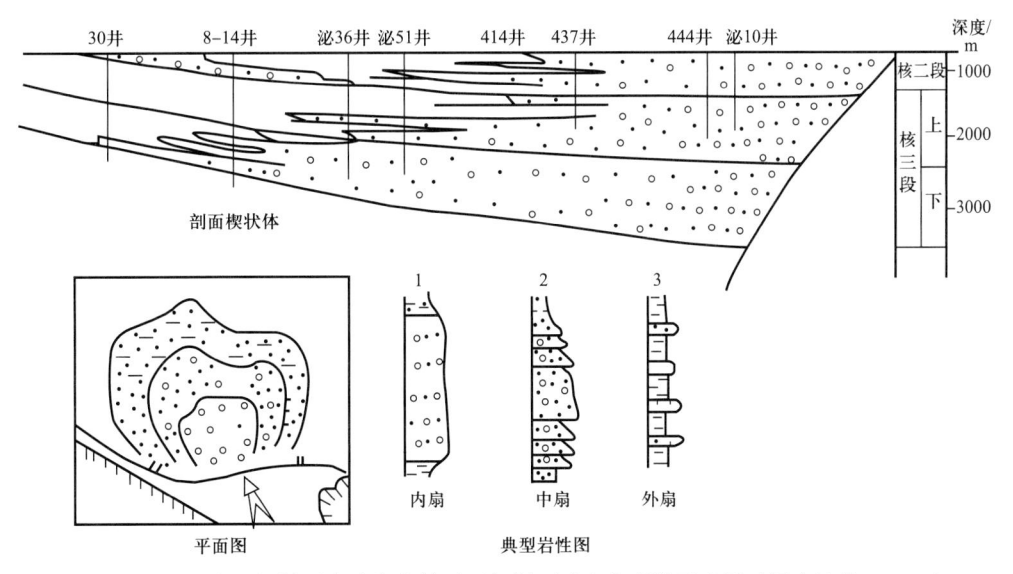

图11-17 泌阳双河镇近岸浊积扇的平面与剖面形态和岩性示意图（据李纯菊，1987）

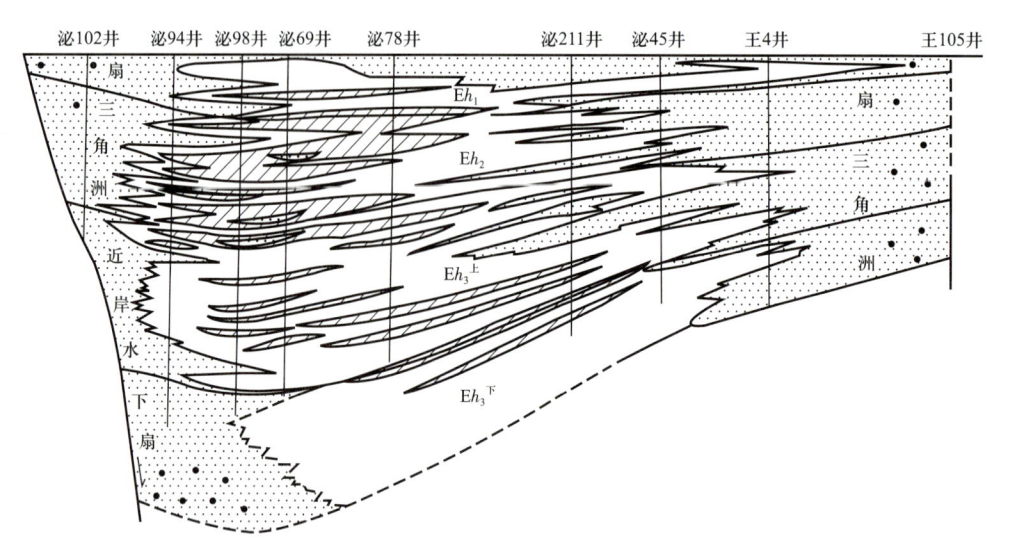

图 11-18　泌阳凹陷核桃园组泌 102 井—泌 105 井（近南北向）相剖面图（据李纯菊等，1988）

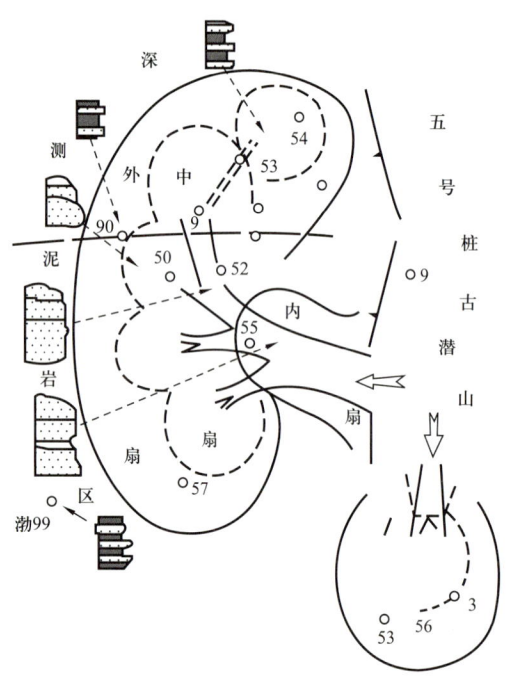

图 11-19　沾化凹陷五号桩近岸浊积扇平面图
（据刘守义等，1984）

内扇为单一主水道，岩性主要为基质支撑的混杂砾岩、颗粒支撑的正递变砾岩，具碎屑流沉积的一些特征。

中扇为辫状水道区，是扇体的主要部分，岩性为正递变的含砾砂岩和块状砂岩多次叠加组成的复合砂岩。

外扇主要岩性为暗色泥岩夹粉、细砂岩薄层，显示鲍马层序 CDE 段的特点。

对于浊积砂体的含油性来说，由于处于深湖区，油源和盖层都不成问题，关键是砂体的储油物性好坏。近岸浊积扇体的岩性粗。中扇辫状水道的叠合砂岩，泥质含量少，物性好。上述两扇叠合砂岩的泥质含量均小于 5%，渗透率达几百毫达西、几千毫达西。再者由于近岸浊积扇靠湖盆边缘，碎屑物质供应充分，扇体的面积和厚度都比较大，形态清楚，而且埋深相对较浅，钻探容易，因而是浊积砂体中含油气最丰富勘探成功率也最高的类型。如双河镇近岸浊积扇砂体的产量和储量都占该凹陷总产储量的 80% 以上，它不但扇中区油气富集由于盆地北坡的逐渐抬升，使外扇砂层形成上倾尖灭，也充满油气。双河以东，沿南面和东面边界大断层还分布有其他近岸浊积扇体或锥体，连接成群，从所处位置和岩性来说，以双河砂体和其东面的杨桥—栗园到安棚这一带浊积砂体含油气最有利。

- 596 -

表 11-3　双河镇和五号桩两个近岸浊积扇的微相的岩性特征对比表

	内扇	中扇	外扇
泌阳凹陷双河镇近岸浊积扇	颗粒支撑的砾岩和砂砾岩、基质支撑的混杂砾岩，具正递变层理和混杂构造。砾石排列杂乱、甚至直立，有的略显叠瓦状排列，SP曲线呈低幅度的不规则锯齿状或桶状，顶底夹层泥岩颜色有深灰、暗灰绿至灰绿色，粒度资料显示浊流特点	辫状水道：呈正递变或粗糙平行层理的砂砾岩，含砂砾岩和砂岩，其冲刷面不含或含少量泥质夹层，常呈叠合砂岩，偶呈大型交错层理，SP曲线为大幅度的箱装或钟状 水道网：粒度较水道粗，层较薄，泥质夹层增多，正反递变层理均有，SP曲线呈弓形，粒度资料显示浊流特点 前端平缓段：中厚层砂岩和深灰色泥岩的互层，正递变层理，小型交错层理，变形层理，负荷构造，泥岩撕裂片，水平虫孔发育，可能出现较完整的经典浊积岩鲍马层序，粒度资料显示浊流—河流过渡型	深灰色泥岩夹中—薄层细砂岩或粉细砂，正递变或层序不清。水平层理，变形层理，小型交错层理和符合构造常见，可呈鲍马层序CDE组合，SP曲线为近零值的平直线或夹小拒锯齿
沾化凹陷五号桩近岸浊积扇	厚层块状的含砾砂岩，递变层理的含砾砂岩和砂岩，泥质夹层很少	辫状水道：含砂砾岩为主，次为块状砂岩，少量砂砾岩、砾岩和粉细砂岩。粗糙平行层理，块状和正递变层理为主，个别大型交错层理，反递变、双向递变和牵引层，常呈叠合砂岩。 前端平缓区：经典浊积岩ABC、BC、BCDE组合，完整的较少，D（E）段为深灰褐或灰色致密泥岩或粉砂质泥岩	深灰色泥岩夹薄层粉砂岩，呈鲍马层序组合，小型交错层理、变形层理，负荷构造，小错断构造很多。

图 11-18 表示垂向剖面上砂体类型的变化、以核三段的中部浊积岩特点最为典型，下部有可能部分为水下冲积扇，合称为近岸水下扇。核三段上部至核二段渐变为扇三角洲。沾化凹陷五号桩近岸浊积扇砂体的形态和岩性与双河近岸浊积扇砂体很类似，都靠近岩性为花岗片麻岩的物源区，渗透率高者达 500mD，有初日产量达 4000t 的油井。

2. 远端相

远端相又称远岸浊积扇。

湖盆短轴缓坡一侧，若有垂直湖岸的断层，往往会发育沟谷深槽，直抵湖岸，使得入湖洪流难于在边缘堆积成近岸浅水砂体，而是沿沟槽往前继续搬运，直到前面地形转折、陡坡下面的深水区（多是与岸平行的同生断层的下降盘），才将大量泥砂砾堆积下来，形成距离较远的具粗碎屑物质的浊积扇。如东营凹陷南斜坡沙三段早—中期梁家楼扇体，距岸 25km，位于断阶带北侧的深湖区，临近长期继承性的利津生油洼陷。供给水道宽 1～2km，岩性为厚层块状的砾状砂岩，无泥质夹层。扇体面积约 100km^2，岩性为含砾砂岩，少量砂质砾岩，多含巨厚块状或叠合砂岩，以正逆变层理和块状层理为主，属内扇和中扇的辫状水道沉积（图 11-20），由于深入生油区，砂层岩性粗物性好，故油气丰富。梁家楼以东，同处断阶带下降盘的牛庄—六户地区是否存在类似砂体，值得进一步研究。

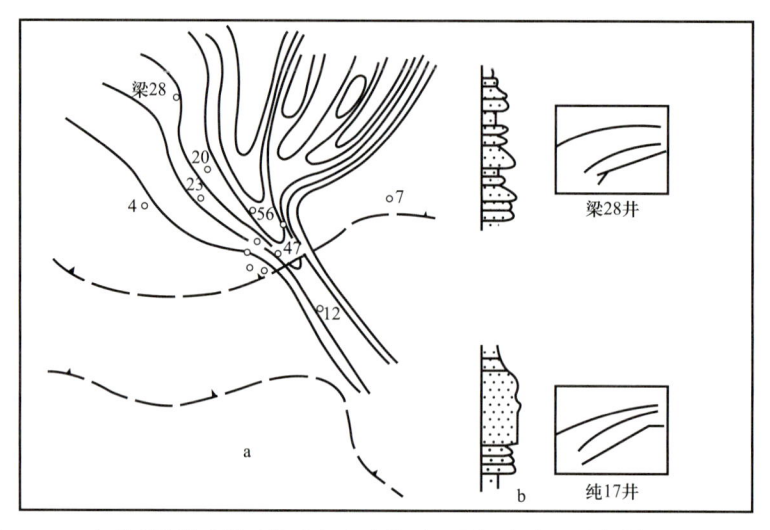

图 11-20　东营凹陷梁家楼远岸浊积扇砂体平面形态（a）和岩性剖面（b）示意图
（据刘守义等，1984，修改）

辽河西部凹陷西斜坡比东斜坡相对平缓一些，在沙三段沉积时，从北面曙光开始向南至欢喜岭，有多个带供给水道的远岸浊积扇砂体，今以其中的一个扇体—锦欢地区大凌河油田第二砂层组的浊积扇体为例说明它的特点（图 11-21）。

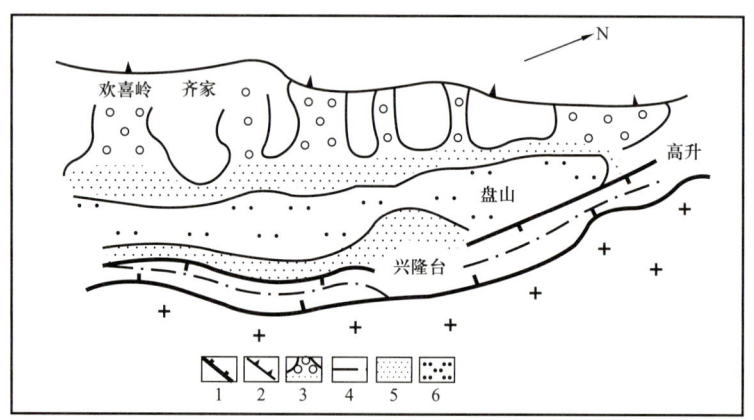

1—断层；2—剥蚀线；3—带供给水道的远岸浊积扇；4—断槽浊积砂体；5—近—远岸浊积砂体；
6—湖底中央平原上的席状浊积砂。

图 11-21　辽河西部凹陷沙三段下部浊积砂体分布图

锦欢扇体的供给水道长约 11km，宽 3.7km，坡度 6°18′，为泥质砾岩充填。扇体面积 280km²，平均坡度 1°24′，周围被暗色深水泥岩包围，分三个微相带。内扇水道岩性为混杂粗砾岩，天然堤沉积粒细，呈鲍马层序 AE、AB、BC、CD 等组合，内扇带坡度约 2°54′。中扇辫状水道区以叠合砂岩最为典型。中扇前端为砂、泥岩互层，呈鲍马层序组合。外扇岩性更细，为薄层粉、细砂岩与深灰色泥岩的互层，呈 CDE 层序。这个浊积扇体也是由多个叶体组成的复合体，在垂向剖面上总体呈水退式反旋回，而其中每一个单砂层均呈正韵律、正粒序的正递变的特点（图 11-22）。从上述描述可以看出，远岸浊积扇与近岸浊积扇的形态、分带和岩性很相似，都是粗碎屑浊积岩，物质来源都是岸上洪流。

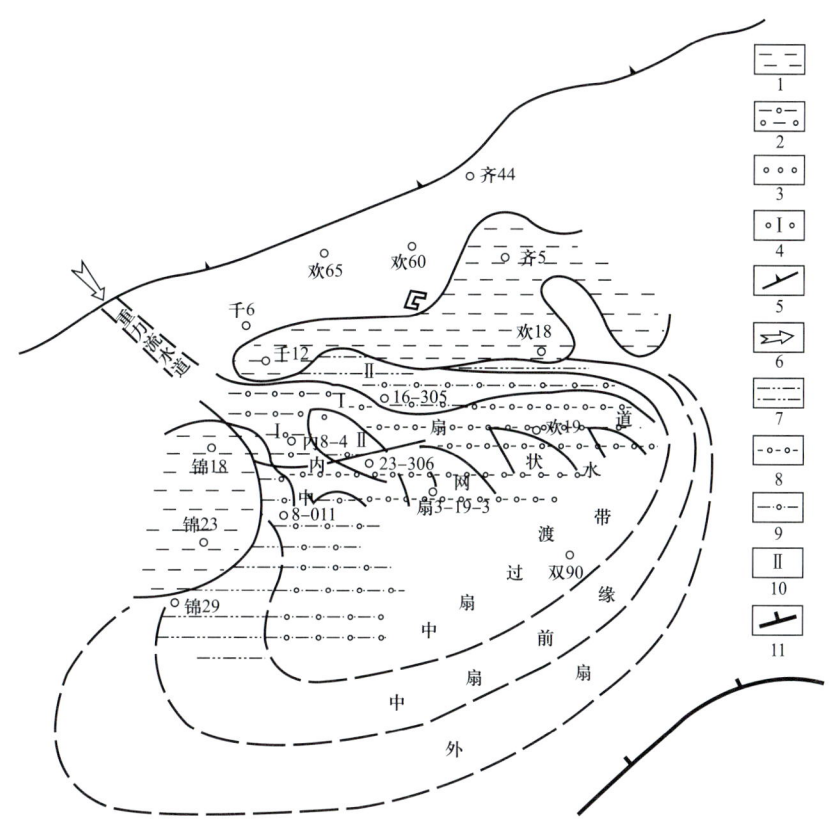

1—泥岩；2—泥质砂砾岩；3—砾岩；4—内扇水道；5—剥蚀线；6—物源方向；7—沙、泥岩；8—砂砾岩；9—泥质砾岩；10—天然堤；11—断层。

图 11-22　锦欢地区沙三段大凌河油层第二砂层组远岸浊积扇体微相图（据高延新，1982）

三、鲍马浊积岩相模式

鲍马序列或称鲍马模式（图 11-23）被认为是一个很简单的相模式，但可以起到三个作用。

1. 鲍马模式标准

这个模式按照鲍马的定义包括 A～E 五个单位，这五个单位是按固定的序列出现的。在图 11-24 中，三个浊积岩层都明显地包括鲍马模式的某些要素，但与标准又明显地有所不同。它们可以由 AE 层，BCE 层和 CE 层来表征。

图 11-23　完整的"鲍马"浊积岩
标本取自加拿大魁北克省科特弗雷歇特公路上的莱维斯组（寒武系）

2. 鲍马模式的水动力解释

根据鲍马模式，我们能对典型的浊积岩作出完整的解释。单位 A 除粒级和层理外，没有其他沉积构造。这说明悬浮液中的颗粒下沉得很快，而且下沉的数量和速度可能都很大。在这种情况下，水是猛烈上涌的，颗粒和水的混合物转瞬之间就流体化了。流体化作用能破坏任何可能有的沉构造。沉积作用的第二个阶段是颗粒在河底被牵引。由于流速较低，悬浮液中的颗粒的沉积速度也就低得多。单位 B 代表的是高水流状态下的平面层。单位 C 代表的是低水流伏态下的波状层。单位 D 中的细纹理的成因还不清楚，在所有的露头上 D 和 E 都无法区分。单位 E 的最上部，可能有某些真正的深海泥岩，含深水（半深海或深海）的底栖动物化石（图 11-24）。

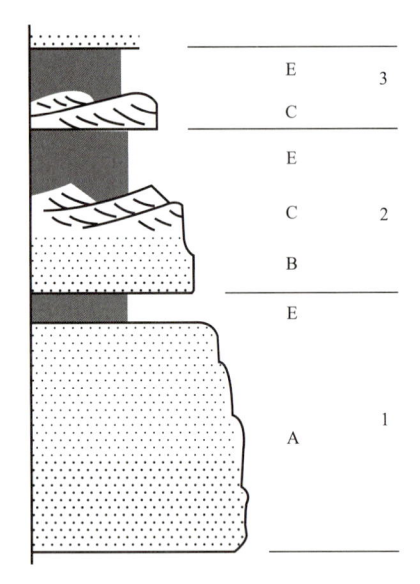

图 11-24 三个浊积岩的假设序列
分别为鲍马模式中的 AE、BCE 和 CE

根据水动力学解释作出某些预测，一个由几十个浊积岩层组成的序列，如果所有的浊积岩层都比较厚，并且都是从单位 A 开始的，则它可能是在沉积时所有的浊流都是高流速的环境中形成的（图 11-25）。这种环境可能接近浊流的来源区（近源的）。反之，一个由几十个浊积岩层组成的序列，如果所有的浊积岩层都是从单位 B 或单位 C 开始，则它是在沉积时所有的浊流都是低流速的环境中形成的（图 11-26）。这种环境可能远离浊流的来源区（远源的）。

图 11-25 魁北克大峡谷中的奥陶系克洛里多米组
一组四个侧面平行的浊积岩层 AE、AE、AE 和 AE，显示出岩层接近于它们的源地（近源的），层微微倒转，顶部向右

图 11-26 魁北克大峡谷（鱼罐头食品厂附近）的奥陶系克洛里多米组露头
极薄的浊积岩型砂岩，夹有比较厚的与之互展的页岩，岩层从鲍马单位 B 和 C 开始，地层顶部朝左

第三节　辽河盆地沙三段储层浊流沉积相

一、沙三段相带展布及砂体发育特征

沙三段沉积时期，在西部凹陷南部主要发育两大湖底扇沉积体系。沙三段早期为湖盆深陷初期，湖底扇的规模较小（图 11-27a），扇中辫状水道不发育，岩性以砂砾岩—砂岩为主。沙三段中期由于湖盆范围的进一步扩大及水体的急剧加深，扇砂体向前延伸较远，其扇端相连而呈带状分布（图 11-27b）。沙三期晚期湖盆水域收缩，水体深度相对变浅，砂体厚度及发育规模减小，岩性变细，泥岩沉积明显增多（图 11-27c）。

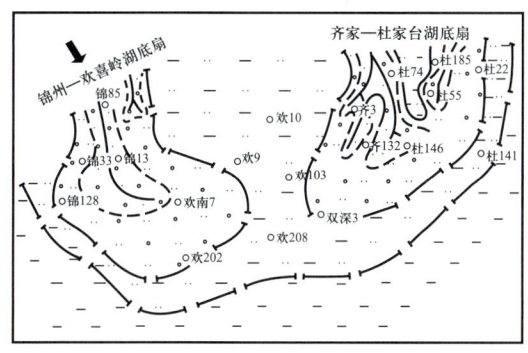

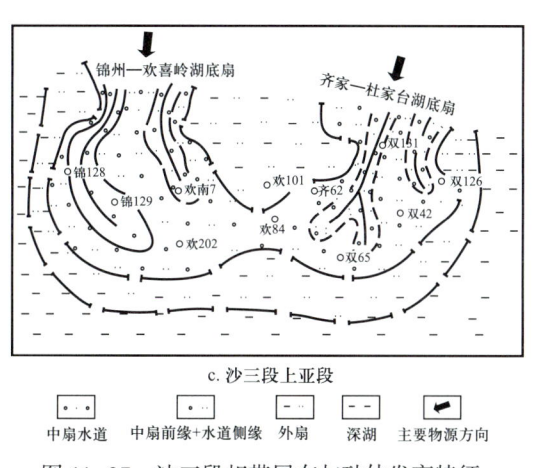

图 11-27　沙三段相带展布与砂体发育特征

二、沙三段储层物性及影响因素

1. 储层纵向物性特征

沙三段储层的岩石矿物成分复杂，暗色矿物和火山岩屑含量高，岩石中普遍含钙质，加之埋藏深，因而储层物性较差。孔隙度、渗透率随埋深增加呈明显递减趋势，但

-601-

不同亚段，由于沉积构造背景和水动力条件的不同，储集物性差异较大。比较而言，沙三段中亚段大凌河油层组储集物性最佳，研究区内孔隙度一般 8.0%～15.0%，平均可达 12.0%；其次为沙三段上亚段热合台油层组，孔隙度 5.0%～14.5%，平均可达 10.5%；沙三段下亚段莲花油层组储集物性最差，孔隙度平均小于 8.0%。此外，同一亚段内的不同砂层组，以及同一砂层组中的不同单砂层，由于所处沉积部位、层厚度、粒级、分选及杂基含量等的差异，造成层内有较强的非均质性。总之，沙三段储层物性是以低孔—低渗、特低孔—特低渗为主。渗透率与孔隙度具正相关关系，随埋深的增加，孔隙度减小，渗透率也明显降低（图 11-28）。至 4000m 以下，渗透率基本小于 1.0mD，这说明 4000m 以深储层岩石致密程度更高，只在局部如裂缝发育区，储集性能才有较大的改善。

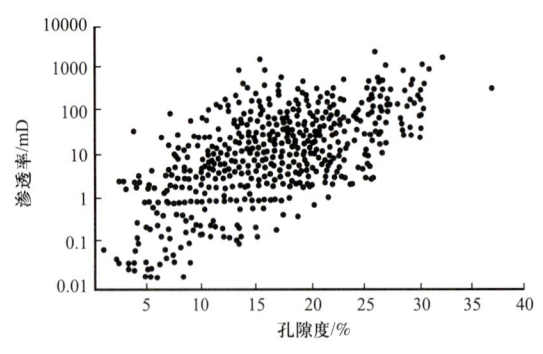

图 11-28　沙三段储层渗透率与孔隙度成正相关

2. 储层横向物性特征

沙三段湖底扇不同微相带物性特征明显不同，其中湖底扇中扇辫状沟道微相砂体储集性能最好，平均孔隙度为 16.6%，平均渗透率为 150mD，中—高产能储层占 64.3%，低产能储层占 21.4%；其次为扇中前缘微相砂体，储层平均孔隙度为 10.9%，平均渗透率为 11mD，中产能储层占 29%，低产能储层占 36.8%。储层物性的变化规律是依中扇辫状沟道→中扇前缘→外扇亚相由好变差，由辫状沟道中心向沟道侧缘、沟道间，物性由好变差（表 11-4）。

表 11-4　湖底扇不同微相带储层物性统计表

相类型	微相类型	平均孔隙度/%（样品数）	平均渗透率/mD（样品数）
湖底扇	辫状沟道	16.6（673）	150（451）
	沟道间	10.6（48）	<1（48）
	扇中前缘	10.9（653）	10.6（354）
	外扇	7.8（145）	1.1（69）

第十二章　比较沉积学的研究方法

第一节　岩屑岩性数字滤波技术

沉积学的理论发展到在油气田勘探开发中的应用，必须了解钻井的岩性资料。长期以来，沉积地质工作者主要依靠钻井的取心资料。而钻井取心既费时，又费钱，往往只能间隔取心，取不到系统的岩心资料，很难对油气藏的储层沉积相做出可靠的论断。

作者在青海油田工作时也遇到了这个问题。我们想到岩心库房中堆积成山的岩屑，能否利用这些岩屑资料来研究储层沉积相。于是对以下问题开始了探索。

（1）岩屑资料是否可信？

（2）若可信，如何保证它的可信度？

（3）若可信度有保证，如何实施岩性编码？

（4）如何将岩屑岩性资料应用到钻井柱状图中去？

（5）在钻井岩屑岩性柱状图的基础上，能否划分不同级别的旋回层？

（6）在岩屑岩性旋回层的基础上，能否勾划区域的沉积相组、沉积相、沉积亚相，甚至沉积微相？

经过我们与青海油田研究院的共同努力，已经将岩屑岩性资料应用在几个油田的储层勘探沉积相研究中，并且建立了应用程序，走上了自动化的道路（图12-1）。

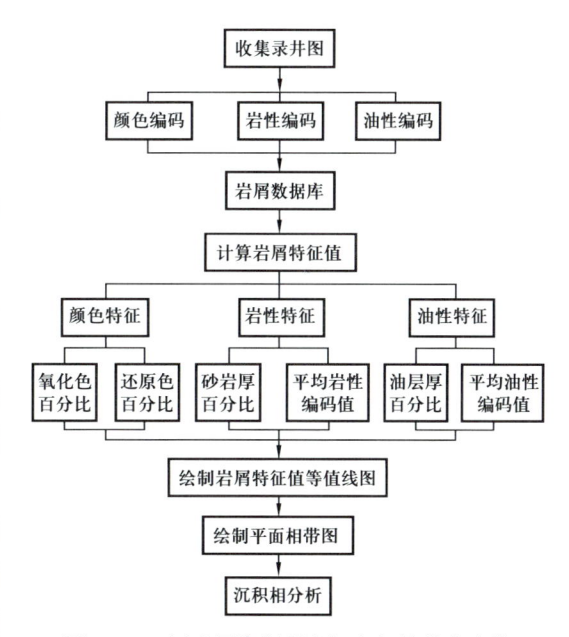

图12-1　用岩屑资料研究沉积相的技术路线

下面对岩屑岩性数字滤波技术作概略介绍。

一、以油藏岩性柱状图为基础

岩性旋回层的划分是否准确，关键是用于做数字滤波的岩性柱状图是否足够精细。为了使所制定的岩性旋回层划分方案更合理，以利于在探井中推广使用，我们采用尕斯库勒、跃进二号（东高点）、砂西、红柳泉和七个泉五个油藏的 E_3^1 岩性柱状图进行数字滤波。这些油藏岩性柱状图以取心井段为主，非取心井段用岩屑录井资料补充。这里以跃进二号 E_3^1 油藏综合柱状图为例（图12-2）。

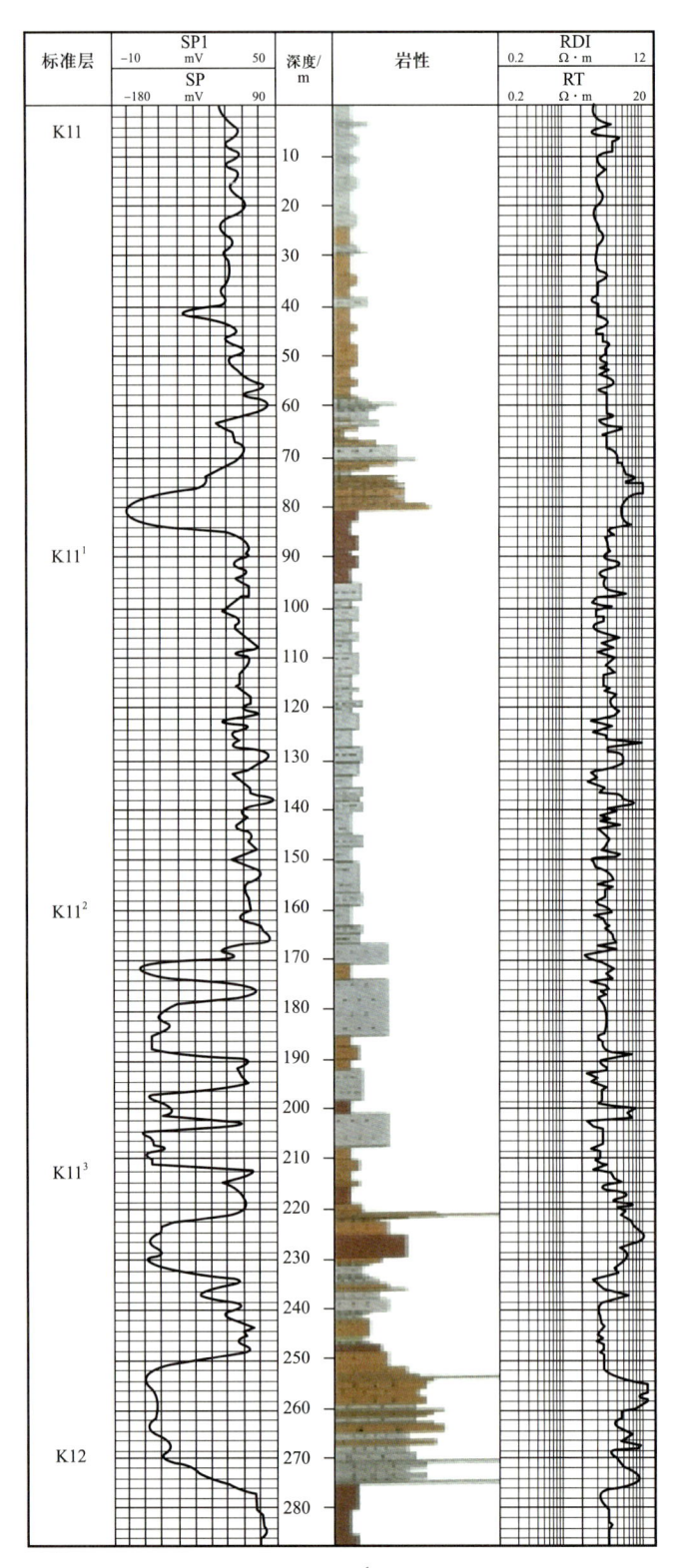

图 12-2 跃进二号 E_3^1 油藏综合柱状图

二、岩性编码

在观察岩心时，对岩性做了精细描述。将岩性细分为 21 个等级，配以相应的数码值（表 12-1）。由于沉积岩的沉积环境主要取决于水动力条件，水动力越强，沉积物越粗。因此，沉积岩的岩性数字编码按岩性的粗细来排列。在岩心描述过程中，以 1∶50 的垂直比例尺细记录。经整理后，在厘米坐标纸上，绘制成 1∶500 的岩性柱状图，最高的岩性分 0.5mm，相当于 25cm 的实际厚度。然后将岩性柱状图数字化。

表 12-1 岩性命名与编码

沉积学岩性命名	石灰岩	泥岩	粉砂质泥岩	泥质粉砂岩	粉砂岩	极细砂—粉砂岩	粉砂—极细砂岩
油田岩性命名	石灰岩	泥岩	粉泥岩、砂质泥岩	泥粉岩、细粉砂岩	粉砂岩		
岩性编码	3	5	7	8	10	12	13
沉积学岩性命名	极细砂岩	细砂—极细砂岩	极细砂—细砂岩	细砂岩	中细砂岩	细中砂岩	中砂岩
油田岩性命名	粉细砂岩			细砂岩	中细砂岩	细中砂岩	中砂岩
岩性编码	15	17	18	20	22	23	25
沉积学岩性命名	粗中砂岩	中粗砂岩	粗砂岩	极粗砂—粗砂岩	粗砂—极粗砂岩	极粗砂岩	砾岩

三、将岩性柱状图中的岩性层破碎成单元层

数字滤波技术的实质是一种滑动平均。由于组成岩性柱状图的岩性层，其厚度各不相同，所以在对岩性层进行滑动平均以前，先要将每一个岩性层破碎成统一厚度的最小单元层。我们选取 1∶500 岩性柱状图中最高岩性分辨率的 25cm 作为单元层的厚度，如厚度为 1.5m 的岩性层将被破碎成六个岩性相同、厚度都是 25cm 的单元层（表 12-2）。

表 12-2 岩性层破碎成单元层

顶深 /m	底深 /m	厚度 /m	岩性	岩性编码
215.50	216.50	1.00	粉砂质泥岩	7
216.50	220.00	3.50	泥岩	5
220.00	221.50	1.50	泥质粉砂岩	8
221.50	222.00	0.50	中粗砂岩	28
222.00	222.50	0.50	砾岩	45

续表

顶深 /m	底深 /m	厚度 /m	岩性	岩性编码
222.50	222.75	0.25	粗砂岩	30
222.75	223.00	0.25	细砂岩	20
223.00	223.50	0.50	极细砂—粉砂岩	12
223.50	226.00	2.50	极细砂岩	15
226.00	230.50	4.50	细砂岩	20
230.50	231.50	1.00	粉砂—极细砂岩	13
231.50	232.00	0.50	粉砂岩	10
232.00	234.00	2.00	泥质粉砂岩	8
234.00	234.50	0.50	粉砂岩	10
234.50	235.50	1.00	极细砂—粉砂岩	12
235.50	236.50	1.00	极细砂岩	15
236.50	237.00	0.50	细砂岩	20
237.00	238.50	1.50	极细砂—粉砂岩	12
238.50	241.00	2.50	极细砂岩	15
241.00	241.50	0.50	粉砂岩	10
241.50	242.50	1.00	泥质粉砂岩	8
242.50	243.50	1.00	粉砂岩	10
243.50	246.00	2.50	粉砂岩	10
246.00	247.00	1.00	泥质粉砂岩	8
247.00	247.50	0.50	粉砂岩	10
247.50	249.00	1.50	粉砂—极细砂岩	13
249.00	252.00	3.00	极细砂岩	15
252.00	253.50	1.50	细砂岩	20
253.50	254.00	0.50	细中砂岩	23
254.00	254.50	0.50	砾岩	45

四、对岩性单元层进行滑动平均

每个岩性单元层的岩性编码平均值取决于所选定的波长范围内全部单元层的岩性编码值。我们选择了 21 点平均、41 点平均、81 点平均、121 点平均、161 点平均和 201 点平均的六种波长方案。以 21 点平均为例，某个单元层的岩性编码平均值由其上面 10 个单元层、下面 10 个单元层及这个单元层本身的 21 个岩性编码值经平均获得。再往下移动一个单元层，同样用其上下 21 个单元层岩性编码值进行平均。这样，逐点往下滑动平均（图 12-3），获得六条岩性滑动平均曲线。滑动平均的结果，旋回层岩性的变化趋向均匀。从六种波长滑动平均结果来看，选择的波长越大，即平均点数越多，岩性变化越均匀，岩性旋回层跨越的厚度越大，岩性旋回层的级别越高（表 12-3）。

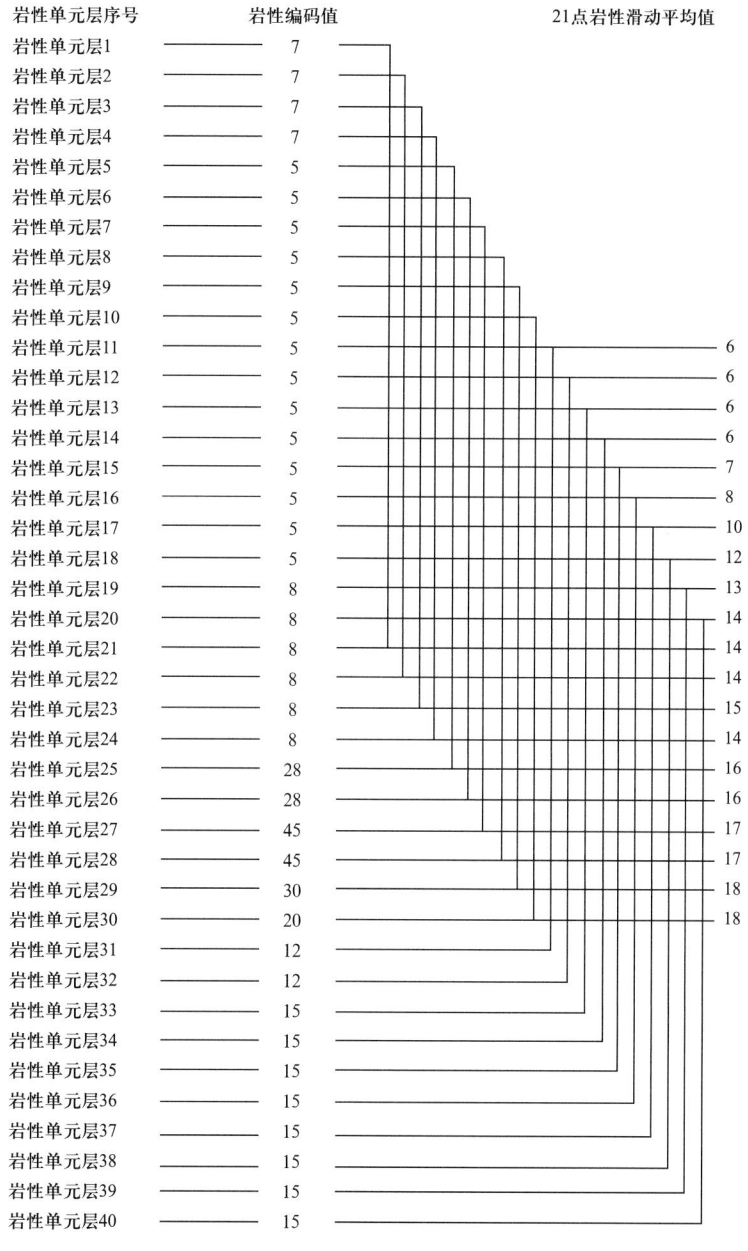

岩性单元层序号	岩性编码值	21点岩性滑动平均值
岩性单元层1	7	
岩性单元层2	7	
岩性单元层3	7	
岩性单元层4	7	
岩性单元层5	5	
岩性单元层6	5	
岩性单元层7	5	
岩性单元层8	5	
岩性单元层9	5	
岩性单元层10	5	
岩性单元层11	5	6
岩性单元层12	5	6
岩性单元层13	5	6
岩性单元层14	5	6
岩性单元层15	5	7
岩性单元层16	5	8
岩性单元层17	5	10
岩性单元层18	5	12
岩性单元层19	8	13
岩性单元层20	8	14
岩性单元层21	8	14
岩性单元层22	8	14
岩性单元层23	8	15
岩性单元层24	8	14
岩性单元层25	28	16
岩性单元层26	28	16
岩性单元层27	45	17
岩性单元层28	45	17
岩性单元层29	30	18
岩性单元层30	20	18
岩性单元层31	12	
岩性单元层32	12	
岩性单元层33	15	
岩性单元层34	15	
岩性单元层35	15	
岩性单元层36	15	
岩性单元层37	15	
岩性单元层38	15	
岩性单元层39	15	
岩性单元层40	15	

图 12-3 岩性单元层滑动平均案例

表 12-3 六种波长的滑动平均结果

深度 /m	21 点平均	41 点平均	81 点平均	121 点平均	161 点平均	201 点平均
215.5	5.6667	15.7317	30.5802	42.0413	51.2919	61.1393
215.75	5.5714	15.8049	30.5802	42.1074	51.3354	61.1791
216	5.4762	15.8780	30.5802	42.1736	51.3789	61.2189
216.25	5.3810	15.9512	30.6420	42.2397	51.4224	61.2338
216.5	5.3810	16.0244	30.7037	42.3058	51.4658	61.2488
216.75	5.3810	16.5854	30.7654	42.3471	51.5404	61.2537
217	5.3810	17.0976	30.8272	42.3884	51.6149	61.2587
217.25	5.3810	18.0244	30.8889	42.4132	51.6398	61.2637
217.5	5.3810	18.9512	30.9506	42.4380	51.6646	61.2786
217.75	5.5238	19.5122	31.0123	42.4628	51.6894	61.3035
218	5.6667	19.8293	31.0741	42.4050	51.7143	61.3284
218.25	5.8095	19.9512	31.1358	42.3471	51.7391	61.3532
218.5	5.8571	20.0732	31.1975	42.2893	51.7640	61.3781
218.75	5.9048	20.2683	31.2593	42.2314	51.8075	61.4030
219	5.9524	20.5122	31.3210	42.1736	51.8509	61.4279
219.25	6.9524	20.7561	31.3827	42.1322	51.8944	61.4527
219.5	8.0476	21.0000	31.5679	42.0909	51.9379	61.4627
219.75	9.9524	21.2439	31.7531	42.0661	51.9814	61.4726
220	11.8571	21.4878	31.9383	42.0413	52.0248	61.4826
220.25	13.0476	21.7317	32.1235	42.0165	52.0683	61.4925
220.5	13.7619	21.9756	32.3086	41.9917	52.1304	61.5025
220.75	14.0952	22.2195	32.4074	41.9917	52.1925	61.5124
221	14.4286	22.4146	32.5062	41.9917	52.2547	61.5224
221.25	14.9048	22.7317	32.6049	41.9917	52.2857	61.5224
221.5	15.3810	23.0488	32.7037	41.9917	52.3168	61.5224
221.75	15.8571	23.3659	32.7654	42.0331	52.3354	61.5224
222	16.3333	23.7317	32.8025	42.0744	52.3540	61.5224
222.25	16.8095	24.0976	32.8148	42.0496	52.3727	61.5323
222.5	17.2857	24.4634	32.8272	42.0248	52.3913	61.5423

续表

深度/m	21点平均	41点平均	81点平均	121点平均	161点平均	201点平均
222.75	17.7619	24.8293	32.8395	42.0000	52.4224	61.5672
223	18.0952	25.1951	32.8519	41.9752	52.3913	61.5920
223.25	18.4286	25.5610	32.8642	41.9504	52.3602	61.6169
223.5	18.7619	25.9268	32.8765	41.9256	52.3292	61.6418
223.75	19.3333	26.2927	32.8889	41.9256	52.2981	61.6667
224	19.9048	26.6585	32.9259	41.9256	52.2671	61.6915
224.25	20.4762	27.0244	32.9877	41.9256	52.2360	61.7264
224.5	20.0952	27.3902	33.0494	42.0083	52.2050	61.7612
224.75	19.7143	27.7561	33.1358	42.0909	52.1739	61.7960
225	18.5238	28.1220	33.2222	42.1736	52.1429	61.8308
225.25	17.3333	28.4878	33.3086	42.2562	52.1118	61.8657

五、油藏各级旋回层的划分方案

将五个油藏（尕斯库勒、红柳泉、跃进二号、砂西、七个泉油藏）岩性柱状图的滑动平均结果，绘制成岩性数字滤波曲线图。

第二节 重砂矿物鉴定

组成砂质沉积物的最主要造岩矿物，90%以上是石英和长石，它们的比重较小，为 2.5~2.8，称为轻矿物。相反，种类很多但含量很少的矿物比重却比较大，在2.8以上，称为重矿物。由于重矿物种类的多样性，我们有可能根据重矿组合来确定沉物的来源，追索沉积物的移动途径，重建古地理环境和进行地层对比等。

根据经验，用作重矿物鉴定的砂样宜选择 0.1~0.01mm 的极细砂和粗粉砂，该粒级中的重矿种类最多。

一、重液分离

利用不同比重的重液，将砂样矿物按比重分离开来。选择重液的根据为比重适当，性能稳定，无色透明，回收方便和无毒价廉。常用的重液是三溴甲烷（CHB_{r3}），比重在2.8左右。

分离工作在分液漏斗中进行。注10~20mL重液于漏斗，将称量11.5g的样品倒入重液内。用细玻璃棒搅匀，并每隔1~2min搅一次，直至样品在重液中完全分离。然后静置数小时，使比重大于重液的矿物完全沉下。这时迅速打开漏斗夹子，将重矿物流入备有油纸的容器内。用酒精、丙酮等稀释液洗去重液，再用蒸馏水将重矿物洗净，烘干后称重。

二、矿物磁选

用重液分离出来的矿物，可用磁选仪分离成强磁、中磁、弱磁和无磁几部分（表12-4）。为了分离完全，应该重复几次，然后将按磁性分类的重矿分别在显微镜下进行鉴定。

表 12-4　矿物磁性表

强磁性	中磁性	弱磁性	无磁性
磁铁矿	海绿石	独居石	辉石（无色）
	铬铁矿	橄榄石	金红石
	磷钇矿	绿帘石	蓝晶石
	钛铁矿	电气石（浅色）	重晶石
	赤铁矿	辉石（浅色）	透闪石
	褐铁矿	角闪石（浅色）	顽火辉石
	铁柘榴石	十字石	磷灰石
	钙铁辉石	榍石	红柱石
	角闪石（暗色）	铬尖晶石	萤石
	电气石（暗色）	透辉石	尖晶石
	直闪石	绿泥石	锆英石
	阳起石（暗色）		黄铁矿
	紫苏辉石（暗色）		黝帘石
			绿柱石
			矽线石
			符山石
			锡石
			紫苏辉石
			矽灰石
			阳起石
			锐钛矿
			榍石

为了取得重矿组合的资料，在显微镜下鉴定时，每个样品需要鉴定和统计200～300颗矿物。先在双目镜下，根据重矿物的形状、颜色、晶面特征、解理与断口、条痕、光泽和硬度等特征，初步鉴定重矿物类型，将每种重矿物分成一摊，统计其颗粒数。对于双目镜下难以辨认的矿物，需要在偏光显微镜下，用油浸法测定其折光率、糙面与突起、多色性、消光角、延性、包裹体、干涉色、轴性、光性和2V角等加以鉴定。

三、双目镜鉴定

矿物在双目镜下有以下特征（表12-5）。

表12-5　一些重矿物的双目镜下特征

矿物	产出	晶形	晶面特征	解理与断口	颜色	条痕	光泽	硬度	比重	发光
绿柱石	伟晶岩、花岗岩	棱柱状	柱面纵纹		无色或淡黄、绿色	无色	玻璃	7.5～8	2.6～2.8	紫
绿泥石		板状或鳞片状			绿色	无色		2～2.5	2.7～2.9	
磷灰石	岩浆岩中常见的副矿物	柱状或不规则状			无色	无色	玻璃脂肪	4.5～5	3.2	玫瑰红
电气石	伟晶花岗岩中最常见	柱状	柱面纵纹	不平坦断口	无色、玫瑰绿、褐、黑	无色	玻璃	7～7.5	3～3.2	
重晶石	常见的脉矿物、石灰岩、砂岩	菱形或不规则粒状		平行（001）、（110）的完全解理	无色	无色	玻璃、脂肪、珍珠	2.5～3.5	4.3～4.6	玫瑰红
直闪石	变质片岩	棒状或纤维状集合体	风化后表面滑石化、蛇纹石化	解理夹角60°	灰色、浅绿褐色	无色	玻璃	5.5～6	3～3.2	
矽线石	变质岩、片麻岩	针状、柱状	柱面纵纹		无色、带灰、褐色调	无色	玻璃	6～7	3.2	
透辉石	多见于中、基性岩	短柱状	（100）或（001）裂理	解理夹角90°±	无色—淡绿色	无色	玻璃	5.5～6	3.2～3.4	
普通辉石		短柱状	沙钟构造	解理夹角87°10′	无或淡绿、淡棕色	无色	玻璃	5.5～6.5	3.3～3.6	
顽火辉石	基性与超基性岩	短柱状	辉石式解理	无或浅色	无色	玻璃、金属	5.5	3.1～3.3	
橄榄石	基性、超基性岩	粒状	不规则裂纹		橄榄绿色	无色	强玻璃	6.5～7	3.2～3.4	

续表

| 矿物 | 产出 | 双目镜下特征 ||||||| 发光 |
		晶形	晶面特征	解理与断口	颜色	条痕	光泽	硬度	比重	
黝帘石	常与绿帘石共生	短柱状或不规则粒状			无色	无色	玻璃	6~6.5	3.3	
红柱石		柱状			无或浅色	无色	玻璃、脂肪	7~7.5	3.2	
矽灰石	大理岩、片麻岩、片岩	短柱状或纤维状		解理角74°	无色	无色	玻璃	4.5~5	2.8~2.9	
海绿石	浅海相沉积	粒状或鳞片状集合体			鲜绿色	绿色	玻璃或无光泽	1~2	2.2~2.4	
透闪石	变质岩	长柱状、针状		闪石解理56°~124°	无色—浅绿色	无色	玻璃	5.5~6	2.9~3	
阳起石	蚀变矿物	柱状或纤维状		闪石解理	浅绿色	无色	玻璃	5.5~6	3~3.2	
钠闪石	碱性岩浆岩、伟晶花岗岩	长柱状		闪石解理	深蓝色	无色	玻璃	6	3.4	
普通角闪石	各种岩浆岩,尤其闪长岩	柱状		菱形解理	绿色	无色	玻璃	5.5~6	3.1~3.5	
蓝闪石	片岩、片麻岩	柱状			蓝—紫色	无色	玻璃	6~6.5	3~3.2	
紫苏辉石	中、基性岩,尤其喷出岩	柱状			绿—绿黑色	无色	珍珠、古铜、金属	5.5~6	3.4~3.5	
符山石	变质灰岩	锥柱状	断续纵纹	无明显的解理	无—浅棕色	无色	玻璃	6~7	3.3~3.4	
钙铁辉石		柱状		辉石式解理完全	暗绿—绿黑色	无色		5~6	3.5~3.6	
十字石	片岩与片麻岩	短柱状			浅黄色	无色	暗玻璃	7~7.5	3.6~3.8	
霓石	碱性岩浆岩	长柱状			绿色	无色		6~6.5	3.4~3.6	
绿帘石	常见的变质矿物	粒状			黄绿色	无色	玻璃	6~7	3.3~3.6	

续表

矿物	产出	双目镜下特征								发光
		晶形	晶面特征	解理与断口	颜色	条痕	光泽	硬度	比量	
蓝晶石	片岩、片麻岩	板状	垂直延长的横裂理		无—浅蓝色	无色	玻璃	因方向而异	3.5～3.7	
锡石	伟晶花岗岩云英岩	锥柱状			红棕色	无色	金刚	6～7	7	
金红石	常见于变质岩	锥柱状		（110）解理完全	深红棕色	无色	金刚	6.5～6	4.2～4.3	
磷钇矿	伟晶岩	短锥柱状		常见完好的（110）解理	淡黄色	无色	脂肪玻璃	4～5	4.5～4.6	
锆英石	花岗岩、正长岩	锥柱状			淡玫瑰色	无色	金刚	7.5	4.2～4.9	黄
榍石	岩浆岩	信封状	多裂纹		浅黄褐色	无色	金刚	5～5.5	3.4～3.6	
独居石					黄绿色	无色		5～5.5	4.9～5.3	
磁铁矿		八面体状		贝壳断口	铁黑色	黑色	强金属	5.5～6.5	4.9～5.2	
钛铁矿		三方或六方板状			黑色	黑色	暗淡的金属			
赤铁矿		六方片状			红色	樱红或红棕色	钢灰或灰色强金属	5.5～6.5		
褐铁矿		胶状			常呈褐色	褐色	暗淡的半金属光泽			
黄铁矿		立方状			黄铜色					
铬铁矿		八面体状			边缘是半透明的棕色					
萤石					无色或浅紫、绿色					紫
尖晶石		八面体状或不规则粒状								
石榴石	菱形十二面体或四角三八面体	N=1.800-2.000	铁铝榴石——棕色或浅黄色（火成岩） 镁铝榴石——红或黄棕色（橄榄岩、蛇纹岩） 锰铝榴石——浅黄色（花岗岩、伟晶岩） 钙铁榴石——棕、黄、红色（岩浆岩中少见）						

1. 形状

颗粒的形状主要反映了矿物的结晶习性，如透闪石为长柱状，透辉石为短柱状，绿泥石呈鳞片状，石为信封状，石榴石则为粒状。矿物在被搬运过程中，由于磨蚀作用使晶体外形发生变化，变化程度与矿物硬度和解理发育程度有关。例如锆英石的硬度很大，又无解理，虽经搬运，往往仍能保存其长正方柱晶形。角闪石硬度较小，经磨蚀后只能保持长柱状的轮廓。独居石硬度很小，常被磨蚀成浑圆状（图12-4）。

2. 颜色

一些重矿物具有特殊的颜色，如金红石为红棕色，锆英石为玫瑰色，绿帘石为黄绿色，石为黄褐色，钠闪石为深蓝色等。利用颜色可以区分一些相似的矿物，如透辉石与普通辉石，普通角闪石与阳起石。由于重矿物颗粒比较厚，所以矿物的颜色一般要比在薄片中见到的深。

3. 晶面特征

某些重矿物的表面具有明显的条纹，例如榍石有不规则的裂纹，蓝晶石具有垂直晶体延长方向的横裂纹，绿柱石、电气石和矽线石则具纵纹。

某些重矿物的表面具有明显的条纹，例如榍石有不规则的裂纹，蓝晶石具有垂直晶体延长方向的横裂纹，绿柱石、电气石和矽线石则具纵纹。

4. 解理与断口

重矿颗粒的解理一般不如在薄片中表现得清楚，但仍可据之鉴定。如根据两组解理的夹角大小区分辉石类与闪石类，重晶石可见两组完全解理。有些矿物具有特征的断口，如石榴石具有贝壳状断口，重晶石具有参差状断口。

5. 条痕

绝大部分透明重矿物的条痕无色。然而海绿石具有鲜绿色的条痕。不透明矿物的条痕色比较明显，如磁铁矿和钛铁矿为黑色，赤铁矿为红棕色，褐铁矿则呈褐色。

6. 光泽

锡石、金红石、锆英石等矿物表面有金刚光泽，橄榄石有强玻璃光泽，紫苏辉石有时具有特殊的古铜光泽。

7. 硬度

这是在双目镜下鉴定重矿物的一个较重要的特征。可将重矿物放在玻璃板上，用金属拨针按压矿物，根据矿物的破碎情况和矿物是否将下垫的玻璃板刻出凹槽来确定矿物的硬度范围。例如绿柱石、电气石、红柱石、十字石、锆英石等矿物硬度在7以上，施以压力，能将玻璃板刻出槽来。

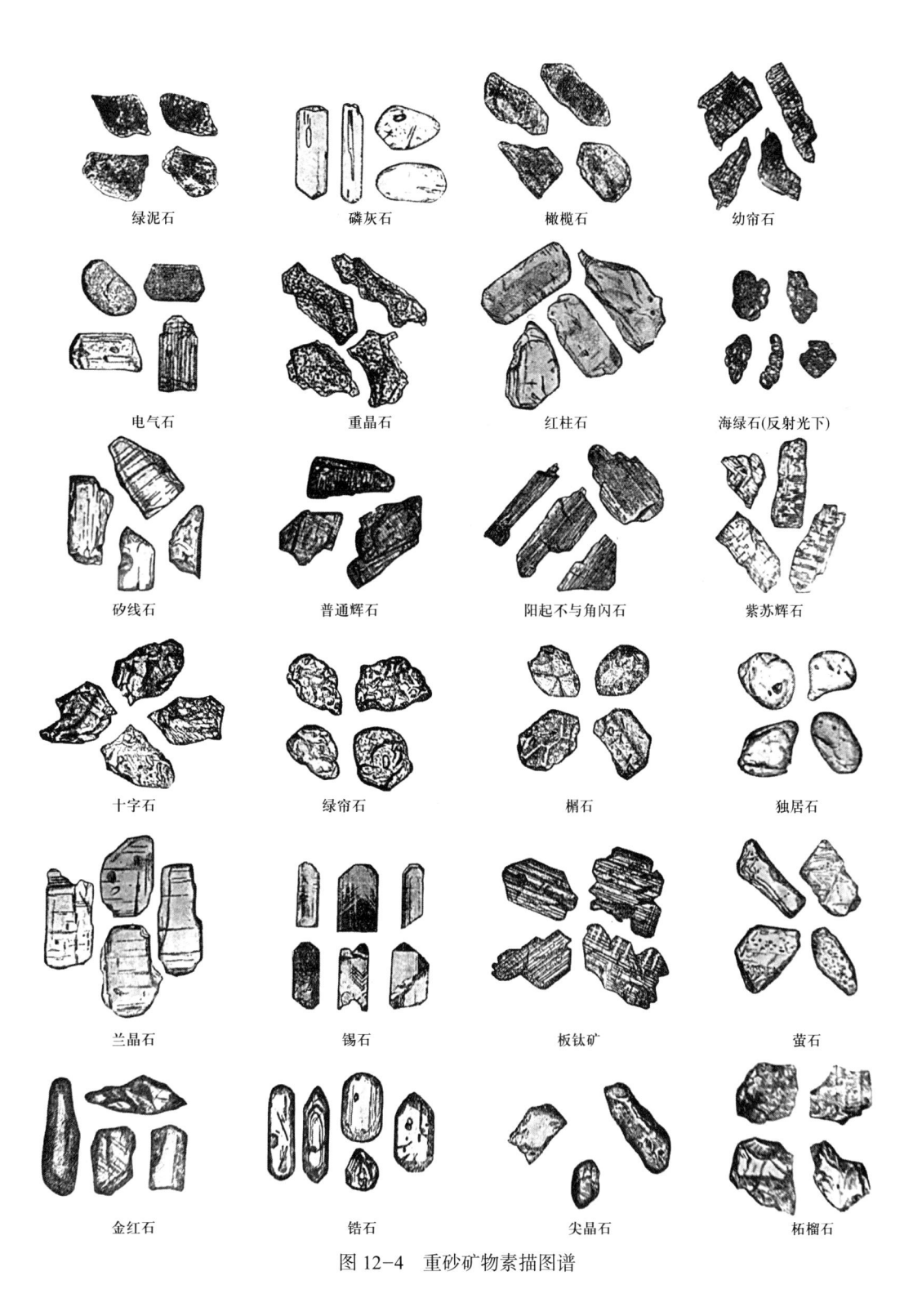

绿泥石	磷灰石	橄榄石	幼帘石
电气石	重晶石	红柱石	海绿石(反射光下)
矽线石	普通辉石	阳起石与角闪石	紫苏辉石
十字石	绿帘石	榍石	独居石
兰晶石	锡石	板钛矿	萤石
金红石	锆石	尖晶石	柘榴石

图 12-4 重砂矿物素描图谱

四、偏光镜鉴定

矿物在偏光镜下包括以下特征（表12-6）。

表12-6 一些重矿物的偏光镜下特征

糙面与突起	偏光镜下特征									易混淆矿物及其他
	折光率	多色性	消光角	延性	包裹体	干涉色	轴性	光性	2V	
	<1.600		平行	(−)	常含气、液或其他矿物包体	Ⅰ级灰	−	负		磷灰石：折光率高于绿柱石
	<1.600	淡黄—浅绿色	色散较强	(±)		柏林蓝或褐黄	=	正或负	0°~45°	光性符号与延性符号相反
显著	1.630~1.650		平行	(−)	常含暗色矿物或液、气态包体	Ⅰ级灰		负	有的为二轴，2V达20°	沉积物中大多磨圆
	1.600~1.700	显著（色各异）	平行	(−)	黑色碳质包裹体	Ⅱ—Ⅲ级灿烂美丽	−	负		
糙面十分显著	1.630~1.650		平行或对称	(+)		Ⅰ级黄或橙黄	=	正	37°	
	1.620~1.660		平行或对称	(+)		Ⅱ级	=	正	58°~90°	易破坏，沉积物中少见
	1.650~1.690		平行	(+)		最高Ⅱ级蓝	=	正	25°~30°	透闪石：闪石解理，斜消光，负光性。磷灰石：负延性，干涉色低
	1.650~1.730		37°~44°	(+)		最高至Ⅱ级顶	=	正	58°	当具有非常发育的（100）裂理时称为异剥石
显著	1.680~1.740		45°~54°	(−)		最高为Ⅱ级中	=	正	50°~60°	透辉石：消光角较小，紫苏辉石：负光性，平行消光
	1.650~1.680		平行	(+)		Ⅰ级黄	=	正	70°	
			平行			Ⅱ—Ⅲ级	=	正或负	近90°	易破坏，沉积物中少见
	1.700		平行色散强	(±)		异常干涉色（靛蓝色）	=	正	30°	

续表

糙面与突起	偏光镜下特征									易混淆矿物及其他
	折光率	多色性	消光角	延性	包裹体	干涉色	轴性	光性	2V	
	1.630~1.650	微弱,淡红—淡绿	平行	(−)	碳质包体十字排列	Ⅰ级黄	=	负	84°	紫苏辉石:正延性 矽线石:正延性
	1.620~1.640		近于平行	(±)		Ⅰ级灰	=	负	35°~40°	透闪石:闪石解理,解理角,干涉色高,消光角与2V大
	1.590~1.650		平行或2°~3°	(+)			=	负	0°~20°	有特殊的聚偏光现象
	1.600~1.660		最大为10°~20°	(+)		Ⅱ级	=	负	70°~80°	见矽灰石,透辉石等
	1.610~1.660	绿—浅黄	14°~17°	(+)		Ⅱ级	=	负	80°~88°	普通角闪石:可呈褐色,多色性强,折光率高
	1.690~1.700	浅绿—深蓝	最大为5°	(−)		Ⅰ级灰,但由于矿物本色呈蓝色	=	正或负	>65°	
	1.610~1.700	绿—褐	最大为12°~30°	(+)		Ⅱ级	=	负	52°~85°	辉石:近90°解理角,正光性,无多色性
	1.620~1.670	显著蓝—紫—中	4°~6°色散强	(+)		Ⅰ级紫红	=	负	42°~50°	钠闪石;负延性
	1.670~1.740	显著浅绿—淡红	平行	(+)	席勒构造(磁铁矿或钛铁矿成)	最高为Ⅰ级黄红	=	负	65°~90°	
突起糙面显著	1.700~1.740		平行	(−)		Ⅰ级灰,分布不均匀的异常干涉色	−	负极少正		黝帘石:靛蓝干涉色,分布均匀,红柱石:双折率高
	1.730~1.760	淡绿—黄绿—绿	48°			Ⅰ级紫	=	正	58°~60°	透辉石:绿色浅,消光角较小,折光率较低
突起面显著	1.740~1.770	显著,无色—黄棕	51°	(+)	常含石英包体、不规则排列	Ⅰ级黄、红	=	正	80°~88°	常具贯穿双晶

续表

糙面与突起	偏光镜下特征									易混淆矿物及其他
	折光率	多色性	消光角	延性	包裹体	干涉色	轴性	光性	2V	
	1.750～1.840	绿黄—绿	2°～8°色散较强	(−)		Ⅲ级以上，受原色遮蔽	=	负	60°～80°	角闪石：消光角较大，正延性，干涉色较低
突起糙面显著	1.720～1.780	微弱	平行			不均匀的鲜艳干涉色	=	负	69°～89°	斜黝帘石：无色，正光性
										透辉石：斜消光，正光性
	1.710～1.730	无色—淡蓝—淡青	平行—30°	(+)		Ⅰ级黄、红	=	负	82°	常见聚片双晶
突起糙面十分显著	1.990～2.100					高级白，常被原色掩盖	−	正		常见膝状双晶，偶见 2V<5°的二轴晶
突起极高	2.600～2.910		平行	(+)			−	正		膝状双晶
	1.720～1.820					Ⅳ级以上	−	正		锆石：长柱状，解理完好
突起极高	1.930～2.020			(+)		高级白		正	偶而光性异常，2V10°	榍石：菱形切面，二轴晶，磷灰石：Ⅰ级灰干涉色
糙面显著	1.890～2.340	微弱	色散非常显著			高级白	=	正	23°～50°	
	1.790～1.850	微弱	2°～10°色散强	(+)		高级白	=	正	6°～19°	绿帘石
	1.434		有色散现象							均质体
	1.700～1.800									均质体，易与石榴石混淆

黑榴石——棕色（碱性岩浆岩）
钙铝榴石——无色，棕色，异常干涉色（接触变质岩）
钙铬榴石——深翠绿色（蛇纹岩，铬铁矿）
钛榴石——灰黑色（碱性岩）

1. 折光率

这是矿物的重要光学参数。精确测定矿物的折光率，可以准确地鉴定矿物。例如绿柱石的折光率小于 1.600，磷灰石、电气石、重晶石、矽线石、辉石、角闪石、帘石、橄榄石等折光串为 1.600～1.700，符山石、十字石、绿帘石、蓝晶石等折光率为 1.700～1.780，锡石、锆英石、榍石、独居石的折光率在 1.780 以上，金红石的折光率可高达 2.600～2.900。

矿物的折光率可用已知折光率的浸油与矿物比较测定。比较的方法可用斜照法或贝克线法。斜照法是用上偏光镜将入射光线挡掉一半，使剩下一半的斜照光线进入视域。在中倍或低倍镜下观察时，视域内一半亮一半暗。当矿物的折光率小于浸油时，应在推入上偏光镜的另一侧出现暗影（图 12-5）。贝克线是当矿物与油的折光率不同时，出现在矿物边界上的细亮带。两者的折光率相差愈大，贝克线愈显著；反之贝克线愈微弱；两者的折光率相等，贝克线消失。提升镜筒时，贝克线向折光率高的介质一侧移动。例如向矿物内部移动，则矿物的折光率大于浸油。反之如果贝克线向浸油（即矿物外缘）方向移动，则浸油的折光率大于矿物（图 12-6）。

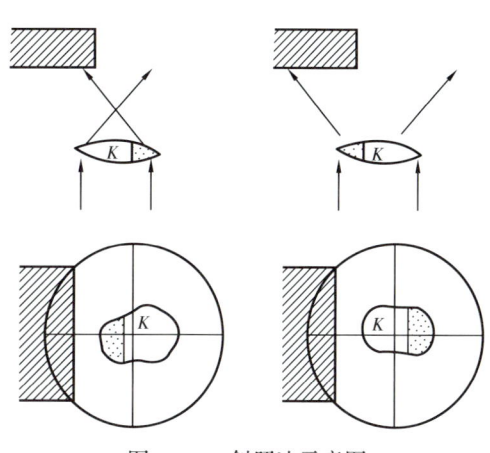

图 12-5 斜照法示意图

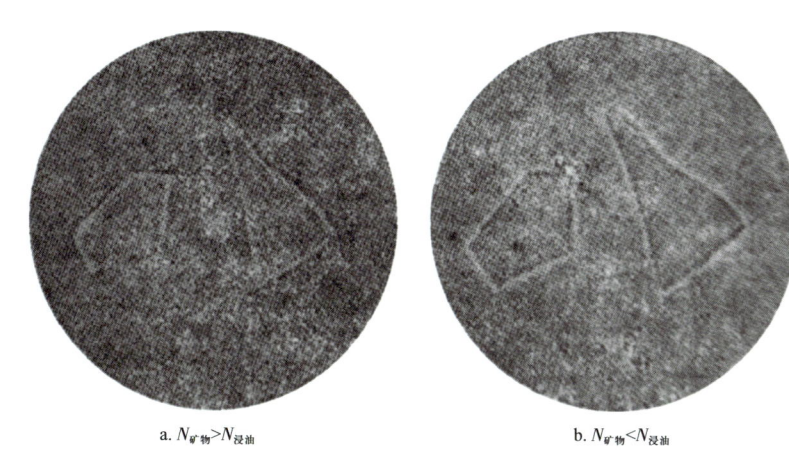

a. $N_{矿物} > N_{浸油}$ b. $N_{矿物} < N_{浸油}$

图 12-6 贝克线示意图

2. 突起

当矿物用树脂（折光率为 1.537）胶结时，其折光率可以通过突起的高低来区别之。由于重矿物颗粒厚度大，其突起比在岩石薄片中见到的明显。

(1) 极高正凸起（$n>1.780$）：如锆英石、独居石、榍石等。
(2) 高正凸起（$n=1.780\sim1.700$）：如辉石、十字石、蓝晶石等。
(3) 中正凸起（$n=1.700\sim1.600$）：如红柱石、普通角闪石、磷灰石、电气石等。
在用浸油时，突起要在浸油折光率的基础上加以比较。

3. 多色性

这是非均质矿物的各向异性在颜色上的表现。在单偏光镜下旋转物台时，矿物的颜色发生变化。例如普通角闪石呈绿—褐色，十字石呈无色—黄棕色，绿帘石的多色性非常微弱，电气石的多色性非常显著。

4. 消光角

矿物在正交偏光镜下呈现黑暗的现象，称为消光。重矿物颗粒的消光位置通常用矿物长轴的延长方向与上下偏振光方向之间的夹角，即消光角来确定。例如电气石、锆英石、紫苏辉石、符山石、绿柱石等为平行消光，辉石类与闪石类都属斜消光。
但前者的消光角比后者大。

5. 延性

柱状矿物的延长方向如与 N_g 平行或与 N_g 的夹角小于45°时，称该矿物为正延性。若延长方向平行 N_p 或与 N_g 的夹角小于45°时，称负延性。方法是插入消色器，观察矿物的干涉色升降情况，判断晶体延长方向是 N_g 还是 N_p，便可确定矿物延性的正负（图12-7）。

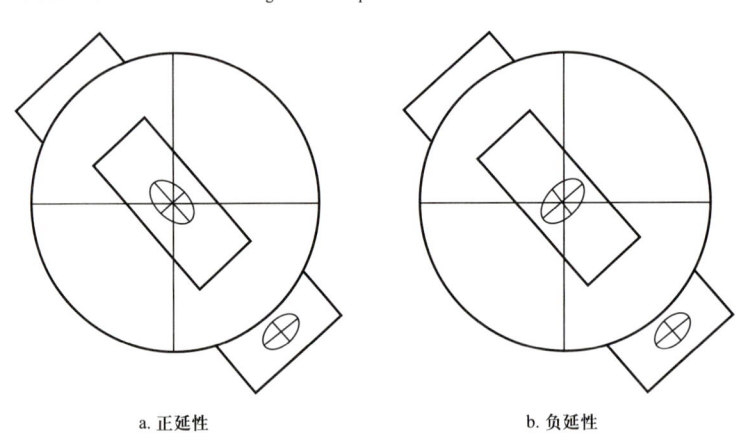

a. 正延性　　　　b. 负延性

图12-7　柱状矿物的延性

6. 干涉色

这是偏光镜鉴定重矿物的一种重要特征。由于重矿颗粒比岩石薄片厚，所以干涉色也较高。例如磷灰石、绿柱石、矽灰石等为Ⅰ级灰干涉色，顽火辉石、红柱石、十字石、蓝晶石等为Ⅰ级黄（或红）干涉色，角闪石、电气石、橄榄石等为Ⅱ—Ⅲ级干涉色，锆英石、榍石、独居石为高级白干涉色。

7. 轴性、光性与 2V 角

这些是鉴定重矿物的可靠标志，但是由于矿物颗粒较厚，在锥光下不易获得较好的干涉图。

进行重矿物鉴定时，不必逐项对各个特征进行测定，而要抓住每种重矿物的主要特征。例如榍石的信封状晶形和显著的色散现象、辉石与角闪石的解理夹角、电气石的多色性及符山石的异常干涉色等。

第三节 砾石产状的赤平极射投影表示法

一、赤平极射投影的概念

赤平极射投影法是用二维平面图形来反映砾石空间产状的一种方法，它能够表示砾石的扁平面倾向和倾角。赤平极射投影实际上包括两重投影（图 12-8）：

球面投影以砾石中心为原点作一球面，将砾石包在其中。再从投影球的球心作砾石扁平面的垂线（即砾石 c 轴延长线），投影到球面上。该球面投影点确定了砾石扁平面的倾向与倾角。但是球面投影既不易表示，也不便于观察。

赤平极射投影在投影球上取定一点，作为极点。由极点向球面投影点发出射线（称极射），射线与投影球的赤道平面（称赤平，相对于取定的极点而言）的交点即赤平极射投影。如图 12-8 中，P 点的赤平极射投影点为 P'，DP 的投影为 OP，NAS 的投影为 NBS。

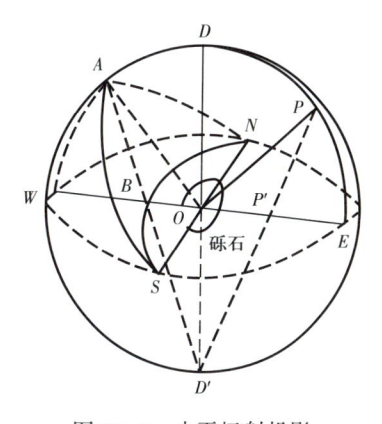

图 12-8 赤平极射投影

二、赤平极射投影网的制作原理

赤平极射投影网是投影球面上的一组通过球心的同直径的大网（其中包括一个水平的、一个直立的和无数倾斜的大圆）和一组与大圆直径相垂直的直立小网（其中包括一个直立的大圆）的赤平极射投影。

经线作法为通过球心的过直径的大网在赤平上的极射投影线即经线（图 12-9）。作法是将 DE 按 2°等分。连接极点 D' 与其等分点 A，交 EW 于 B 点。作 HS 的垂直平分线，交飞 W（成其延长线）FC 点。再以 C 为例心，以 CW 为半径，画圆 NBS，即为等分点 A 代表的度的经线，余类。由于 NE 与 NW 是以 SW 对称的，故东半圆的经线与西半间的经线也是以 SN 轴为对称。

纬线作法为垂直 SN 的直立小圆在赤道平面上的极射投影即纬线。作法见图 12-10。将 EN 按 2°等分。连接极点 D′ 与某等分点 A，交 SN 于点。连接圆心 O 与等分点，作 CF 垂直于 OF，交 W 于 C。以 C 为心，以 CF 为半径，画弧 FBC，即为该等分点 F 所代表弧度的纬线，余类推。由于 NE 是以 EW 轴对称的，故南半圆的纬线与北半圆的纬线也是以 EW 轴为对称的。

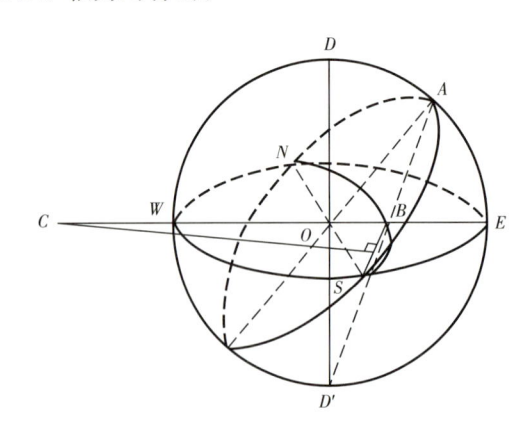

图 12-9 赤平极射投影网的经线作法

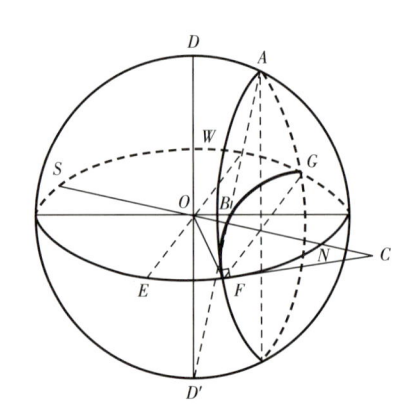

图 12-10 赤平极射投影网的纬线作法

由上述经线和纬线组成的网图，称为赤平极射投影网（图 12-11）。

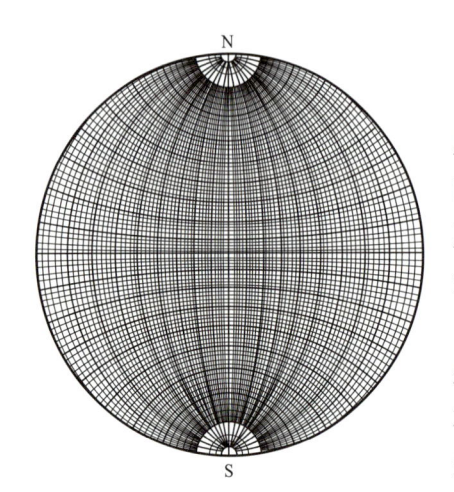

图 12-11 赤平极射投影网

三、赤平极射投影网的应用

利用赤平极射投影网的作图法，可以确定很多地质要素的空间产状。例如，已知坡面的产状，求作坡面投影图；已知两个结构面交线的产状，求作交线的产状；已知坡面与层面的产状，求作坡面与层面的夹角等。

这里只介绍砾石扁平面投影图的作法。例如在野外测得某块砾石扁平面的倾向 $\varphi=45°$，倾角 $\theta=30°$，求作石 c 轴的赤平极射投影点。作法是将一张透明纸盖在投影网上，在透明纸上标出圆心和 S、N 位置。然后沿大圆在透明纸上标出 $\varphi=45°$ 的位置，转动透明纸，使 $\varphi=45°$ 的位置点与投影网的正北（或正南）重合，并自圆心向大圆方向读出 $\theta=30°$ 的角度，记上一个黑点。将透明纸转回原来的位置，此黑点即该砾石 c 轴的赤平极射投影点（图 12-12）。

如果在野外的一个观测点上测量了 100 颗砾石的扁平面产状，通过上述作图法可以得到 100 个赤平极射投影点（产状相同的点可以重叠起来）。根据投影图上的投影点的分布密度，可以确定该观测点砾石的主要产状，从中分析出砾石产状与外动力作用之间的关系。图 12-13 是山海关附近石河河床砾石的水平极射投影图。由图可见，砾石主要倾向为北西，倾角平均为30°。在该观测点附近的水流方向为南东，恰好符合河流砾石扁平面向上游倾斜的沉积规律。

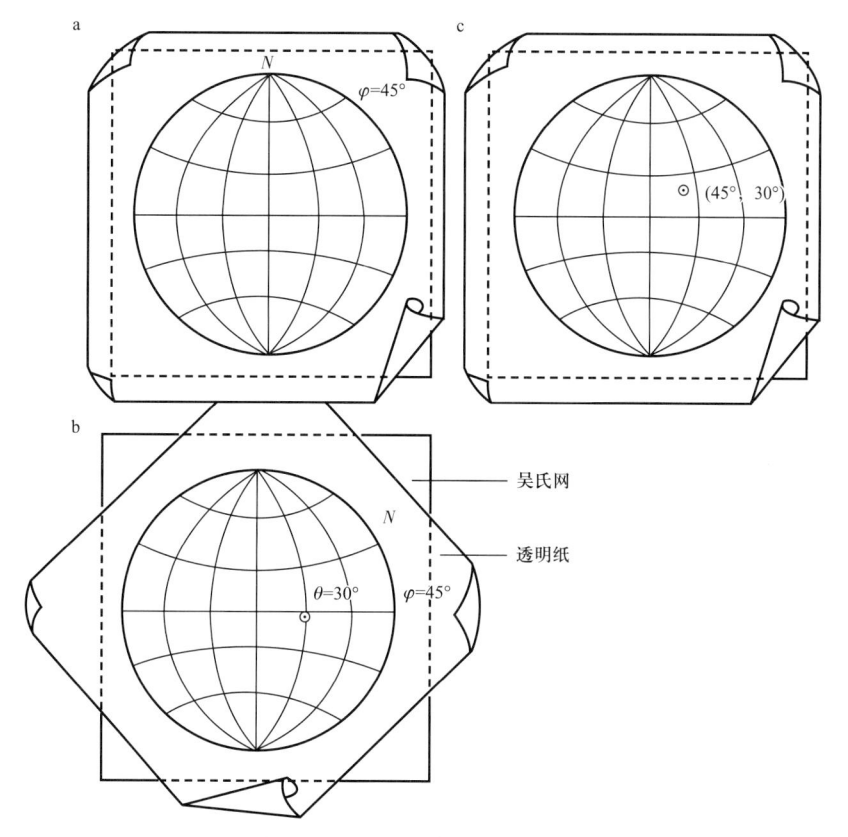

图 12-12 赤平极射投影网的用法

如果砾石层的原始层面呈水平状态，由于构造变动，层面发生倾斜，甚至倒转，砾石的原始产状也随之发生变化。如果要根据砾石产状恢复古沉积环境，必须对构造变动过的砾石产状进行纠正。纠正的方法如图 12-14 所示，先用上述作图法将砾石扁平面（变动过的）产状与砾石所在岩层的层面（变动过的）产状作成赤平极射投影图。然后转动透明纸，使岩层层面产状的投影点落在投影网的东西轴上。将倾斜岩层的投影点移动一定的倾角度数，纠正到圆心，即将倾斜岩层纠正为水平岩层。然后将所有砾石的投影点沿其所在的纬线，按岩层投影点移动的方向，移动相同的度数。移动后所得的新投影点即为砾石的原始产状。

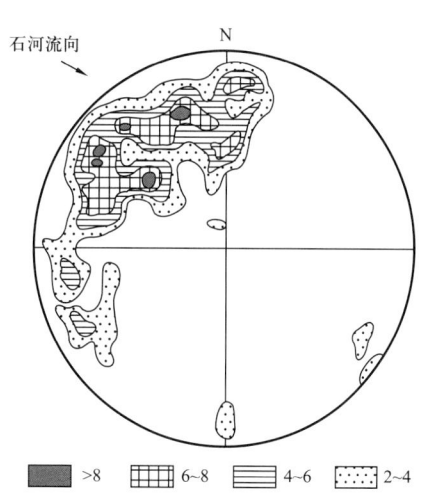

图 12-13 山海关石河冲积扇砾石 c 轴等密图

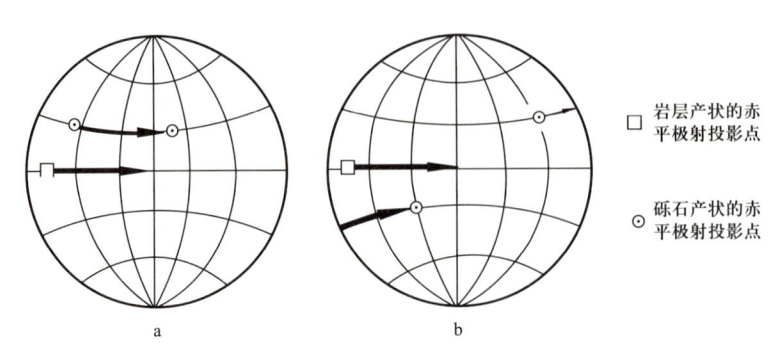

图 12-14 用赤平极射投影网对变动过的岩层中的砾石产状进行校正
a. 砾石产状没有发生倒转；b. 砾石产状发生倒转

四、砾石 c 轴等密图的作法

上述砾石产状的赤平极射投影点图，要是对投影点的分布密度加以统计，并作成等密图，就能更明显地反映砾石的主要产状。

砾石 c 轴等密图的作法是：将作在透明纸上的 100 个砾石 c 轴投影点图覆于厘米坐标纸上，使投影点图的南北轴与坐标纸的 Y 轴重合，东西轴与 X 轴重合。用纸剪一个直径为 2cm 的圆孔，去内切每个边长为 2cm 的正方形，并统计圆内的点数，并将数字注于中心。然后沿水平或垂直方向移动 1cm，同样统计圆内点数，再将数字注于中心，依此类推。这样在投影点图上，沿水平与垂直方向，每隔 1cm 就有一个点数值（即点密度值）。大圆附近的点要用双圆器去统计，这时要将两个对应的内切圆中的点加在一起，将点数注于内切圆的中心。如果中心已超出投影点图的圆周，数字可以不注（图 12-15）。将密度值划分为不同的等级（如 2、4、6、8、…），用内插法作出各密度等值线，再以不同的符号表示各密度等级，即作成砾石 c 轴等密图。

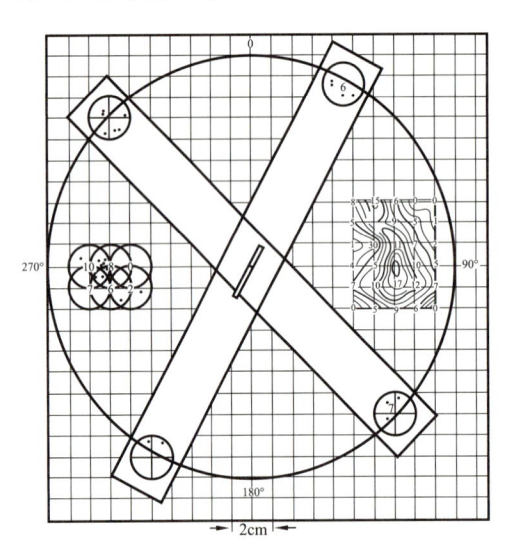

图 12-15 等密图的作法

第四节　地面激发极化法

南口是北京历史上的重震区，现代构造运动很活跃，著名的关沟—孙河断裂始于此断裂东侧的南口台地，新生代地层出露，是北京新生代重要研究点。断裂西侧冲积扇发育，地下水丰富。

本文综合运用钻孔资料对比与统计分析、水文物探（电阻率法与激发极化法）、沉积相研究、卫星与航空相片解译等手段，总结了南口地区古河道分布规律，并对古河道与新生代地层、新构造运动及与地下水之间的关系作了初步分析。

一、古河道发育的自然地理条件与地质构造背景

决定本区古河道分布规律的是构造地貌格局。南口地区是个三面环山，向东南开口的构造盆地。山地与盆地都有断裂为界。北东—南西向的南口山前断裂构成了盆地的西北缘，北西—南东向的关沟—孙河断裂与兴隆沟断裂构成了盆地的东北缘与西南缘。这种格局使得中部断陷盆地与东、西两侧的构造台地（南口台地与白羊城台地）中发育的古河道型式有显著的差异，前者为稳定型古河道，后者为迁移型古河道（图12-16）。

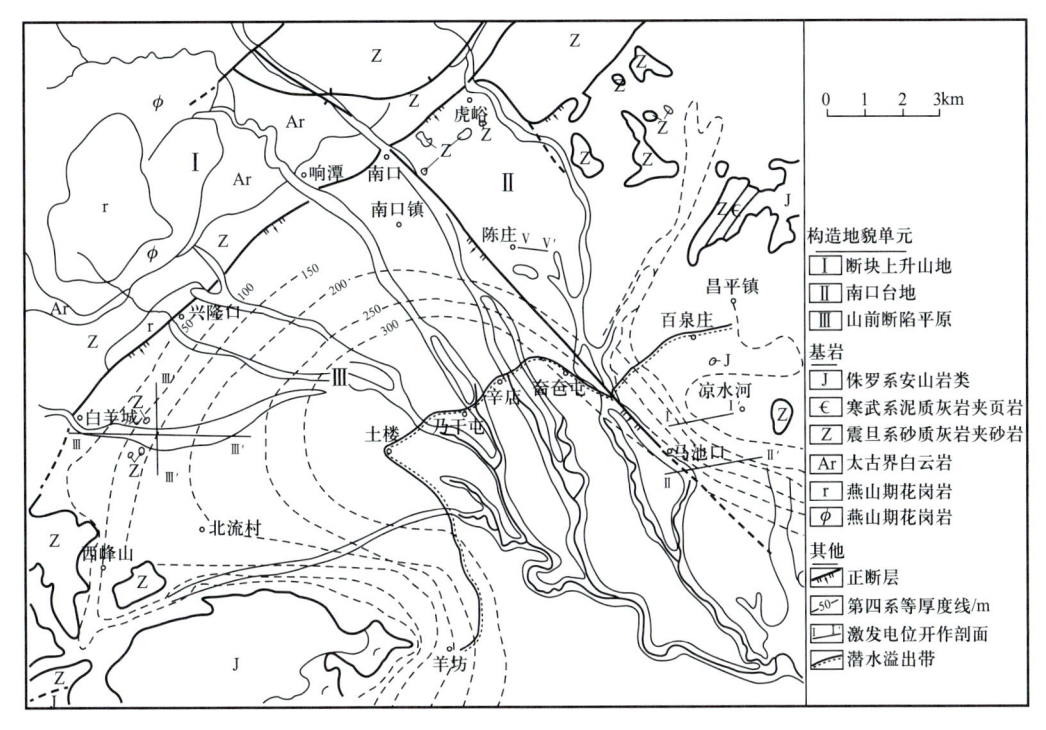

图12-16　北京市南口地区构造地貌图

决定古河道沉积规律的是古水系的发育。南口地区的水系都源自西北部山地，有西峰山、白羊城、兴隆口、潭峪、关沟、虎峪、东西沙河等沟，出山后在山麓普遍发育冲积扇，构成冲积扇群。冲积扇中昔日槽洪流经的古道（确切地说应是古洪道）大多为砾石质透镜体，这种透镜体分布在沙黏层或泥砾层中，后者是溢出洪道的漫洪在两侧形成的泥流或泥石流。冲积扇边缘沿羊坊镇、土楼、乃干屯、辛店、奋斗屯和百泉庄一带，普遍有泉水出露。扇缘溢出带以下为冲积平原。平原中的古河道沉积为砂砾质透镜体，透镜体周围是河间泛滥沉积的黏土层。

南口地区潜水位埋深最小处在盆地西南部的阳坊、马池口、旧县一带，向西北的山地方向明显增大，向东南方向增大不明显（图12-17）。

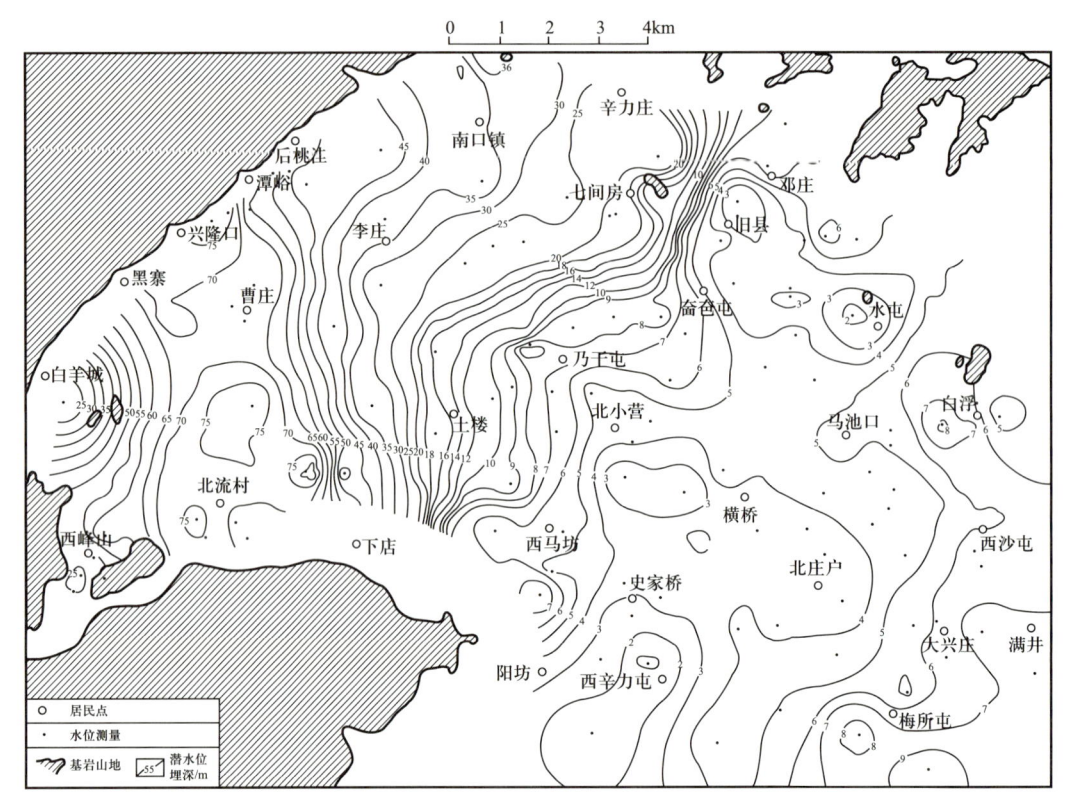

图 12-17　北京市昌平县南口地区潜水位埋深图

古河道的发育与区域降水量紧密相关。降水量大，洪积扇范围广，古河道发展，沉积物粗化。本区现代年降水量在 700mm 左右，而且 70% 以上的降水量集中在夏季，其他季节，洪积扇上的河道干涸。但是根据县志记载，历史上南口地区的出山河流都是常年流水的，而且水量相当大。我们根据钻孔资料分析，发现第四纪以来，南口地区的冲积扇有收缩的趋势。

二、古河道的研究方法

地表出露的古河道可以运用航空相片解译、地貌调查、历史地理研究等手段加以综合分析。研究埋藏的古河道必须依靠钻孔资料，要圈定古河道的范围，需要大量钻孔资料。现在能够得到的为数众多的资料是农业用水的打井资料，这种井在南口地区一般在 100m 左右。

1. 地层对比法

这种方法用来控制断面中古冲积层的分布。先截取一系列大致垂直古河道流向的剖面，然后用对比法，根据剖面附近钻孔地层的埋深、厚度与物质成分，确定剖面中的古冲积层。再将各个剖面的古冲积层加以对比，找出古河道（图 12-18）。

第十二章 比较沉积学的研究方法

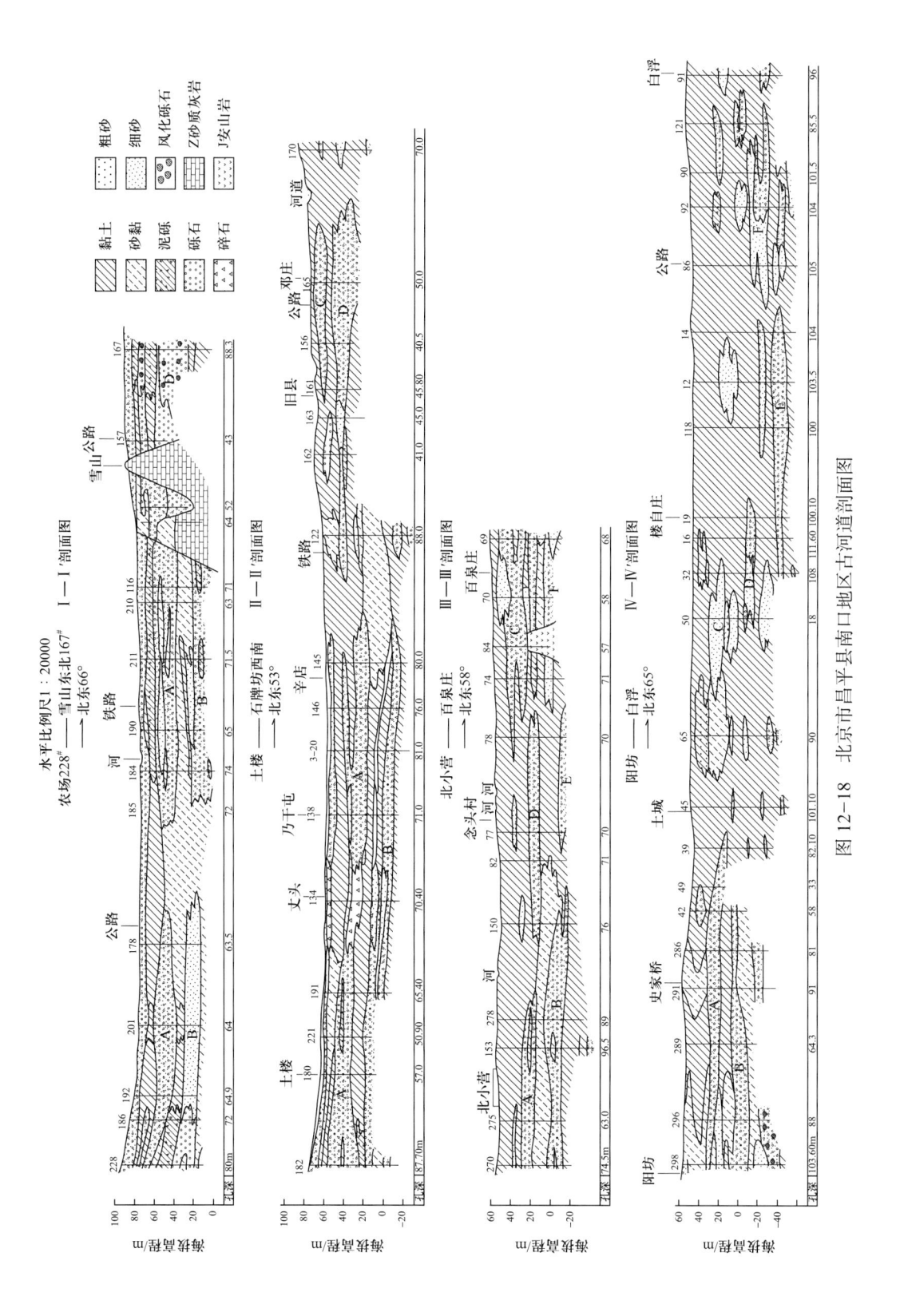

图12-18 北京市昌平县南口地区古河道剖面图

如果要将各个剖面中的古冲积层联系起来，确定各个古河道的平面分布，需要尽可能多做剖面，缩小剖面间的距离。这样做工作量很大。为了能充分利用大量钻孔资料，我们试用统计学中的点群分析，用电子计算机来追索古河道。

2. 点群分析法

历史上河流流过的地方，堆积了比较粗的冲积物，如砂、砂砾、或砾石，而在河间的泛滥地中堆积的物质较细，如黏土。随着后来的不断沉积，这些冲积物被埋藏在地下，作为古河道的遗迹保存下来。钻孔中见到的是一些具有不同深度、厚度和粒度的古冲积层我们在南口地区收集了三百多口井的地层资料，其中每口井中厚度在 5m 以上的古冲积层平均有 5~6 层。如何把这近 2000 个古冲积层进行归类，将属于同一条古河道的古冲积层归到一类，从而定出各条古河道的空间分布呢？

首先假设在一个不大的范围内，同一条古河道的古冲积层，其埋深、厚度与物质粗细大致相似。这样，我们为每个古冲积层选用三个指标作为变量：古冲积层顶板的海拔高程（记作 X_1），古冲积层的厚度（记作 X_2）与古冲积层中石层所占的厚度百分比（记作 X_3）。

设有 n 个古冲积层（以下简称样品），每个样品具有三个指标，其数据如表 12-7 所示。

表 12-7 古冲积层指标数据

	1	2	3	4	⋯	n−1	n
X_1	X_{11}	X_{12}	X_{13}	X_{14}	⋯	$X_{1(n-1)}$	X_{1n}
X_2	X_{21}	X_{22}	X_{23}	X_{24}	⋯	$X_{2(n-1)}$	X_{2n}
X_3	X_{31}	X_{32}	X_{33}	X_{34}	⋯	$X_{3(n-1)}$	X_{3n}

表中数据 X_{24} 表示第 4 个古冲积层的第 2 个指标值（第 1 个下标代表指标数，第 2 个下标代表古冲积层数）。

二个古冲积层是否相似，可以用距离系数 D 来刻画。

$$D_{ij} = \sqrt{\sum_{i=1}^{3}(X_{ti} - X_{tj})^3 \rho_t \Big/ \sum_{i=1}^{3} \rho_t} \tag{12-1}$$

其中 ρ_t（t=1、2、3）是指标 X_i 的权数，因为各个指标在作古冲积层对比时的重要性是不一样的。上述的三个指标中，X_1（古冲积层顶板的海拔高程）比较重要，故它的权（ρ_1）要加大些；X_2（古冲积层厚度）在同一条古河道中也是比较稳定的，权（ρ_2）也要大些；X_3（古冲积层中研石层所占的厚度百分比）在同一条古河道中应该是比较接近的，但用冲击钻打井时要确切区分砾、砂砾和砂层是比较困难的，数据的参考意义较小，故它的权要减小些。

从距离系数公式可见，如果两个古冲积层的各种指标越接近，即其距离系数 D 越小，则它们的关系越密切，属于同一条古河道的可能性越大；反之如果距离系数越大，则其（一个或几个）指标的差别较大，它们的关系就比较疏远。

那么 D 值多大才算这两个古冲积层关系密切而加以归类呢？这就需要给定一个归类标准值 λ。当两个古冲积层之间的距离小于 λ，称这两个古冲积层关系密切，归为一类；否则它们的关系不密切，不予归类。λ 取多大才合适呢？这要视具体情况而定。λ 取得太大，就过于放宽对关系密切程度的要求，就可能将非同一条古河道的冲积层都归到一起；取得太小，苛求古冲积层之间（各个指标）的相似性，就可能把原来是同一古河道的古冲积层人为地分开。在没有把握的情况下，可以分别取几个 λ 值，比较几种分类结果，从而确定一个 λ 值。在南口地区，我们取 $\lambda=0.01$。

根据 λ 值，将所有样品作第一轮分类，即一类归并。然后将其中每一类看作一个组合样品，作二类归并。这样的归并不断进行下去，直到前后两次分类结果完全相同为止，得到分类的谱系图（图12-19）。分到同一类中的样品可能属于同一条古河道。南口地区钻孔古冲积层的点群分析结果与剖面地层对比找到的古河道大致相似。

图 12-19 点群分析谱系图

点群分析法是建立在大量钻孔资料基础上的。如果个别地段缺少钻孔，就得用水文物探的手段。

3. 水文物探法

电法探测古河道是一种有效的手段。我们在使用电阻率法同时，引用了激发极化法。我们知道，通过供电电极向地下通入电流 I，在测量极上可以测到电位差 ΔV。这种人工电流场称为一次场。在人工电流场的激发下，地质体产生一系列复杂的电化学和电动效应。在地质体的电流流入端积聚了过量的正电荷，在电流流出端积聚负电荷，即地质体被极化了，出现次生的电流场。这种由于一次场激发而使地质体极化产生的电流场叫作二次场。

$$\Delta V = \Delta V_1 + \nabla V_2(t) \quad (12-2)$$

所以在测量极上测到的 ΔV，除一次场电位差 ΔV_1 外，还有二次场电位差 $\Delta V_2(t)$ 叠加其上。$\Delta V_2(t)$ 随时间而增加，数分钟后逐渐达到饱和。这时测量极上的电位差称为极化场电位差。由于 ∇V_2 很小，一般只有 ΔV_1 的百分之几，所以在电阻率法的测量里一般很难觉察到。

供电电极停止供电后，ΔV_1 马上消失，ΔV_2 才能被独立地观察到。二次场是逐渐衰减的，一般数分钟衰减完毕。

ΔV_2 的大小及衰减的快慢主要取决于地质体的含水程度。因为水是一种离子导体，含水的地质体易于极化。

调查中我们使用的是 JJ-1 型积分式激电仪，一次供电可以测得供电电流 I、ΔV_1、停止供电后 0.25" 时的 ΔV_2 及 0.25"～5.25" 的二次场电位差的平均值 $\Delta \bar{V}_2$ 等四个值。利用这四个值可以算得

$$\begin{aligned}
\text{视电阻率} \quad & \rho_i = K \frac{\Delta V_1}{I} \\
\text{极化率} \quad & \eta = \frac{\Delta V_2}{\Delta V_1} \\
\text{衰减度} \quad & D = \frac{\Delta \bar{V}_2}{\Delta V_2} \\
\text{激发比} \quad & J = D\eta = \frac{\Delta \bar{V}_2}{\Delta V_1}
\end{aligned} \quad (12-3)$$

比较干燥的土层和不含水的基岩，η 一般在 1% 以下，D 在 30% 左右。含水砂石层和充水的基岩裂隙，η 一般为 2%～5%，有时高达 10%，D 为 30%～50%，甚至更高。如果地质体的 η 和 D 都较高，则反映出更大的异常。

图 12-20 是百泉庄古河道垂直剖面的视电阻率和激发比等值线图。没有明显的异常，圈不出古河道位置。J 有三处异常：4 号点处有一条浅层古河道，这已为钻孔所证实；3 号点处也有一条古河道；在 10 号、11 号点的深部有一更明显的异常，激发比值高达 5.9%，这是一条规模较大的深层古河道。这三个异常点在极化率 η 和衰减度 D 等值图上也有反映。

电阻率法对岩性鉴别能力较强，激发极化法对水的反应较明显。用 JJ-1 型激电仪可同时测得包括 ρ_s 在内的四个参数，可以互相补充，互相验证，帮助我们从富水性和地层性质的角度来分析古河道。

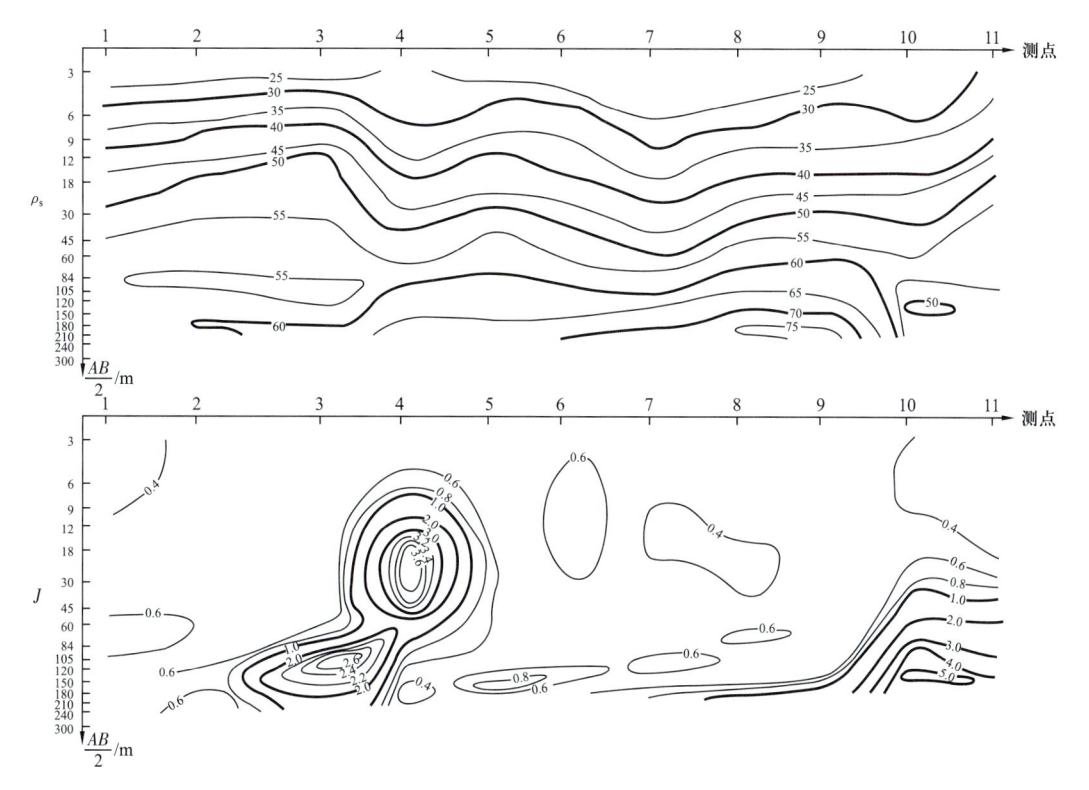

图 12-20　百泉庄地区测井剖面视电阻率与激发比等值线图

三、古河道与新生代沉积的关系

分布在各种深度上的古河道是与不同时代的地层相对应的。南口地区百米深度以内的古河道都属于新生代沉积。为了摸清古河道发育规律，建立古河道的形成次序，我们在新生代出露得比较完整的南口台地上，对新生代的划分及其沉积特征作了调查研究。由老到新的地层如下。

上新世（N_2）红色风化壳。暗紫色的残积风化黏土，其中夹杂一些原地风化的砂质灰岩碎屑。红色风化壳多出露在台地丘陵的顶部，如汉包山、虎峪南山、龙虎台等地。

下更新世（Q_1）红土碎石或砾石层。由深红色黏土与碎石或砾石混杂而成，分选差，层理不清，碎石或砾石风化较深，一般不成层。该层厚度不大，厚数米。多分布在台地丘陵的坡麓，以红泥沟为最典型。它们是由坡地片状水流将坡地上部的 N_2 红色风化壳物质冲刷到坡麓堆积形成的坡积物，这有红色的黏土及碎石成份俱为当地的砂质灰岩佐证。

上述两个地层是本区的相对隔水层，打井时一旦遇到红色地层，往往即告终孔。

中更新世（Q_2）橘黄色亚黏土、亚砂夹砾石碎石层物质较粗，透水性较好。厚度不到十米，广泛分布在山麓，成因类型主要属于洪积—坡积型。

上更新世（Q_3）黄土砾石层灰黄色黄土状亚砂，物质较粗，黏土成分少，富含钙质。它是台地区的主要含水层。它们在新生代地层中分布最广，厚度最大，可达几十米厚。

有明显的黄土—砂砾—砾石层沉积韵律。砾石层常以透镜体形式出现。南口台地上的 Q_3 黄土石层为洪积—冲积型。黄土中的碳酸钙被淋溶至砾石层，CO_2 挥发后，钙质沉淀，形成胶结砾石层。这种胶结砾石层是南口地区 Q_3 地层的特色之一。它们在虎峪洪积扇中有三层，并构成 Q_3 黄土砾石层中的局部隔水层。砾石的磨圆中等，稍具层理构造。砾石成分以砂质灰岩为主，杂有砂岩和少量安山岩，独缺附近关沟中众多的花岗岩类砾石。可见，南口台地受关沟—孙河断裂作用，高出于西部南口洪积扇之上的地形格局最晚在上更新世以前已经形成，即南口—孙河断裂发生在 Q_3 以前。因此关沟砾石影响不到台地的 Q_3 沉积地层，台地上的 Q_3 冲积—洪积物来自虎峪沟。

综上所述，南口台地新生代地层的野外划分标志如下。

颜色。这是古气候的一种标志。上新统的温湿气候环境，在本区普遍形成紫红色风化壳。第四系下更新统的寒湿气候条件下，风化壳黏土被坡面水流搬运改造加以基岩的机械破碎，形成红土碎石层，与下伏风化壳以不整合接触。因此在钻探中，如果遇到稳定的红色地层，即认为已打到第四系底部。在中更新世，气候温暖，沉积物中多铁锰物质，使染成橘黄色或棕、褐色。

胶结层。上更新统显示气候干旱，沉积物中含大量的钙。经淋溶后，在黄土层中常形成钙质结核或白色网纹，在砾石层中则形成钙质胶结砾石层。这种钙质胶结砾石层是干旱、半干旱地区洪积扇的特有的沉积层，它形成在地下水面附近。随着地下水位的季节性变动，使钙质沉淀，砾石被胶结。

冲积扇中的沉积地层具有与南口台地新生代相应的层序。从钻孔分析来看，厚度最大的是 Q_3，厚度多在 60～70m。其沉积特征如下。

卵砾、砂砾层与泥砾、黏砂层交互出现，属于洪积类型。其中，卵砾、砂砾层的孔隙度高，黏土与粉砂都被间歇性洪流冲走，形成比较纯净的粗粒堆积，谓之槽洪堆积或古洪道堆积，它是洪积扇地区 Q_3 中的主要含水层。后者是形成于古洪道之外的漫洪堆积，物质分选差，粗细混杂，透水性差。

普遍出现钙质胶结砾石层。将洪积扇地区的胶结砾石层与平原区和南口台地区的加以对比，台地上的胶结砾石层在整个 Q_3 中都有出现，层数多而层厚一般较薄；洪积扇的胶结砾石层在整个 Q_3 中也都有出现但层数少且一般较厚，这可能是关沟—孙河断裂两侧构造升降的差异性在沉积物中的表现。平原区的胶结砾石层少，而且主要出现在深部，这表明以前洪积扇的范围比较大。平原地区钻孔的 Q_3 地层中，含有胶结砾石的下部地层为洪积层，无胶结砾石的上部地层为冲积层。

在冲积扇地区的钻孔中见到的 Q_2 比较薄，地层往往只打到顶面。

冲积扇边缘潜水溢出带以下的断陷平原区，二百米以内的钻孔中见不到 N_2、Q_1、Q_2，主要为 Q_3。Q_3 的下部是洪积层，钙质胶结砾石层为其标志，其埋藏深度由扇缘向外逐渐加大。Q_3 的上部是冲积层，由砂砾质的古河道堆积与灰黑色淤泥质的河间沼泽沉积交互组成。前者是断陷平原区的主要含水层。在百米钻孔中，一般可见三层：20～40m、

50~60m 和 80~90m。后者含有贝壳，具有腥味，并常常夹有粉砂、细砂薄层。比较起来，沿关沟—孙河断裂一线以东的抬升平原中的砂砾质古冲积层，层数多而厚度小。如白浮村附近的百米钻孔中，这种古冲积层有 8~9 层之多，而每层的厚度大多只有几米。而且层位不稳定，在相隔不远的钻孔中，层次变化往往很大。断裂以西的断陷平原中，砂砾质古冲积层层数少，厚度较大，且层位稳定。

四、古河道的空间分布

古冲积层厚度在 5m 以上的古河道主要有六条，其中规模最大的两条分布在关沟—河断裂以西。这两条古河道位于不同深度上，但是平面位置基本重合，故都称为乃干屯—史家桥古河道。规模较小的四条分布在断裂以东，为郝庄古河道、奋斗屯古河道、马池口古河道和大宫门古河道（图 12-21）。

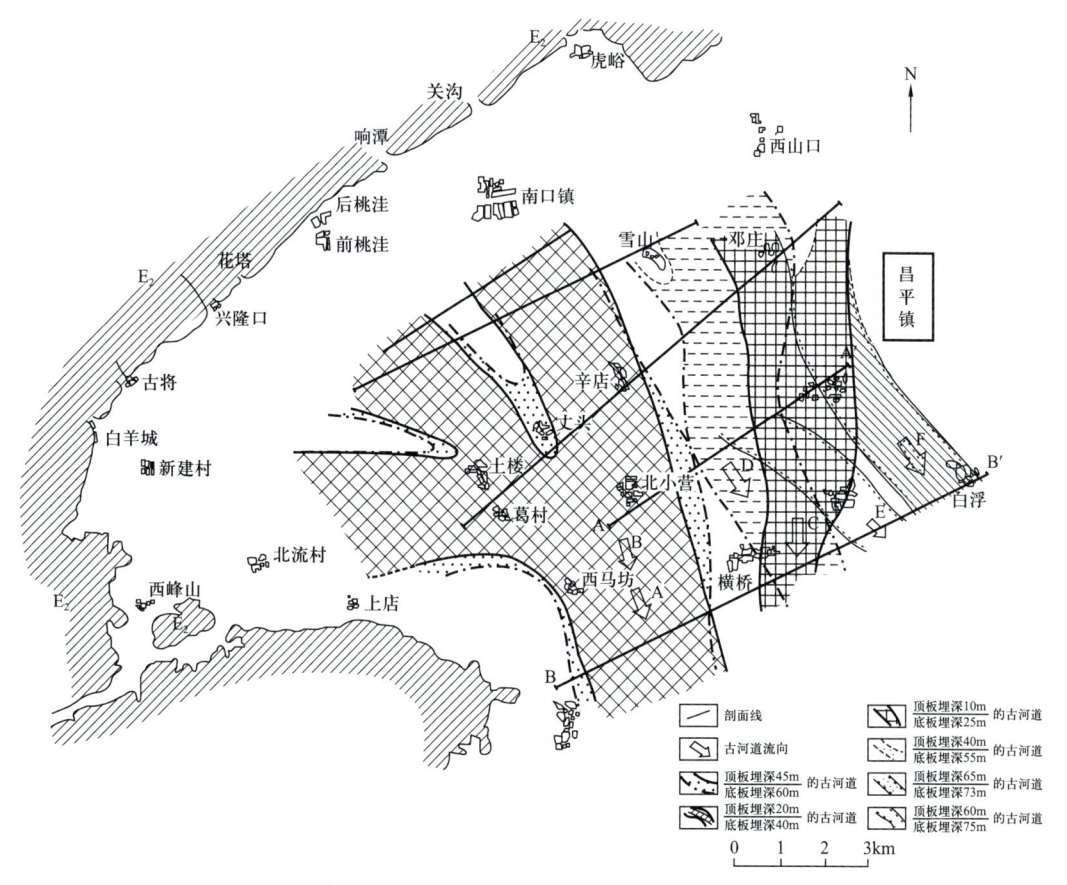

图 12-21 北京市南口地区古河道分布图

乃干屯—史家桥古河道。其冲积层的顶—底板埋深分别为 20~40m 与 45~60m，两条古河道基本重合。今天的南口、李庄、土楼、辛店、葛村、乃干屯、北小营、亭自庄、西马坊、四家庄、下念头、史家桥、八口村等地，当初都是这两条河道流经之地，面积约达40km²。这两条古河道的上游呈掌状分叉，通向各山地河流，说明古河道物质分别来自关沟、响潭沟、兴隆沟、白羊城沟与西峰山沟，在北小营附近汇为一股。冲积物比较粗，以砂砾为主。

郝庄古河道。是本区埋藏最浅的一条古河道，其顶—底板埋深为10～25m。物质来自虎峪沟和西沙河，在邓庄附近汇合南下，流经郝庄、百泉、宏道，从横桥东流出本工作区，范围约12km²。组成物质由上游的砾石与粗—中砂，往下游变为粉砂、细砂。

畚斗屯古河道。顶—底板埋深为40～55m。冲积物主要来自虎峪沟，流经旧县、畚斗屯、上念头、下念头，经横桥东流出本区，流经面积约16km²，岩性以砂砾为主。从冲积层的厚度来看，古河槽主要停留在东侧，故砂砾层的厚度由西向东加大。

马池口古河道与大宫门古河道。这是本区埋藏最深的两条古河道，其顶—底板埋深分别为65～73m与60～75m。这两条古河道的物质可能分别来自虎峪沟和西沙河。

五、古河道与新构造运动

南口地区的新构造运动是非常活跃的，它深刻地影响着古河道的发育规律，主要表现为以下几点。

（1）古河道发育系列的继承性与迁移性。本区的六条主要古河道基本上可以关沟—孙河断裂为界分为东、西两部分。西部断陷平原处于断层的下降盘，古河道发育的继承性表现为古河道的条数少（只有两条），但是河道流经的时间长，规模大，而且这两条不同时期的古河道流经的平面位置基本上一致。东部抬升平原处于断裂的上升盘，河道位置不稳定，不同时期的古河道有明显的迁移性，在平面位置上相互交叉。东部古河道物质来自虎峪沟或西沙河，河流出山后，在很短距离内有这样明显的摆动，可见构造抬升的影响比较大。

前面提及，关沟—孙河断裂最晚在上更新世已经形成。根据上述东、西两部分不同特性的古河道出现在Q地层中，可见关沟—孙河断裂至少延续到上更新世。

（2）古河道的流向。西峰山沟古河道出山后，基本上是沿着柏峪口断裂东流，与西北来的另外两条古河道汇合后，以近乎直角拐弯流向南东。这一急骤拐弯显然是受北西向与北北东向断裂控制的结果。

（3）古河道的汇合点。西部断陷平原的乃干屯—史家桥掌状古河道，其汇合点在乃干屯一带。由卫星相片构造解译图可以看到，乃干屯一带恰好是柏峪口断裂、虎峪—阳坊断裂和十三陵断裂的汇聚点。这种现象不会是偶然的巧合，值得注意。

六、古河道与地下水

由于古河道堆积的颗粒粗，孔隙大，透水性好，所以古河道是地下水的主要通道。我们在查清古河道分布的同时，于1976年5月的旱季测量了一百多口水井的静水位。利用6912型电子计算机的绘图程序，采用距离最近六个点加权（距离近者重要，关系密切，权值加大；反之减小）内插的方法，由 X—Y 绘图仪自动绘制了潜水位等值线图。

等潜水位线反映了地下水的水力坡度与流向。冲积扇地区的地下水水力坡度达 1%～3% 由扇顶向扇缘减缓。溢出带以下的平原地区的水力坡度比较小，平均为 0.2%。因此冲积扇上的水井，由动水位恢复到静水位所需的时间比平原水井短得多。此外，地下水沿着等水位线的最大梯度方向流动。从等潜水位图看，关沟—孙河断裂以西，地下水由西北流向东南；断裂以东，地下水由北往南流。等潜水位线的汇聚带反映了地下水的汇集带也就是古河道集中发育的地方。例如葛村、土楼—丈头、乃干屯—辛店三个地下水汇集带都分布在相应的古河道上；北小营—土城地下水汇集带反映了北小营主干古河道；百泉、白浮、马池口汇集带则是东半部古河道的反映。

第五节 电测井法

在电测井中，最常用的是视电阻率测井和自然电位测井（图 12-22）。

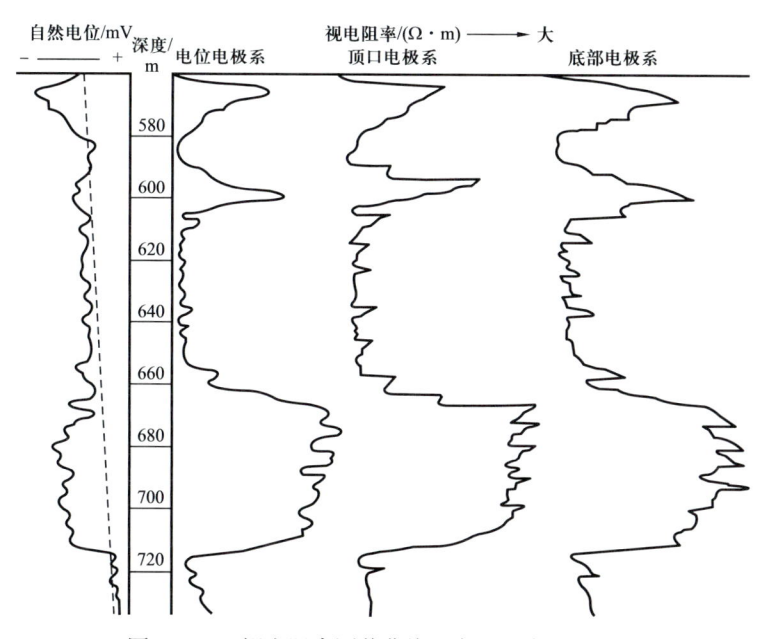

图 12-22 视电阻率测井曲线和自然电位测井曲线

一、视电阻率测井

1. 岩石电阻率及其影响因素

岩石传导电流的能力常用电阻（R）这个物理量来表示。

$$R = r\frac{S}{L} \text{（欧姆定律）} \tag{12-4}$$

当电阻 r 的单位为 Ω，长度单位为 m，截面积单位为 m^2 时，电阻率的单位为 $\Omega \cdot m$。

影响岩石电阻率的因素有以下几点。

1）岩性（矿物成分）

沉积岩的矿物按导电性能分为三类：（1）导电良好的矿物，如硫化矿（黄铁矿、黄铜矿、方铅矿等）、某些氧化矿物（磁铁矿、镜铁矿等）、石墨和高级煤。（2）不导电矿物，如石英、长石、云母、方介石、白云石、岩盐、钾盐和石膏等。（3）黏土通过颗粒表面的正离子与周围介质的正离子交换而导电。

2）孔隙度

（1）在第四纪沉积物中，通常是颗粒越粗，孔隙越大电阻率就越高。故砾石、粗砂的电阻率较高，中、细砂次之，黏土最低。（2）沉积岩除粒度成分影响孔隙度外，胶结程度的差异使岩性地层的电阻率变化更大，例如砾石的电阻率较高，一般在几十欧姆·米以上，最高可超过 $1000\Omega \cdot m$；砂岩的电阻率由几欧姆·米至上千欧姆·米。胶结程度高的致密砂岩电阻率高，泥质胶结的砂岩电阻率低。泥岩的电阻率比较低，一般为 $1\sim10\Omega \cdot m$。

3）地层水的矿化度

纯水是不导电的，存在于孔隙中的地层水之所以能导电是由于水中溶解了盐类，溶有盐类的溶液是导体。岩石电阻率与地层水的电阻率成正比。地层水矿化度很高的砂层，其电阻率可以小到十万分之几的欧姆·米；含淡水的砂层，其电阻率可达几十至几百欧姆·米。

4）含油气饱和度

石油和天然气具有极高的电阻率，可视为不导电物质。油气进入岩石孔隙挤走了同体积的地层水，使岩层中的离子数减少，电阻率增加；进入孔隙中的油、气越多，岩层电阻率越高，但不会无限大。因此岩石表面的拘束水仍使岩层具有一定的导电性。

因此，岩层电阻率是岩层的电性、物性、含油性和水性的综合反映，故岩层电阻率的地质解释具有多解性。但在特定条件下，利用岩层电阻率是有可能判断岩层性质的：（1）对特定地区或特定层段，建立岩电的统计关系，利用它来判断岩层性质；（2）各种测井资料的综合解释。

在无岩心钻进条件下，测井是了解钻孔地层、寻找油气层或含水层的必不可少的资料。

2. 视电阻率测井原理

视电阻率测井原理如图 12-23 所示。

供电电极为 AB，测量电极为 MN。其中供电电极 A 和测量电极 MN 构成电极系，由电缆放入井中，供电电极 B 接在地表。当供电线路接通后，B 极所形成的电场 MN 电极可看成无影响（因为 B 极离 MN 极很远），而 A 极所形成的电场使 MN 极之间产生电位差 ΔV_{MN}，电极系系数（K）已知，则视电阻率 $\rho = K \dfrac{\Delta V_{MN}}{I}$ 来求得，其中 I 为供电强度。视电阻率非真电阻率。

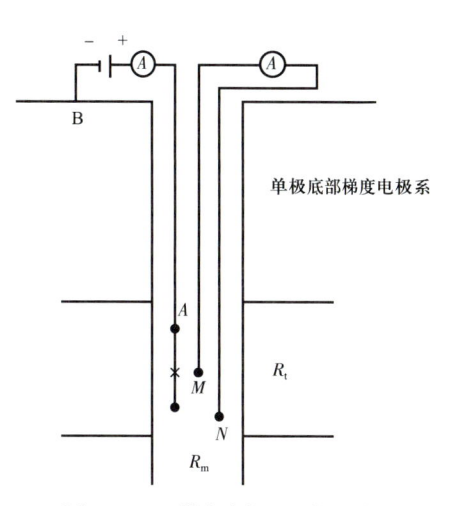

图 12-23 供电电极和测量电极

3. 视电阻率曲线——厚高阻层

视电阻率测井应用底部梯度电极系，成对电极在底部并为 MN（图 12-24、图 12-25）。假设井中有一个厚层高阻层（$h>L$，单极供电时，$L=AM+\dfrac{MN}{2}$；双极供电时，$L=AM$，上、下为低阻层，$\rho_1=\rho_3$。电极系由下往上移动时，当电极系离下介面很远时，高阻层对电流分布的影响极小，整个电极系好像处于电阻率为 ρ_1 的无限均匀地层中，$\rho_s=\rho_1$（曲线 a-b）。当电极系逐渐接近高阻层 ρ_2。因为 $\rho_2>\rho_1$，高阻层对电极 A 流出的电流产生排斥作用，使 MN 的电流密度增大，ΔV_{MN} 增大，ρ_s 曲线开始上升（曲线 b-c）。当电极系越接近高阻层的下界面，高阻层对电流排斥作用越强，ρ_s 值上升越快，直到 A 电极抵达下介面为止（曲线 b-c）。当 A 电极进入 ρ_2 层，而 MN 仍位于界面下方时，直至 MN 也要进入 ρ_2 层。此阶段的电场和电流密度分布稳定，视电阻率曲线基本上是一条直线（曲线 c-d）。当测量电极经过下界面进入 ρ_2 层，ρ_s 突然升高，$\rho_s \approx 2\rho_2$。电极系离下界面上移，下部低阻层的 A 极电流的吸附作用减弱，MN 的电流密度随之降低，ρ_s 减小。随着电极系逐渐接近上界面，上部低阻层对电流产生向上的吸引作用，使处于电极系底部的 MN 极处的电流密度减小，ρ_s 进一步减小（曲线 e-f）。当 A 电极进入 ρ_3 层至 MN 极快要脱离 ρ_2 层，电场和

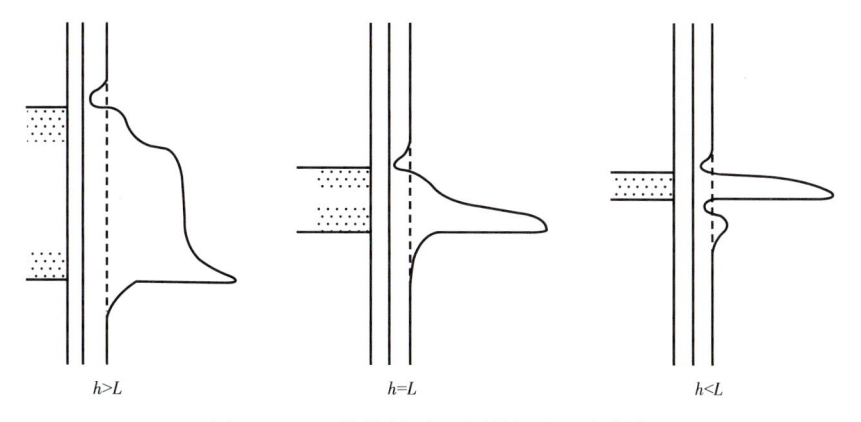

h>L   h=L   h<L

图 12-24 不同厚度高阻层的视电阻率曲线

电流密度稳定，ρ_s 基本上呈一直线（曲线 f-g）。当 MN 越过上界面进入 ρ_3 低阻层，ρ_s 出现极小值（曲线 g-h）。当电极系离开上界面继续上升，ρ_2 层的影响减弱，ρ_s 上升，直至 $\rho_s=\rho_3$（曲线 h-i）。

综上所述，当采用底部梯度电极大时，在视电阻率曲线上，相应于高阻层的下界面处有一个 ρ_s 极大值，而在高阻层的顶界面处有一极小值。

总结：（1）高阻层的 ρ_s 大，两端低阻层的 ρ_s 小，但曲线不对称，ρ_s 的中间值位于高阻底的中点，$\rho_s \approx \rho_2$。（2）地层中部附近的 ρ_s 曲线变化平缓或出现平直段（受围岩影响小），地层越薄，即地层厚度接近电极距，曲线的平缓段越短，甚至没有。（3）高阻层的顶、底界面附近，ρ_s 曲线出现极小值和极大值。顶界面在极小点以下 $\dfrac{MN}{2}$ 处，底界面在极大点以下 $\dfrac{MN}{2}$ 处。

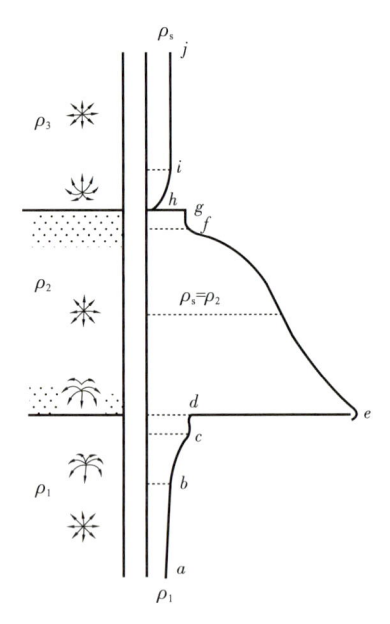

图 12-25 厚高阻层的视电阻率曲线

4. 视电阻率曲线——薄高阻层

仍采用成对电极为 MN 的底部梯度电极系，高阻层 $h<L$，极小点从高阻层的顶界面略向上移，高阻层下方的数值很低，$\rho_s<\rho_1$；距底界面一个电极距处出现第二个极大值（不要误认为是高阻层）。

其他与厚高阻层相同，高阻层的 ρ_s 大，曲线不对称。

以底部梯度电极系为例，对视电阻率曲线（图 12-26）特征分析如下。

a. 底部梯度电极系　　　　　b. 顶部梯度电极系

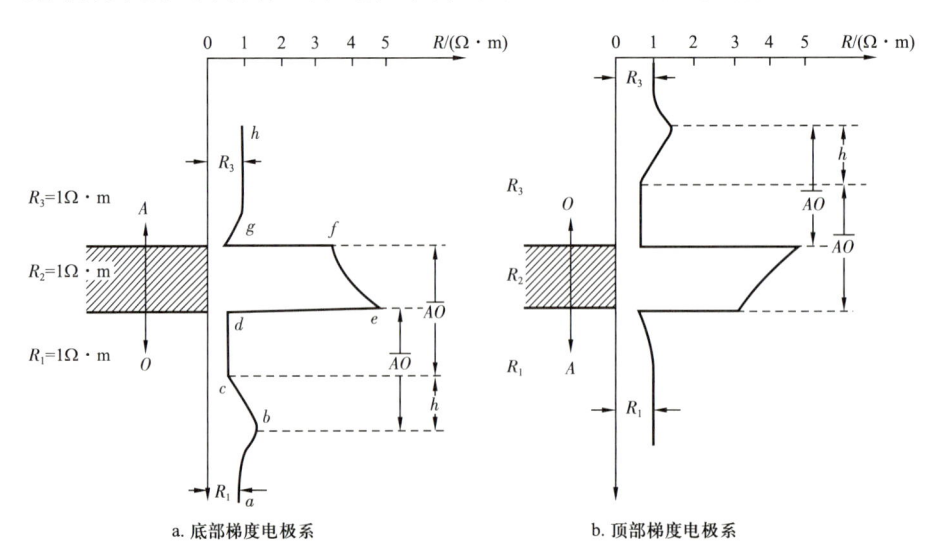

图 12-26　不考虑井孔影响时，高电阻率薄岩层（$h>L$）理想梯度电极系的视电阻率理论曲线

（1）a 点以下，即当电极系处在 R_1 介质中并离高电阻率岩层较远时，高阻层 R_2 的存在对电流分布基本上不发生影响。这时，测量电极 MN 处的电流密度 j_{MN} 同均匀介质情况相似，且因 $R_{MN}=R_1$，这段的视电阻率值近似等于下部介质的电阻率 R_1。

（2）电极系由下向上接近高电阻率岩层 R_2 时，电流被向下排斥，引起 j_{MN} 增加，视电阻率随之增高，一直到 A 电极到达岩层下界面为止。这时，电流受高阻岩层的排斥作用最大，视电阻率也增大到一个极大值，得曲线段 ab。b 点处的视电阻率 $R_a^b > R_1$。于是，在离高电阻率岩层下界面一个电极距的低电阻率地层 R_1 中，出现了一个视电阻率的极大值，而构成一种假象。

（3）从电极 A 穿过岩层下界面开始，到达岩层上界面为止，视电阻率不断降低（bc 段）。这是由于上部低电阻率介质 R_3 对电流的吸引作用逐渐加强，而 R_1 的吸引作用又相对减弱，使电流线向上增多，MN 电极处电流密度 j_{MN} 降低造成的。显然，bc 段的垂直长度等于岩层厚度 h。

（4）从 A 电极穿过岩层上界面开始，继续向上移动，MN 电极到达岩层下界面为止，视电阻率保持不变，在曲线上显示为平行于深度轴的直线段 cd。这是因为一方面 A 电极不断远离岩层下界面，电流受下部导电介质 R_1 的吸引作用逐渐减弱，而另一方面，电极 A 远离岩层上界面，高电阻率岩层 R_2 对电流的排斥作用也随之削弱。前者使 MN 处的电流密度 j_{MN} 减少，而后者却又使它相对增高。定性来讲，这两种作用相抵偿的结果，导致了 j_{MN} 保持不变，于是视电阻率 R_a 为常量。cd 段的长度正好等于电极距与岩层厚度之差。

（5）MN 电极穿过岩层下界面的一瞬间，由于 R_{MN} 突然由 R_1 变为 R_2，而此时 j_{MN} 在紧靠界面两侧又保持相等，所以 R_a 急剧增高（de 段）。de 段视电阻率增高的数值，同样可按照前述对厚层的分析方法，即 e 点的视电阻率 R_a^e 为 d 点视电阻率 R_a^d 的 R_2/R_1 倍。不过，由于在薄层情况下（$R_a^d < R_1$），因此 $R_a^e < R_2$。

（6）电极系从 MN 电极穿过岩层下界面开始，继续向上移动，MN 电极到达岩层上界面为止，主要由于电流受下部介质 R_1 的吸引作用越来越小，使视电阻率数值又相应降低（ef 段）。

（7）电极 MN 穿过岩层上界面的一瞬间，视电阻率急剧降低。这是因为在紧靠界面两侧 j_{MN} 保持不变，而 R_{MN} 突然由高电阻率 R_2 变为低电阻率 R_3 造成的（fg 段）。

g 点的视电阻率为

$$R_a^g = \frac{R_3}{R_2} R_a^f \qquad (12-5)$$

由于 f 点的视电阻率 $R_a^f < R_2$，故 $R_a^g < R_3$。

（8）电极系再往上移动，主要由于电流受高电阻率岩层 R_2 的排斥，影响越来越小，j_{MN} 逐渐增加并向着均匀介质的情况趋近，视电阻率便随之上升（gh 段）。当电极系在 R_3 中并离高电阻率岩层足够远时，视电阻率就会等于上部介质的电阻率 R_3。运用上述同样的分析方法，也不难分析如图 12-26 所示的理想顶部梯度电极系的视电阻率曲线特征。将顶部和底部梯度电极系的视电阻率曲线相比较可以看出，在相同条件下，它们正好是以过岩层中点且平行于岩层界面的平面为镜面时的反照映像。

5. 电极系

从上述分析可以看出，视电阻率曲线的变化显然与电极系类型有关。

1）电极系、成对电极与不成对电极

测井时放入井中的那一组电极（包括供电电极和测量电极）叫做电极系。常用的电极系由三个电极组成，用途（供电或测量）相同的两个电极叫成对电极，其余一个叫不成对电极。

2）电位电极系和梯度电极系及记录点

成对电极间距离大于不成对电极到靠近它的一个成对电极间的距离的电极系叫电位电极系；成对电极间距离小于不成对电极到靠近它的一个成对电极间的距离的电极系叫梯度电极系。

3）顶部（倒装）电极系与底部（正装）电极系

成对电极在不成对电极之上的电极系叫顶部或倒装电极系，成对电极在不成对电极之下的电极系叫底部或正装电极系。倒装梯度曲线与正装梯度曲线的形状一样，只是一个正立，另一个倒转（图 12-27）。正装梯度曲线在高阻层的底面附近出现极大值，倒装梯度曲线的极大值出现在顶面附近。

4）单极供电电极系和双极供电电极系

供电电极分别为一个和两个的电极系，其曲线形状完全一样，如图 12-28 所示。

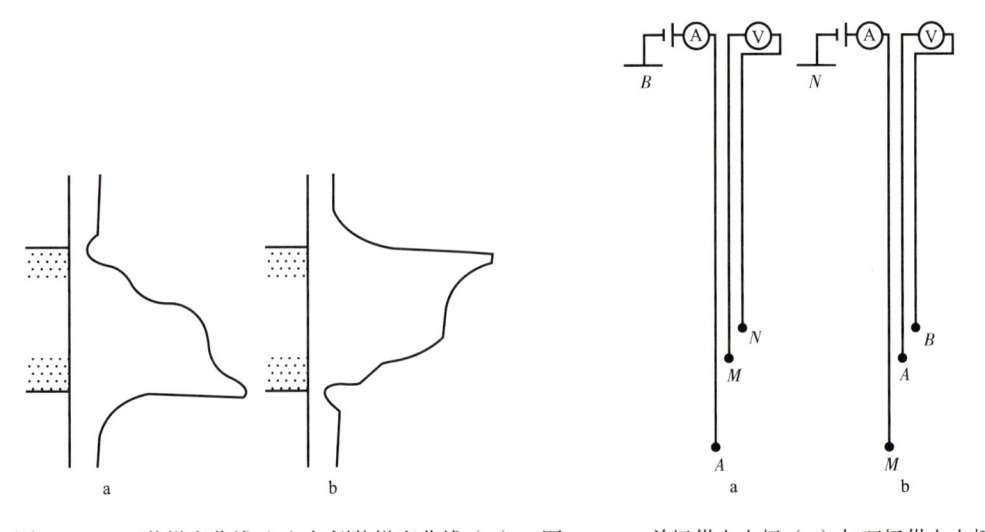

图 12-27　正装梯度曲线（a）与倒装梯度曲线（b）　图 12-28　单极供电电极（a）与双极供电电极（b）

$$\rho_s = K \frac{\Delta V_{MN}}{I} \qquad (12-6)$$

其中　单极供电时，$K = 4\pi \dfrac{AM \cdot AN}{MN}$

　　　双极供电时，$K = 4\pi \dfrac{AM \cdot BM}{AB}$

5）不同电极系类型

不同电极系的类型如表 12-8 所示。

表 12-8　电极系的类型

电极系类型	N—M*A	B—A*M	A*M—N	M*A—B	A—M*N	M—A*B	N*M—A	B*A—M
名称	单极倒装电位电极系	双极倒装电位电极系	单极正装电位电极系	双极正装电位电极系	单极底部精度电极系	双极底部精度电极系	单极顶部精度电极系	双极顶部精度电极系
符号	NaMbA	BaAbM	AbMaN	MbAaB	AaMbN	MaAbB	NbMaA	BbAaM

6）电位电极系的视电阻率曲线

电位电极系的视电阻率曲线如图 12-29 所示。

厚高阻层（$h > L$）的曲线特征：（1）正对高阻层处，ρ_s 增大；（2）曲线对称于高阻层的中部。

薄高阻层（$h < L$）的曲线特征：（1）对着高阻层的是一个"负异常"，极小点正时着高阻层中心；（2）在高阻层两侧的半个电极距 $\left(\dfrac{AM}{2}\right)$ 处，各有一个极大点，曲线仍然对称于高阻层中心。

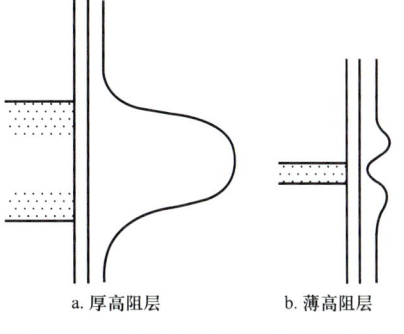

a. 厚高阻层　　b. 薄高阻层

图 12-29　电位电极系的视电阻率曲线

二、自然电位测井

1. 自然电位

在未向井中通电的情况下，放入井中的电极 M 与地面电极 N 之间存在着电位差，它是自然电场产生的，故叫作自然电位。测量自然电位随井深的变化叫做自然电位测井。

2. 自然电位的成因

1）扩散电动势

一般地层水和钻井液滤液（井液）中以含 NaCl 为主，地层水中的 Na^+ 和 Cl^- 向钻井液中移动（所以前者电化学活度大于后者），Cl^- 移动速度大于 Na^+，于是在活度小的钻井液中有较多的 Cl⁻，带负电，在活度大的地层水中有较多的 Na⁺，带正电（12-30）。

2）渗透电动势

一般钻井液柱压力略大于地层压力，钻井液滤液通过井壁流入地层孔道。若地层是渗透性砂岩，在井壁处存在滤饼。滤饼中有偶电层，它对负离子有选择性的吸附作用。渗透的钻井液滤液带着较多的正离子进入地层，使地层带正电，滤饼带负电产生地层与滤饼间电位差。

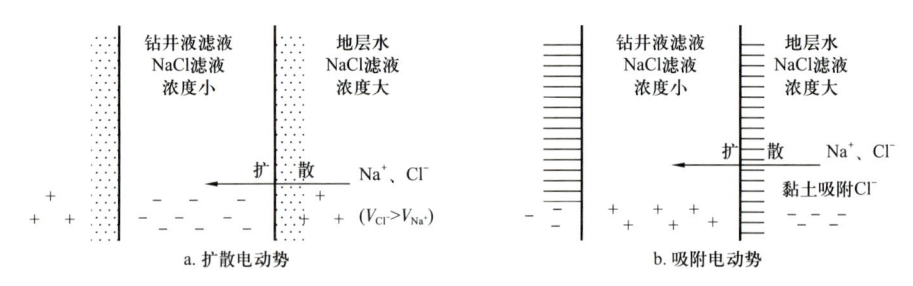

图 12-30　扩散与吸附电动势

3）测井曲线的沉积相解释

依据瓦尔特相律——在连续沉积的地层剖面中，平面上相邻的沉积，在垂直剖面上必定是顺序出现的。

测井曲线形态如图 12-31 所示。

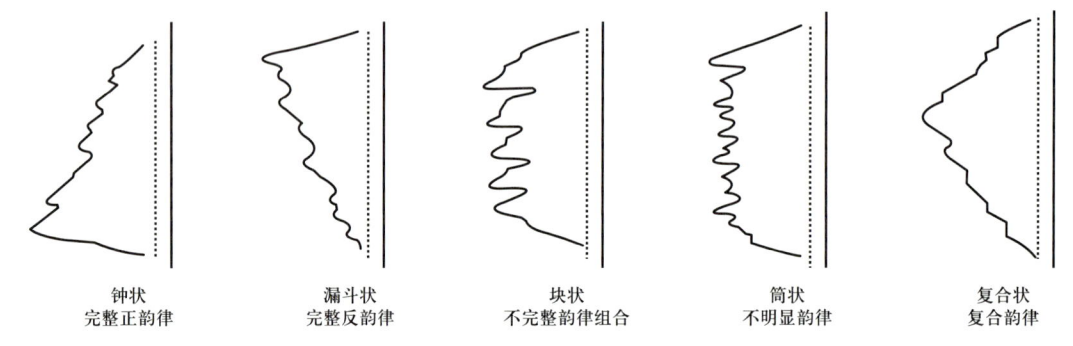

图 12-31　测井曲线形态与韵律类型

测井曲线异常幅度大小和形状如图 12-32 所示。

（1）强动力条件：泥质被冲走，沙粒粗，孔隙大。自然电位异常幅度大（>30mV），出现方头（厚砂层）。（2）中等动力条件：异常幅度大（>30mV）呈尖刺状（薄砂层）。（3）弱动力条件：分选不好，异常不明显（如上述筒状）。

4）不同环境沉积的测井曲线

弯曲河流沉积具有完整的正韵律，测井曲线呈钟状；不完整的正韵律，测井曲线呈块状（图 12-33）。

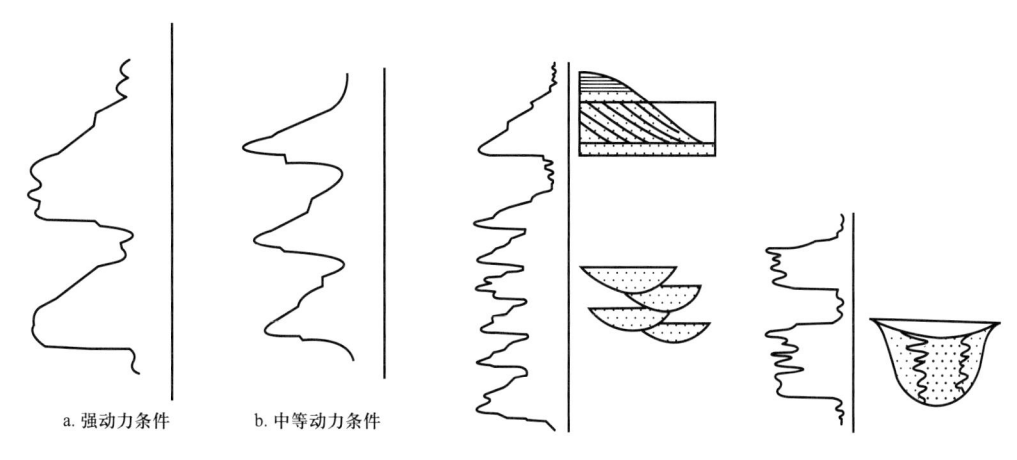

图 12-32 动力条件与曲线形状

a. 强动力条件   b. 中等动力条件

图 12-33 河流沉积的测井曲线与韵律类型

三角州沉积具有反韵律形式的漏斗状自然电位曲线，与下部岩石渐变接触；上部为指状沙坝或河口沙坝砂体，砂层厚度大，曲线近似似筒状，下部为三角洲前缘的席状砂，由砂、粉砂和泥岩互层，曲线呈锯齿状。曲线的顶部为三角洲平原沉积，呈钟状（图 12-34）。

海岸堤岛沉积具有漏斗状的自然电位曲线。与三角洲环境相比较，顶部无分流道沉积的钟状曲线段。在海面相对上升，泥沙仍快速堆积的海退条件下形成退覆式沉积，测井曲线由一列"漏斗"组合成（图 12-35）。

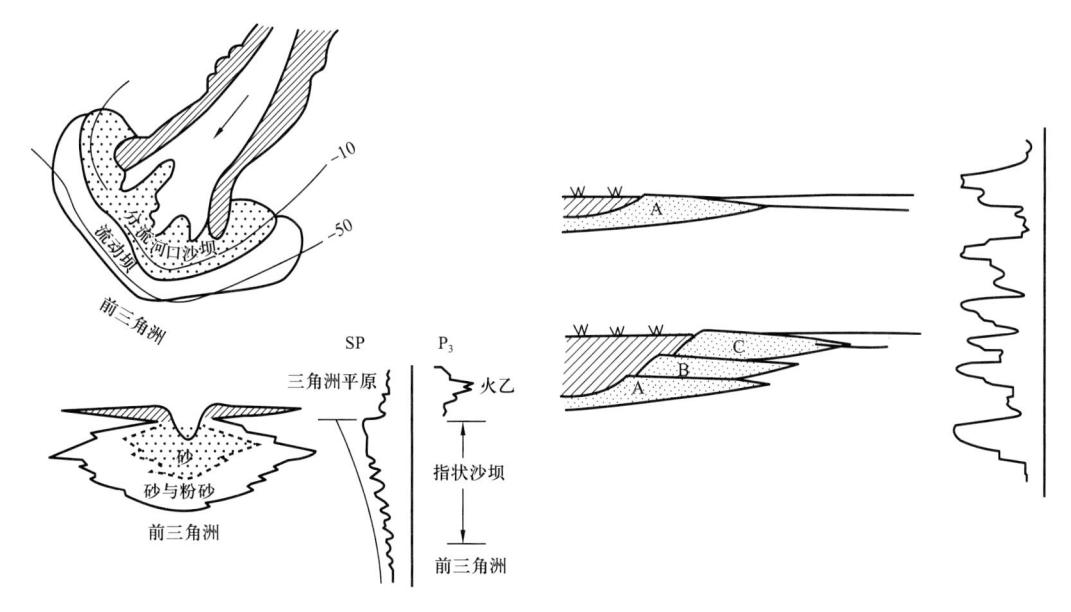

图 12-34 密西西比河鸟足状三角洲指状沙坝砂体的测井曲线特征

图 12-35 堤岛砂体的测井曲线

浊流沉积的底部有粒度递变层，自然电位曲线呈筒状。上部若保留浊流后期的细粒沉积，则有钟状曲线段；若被新的浊流侵蚀，则无钟状段；远源相由泥岩与砂岩互层，曲线呈犬牙交错（图12-36）。

冲积扇沉积的分选极差，具有不明显的正递层理，故每个韵律度呈不十分明显的钟状；一个冲积扇的旋回层，自然电位曲线往往呈块状（图12-37）。

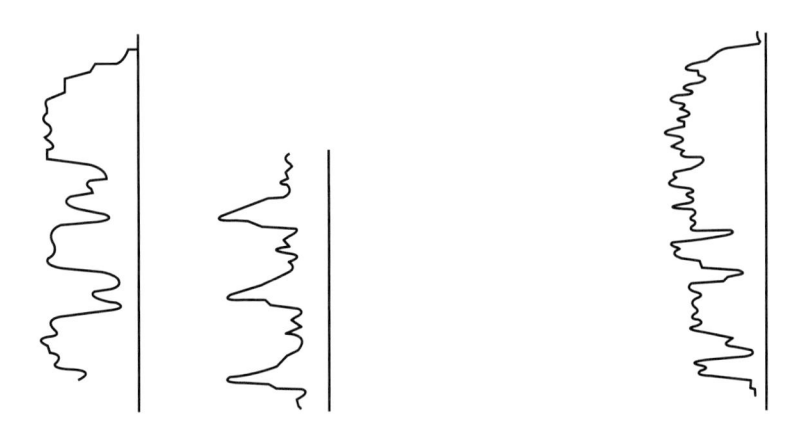

图12-36 浊流沉积的测井曲线

图12-37 冲积扇沉积的测井曲线

第六节 机械式野外用微型渗透率仪

为了迅速研究野外露头的渗透率模式，依据达西定律研制了机械式野外用微型渗透率仪（图12-38）。它可系统测量岩石的渗透率，对测量对象不具破坏性，既便于野外测量露头岩石，也适于在实验室测量手标本或岩心。测量时，将仪器的注气探头置于研究岩石的表面，将高压气体注入，测得透过岩石作用面的气体流量和相应压力，再据渗透

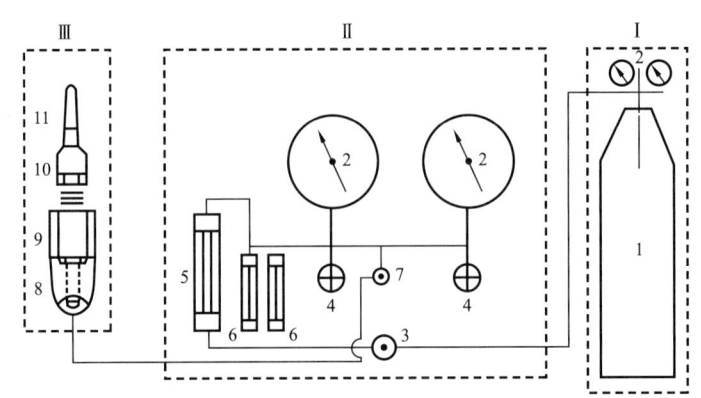

1—气瓶；2—压力表；3—入口；4—旋扭阀；5—流量计；6—搬扭阀；7—出口；8—硅酮橡胶密封塞；9—衔接器；10—螺纹黄铜接头；11—快接柄；Ⅰ—承压气源；Ⅱ—二级调制器；Ⅲ—注气探头。

图12-38 渗透率仪结构机械式野外用微型图

率与它们的关系换算出渗透率数据。此仪器每天可测量400～500个点的数据，可快速获得密点集渗透率空间分布数据，非常便于在野外按地层进行复杂砂体的渗透率分布研究。数据误差分析表明，用此方法获得的渗透率数据误差属随机性误差。以对吐哈盆地七克台剖面露头砂体的研究为例，介绍MFP在研究砂体渗透率非均质性特征及模式方面的实际应用效果。

仪器一般采用氮气或压缩空气为气源。渗透率测量范围为0～10000mD，在野外使用非常方便。在以露头岩石为测量对象时，应尽可能使测量面（直径2～3cm即可）光滑，并应除去岩石表面风化层（一般厚1～10mm）后，再测其新鲜面。测量面处理的方法，对于松软的岩石用地质锤头尽量平滑即可，对于固结良好的岩石，可用电钻配磨光头迅速打光岩石表面。

在野外使用时，每天可以测量400～500个点的数据，非常便于对渗透率分布复杂的露头岩石选点测量，可以获得研究其渗透率连续分布规律的实测资料，对渗透率仪测量数据的可靠性做了检查。选取柴达木盆地，吐哈盆地和大港油田的97块岩样，用仪器测定它们的渗透率值后，将这些岩样用常规方法测得的标准渗透率值与之回归分析（图12-39），得到：

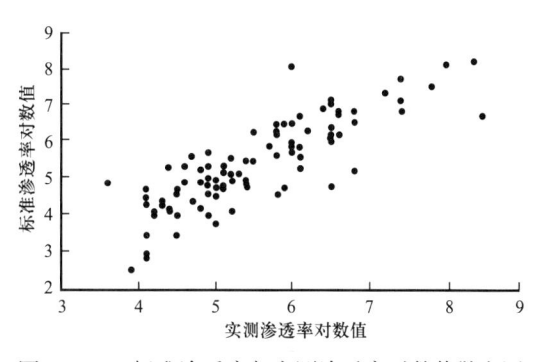

图12-39 标准渗透率与实测渗透率对数值散点图

$$K_y = \exp(0.437 + 0.872 \ln K_x) \quad (12-7)$$

式中：K_y为常规方法测得的岩样标准渗透率，mD；K_x为仪器测得的岩样渗透率，mD。

为了检验求得的渗透率数据的误差性质，在上述97个岩样（标准渗透率值最大为3080.0mD，最小为12.8mD）中，随机抽取60个岩样数据作对数回归，求得如式（12-7）所示的对数关系式；再将余下的37个岩样用MFP方法求得的渗透率作为K_x代入关系式求得K_y作为校正渗透率值，将其与37个岩样的标准渗透率值比较。5次这样分析的结果，校正值比标准值小的岩样块数与比标准值大的岩样块数间的比例关系为17∶20、16∶21、20∶17、21∶16、19∶18，总比例关系为93∶92，因此MFP渗透率校正值的误差属随机性误差。

根据国外发表的微型渗透率仪原型的标准，与常规测量方法作对比性实验的岩心基本是渗透率均匀的岩心，其中较低渗透率（一般小于500mD）岩心校准值的误差大一些，而高渗透率岩心校准精度较高。

在研究对象为非均质性砂体时，渗透率校准值在3倍误差范围内分布是允许的。根据笔者对仪器测量渗透率数据校准结果的误差分析，校准结果比较理想。

我们使用自制的微型渗透率仪，曾在新疆、青海等地进行了大量的露头砂体渗透率测量工作，以获取研究砂体渗透率非均质性特征及模式的基础资料。例如，在研究吐哈盆地侏罗系三间房组 S_3 砂体时，曾对七克台村南 5km 处的七克台剖面的 S_3 砂体露头用 MFP 测取渗透率数据。该砂体东西总长度为 300m，厚度为 5~9m，沿露头剖面布置了 71 条垂直于地层走向的测量线，共测量 907 个点的渗透率基础数据，据此作出了所研究砂体的渗透率分布图（图 12-40）。

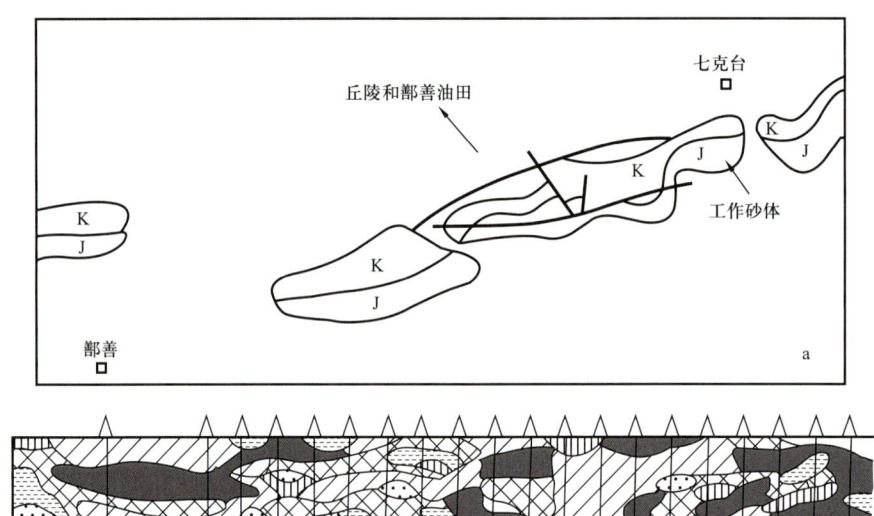

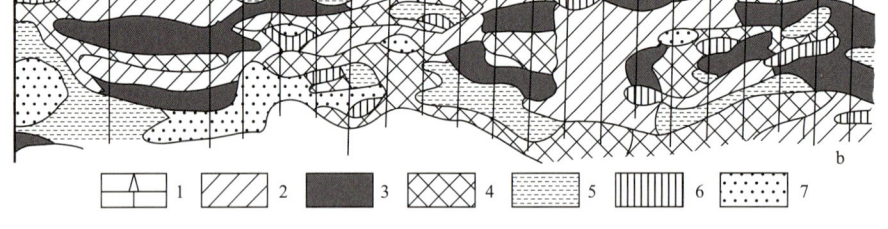

1—采样点；渗透率分布范围：2—小于2mD；3—2~5mD；4—5~10mD；5—10~20mD；6—20~40mD；7—大于40mD。

图 12-40　工作砂体位置图（a）与砂体渗透率分布图（b）

第七节　数学地质方法在沉积相研究中的应用

一、点群分析法

点群分析法于上文已经详述，此处不再赘述。

二、聚类分析法

在沉积岩相工作中，通过区域地层的对比，常常需要编制某一时间地层单元的区域岩相图。如果这一时间地层单元在垂直方向上是岩性均匀的单一地层，只存在水平方向的相变，那么要编制该地层的区域岩相图，在图上区分出例如古湖的湖心相、湖滨相、三角洲相、河流相等沉积单位，首先要绘制区域性的单要表图件，如各种粒度参数的等值线图、等厚度图、地层埋深图等，然后根据这些专门图件来综合划分该单层的岩相。

传统的岩相图的编制是将两种或者至多三种要素图叠置在一起加以对比。如果该指定地层由多个单层组成，那么岩石成分就较复杂，引用的要素也比较多。这时，要在一张图上综合反映不同要素的变化是非常困难的。近十几年来发展起来的"聚类分析"技术比较好地解决了这些问题。

1. 聚类分析的原理

聚类分析是根据多种变量的测定数据，确定样品之间的亲疏关系，然后对研究对象进行合理分类的一种方法。它将所研究样品的多种变量假设为空间的一个多维坐标系，每一种变量构成一个坐标。这样，由一定的变量值限定的样品，在多维坐标系中就有一个确定的点。各个样品之间性质的差异，取决于多维坐标系中各相应点之间的距离。距离越小，性质越相似。汇聚成群的点，其性质相似，可以归为一类。可想而知，用一个变量来区分样品，效果要差些，有些样品可能还区分不开来。用两个变量对样品进行分类，效果会更好些。一般说来，变量取得越多，而且所取变量对区分样品确实有效，则分类效果越好。

2. 聚类分析计算方法

这里以分析古河道沉积为例介绍此方法。

历史上河流流过的地方，堆积了较粗的砂砾，呈长条形的堆积体。在河流两侧的泛滥盆地中堆积着较细的物质，如粉砂、黏土。随着河流的侧向迁移或区域构造沉降，老的河床堆积体被后来的细沉积物覆盖起来，成了埋藏的古河道。不同时期的古河道在地下呈立体交叉分布。如果一个钻孔穿过不同深度上的几条古河道，可见到几个相应的古冲积层，这些古冲积层各自具有一定的粒度、厚度和埋藏深度等特征。如果研究区的范围不大，同一条古河道沉积的上述特征应该近似。因此，我们先从钻孔记录中找出所有古冲积层，并对每个古冲积层确定三个指标值：粒度、厚度和埋深。然后根据这三个指标对所有古冲积层进行对比分类。指标相似的古冲积层应归为一类，可能属于同一条古河道沉积。

数据表12-9中 n 为样品数（一个钻孔中的一个古冲积层构成一个样品）；k 为样品所取的指标数；X_{ij} 表示第 j 个样品的第 i 个指标值，第一个下标为指标数，第二个下标为样品数。指标数 i 可以由1、2、3、…、k，样品数 j 可以由1、2、3、…、n。

从数据表可以看出，由于各种指标所取的单位不同，或者即使单位相同，数值有很大差别。后面要讲到，聚类分析的实质，就是对各项指标进行方差分析。这样，数值大的指标在聚类分析中的作用就会人为夸大，而削弱了数值小的指标的作用。例如深度单位取米值时、若为200、500、100、300、400。如果改取厘米值，数值变为20000、50000、10000、30000、40000，作用变大了。如果改取千米值，数值变为0.2、0.5、0.1034作用缩小了。

表 12-9 聚类分析计算方法数据表

X_{ij}		i			
		厚度/cm	M_i（Φ）	埋深/m	$\cdots i$
j	1	400	4	40	
	2	200	8	100	
	3	500	2	20	
	4	100	10	60	
	5	300	6	80	
	$\vdots$				
	j				

将每项指标中的最小值化为零，最大值化为 1，其余值介于 0~1。为此，只要对数据作如下变换：

$$Z_{ij}=\frac{X_{ij}-\min\limits_{j}X_{ij}}{\max\limits_{i}X_{ij}-\min\limits_{j}X_{ij}} \quad \begin{pmatrix} i=1,\ 2,\ 3,\ \cdots,\ x \\ j=1,\ 2,\ 3,\ 4,\ 5\cdots,\ n \end{pmatrix} \quad (12-8)$$

显然，

$$\max\limits_{j}Z_{ij}=\frac{\max\limits_{i}X_{ij}-\min\limits_{j}X_{ij}}{\max\limits_{i}X_{ij}-\min\limits_{j}X_{ij}}=1$$

$$\min\limits_{j}Z_{ij}=\frac{\min\limits_{i}X_{ij}-\min\limits_{j}X_{ij}}{\max\limits_{i}X_{ij}-\min\limits_{j}X_{ij}}=0$$

通过规范化以后的数据表 12-10 为：

表 12-10 规范化后的数据表

X_{ij}		i			
		厚度/m	M_d/m	埋深/m	$\cdots i$
j	1	0.75	0.25	0.25	
	2	0.25	0.75	1.00	
	3	1.00	0.00	0.00	

续表

X_{ij}		i			
		厚度/m	M_d/m	埋深/m	...i
j	4	0.00	1.00	0.50	
	5	0.50	0.50	0.75	
	⋮				
	j				

两个样品之间的距离系数定义为

$$D_{i_1 j_1} = \sqrt{\frac{\sum_{i=1}^{n}\left(Z_{ij_1} - Z_{ij_2}\right)^2 \rho_i}{\sum_{i=1}^{n} \rho_i}} \quad (12-9)$$

式中，i_1 与 i_2 是指某两个求距离系数的样品；$Z_{ij_1} - Z_{ij_2}$ 为第 i_1 个与第 i_2 个样品的第 i 项指标值之差。例如根据表 12-10 数值代入

$$Z_{22} - Z_{24} = 0.75 - 1.00 = -0.25$$

$$Z_{15} - Z_{13} = 0.50 - 1.00 = -0.50$$

ρ_i 是第 i_1 项指标的加权数，依指标在分类中作用的大小而定。例如取 $\rho_{深度}$=1（最不重要）；$\rho_{深度}$=2（较重要）；$\rho_{深度}$=3（最重要）。

按距离系数公式，可求得

$$D_{12} = \sqrt{\frac{(0.7-0.25)^2 \times 1 + (0.25-0.75)^2 \times 2 + (0.25-1.00)^2 \times 3}{1+2+3}} = 0.64$$

$$D_{13} = 0.25, \quad D_{14} = 0.56, \quad \cdots, \quad D_{45} = 0.40$$

将算出的距离系数列成矩阵（表 12-11）。上三角与下三角相对于对角线对称，故按距离系数分类时，只要看上三角矩阵就行。表中对角线元素为零，即样品的自身距离为零。

表 12-11 距离系数列表

D	1	2	3	4	5	...m
1	0.00	0.64	0.25	0.56	0.40	
2	0.64	0.00	0.89	0.40	0.25	

续表

D	1	2	3	4	5	…m
3	0.25	0.89	0.00	0.79	0.64	
4	0.56	0.40	0.79	0.00	0.40	
5	0.40	0.25	0.64	0.40	0.00	
⋮						
n						

3. 样品分类

分类的方法有好多种，这里仅介绍其中的两种。

1）一次形成谱系法

在上三角中选出最小的 D 值。如 D_{13}=0.25，D_{15}=0.25。于是将 1 与 3 样品，2 与 5 样品分别归为一组。

在上三角中，依次选出逐渐增大的 D 值，依次进行归组。后面的归组会遇到的情况及处理方法如下：

（1）选出的两个样品均未归过组，这时将两个样品归为新的一组；

（2）选出的两个样品中，有一个属于已分好的组，则将另一样品也归入该组；

（3）选出的两个样品分别属于已分好的两个组，则将此两组归为一组；

（4）选出的两个样品属于已分好的同一个组，则不必再进行归组。

例如 1 与 3，2 与 5 归组后，D_{15} 使 1-3 组与 2-5 组归为一组，然后 D_{45} 使 4 样品又加入该大组。最后作出分类谱系图（图 12-41）。

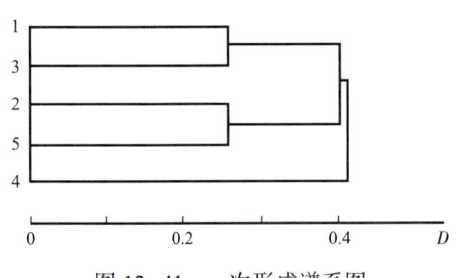

图 12-41 一次形成谱系图

随着距离系数的加大，所有样品都将归入一个大组，这就没有分类意义了。因此需要选择一个合适的 D 值，假设为 λ。规定凡 $D<\lambda$ 的可以进行归组；$D>\lambda$ 的不能归组。在上述例子中，若：

（1）λ=0.5，1-5 样品合成一组；

（2）λ=0.3，1 与 3、2 与 5、及 4 成三组；

（3）λ=0.2，每个样品自成一组。

可见，选择 λ 是非常关键的。λ 过大会将毫无关系的样品分到一起去；λ 过小，就会把本来属于同一组的样品人为地分开。选择 λ 值一方面要靠经验另一方面可以利用电子计算机，分别输入不同的 λ 值，检查其分类结果。一般说来，λ 值宜采用全部 D 值的平均数，略偏高或偏低些。

分组后，作为一组样品的指标值，由组内样品相应指标值取平均得到。例如 $\lambda=0.3$ 时：

（1）1-3 样品组厚度为（40+50）/2=45cm，M_d 为（1+0）/2=0.5ϕ，埋深为（200+100）/2=150m；（2）2-5 样品组厚度为（20+30）/2=25cm，M_d 为（3+2）/2=2.5ϕ，埋深为（500+400）/2450m；（3）4 样品组厚度为 10cm，M_d 为 4ϕ，埋深为 300m。

一次形成谱系法比较简单，计算量小，但分类效果较差。

2）λ 分类法

（1）先选定一个归类标准。若两个样品之间的距离系数 $D<\lambda$ 称这两个样品关系密切；否则它们的关系不密切。

（2）在距离系数 D 矩阵的上三角中，选出最小的 $D_{i_1j_1}$（$j_1<j_2$）。这时如果 $D_{i_1j_1}>\lambda$ 即任何两个样品之间的关系都不密切，则每个样品自成一类，分类到此结束；如果 $D_{i_1j_1}<\lambda$，将第 j_1 行个与第 j_2 个样品归成一组。

（3）在后一情况下，考虑剩下的样品中，哪些还可以归到与第 j_1 个样品同一组。例如：

选出第 j_3 个样品与第 j_1 个样品的关系为次密切，$D_{i_1j_1}<\lambda$ 而且第 j_5 个样品与第 j_1 个样品所在组内的每个样品的关系均密切，则第 j_3 个样品也归入该组；否则不予归入。再看其他样品与第 j_1 个样品所在组的每个样品的关系，直到分出第一类样品。

（4）在距离系数 D 矩阵中，去掉已归类的样品所在的行与列。将剩下的样品组成新的矩阵。再在新矩阵的上三角中选出最小的 $D_{i_1j_1}$（$j_1<j_2$）。这时仍有上述的两种情况。在后一情况下，可得出第二类样品。

（5）不断重复步骤（4），直到所有样品都归类为止。当然，其中总会有些样品是自成一类的。至此，第一轮分类结束，将 n 个样品分成了 n_1 类。

（6）将每一类样品看作一个组合样品，组合样品的指标值由该类中所有样品的指标值取平均得到。重新计算各个组合样品之间的距离系数，列出矩阵。按上述步骤进行第二轮分类，将第一轮分成的 n_1 个组合样品分成 n_2 个类别。$n_1 \geq n_{10}$ 同样还可以进行第三轮分类，依此类推。直到前后两次分类的结果完全相同，即所有组合样品之间的关系都不密切为止。

λ 分类法是采用逐级分类，有利于分析研究对象的序次关系。例如用来分析古河道系统，第一轮分类可能反映了最低一级的支流情况，第二、第三轮分类的河系级别逐渐提高。用来分析岩相古地理时，如果第一轮分类区分了河床、河漫滩、泛滥平原和湖滨、湖心等亚相，第二轮分类可能归纳出河流相和湖相。

用 λ 分类法对我国西北某油田的某一时间地层单元的岩性资料作岩相分析。表 12-12 所示是 33 口井中不同岩性的厚度。由于四种岩性的厚度都在同一个数量级上，故将规范化的步骤省略了。求出各井号之间的距离系数，并列成矩阵（表 12-13）。

表12-12　33口井岩性厚度表　　　　　　　　单位: m

井号	岩性			
	泥岩	粉细砂岩	中巨砂岩	砾岩
1	9.37	2.57	3.25	3.34
2	3.80	1.10	1.90	8.05
3	1.50	0.85	1.21	8.85
4	2.63	1.25	1.90	3.95
5	2.04	1.10	0.68	7.60
6	7.54	0.28	0.00	4.85
7	7.90	2.30	3.65	9.25
8	6.86	1.28	8.03	8.39
9	4.88	0.10	5.27	9.10
10	3.18	0.00	0.00	3.95
11	0.00	0.00	0.00	6.90
12	3.25	0.00	0.00	0.00
13	0.25	1.81	0.49	7.53
14	1.25	0.00	0.00	3.84
15	0.00	0.00	0.15	3.70
16	2.30	0.45	2.60	7.40
17	2.98	1.85	2.75	4.78
18	0.00	1.20	0.90	12.25
19	0.85	0.40	3.00	7.80
20	2.05	0.81	1.40	8.14
21	6.30	0.00	0.00	6.90
22	2.20	0.30	2.60	9.80
23	2.78	0.77	0.00	7.27
24	3.46	2.62	0.25	6.52
25	2.90	0.00	1.20	9.20
26	1.60	1.07	0.70	9.38
27	4.82	0.00	1.50	1.30
28	3.20	2.11	3.92	9.75
29	10.92	1.06	4.21	18.99
30	0.00	0.83	0.00	11.50

续表

井号	岩性			
	泥岩	粉细砂岩	中巨砂岩	砾岩
31	1.07	0.15	0.75	13.38
32	1.65	0.75	0.29	14.24
33	0.42	0.47	0.00	13.76

表 12-13　距离系数矩阵

岩性	井号							
	1	2	3	4	5	6	………	32	33
1		7.56	9.97	7.03	8.98	4.63		13.48	13.13
2			2.54	4.27	2.19	5.34		6.24	6.79
3				5.09	1.66	7.37		4.63	5.47
4					3.9	5.43		9.69	10.47
5						6.28		5.03	6.67

取 $\lambda=9$，对 33 个样品作第一轮分类，共分为五类（图 12-42）。

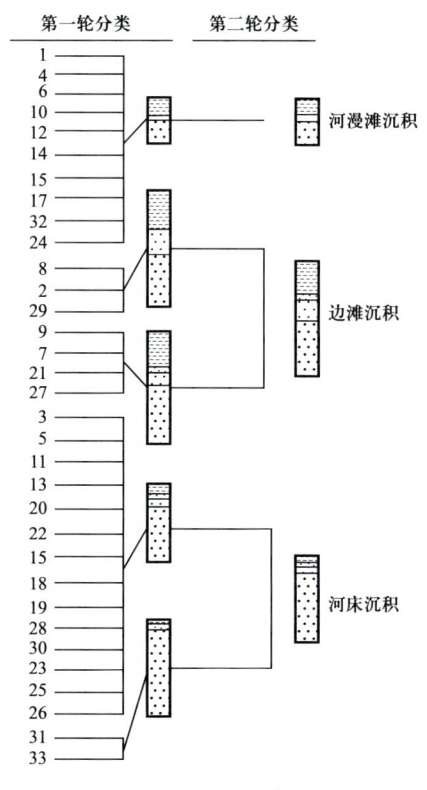

图 12-42　分类谱系图

每一类中各种岩性的平均厚度如下。

第一类包括井1、4、6等（表12-14）。其特点是总厚度小，砂质成分少，泥岩与砾岩的厚度相当。

表12-14 第一类岩性厚度表

岩性	厚度/m	岩性	厚度/m
泥岩	3.23	中—巨砂岩	0.73
粉—细砂岩	0.67	砾岩	3.65

第二类包括井8、2、29等（表12-15）。这一类的特点是沉积厚度大，岩性以中巨砂岩与砾岩为主，仍有相当厚的泥岩。

表12-15 第二类岩性厚度表

岩性	厚度/m	岩性	厚度/m
泥岩	5.33	中—巨砂岩	4.97
粉—细砂岩	1.19	砾岩	8.22

第三类包括井9、7等（表12-16）。

表12-16 第三类岩性厚度表

岩性	厚度/m	岩性	厚度/m
泥岩	5.18	中—巨砂岩	2.30
粉细砂岩	0.79	砾岩	9.87

岩性比例与第二类相似，但是总的来说比第二类稍粗。

第四类包括井3、5等。其特点是砾岩与泥岩相比，厚度占明显的优势（表12-17）。

表12-17 第四类岩性厚度表

岩性	厚度/m	岩性	厚度/m
泥岩	1.44	中—巨砂岩	1.33
粉—细砂岩	0.84	砾岩	8.81

第五类包括井31、33等（表12-18）。该类与第四类相似，但是岩性更粗，岩占绝对优势，其他岩性都很薄。

表 12-18　第五类岩性厚度表

岩性	厚度 /m	岩性	厚度 /m
泥岩	0.75	中—巨砂岩	0.37
粉—细砂岩	0.31	砾岩	13.57

将上述五个组合样品作第二轮分类，结果分为如下三类。

新一类由第一类独立组成（表 12-19）。

表 12-19　新一类岩性厚度表

岩性	厚度 /m	岩性	厚度 /m
泥岩	3.23	中—巨砂岩	0.73
粉—细砂岩	0.67	砾岩	3.65

新二类由第二、三类组成（表 12-20）。

表 12-20　新二类岩性厚度表

岩性	厚度 /m	岩性	厚度 /m
泥岩	5.26	中—巨砂岩	3.63
粉—细砂岩	0.99	砾岩	9.04

新三类由第四、五类组成（表 12-21）。

表 12-21　新三类岩性厚度表

岩性	厚度 /m	岩性	厚度 /m
泥岩	1.09	中—巨砂岩	0.85
粉—细砂岩	0.57	砾岩	11.85

将上述三大类、五小类用不同符号表示在图上，即构成聚类分析岩相图（图 12-43）。综观岩相图可以得出如下几点认识：

（1）砾岩占绝对优势的新三类呈条带状集中分布，代表了古河床沉积。主流线来自北东向，然后分成两股流向东南。

（2）厚度较小的新一类分布在河床沉积的两侧。岩性以对等的砾岩与泥岩为主，砂岩薄，属于河漫滩沉积，构成本区沉积岩相的背景。

（3）新二类的沉积厚度最大。其最显著的特征是砂岩增厚，推测此类沉积为边滩沉积。

（4）该地层的石油储集带主要沿新三类与新二类分布，新一类是该层的贫油区。

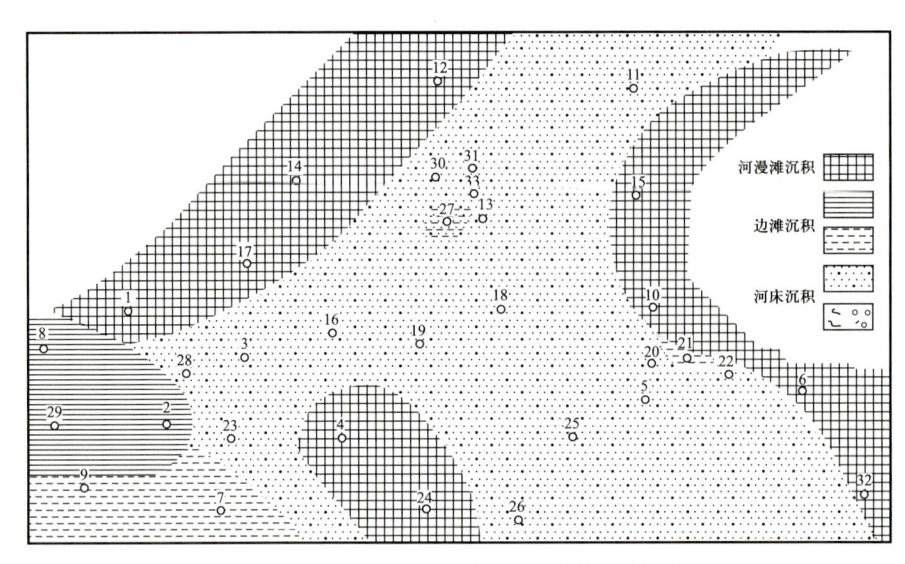

图 12-43 西北油田某岩层的聚类分析岩相图

三、主因子分析法

储层评价是为了对储层做出符合实际地质条件的分类，是油田生产开发过程中不可缺少的一个环节，其评价结果对开发生产具有重要的指导作用。到目前为止，国内储层研究领域的学者提出了许多储层评价的参数与方法，如单一因素的定性分类评价、多因素的定性分类及模糊数学、综合指数、点群分析等统计定量评价方法。这些方法主要存在以下几个方面的不足：（1）定性评价分类的结果不利于储层的进一步分析研究；（2）影响储层性能的因素是多方面的，运用单一因素进行储层评价往往不能全面反映储层的性能，评价结果也存在一定误差，而且还会出现多个单因素储层评价结果不一致甚至相互矛盾的现象；（3）储层分类评价标准或权重是人为划定的，主观因素的影响很大，很难做到评价结果的可对比性。

所以，对于应用者来说，应该选用何种方法以及选择哪些评价参数是一个首要解决的问题。本次评价采用主因子分析与聚类分析相结合的方法。该方法除了能克服以上不足外，还有三个优点：一是从参与评价的参数中提取出若干主因子，各主因子为相互关联的参数的综合反映，含义明确，简化了问题。二是根据各主因子对样本信息贡献的大小可大致确定控制储集体储集性能的地质因素，有助于研究者对评价结果进行地质解释。三是评价结果定量化直观性强，便于进一步分析研究。

本次评价工作与以往类似的储层评价相比，还有一个明显的特点：评价方案的多样性各个方案的评价结果能够进行对比，有利于油藏储集条件的分析，同时也可检验评价结果是否可靠，是否符合实际地质条件。

本评价方法是由主因子分析法与聚类分析法结合而成，其充分利用了两者的优点，使储层评价的结果更加依赖于数据本身，即地质体的地质特征，评价结果也更加客观。

主因子分析法是根据各参数间的内在联系（即相关性）提取主因子，并根据各主因子对样本信息贡献的大小给出方差贡献率（即权重），求出样本的总得分。根据样本的总得分，采用聚类分析方法就可判断各储层储集性能的优劣。

该评价方法的数学步骤如下。

1. 计算样本的相关矩阵

设有 n 个样本，每个样本有 m 个参数，则原始参数矩阵为

$$X = \begin{vmatrix} x_{11} & x_{12} & \cdots & x_{1m} \\ x_{21} & x_{22} & \cdots & \cdots \\ \vdots & \vdots & \vdots & \vdots \\ x_{n1} & x_{n2} & \cdots & x_{nm} \end{vmatrix} \quad (12-10)$$

首先，将样本标准化，即令

$$x_{ij} = \left(x_{ij} - \overline{x_j}\right) / \sigma_j \quad (12-11)$$

其中

$$\overline{x_j} = \frac{1}{n}\sum_{i=1}^{n} x_{ij} \quad (12-12)$$

$$\sigma_j = \sqrt{\frac{\sum_{i=1}^{n}\left(x_{ij} - \overline{x_j}\right)^2}{n}} \quad (12-13)$$

则 $i,\ j$ 两个样本之间的相关系数为 $\left(\sum_{k=1}^{n} x_{ki} \cdot x_{kj}\right)/n$。

n 个变量两两之间的相关系数矩阵为

$$R = \begin{vmatrix} R_{11} & R_{12} & \cdots & R_{1m} \\ R_{21} & R_{22} & \cdots & \cdots \\ \vdots & \vdots & \vdots & \vdots \\ R_{n1} & R_{n2} & \cdots & R_{nm} \end{vmatrix} \quad (12-14)$$

显然，其对角线元素为 1，并且是对称的。

2. 求解 R 的特征值

把特征值从大到小排列为

$$\lambda_1 \geqslant \lambda_2 \geqslant \cdots \geqslant \lambda_m$$

则第一个因子的方差贡献率为

$$P_{di} = \frac{\lambda_i}{\sum_{a=1}^{m} \lambda_a} \qquad (12-15)$$

一般若有关 $\sum_{a=1}^{k} \lambda_a \geqslant 85\%$，则取前 k 个因子即可。

3. 求主因子的因子载荷矩阵 A

对它实行总方差极大化的正交旋转，以便解释各主因子的主要载荷因素，即各主因子代表的是参数的信息。

4. 计算各主因子的得分

其计算式为

$$\widehat{F} = \begin{matrix} \widehat{F}_1 \\ \widehat{F}_2 \\ \vdots \\ \widehat{F}_m \end{matrix} = A^1 \cdot R^{-1} \cdot X \qquad (12-16)$$

5. 计算各样本的总因子得分

首先将各个因子的得分归一化，即令

$$F_{ij} = \frac{F_{ij} - \min(F_i)}{\max(F_i) - \min(F_i)} \quad (i=1, 2, \cdots, m;\ j=1, 2, \cdots, n) \qquad (12-17)$$

以各主因子的方差贡献率为其权重系数，计算总因子得分：

$$f_i = \sum_{a=1}^{m} P_{da} \cdot F_{ai} \qquad (12-18)$$

6. 分类与评价

根据样本的得分，运用聚类分析方法，可将它们分为若干类。从上述评价方法的数学步骤可以看出，所提出的定量评价方法为主因子分析与聚类分析的结合。其中步骤 1 和步骤 4 为因子分析部分，步骤 6 为聚类分析部分，两者结合的关键在于步骤 5，即计算各样本（小层）的总因子得分。为了实现储层评价的定量化目的，以便于进一步的分析研究，同时使评价结果能反映各主因子对评价结果的贡献（即影响），作者提出了步骤 5 的处理方法。该方法分两步，首先对各主因子得分进行归一化处理，以使样本的总得分为正值，直观性强，便于理解，后按各主因子的方差贡献率即权重加权，计算样本的总得分。这样，"关键主因子"（反映储层储集性能的控制性因素）对样本总得分的贡献就大，从而保证评价结果能反映实际的地质条件，使两者相符合。经应用后发现，这一处理方法是可靠的。

四、趋势面分析法

1. 趋势面分析的原理

趋势面分析是对地质特征的空间分布进行解析，将它们分解成受区域性因素控制的趋势部分和受局部性因素控制的残差部分的一种方法。它用某种形式的函数所代表的平面或曲面来反映该地质特征的区域性变化，如一次趋势面方程：

$$U = a_0 + a_1 X + a_1 Y \tag{12-19}$$

或二次趋势面方程：

$$U = a_0 + a_1 X + a_2 Y + a_3 X^2 + a_4 XY + a_5 Y^2 \tag{12-20}$$

式中：U 为趋势值；X 与 Y 为观测值的平面坐标位置，a_0 为系数。

地质特征的观测值与对应的趋势值之差，为残差值 U_m，它反映了地质特征的局部性变化。

可见，趋势面分析的关键是给一组观测值配一个合适的趋势面（平面或曲面），即求出观测值的趋势面方程。

2. 趋势面方程的求法

设变量 U 和 X、Y 分别代表某地质特征的观测值和各观测点在平面上的坐标位置，可将实测数据列成下表（表 12-22）。

表 12-22 地质特征实测数据示意

U	U_1	U_2	U_3	U_4	U_5	$U_6 \cdots U_m$
X	X_1	X_2	X_3	X_4	X_5	$X_6 \cdots X_m$
Y	Y_1	Y_2	Y_3	Y_4	Y_5	$Y_6 \cdots Y_m$

1）一次趋势面方程求法

一次趋势面是一个平面，其一次方程的一般形式为

$$U = a_0 + a_1 X + a_2 Y \tag{12-21}$$

给一组实测数据配一个最佳的一次趋势面，即要求观测值与趋势值（U_i）的离差（$\widehat{U_i}$）平方和最小。根据极值存在的必要条件：

$$Q = \sum_{i=1}^{n}\left(U_i - \widehat{U}_i\right)^2 = \sum_{i=1}^{n}\left[U_i - \left(a_0 + a_1 X_i + a_2 Y_i\right)\right]^2 \quad (12\text{-}22)$$

$$\begin{cases} \dfrac{\partial Q}{\partial a_0} = 2\sum_{i=1}^{n}\left[U_i - \left(a_0 + a_1 X_i + a_2 Y_i\right)\right](-1) = 0 \\ \dfrac{\partial Q}{\partial a_1} = 2\sum_{i=1}^{n}\left[U_i - \left(a_0 + a_1 X_i + a_2 Y_i\right)\right](-X_i) = 0 \\ \dfrac{\partial Q}{\partial a_2} = 2\sum_{i=1}^{n}\left[U_i - \left(a_0 + a_1 X_i + a_2 Y_i\right)\right](-Y_i) = 0 \end{cases} \quad (12\text{-}23)$$

整理后得到：

$$\begin{cases} \sum_{i=1}^{n} U_i = \sum_{i=1}^{n} a_0 + a_1 \sum_{i=1}^{n} X_i + a_2 \sum_{i=1}^{n} Y_i \\ \sum_{i=1}^{n} U_i X_i = a_0 \sum_{i=1}^{n} X_i + a_1 \sum_{i=1}^{n} X_i^2 + a_2 \sum_{i=1}^{n} X_i Y_i \\ \sum_{i=1}^{n} U_i Y_i = a_0 \sum_{i=1}^{n} Y_i + a_1 \sum_{i=1}^{n} X_i Y_i + a_2 \sum_{i=1}^{n} Y_i^2 \end{cases} \quad (12\text{-}24)$$

在此方程组中，$\sum U_i$、$\sum U_i X_i$、$\sum U_i Y_i$、$\sum X_i$、$\sum Y_i$、$\sum X_i Y_i$、$\sum X_i^2$ 和 $\sum Y_i^2$ 可以从实测数据算得。

从第一个方程解得

$$a_0 = \overline{U} - a_1 \overline{X} - a_1 \overline{Y} \quad (12\text{-}25)$$

其中 $\overline{U} = \dfrac{1}{n}\sum_{i=1}^{n} U_i$，$\overline{X} = \dfrac{1}{n}\sum_{i=1}^{n} X_i$，$\overline{Y} = \dfrac{1}{n}\sum_{i=1}^{n} Y_i$。将 a_0 代入另两个方程，经过简化以后可得

$$\begin{cases} a_1 l_{xx} + a_2 l_{xy} = l_{xu} \\ a_1 l_{yx} + a_2 l_{yy} = l_{yu} \end{cases} \quad (12\text{-}26)$$

其中 $l_{xx} = \sum_{i=1}^{n}\left(X_i - \overline{X}\right)^2$

$$\begin{cases} l_{xy} = l_{yx} = \sum_{i=1}^{n}\left(X_i - \overline{X}\right)\left(Y_i - \overline{Y}\right) \\ l_{yy} = \sum_{i=1}^{n}\left(Y_i - \overline{X}\right)^2 \\ l_{xu} = \sum_{i=1}^{n}\left(X_i - \overline{X}\right)\left(U_i - \overline{U}\right) \\ l_{yu} = \sum_{i=1}^{n}\left(Y_i - \overline{Y}\right)\left(U_i - \overline{U}\right) \end{cases} \quad (12\text{-}27)$$

从方程组解出 a_1、a_2 的一组解 $\hat{a}_1$、$\hat{a}_2$，代前式解得 a_0 的解 $\hat{a}_0$。由此可以列出一次趋势面方程：

$$U = \hat{a}_0 + \hat{a}_1 X + \hat{a}_1 Y \qquad (12-28)$$

它表示了空间的一个平面（图 12-44）其等值线为一系列互相平行的直线。将各个观测值减去对应的趋势值，得到残差值：

$$U_{残} = U_{观} - U_{趋}$$

根据残差值，用插入法绘制的等值线图叫作一次残差图。

一次趋势面方程求得后，还要进行拟合度的检验。因为对一组已定的观测值而言，用上述方法所配的一次趋势面与之接近的程度虽然要比任何其他平面都好，但是不一定满足对观测值接近程度的要求，这就要对一次趋势面方程作拟合度的检验。拟合度检验公式可采用：

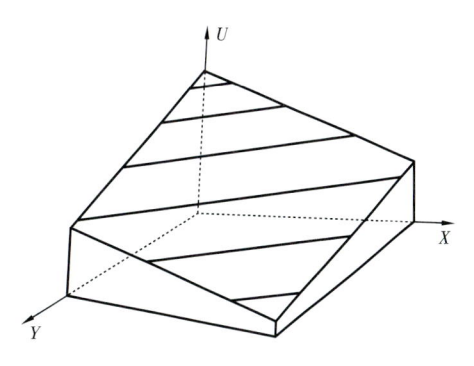

图 12-44　一次趋势面的立体图

$$C = \left[1 - \frac{\sum_{i=1}^{n}(U_i - \hat{U}_i)^2}{\sum_{i=1}^{n}(U_i - \bar{U})^2} \right] - 100\% \qquad (12-29)$$

式中：$\sum(U_i - \hat{U}_i)^2$ 是观测值相对于趋势值的全部离差的平方和，$\sum(U_i - \bar{U})^2$ 是观测值相对于平均值的全部离差的平方和。可见，C 值大小表示由趋势面反映的离差平方和在观测值的总离差平方和中所占的百分比的大小。例加 $C=54\%$，表示所配的趋势面反映了原始观测数据离差的 54%，还有 46% 的离差在趋势面中没有得到反映。

在趋势面分析中，通常要求 C 值大些比较好。如果 C 值太小，则要考虑做二次、或更高次的趋势面。

2）二次趋势面方程求法

二次趋势面是一个曲面，其二次方程的一般形式为：

$$U = a_0 + a_1 X + a_2 Y + a_3 X^2 + a_4 XY + a_5 Y^2 \qquad (12-30)$$

根据极值条件：

$$\frac{\partial Q}{\partial a_0} = 2\sum_{i=1}^{n}\left[U_i - \left(a_0 + a_1 X_i + a_2 Y_i + a_3 X_i^2 + a_4 X_i Y_i + a_5 Y_i^2 \right) \right](-1) = 0$$

$$\frac{\partial Q}{\partial a_1} = 2\sum_{i=1}^{n}\left[U_i - \left(a_0 + a_1 X_i + a_2 Y_i + a_3 X_i^2 + a_4 X_i Y_i + a_5 Y_i^2\right)\right](-X_i) = 0$$

$$\frac{\partial Q}{\partial a_2} = 2\sum_{i=1}^{n}\left[U_i - \left(a_0 + a_1 X_i + a_2 Y_i + a_3 X_i^2 + a_4 X_i Y_i + a_5 Y_i^2\right)\right](-Y_i) = 0$$

$$\frac{\partial Q}{\partial a_3} = 2\sum_{i=1}^{n}\left[U_i - \left(a_0 + a_1 X_i + a_2 Y_i + a_3 X_i^2 + a_4 X_i Y_i + a_5 Y_i^2\right)\right](-X_i^2) = 0$$

$$\frac{\partial Q}{\partial a_4} = 2\sum_{i=1}^{n}\left[U_i - \left(a_0 + a_1 X_i + a_2 Y_i + a_3 X_i^2 + a_4 X_i Y_i + a_5 Y_i^2\right)\right](-X_i Y_i) = 0$$

$$\frac{\partial Q}{\partial a_5} = 2\sum_{i=1}^{n}\left[U_i - \left(a_0 + a_1 X_i + a_2 Y_i + a_3 X_i^2 + a_4 X_i Y_i + a_5 Y_i^2\right)\right](-Y_i^2) = 0$$

整理后得到

$$\sum_{i=1}^{n} U_i = \sum_{i=1}^{n} a_0 + a_1 \sum_{i=1}^{n} X_i + a_2 \sum_{i=1}^{n} Y_i + a_3 \sum_{i=1}^{n} X_i^2 + a_4 \sum_{i=1}^{n} X_i Y_i + a_5 \sum_{i=1}^{n} Y_i^2$$

$$\sum U_i X_i = a_0 \sum X_i + a_1 \sum X_i^2 + a_2 \sum X_i Y_i + a_3 \sum X_i^3 + a_4 \sum X_i^2 Y_i + a_5 \sum X_i Y_i^2$$

$$\sum U_i Y_i = a_0 \sum Y_i + a_1 \sum X_i Y_i + a_2 \sum Y_i^2 + a_3 \sum X_i^2 Y_i + a_4 \sum X_i Y_i^2 + a_5 \sum Y_i^3$$

$$\sum U_i X_i^2 = a_0 \sum X_i^2 + a_1 \sum X_i^3 + a_2 \sum X_i^2 Y_i + a_3 \sum X_i^4 + a_4 \sum X_i^3 Y_i + a_5 \sum X_i^2 Y_i^2$$

$$\sum U_i X_i Y_i = a_0 \sum X_i Y_i + a_1 \sum X_i^2 Y_i + a_2 \sum X_i Y_i^2 + a_3 \sum X_i^3 Y_i + a_4 \sum X_i^2 Y_i^2 + a_5 \sum X_i Y_i^3$$

$$\sum U_i Y_i^2 = a_0 \sum Y_i^2 + a_1 \sum X_i Y_i^2 + a_2 \sum Y_i^3 + a_3 \sum X_i^2 Y_i^2 + a_4 \sum X_i Y_i^3 + a_5 \sum Y_i^4$$

由式中第一个方程解出 a_0

$$a_0 = \bar{U} - a_1 \bar{X} - a_2 \bar{Y} - a_3 \overline{X^2} - a_4 \overline{XY} - a_5 \overline{Y^2} \tag{12-31}$$

其中 $\bar{U} = \frac{1}{n}\sum_{i=1}^{n} U_i$，$\bar{X} = \frac{1}{n}\sum_{i=1}^{n} X_i$；$\bar{Y} = \frac{1}{n}\sum_{i=1}^{n} Y_i$，$\overline{X^2} = \frac{1}{n}\sum_{i=1}^{n} X^2$，$\overline{XY} = \frac{1}{n}\sum_{i=1}^{n} XY$；$\overline{Y^2} = \frac{1}{n}\sum_{i=1}^{n} Y^2$

将 a_0 代入其他方程，并加以简化。简化中，记 $X_1=X$，$X_2=Y$，$X_3=X^2$，$X_4=XY$，$X_5=Y^2$，$X_6=U$。新的方程组为

$$\begin{cases} l_{11}a_1 + l_{12}a_2 + l_{13}a_3 + l_{14}a_4 + l_{15}a_5 = l_{16} \\ l_{21}a_1 + l_{22}a_2 + l_{23}a_3 + l_{24}a_4 + l_{25}a_5 = l_{26} \\ l_{31}a_1 + l_{32}a_2 + l_{33}a_3 + l_{34}a_4 + l_{35}a_5 = l_{36} \\ l_{41}a_1 + l_{42}a_2 + l_{43}a_3 + l_{44}a_4 + l_{45}a_5 = l_{46} \\ l_{51}a_1 + l_{52}a_2 + l_{53}a_3 + l_{54}a_4 + l_{55}a_5 = l_{56} \end{cases} \tag{12-32}$$

其中

$$l_{ij} = \sum_{i=1}^{n}(X_{it} - \overline{X}_i)(X_{jt} - \overline{X}_j) \quad (i, j=1, 2, \cdots, 6)$$

$$\overline{X}_i = \frac{1}{n}\sum_{i=1}^{n} X_{it} \quad (i=1, 2, \cdots, 6)$$

由此方程组解得 a_1、a_2、a_3、a_4、a_5 的一组解 $\hat{a}_1$、$\hat{a}_2$、$\hat{a}_3$、$\hat{a}_4$、$\hat{a}_5$，就可以列出二次趋势面方程

$$U = \hat{a}_0 + \hat{a}_1 X + \hat{a}_2 Y + \hat{a}_3 X^2 + \hat{a}_4 XY + \hat{a}_5 Y^2 \quad (12-33)$$

它代表了空间的一个曲面（图 12-45）。由观测值减去趋势值，得到残差值。由残差值可以绘制二次残差图。

一般说来，趋势面的次数与它对观测值的拟合程度成正比，即高次趋势面的 C 值要比低次的大。但是在研究实际问题时，用几次趋势面更合适，这要视具体情况而定。有时用低次趋势面更能揭露资料的内在规律。

（1）例 1。

在 1500m×1500m 的范围内收集 15 个沉积物中值粒径观测值。其中 X、Y 是采样点的坐标位置，D 是中值粒径。先求一次趋势面

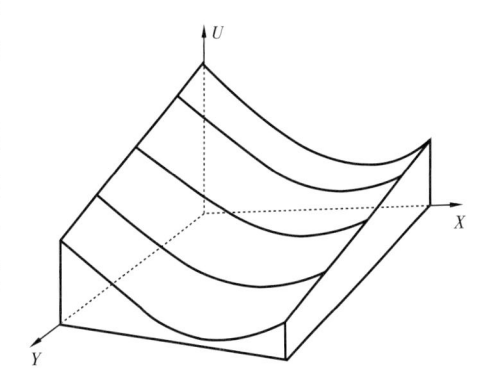

图 12-45 二次趋势面的立体图

$$D = a_0 + a_1 X + a_2 Y \quad (12-34)$$

由于

$$l_{xx} = \sum(X_i - \overline{X})^2 = \sum X_i^2 - \frac{1}{n}(\sum X_i)^2 = 1118 - \frac{1}{15}(114)^2 = 251.6$$

$$l_{xy} = l_{yx} = \sum X_i Y_i - \frac{1}{n}(\sum X_i)(\sum Y_i) = 963 - \frac{1}{n}(114 \times 122) = 35.8$$

$$l_{yy} = \sum(Y_i - \overline{Y})^2 = \sum Y_i^2 - \frac{1}{n}(\sum Y_i)^2 = 1252 - \frac{1}{15}(122)^2 = 259.7$$

$$l_{xD} = \sum(X_i - \overline{X})(D_i - \overline{D}) = \sum X_i D_i - \frac{1}{n}(\sum X_i)(\sum D_i) = 197.4 - \frac{1}{15}(114 \times 28.1) = -17.16$$

$$l_{yD} = \sum(Y_i - \overline{Y})(D_i - \overline{D}) = \sum Y_i D_i - \frac{1}{n}(\sum Y_i)(\sum D_i) = 200.5 - \frac{1}{15}(122 \times 28.1) = -28.05$$

于是得出方程组

$$\begin{cases} 251.6a_1 + 35.8a_2 = -17.16 \\ 35.8a_1 + 259.7a_2 = -28.05 \end{cases} \quad (12-35)$$

由方程组解得 a_1=−0.05，a_2=−0.10
则

$$a_1 = \overline{D} - a_1\overline{X} - a_1\overline{Y} = 1.87 - (-0.05)(7.6) - (-0.10)(8.13) = 3.08$$

一次趋势面方程为

$$D = 3.08 - 0.05X - 0.10Y$$

一次趋势面图如图 12-46 所示。

为了检验此一次趋势面对观测值的拟合程度的好坏，计算得 C=46.5%，即此趋势面方程反映了观测值中 46.5% 的波动，还有 53.5% 的波动没有被反映出来。所以这一组观测值用一次趋势面来拟合不够理想，需要进一步配二次趋势面。

先根据 $l_{ij} = \sum_{i=1}^{n}(X_{it} - \overline{X}_i)(X_{jt} - \overline{X}_j)$ 列出系数 l_{ij} 矩阵：

$$\begin{pmatrix} 251.6 & 35.8 & 3929.2 & 2530.2 & 401.8 & -17.16 \\ 35.8 & 259.7 & 755.9 & 2084.6 & 4021.1 & -28.05 \\ 3929.2 & 755.9 & 64598 & 41975 & 10015 & -333.8 \\ 2530.2 & 2084.6 & 4197 & 41506 & 31861 & -349.5 \\ 401.8 & 4021.1 & 10015 & 31861 & 65268 & -433.3 \\ -17.16 & -28.05 & -333.8 & -349.5 & -433.3 & \end{pmatrix}$$

由此矩阵就可列出方程组

$$\begin{cases} 251.6a_1 + 35.8a_2 + 3929.2a_3 + 2530a_4 + 401.8a_5 = -17.16 \\ 35.8a_1 + 259.7a_2 + 755.9a_3 + 2084.6a_4 + 4021.1a_5 = -28.05 \\ 3929.2a_1 + 755.9a_2 + 64598a_3 + 41975a_4 + 10015a_5 = -333.8 \\ 2530.2a_1 + 2084.6a_2 + 41975a_3 + 41506a_4 + 31861a_5 = -349.5 \\ 401.8a_1 + 4021.1a_2 + 10015a_3 + 31861a_4 + 655268a_5 = -433.3 \end{cases}$$

用主元素消去法解此方程组，得到 $\hat{a}_1$ =0.167；$\hat{a}_2$ =−0.113；$\hat{a}_3$ =−0.0162；$\hat{a}_4$ = 0.0033；$\hat{a}_5$ =0.00012 再算出 $\hat{a}_0$ =2.48，于是二次趋势面方程为

$$D = 2.48 + 0.167X - 0.113Y - 0.0162X^2 + 0.0033XY + 0.00012Y^2$$

根据此方程可以作出二次趋势面图如图 12-47 所示。

二次趋势面的拟合度 C=57.3%，显然比一次趋势面提高了。如果希望拟合度更高些，可采用三次、四次趋势面。

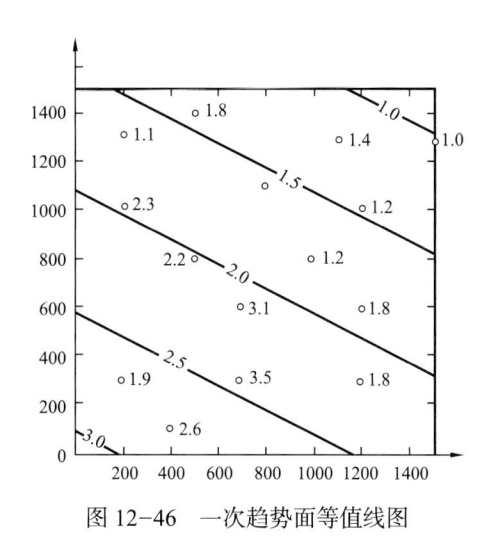

图 12-46　一次趋势面等值线图 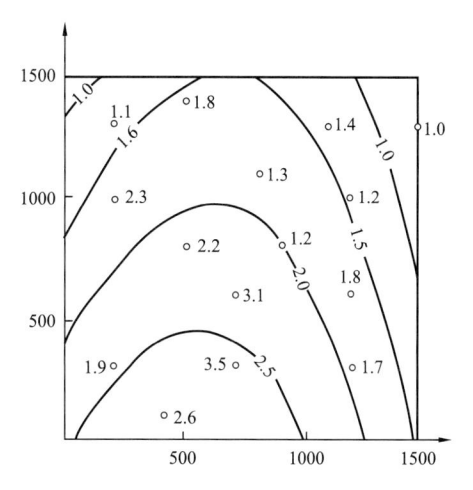　　　　图 12-47　二次趋势面等值线图

（2）例2。

新疆某油田的二叠系是山麓洪积相的研岩含油地层。通过钻孔岩心对比，取定某一个时间地层，并将它们在 25 口钻井中出现的厚度绘成厚度等值线图（图 12-48）。

图 12-48　西北油田某岩层的等厚图（a）厚度一次趋势（b）和一次趋势残差图（c）

从这个原始资料图看出该地层是一个扇形堆积体，由西北向东南展宽，增厚。对这些厚度资料拟合的一次趋势图表现为一个由西北向东南增厚的楔形体，反映了干旱区山坡剥蚀后退形成的堆积。将厚度等值线图的厚度值减去趋势图中的相应的趋势值，得到的残差值可以绘制成残差图。在残差图的中部，有一条由西北向东南延伸的正残差带，两侧为负残差带。前者是堆积比较旺盛的山麓洪流的主河槽带，后者则是洪积扇的二侧边缘。可见，山麓洪积相厚度的一次趋势变化是受山麓地形控制的，一次正残差是洪流主槽分布的结果。

五、判别分析法

沉积学的研究常常要求我们根据某些指标来判断一个样品的成因类型。解决这个问题的重要途径是从已知到未知，即找出已知不同成因样品的差异点，然后将未知样品加以比较。例如古冰碛物与古泥石流堆积物往往很难区分。应该充分研究现代冰碛物与泥石流堆积物的特征，找出一些能将两者区别开来的特征值。这样，当我们采到某个样品，不好确定是冰碛物还是泥石流堆积时，可以分析同样的特征值，加以比较，以判断其成因。显然，采用的有效特征值越多，作出的判断也越可靠，但是凭借直观的方法作出判断也就越困难。判别分析是根据一个样品的两个以上的特征值，来判断其成因的统计方法。

1. 判别分析的原理

上述问题可以理解为有两类已知成因的样品 A 和 B，A 类有 n_1 个样品，B 类有 n_2 个样品。每个样品都测得 k 个特征值。现在要根据这 n_1+n_2 个样品的特征值，来判别一个未知样品属于 A 类还是 B 类样品。

从图 12-49 来看，如果两类样品只取一种特征值，即它们的点都投影到 X 轴或 Y 轴上，两类样品往往互相掺杂，不好区分。如果采用两种特征值，可以找出一条通过坐标原点的直线，将较多的 A、B 类样品点分开，即使得 A、B 类样品点在此直线的垂线上的投影分成较明显的两部分。如果考虑三种特征值，就相当于在空间中找出一个平面，将 A、B 类样品点分开。同理，考虑 k 个特征值相当于在 K 维空间中找出一个超平面，将两类样品分开。

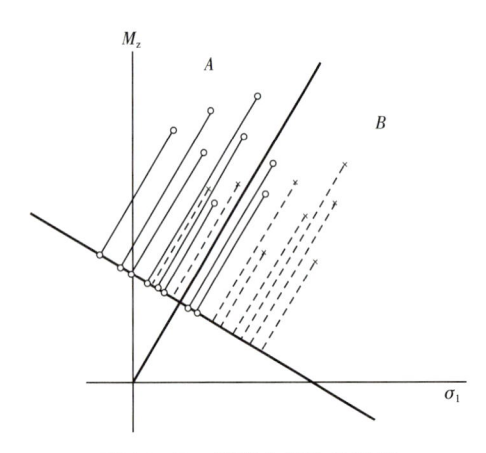

图 12-49 判别分析法的图解

因此，判别分析法是综合考虑各个特征的判别作用。用数学表示，就是选取一个综合指标 R。求出综合指标的临界值 R_0 后，根据未知样品的综合指标与 R_0 的比较，确定该样品属于 A 类还是 B 类。

2. 判别函数

综合指标 R 是 k 个特征值的函数，叫作判别函数。如果在 K 维空间中区分两类样品的是一个平面，这时的判别函数叫线性判别函数。

线性判别函数的求法如下。

设 A 类的 n_1 个样品的 k 个特征值为

$$X_{1t}(A)、X_{2t}(A)、X_{3t}(A)、\cdots、X_{kt}(A),\ (t=1、2、3、\cdots、n_1)$$

B 类的 n_2 个样品的 k 个特征值为

$$X_{1t}(B)、X_{2t}(B)、X_{3t}(B)、\cdots、X_{kt}(B),(t=1、2、3、\cdots、n_2)$$

其线性判别函数为

$$R=C_1X_1+C_2X_2+\cdots+C_kX_k \qquad (12-36)$$

其中 C_i（C_1、C_2、$\cdots$、C_k）是待定的常数。对于每一个样品，有了 C_i 值与 X_i 值，代入此函数式，就可以得到一个综合指标值 R。因此，A 类的 n_1 个样品可得到 n_1 个综合指标值

$$R_1(A)、R_2(A)、\cdots、R_{n_1}(A)$$

B 类的 n_2 个样品可得到 n_2 个综合指标值

$$R_1(B)、R_2(B)、\cdots、R_{n_1}(B)$$

确定线性判别函数的原则是要求两类样品的平均综合指标值 $\bar{R}(A)$ 与 $\bar{R}(B)$ 的差要尽可能大些，即

$$\left|\bar{R}(A)-\bar{R}(B)\right|$$

要大。同时还要求同一类样品的综合指标值偏离平均值要小一些，即要求组内平方和

$$\sum_{i=1}^{n_1}\left[R_1(A)-\bar{R}(A)\right]^2+\sum_{i=1}^{n_2}\left[R_1(B)-\bar{R}(B)\right]^2$$

要小。这两个条件合起来就是要选取 R，使得

$$\nabla=\frac{\left[\bar{R}(A)-\bar{R}(B)\right]^2}{\sum_{i=1}^{n_1}\left[R_1(A)-\bar{R}(A)\right]^2+\sum_{i=1}^{n_2}\left[R_1(B)-\bar{R}(B)\right]^2}$$

达到最大。

根据求极值的原理，可以得到如下线性方程组

$$\begin{cases} S_{11}C_1+S_{12}C_2+\cdots+S_{1k}C_k=d_1 \\ S_{21}C_1+S_{22}C_2+\cdots+S_{21k}C_k=d_2 \\ \cdots \\ S_{k1}C_1+S_{k2}C_2+\cdots+S_{kk}C_k=d_k \end{cases} \qquad (12-37)$$

其中：

$$S_{ij}=S_{ij}(A)+S_{ij}(B)$$
$$=\sum_{r=1}^{n_1}\left[X_{it}(A)-\overline{X_{it}}(A)\right]\left[X_{jt}(A)-\overline{X_{jt}}(A)\right]+\sum_{r=1}^{n_1}\left[X_{it}(B)-\overline{X_{it}}(B)\right]\left[X_{jt}(B)-\overline{X_{jt}}(B)\right]$$

$$d_i = \overline{X_i}(A) - \overline{X_i}(B) = \sum_{t=1}^{n_1} X_{it}(A) - \sum_{t=1}^{n_1} X_{it}(B) \quad (i=1、2、3、\cdots、k)$$

由方程组可以解出 C_1、C_2、$\cdots$、C_k，从而得到线性判别函数式（12-37）。根据判别函数，可以算得

$$\overline{R}(A) = \sum_{i=1}^{k} C_i X_i(A) / K = \sum_{i=1}^{k} C_i \overline{X}_i(A)$$
$$\overline{R}(B) = \sum_{i=1}^{k} C_i \overline{X}_i(B)$$
（12-38）

由此得出临界判别指标

$$R_0 = \frac{n_1 \overline{R}(A) + n_2 \overline{R}(B)}{n_1 + n_2}$$
（12-39）

对未知样品，可以先算出综合指标值 R，然后按下列原则判断：

在 $\overline{R}(A) > R_0$ 情况下，若 $R > R_0$，则判断该样品属于 A 类；若 $R < R_0$，则该样品属于 B 类。

在 $\overline{R}(A) < R_0$ 情况下，若 $R > R_0$，则判断该样品属于 B 类；若 $R < R_0$，则该样品属于 A 类。

3. 显著性检验

判别分析的前提是两类样品确实不同，这时判别才有意义。两类样品的性质差异是否显著，用前面讲过的单因子方差分析法检验。如某地测得 7 个样品的河床砾石，5 个样品的海滩砾石，其特征值见表 12-23 所示。今同一地区另有一种砾石样品，其中值粒径为 3.3cm，磨圆指数 296，扁平指数 4.1，不对称指数 650，它应属于哪一类砾石？

表 12-23　样品特征值

样品编号		河床砾石				$X_1' = X_1 - 5$	$X_2' = \dfrac{X_2 - 5}{10}$	$X_3' = X_3 - 4$	$X_4' = \dfrac{X_4 - 5}{10}$
		中值粒径/cm	磨圆指数	扁平指数	不对称指数				
A	1	5.8	410	3.4	680	0.8	11	−0.6	18
	2	5.0	300	2.6	630	0	0	−1.4	13
	3	6.3	370	2.9	660	1.3	7	−11	16
	4	6.1	450	3.6	530	1.1	15	−0.4	3
	5	4.0	200	2.4	590	−1.0	−10	−1.6	9
	6	5.6	420	3.7	650	0.6	12	−0.3	15
	7	6.0	390	2.8	600	1.0	9	−1.2	10

续表

样品编号		海滩砾石			$\sum=3.8$ $\bar{X}_i=0.543$	44 6.286	−6.6 −0.94	84 12.000
		中值粒径	磨圆指数	扁平指数	不对称指数			
B	1	3.0	260	4.4	590	−2.0	−4	0.4	9
	2	2.7	330	2.9	450	−2.3	3	−1.1	−5
	3	2.7	250	2.5	500	−2.3	−5	−1.5	0
	4	4.5	190	4.0	670	−0.5	−11	0	17
	5	4.1	300	3.5	600	−0.9	0	−0.5	10
	6	2.6	210	3.1	400	−2.4	−9	−0.9	−10
	7	2.9	300	4.1	610	−2.1	0	−3.5	11
					$\sum=-12.5$ $\bar{X}_i=-1.786$	−26 −3.714	−3.5 −0.500	32 4.571

分别求出 A 类样品的协方差矩阵

$$SS(A)=\begin{bmatrix} 3.84 & 36.70^* & 1.45 & 2.9 \\ & 443.43 & 22.80 & 7.00 \\ & & 1.56 & 0.58 \\ & & & 156.00 \end{bmatrix} \quad (12-40)$$

$$^*S_{12}=\sum X_1'X_2'-\frac{(\sum X_1')(\sum X_2')}{n}$$

式中：n 为样品数。

和 B 类样品的协方差矩阵

$$SS(B)=\begin{bmatrix} 3.49 & -6.73 & 1.33 & 34.04 \\ & 155.43 & -2.30 & -29.14 \\ & & 0.94 & 30.20 \\ & & & 569.7 \end{bmatrix} \quad (12-41)$$

由此可以写出上述方程组的系数矩阵

$$SS=SS(A)+SS(B)=\begin{bmatrix} S_{11} & S_{12} & S_{13} & S_{14} \\ & S_{22} & S_{23} & S_{24} \\ & & S_{33} & S_{34} \\ & & & S_{44} \end{bmatrix}=\begin{bmatrix} 7.33 & 29.97 & 2.78 & 36.94 \\ & 598.86 & 20.50 & -22.14 \\ & & 2.5 & 30.78 \\ & & & 725.70 \end{bmatrix}$$

方程组中的 $d_i = \overline{X_i}(A) - \overline{X_i}(B)$

$$\begin{cases} d_1=0.543-(-1.786)=2.329 \\ d_2=6.286-(-3.714)=10.000 \\ d_3=-0.943-(-0.500)=-0.443 \\ d_4=12-4.571=7.429 \end{cases} \quad (12-42)$$

将 SS 与 d_i 代入方程组得

$$\begin{cases} 7.33C_1 + 29.97C_2 + 2.78C_3 + 36.94C_4 = 2.329 \\ 29.97C_1 + 598.86C_2 + 20.50 - 22.14C_4 = 10.000 \\ 2.78C_1 + 20.50C_2 + 2.50C_3 + 30.78C_4 = -0.443 \\ 36.94C_1 - 22.14C_2 + 30.78C_3 + 725.70C_4 = 7.429 \end{cases}$$

用消元法解此方程组，可解出四个未知数 C_1、C_2、C_3、C_4（表 12-24）。

表 12-24　消元法解各参数

序号	C_1	C_2	C_3	C_4	d_i	注
①	3.33	29.97	2.78	36.94	2.329	方程组的系数和右端项照抄
②	29.97	598.86	20.50	−22.14	10.000	
③	2.78	20.5	2.50	30.78	−0.443	
④	36.94	−22.14	30.78	725.70	7.429	
⑤	29.97	1225.77	11.39	151.05	9.530	① × $\frac{29.97}{3.33}$
⑥	2.78	11.37	1.06	14.01	0.884	① × $\frac{2.78}{3.33}$
⑦	36.94	151.08	14.04	186.18	11.747	① × $\frac{36.94}{3.33}$
⑧	0	−626.91	9.11	−173.19	0.470	② − ⑤
⑨	0	9.13	1.44	16.77	−1.327	③ − ⑥
⑩	0	−173.22	16.74	539.52	−4.318	④ − ⑦
⑪	0	9.13	−0.014	2.52	−0.007	⑧ × $\frac{9.13}{-626.91}$
⑫	0	−173.22	0.26	−47.81	0.130	⑧ × $\frac{173.22}{626.91}$
⑬	0	0	1.454	14.25	−1.320	⑨ − ⑪

续表

序号	C_1	C_2	C_3	C_4	d_i	注
⑭	0	0	16.48	587.33	−4.448	⑩−⑫
⑮	0	0	16.48	161.50	−14.964	⑬$\times\dfrac{16.48}{1.454}$
⑯	0	0	0	425.83	10.516	⑭−⑮

由⑯解出

$$C_4 = \frac{10.516}{425.83} = 0.025$$

将 C_4 代入⑩解出

$$C_4 = \frac{1}{16.48}(-4.448 - 587.33 \times 0.025) = -1.153$$

将 C_3、C_4 代入⑥解出

$$C_3 = -\frac{1}{173.22}(-4.318 + 16.74 \times 1.153 - 539.52 \times 0.025) = 0.067$$

将 C_2、C_3、C_4 代入①解出

$$C_1 = 0.356$$

于是判别函数为

$$R = 0.356X_1' + 0.067X_2' - 1.153X_3' + 0.025X_4' \qquad (12-43)$$

由判别函数可以求出每一个样品的综合指标值（表 12-25）。

表 12-25　综合指标值

样号	A	B	Σ
1	2.164	−1.216	0.948
2	1939	0.525	2.464
3	2.600	0.576	3.176
4	1.933	−0.490	1.443
5	1.044	0.507	1.551
6	1.739	−0.669	1.070
7	2.593	−0.588	2.005
Σ	14.012	−1.355	12.657
平均	2.002	−0.194	

根据14个样品的综合指标值，求出A、B两类样品综合指标的平均值和临界判别指标值

$$\bar{R}(A) = 2.002$$

$$\bar{R}(B) = -0.194$$

$$R_0 = \left[14.012 + (-1.355)\right] \times \frac{1}{4} = 0.904$$

因此，

$$\bar{R}(A) = 2.002 > 0.904$$

$$\bar{R}(B) = -0.194 < 0.904$$

如果一个样品，不能确定属于河流还是海滩砾石，可以先求出其综合指标值 R_0，然后与 R_0 比较。若 $R > 0.904$，则判断它是河流砾石；若 $R < 0.904$，则属于海滩砾石。现有一个样品，其平均粒径为3.3cm，磨圆指数为296，扁平指数为4.1，不对称指数为650，数据经过变换后，得

$$X'_1 = -1.700 \quad X'_2 = -0.400$$

$$X'_3 = 0.100 \quad X'_4 = 15.000$$

算得

$R = 0.356(-1.700) + 0.067(-0.400) - 1.153 \times 0.100 + 0.025 \times 15.000 = -0.372 < 0.904$

故判断它是海滩砾石。

两类样品综合指标值 R 之间差异的显著性检验（表12-26）为：

$$S_{总} = (2.164)^2 + (1.939)^2 + \cdots + (0.588)^2 - \frac{(12.657)^2}{14} = 21.711$$

$$S_{因} = \frac{(14.012)^2}{7} + \frac{(-1.355)^2}{7} - \frac{(12.657)^2}{14} = 16.867$$

$$S_0 = 21.711 - 16.867 = 4.844$$

$$f_{总} = 14 - 1 = 13$$

$$f_{总} = 2 - 1 = 1$$

$$f_0 = 13 - 1 = 12$$

查 F 分布表，得

$F_{0.05}=4.75$,$F_{0.01}=9.33$

这两个 F 值都小于41.820,故 A、B 两类样品的差异,在99%的程度上是显著的。以此算得的判别指标值用来判别这两类样品是有效的。如果检验的结果不显著,说明上述四种特征值区别不了河流与海滩砾石,需要另找合适的特征值。

表 12-26 显著性检验表

方差来源	S	f	Ms	F	显著性
$S_{因}$	16.867	1	16.867	41.85	**
S_0	4.844	12	0.403		
$S_{总}$	21.711	13			

六、有序样品的最优分割法

聚类分析研究的样品是无序样品,凡性质相似的样品都可能划到同一类中。如果研究的样品是按一定顺序排列的,它们的分类必须在顺序分布的基础上进行,即分到同一类中的样品必须是顺序相连的。例如,在单个井孔中根据顺序样品的粒度参数、重矿物组分、轻矿物组分等指标划分沉积地层;在河流中,沿流向收集河床宽深比、坡降、平滩流量、流速及河床质粒径等资料,作河流的分段;在海岸带,海滩沉积类型沿岸线方向的分区等。解决这些问题要用有序样品的最优分割法。因为这种方法既考虑样品的相似性,又照顾了样品的顺序性。

设有 n 个按一定顺序排列的样品,每个样品测得 k 项指标值,列成指标值矩阵

$$X = \begin{bmatrix} X_{11} & X_{12} & X_{13} & \cdots & X_{1k} \\ X_{21} & X_{22} & X_{23} & \cdots & X_{1k} \\ X_{31} & X_{32} & X_{33} & \cdots & X_{1k} \\ \vdots & \vdots & \vdots & & \vdots \\ X_{n1} & X_{n1} & X_{n1} & \cdots & X_{nk} \end{bmatrix} \quad (12-44)$$

其中 n 为样品数,k 为指标数。现要求将这 n 个样品按顺序分割成 g 段(类),使各段内部样品之间的差异尽可能小,而各段之间的差异尽可能大,怎样分割最好?

现将上述问题用数学方式表示。

同一类样品之间的差异可以用距离系数 d 来刻划。

$$D(ij) = \sum_{\alpha=1}^{j}\sum_{\beta=1}^{k}\left[X_{\alpha\beta} - \overline{X_{\beta}}(ij)\right]^2 \quad (12-45)$$

其中

$$\overline{X_\beta}(ij)=\frac{\sum_{\alpha=1}^{j}X_{\alpha\beta}}{j-i+1} \tag{12-46}$$

$D(ij)$ 称为同类样品段 $\{i\cdots j\}$ 的直径。它表示段内各样品的差异情况。$D(ij)$ 小，表示差异小，样品的性质具有一致性或集中性；反之，$D(ij)$ 大，表示段内样品性质差异大具有离散性。设有一分割法，将 n 个样品分割成 g 类（表 12-27）。

表 12-27　n 个样品分割 g 类

第一类	第二类	…	第 g 类
$\{1、2、\cdots、p\}$	$\{p+1、p+2、\cdots、q\}$	…	$\{v+1、v+2、\cdots、n\}$

其中每一类的差异（即直径）为

$$D(1,p)=\sum_{\alpha=1}^{p}\sum_{\beta=1}^{k}\left[X_{\alpha\beta}-\overline{X_\beta}(1,p)\right]^2$$

$$D(p+1,q)=\sum_{\alpha=p+1}^{q}\sum_{\beta=1}^{k}\left[X_{\alpha\beta}-\overline{X_\beta}(p+1,q)\right]^2$$

$$\vdots \tag{12-47}$$

$$D(v+1,n)=\sum_{\alpha=v+1}^{n}\sum_{\beta=1}^{k}\left[X_{\alpha\beta}-\overline{X_\beta}(v+1,n)\right]^2$$

要找出一种最好的分制法，要使各类样品直径的总和

$$S=D(1,p)+D(p+1,q)+\cdots+D(v+1,n) \tag{12-48}$$

得到最小值。这就是最优的分割法。

1. 最优二类分割法

设 n 个有序样品（1，2，$\cdots$，n），对于任意一个样品 j（$1<i<n$），都可以确定一个二类分割法

$$\{1,2,\cdots,j\},\{j+1,j+2,\cdots,n\}$$

其相应的直径总和

$$S_j^{(2)}(n)=D(1,j)+D(j+1,n) \tag{12-49}$$

其中（n）表示被分割样品的数目，（2）表示分割的类数，j 为分割点的样品号。

n 个样品的二类分割，有 $n-1$ 种分法。而在这些二类分割中，必定有一个直径总和最小的最优二类分割法，设这个最优分割点的样品号 $j=l_2$，则

$$S_{l_2}^{(2)}=\min_{(1<j<n)}S_j^{(2)}(n) \tag{12-50}$$

此式的含义是：在 n 个样品中，求出（$n-1$）种二类分的直径总和 $S_j^{(2)}(n)_{(1<j<n)}$，其分割点是 j（$1<i<n$）。然后选出其中直径总和最小 $\left[\min S_j^{(2)}(n)\right]$ 的最优分割法 I_2 表示最优二类分割法的分割点的样品号。

2. 最优三类分割法

n 个样品的任意二类分割中，对于任意一个分割点 j（$2 \leqslant i<n$），前面 j 个样品又可作二类分割

$$S_j^{(2)}(j) = D(1, i) + (i+1, j) \quad (12-51)$$

找出其中最小的直径总和

$$S_{l_2}^{(2)}(j) = \min_{(1<i<j-1)} S_i^{(2)}(j) \quad (12-52)$$

于是前 j 个样品的最优二类分割为

$$\{1, 2, \cdots, l_2(i)\}, \{I_2(i+1), \cdots, j\}$$

这样，将前 j 个样品的最优二类分割和 $\{j+1, \cdots\cdots n\}$ 构成一个三类分割。这种三类分割可以有很多种，要找出一个适当的分割点 j，使得

$$S_j^{(3)}(n) = S_I^{(2)}(j) + D(j+1,n) \quad (12-53)$$
$$\quad (2\leqslant j<n)$$

最小，即要求

$$S_{l_3}^{(3)}(n) = \min_{(2\leqslant i<j-n)} S_j^{(3)}(n) \quad (12-54)$$

由此得到一个最优的三类分割

$$\{1, \cdots, I_2\}, \{I_{2+1}, \cdots, I_3\}, \{I_{g+1}, \cdots, n\}$$

用同样方法可将 n 个样品分割为 g 类

$$S_{l_g}^{(g)}(n) = \min S_j^{(g)}(n) \quad (12-55)$$

$$S_j^{(g)}(n) = S_{j_{(g-1)}}^{(g-1)}(j) + D(j+1, n) \quad (12-56)$$

$$\{1, \cdots, I_2\}, \{I_{2+1}, \cdots, I_3\}, \{I_{g+1}, \cdots, n\}$$

3. 具体计算步骤

例如在某钻孔中，由上往下顺序地取六个岩心样品，分别测定其 A、B 两项指标值，数据如表 12-28 所示。

表 12-28 样品指标值

编号	1	2	3	4	5	6
A	2	4	1	5	2	3
B	3	1	2	4	5	5

列出距离系数 D 矩阵根据距离系数公式：

$$D(ij) = \sum_{\alpha=1}^{j}\sum_{\beta=1}^{k}\left[X_{\alpha\beta} - \bar{X}(ij)\right]^2 \quad (12-57)$$

可算出 D 矩阵各数值（表 12-29）。

表 12-29 D 矩阵各参数

	1	2	3	4	5	6
1	0	4.00	6.67	15.00	20.80	24.18
2		0	5.00	13.34	20.00	23.2
3			0	10.00	13.34	14.76
4				0	5.00	5.34
5					0	0.50
6						0

其中

$$D_{12} = (2-3)^2 + (4-3)^2 + (3-2)^2 + (1-2)^2 = 4.00$$

$$D_{13} = (2-2.3)^2 + (4-2.3)^2 + (1-2.3)^2 + (3-2)^2 + (1-2)^2 + (2-2)^2 = 6.67$$

$$\vdots$$

$$D_{25} = (4-3)^2 + (1-3)^2 + (5-3)^2 + (2-3)^2 + (1-3)^2 + (2-3)^2 + (4-3)^2 + (5-3)^2 = 20.00$$

计算并列出 S 矩阵与 I 矩阵根据公式

$$S_{l_g}^{(g)}(j) = \min S_j^{(g)}(j) \quad (12-58)$$

$$S_i^{(g)}(j) = S_{l_{(g-1)}}^{(g-1)}(j) + D(i+1, j)$$

$$j = g, g+1, \cdots, n \quad (12-59)$$

$$g = 2, 3, \cdots, n$$

逐级求出前 i 个样品最优 g 类分割所对应的 $S_i^{(g)}(j)$ 和分点 $I_g(j)$，得出最优分割的 S 矩阵和 I 矩阵

$$\boldsymbol{S} = \begin{bmatrix} S_{l_1}^{(1)}(1) & S_{l_1}^{(1)}(2) & S_{l_1}^{(1)}(3) & \cdots & S_{l_1}^{(1)}(n) \\ & S_{l_2}^{(2)}(2) & S_{l_2}^{(2)}(3) & \cdots & S_{l_2}^{(2)}(n) \\ & & S_{l_3}^{(3)}(3) & \cdots & S_{l_3}^{(3)}(n) \\ & & & \vdots \\ & & & & S_{l_n}^{(n)}(n) \end{bmatrix} \quad (12\text{-}60)$$

$$\boldsymbol{I} = \begin{bmatrix} I_1(1) & I_1(2) & I_1(3) & \cdots & I_1(n) \\ & I_2(2) & I_2(3) & \cdots & I_2(n) \\ & & I_3(3) & \cdots & I_3(n) \\ & & & \vdots \\ & & & & I_n(n) \end{bmatrix} \quad (12\text{-}61)$$

其中

$$S_{l_1}^{(1)}(1) = D_{11} = (2-2)^2 + (3-3)^2 = 0$$

$$S_{l_1}^{(1)}(2) = D_{12} = (2-3)^2 + (4-3)^2 + (3-2)^2 + (1-2)^2 = 4$$

$$\cdots$$

$$S_{l_1}^{(1)}(6) = D_{16} = 24.18$$

这些属于"一类分割",没有意义。

$$S_{l_2}^{(2)}(2) = D_{11} + D_{22} = 0$$

$S_{l_2}^{(2)}(3)$ 有两种分法

$$S_{l_2}^{(2)}(3) = D_{11} + D_{23} = 0 + 5 = 5$$

$$S_{l_2}^{(2)}(3) = D_{12} + D_{33} = 4 + 0 = 4$$

故选后者,分割点为 2 号样品。

$S_{l_2}^{(2)}(4)$ 有三种分法:

$$S_{l_2}^{(2)}(4) = D_{11} + D_{24} = 13.34$$

$$S_{l_2}^{(2)}(4) = D_{12} + D_{34} = 4 + 10 = 14$$

$$S_{l_2}^{(2)}(4) = D_{13} + D_{34} = 6.67$$

故选第三者，分割点为3样品。

余类推，可得出全部 S 矩阵（表 12-30）和列出 I 矩阵（表 12-31）。

表 12-30　S 矩阵各参数

S_l	$S_{l_1}^{(1)}(1)$	$S_{l_1}^{(1)}(2)$	$S_{l_1}^{(1)}(3)$	$S_{l_1}^{(1)}(4)$	$S_{l_1}^{(1)}(5)$	$S_{l_1}^{(1)}(6)$
$S_{l_1}^{(1)}$	0	4.00	6.67	15.00	20.80	24.18
$S_{l_2}^{(2)}$		0	4.00	6.67	11.67	12.01
$S_{l_3}^{(3)}$			0	4.00	6.77	7.17
$S_{l_4}^{(4)}$				0	3.00	4.50
$S_{l_5}^{(5)}$					0	0.50
$S_{l_6}^{(6)}$						0

表 12-31　I 矩阵各参数

	1	2	3	4	5	6
1	(1)	(1-2)	(1-3)	(1-4)	(1-5)	(1-6)
2		(1, 2)	(1-2, 3)	(1-3, 4)	(1-3, 4-5)	(1-3, 4-6)
3			(1, 2, 3)	(1-2, 3, 4)	(1-3, 4, 5)	(1-3, 4, 5-6)
4				(1, 2, 3, 4,)	(1, 2, 3, 4-5)	(1-2, 3, 4, 5-6)
5					(1, 2, 3, 4, 5)	(1, 2, 3, 4, 5-6)
6						(1, 2, 3, 4, 5, 6)

结果由矩阵可以查得样品的最优分割如表 12-32 所示。六个样品的最优二类分割为

$$S_3^{(2)}(6) = 12.01$$

$$\{1, 2, 3\}, \{4, 5, 6\}$$

六个样品的最优四类分割为

$$S_2^{(4)}(6) = 4.50$$

$$\{1, 2\}, \{3\}, \{4\}, \{5, 6\}$$

六个样品的最优五类分割为

$$S_1^{(5)}(6) = 0.50$$

$$\{1\}, \{2\}, \{3\}, \{4\}, \{5, 6\}$$

表 12-32 六个有序样品的分割结果

有序样品	指标值 A	指标值 B	二类分割	三类分割	四类分割	五类分割
1	2	3				
2	4	1				
3	1	2				
4	5	4				
5	2	5				
6	3	5				

4. 分类数的合理选择

如果将分类数 g 与相应的直径总和 $S_{1g}^{(g)}(n)$ 作成函数图形（图 12-50），可以看 $S_{1g}^{(g)}(n)$ 是随 g 的增加而单调减小的。当 $g>3$ 时，曲线比较平缓，即直径总和随分类数的变化不显著。因此，将上述六个样品分成二或三类是比较合适的。

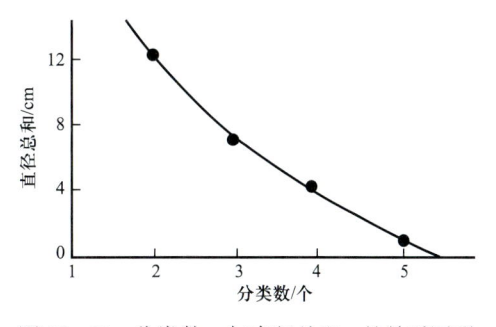

图 12-50 分类数 g 与直径总和 s 的关系图形

七、马尔可夫链分析法

在野外、实测剖面或录井资料中，肉眼鉴定是确定相关系最简单的方法。然而，一个工作者可以从中看出存在着层序，而另一个工作者可能看不出。所以，有必要采用数学地质的方法，对自然随机排列的层序建立统一的相的旋回排列。

一种简单的直观方法是马尔可夫链分析法（Raaf et al., 1965）。用这个相关系图表示在垂直层序中相彼此垂直接触的次数，它是相序集合体的基础。相可以按这种方式排列：绘出一个或几个相序的图，并表示出相之间的接触型式。这个例子清楚地说明了在黑色泥岩、向上变细单元、主砂岩层和交错层状砂岩和泥岩之下是突变接触，相反，其余相之间则为渐变接触。后来，Elliott（1976）把这些层序之间的对比关系用于建立一个古代河控三角洲的详细模式。

Selley（1969）叙述了一种把数据记录成表格形式的比较简单的方法，该表格叫作数据阵列。通过这种表格可以把观察到的岩层转变与假设岩性为随机排列时预测的数据阵列进行比较。这样就可以表示出观测值和预测值之间的差别（图12-51），也可以作相关系图以表示和随机过程相比各种转移次数的多少。

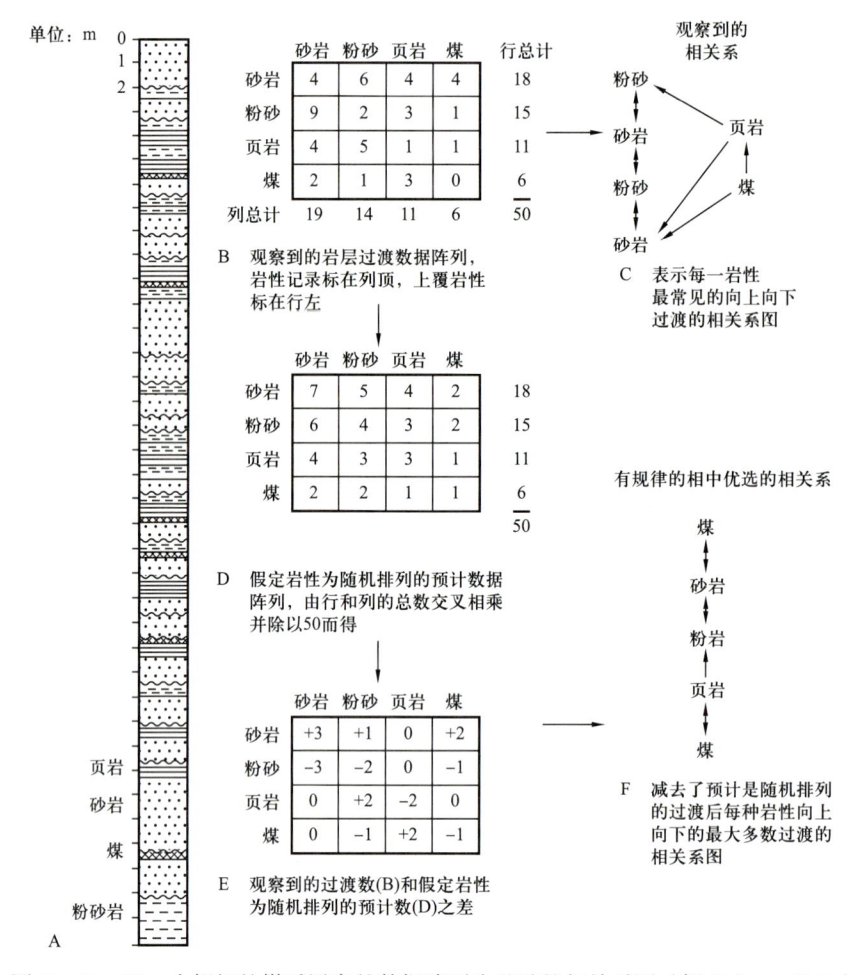

图 12-51　以一个假想的煤系层序的数据阵列为基础的相关系图（据 Selley，1969）

对分析统计方法的三点批评为：（1）相和相之间的接触形式（这是最为重要的）常被疏忽，虽然某些方法在分析中包括了这一点（例如 Selley，1969），但大部分没有考虑到沉积作用中的不连续和间断；（2）需要减少作统计分析的相的数目，因而会使原始数据简化到为了统计的方便而影响沉积学的复杂性的程度；（3）只是强调了那些较常见的层序，而把那些虽然没有统计学意义但却具有地质意义的层序置于次要地位或甚至排除在外。

后　　记

本书是教学、科研、生产单位长期共同协作的结果，功劳归于他们。

首先要感谢王义遒同志，他一贯支持北大与中国石油的协作，是他代表学校领导提议任明达担任北京大学石油天然气研究中心负责人。

王乃樑先生是我的导师，是他一贯支持我对比较沉积学的追求。他曾两次带领我们到油田举办沉积相学习班，领导石油沉积的科研任务。他更把我——他的学生的名字放在《现代沉积环境概论》一书作者名字的前面。他派我到荷兰进修潮流比较沉积学，还是他扶我走完沉积学研究的一生。

刘宝珺先生推荐我到荷兰进修"比较沉积学"，开启了我的比较沉积学研究征程。

张道伟是我在青海油田工作时的合作伙伴。我们共同合作了 20 年，是他带领我们圆满完成了油田勘探沉积相的研究任务，又全力支持石油工业出版社出版此书。

黄平中是我在青海油田工作的引路人。在他的帮助下，我们先后完成了"尕斯库勒油田 E_3^1 油藏储层研究"和"尕斯库勒油田 N_1—N_2^1 油藏储层研究"任务。

裘怿南、薛叔浩、陈新领、王昌桂、张永高、张纪易、柳金城等石油系统的领导和合作伙伴为我开创了油田沉积研究之路。沙立平和我一起研究了荷兰瓦登海的现代潮流三角洲沉积与西班牙比利牛斯山的古近纪—新近纪 Esdolomada 段的古代潮流三角洲沉积，为我提供了一个非常精彩的比较沉积学研究范例，还热情为我介绍该地区的研究资料。

我的北大同事：潘懋、周慧祥、徐海鹏、严润娥、夏正楷、郑公望、李铁峰、李树德等，我们一起建立沉积实验室，一起开设沉积相课程，一起承担油田沉积相研究任务。数学系的张绪定、谢衷洁等承担了油田数据库和统计分析的任务。

南大的王颖教授曾带我在山东半岛寻找海滨砂矿，在苏北粉沙淤泥质潮滩海岸寻找港址，为沉积学在矿产普查和工程建设作了有益的探索。

北京大学城市与环境学院的领导于 2017 年 11 月授予我终身贡献奖。

荷兰乌得勒兹大学为我安排在瓦登海岸 Osterscherde 河口湾地区进行野外考察，并提供了可贵的沉积揭片资料。

感谢 C&C 油藏公司总裁孙绍清博士的大力支持，允许使用 DAKS 全球大中型油藏知识库的部分研究报告，通过我在美国的研究生徐建红博士，翻译大量国外油气田沉积资料，为本书提供了丰富的案例。

我还要感谢我的家人，大儿子任文栋在工作之余，帮我录入排版，二儿子任文俊帮我设计岩屑岩性数字滤波软件，儿媳宋阿雪是我与石油工业出版社的主要联系人，尤其是我爱人濮静娟研究员，她是我的"比较沉积学"伴侣，多年与我一起奋战在石油第一线，在编写此书的日日夜夜里与我讨论编写提纲，共同收集资料，带病坚持工作，还要照顾我的生活起居。此书能顺利出版，是我们全家总动员的结果。

参 考 文 献

北京大学等，1978. 地貌学［M］. 北京：人民教育出版社.

布拉特，米德顿，穆雷，1981. 沉积岩成因［M］. 北京：科学出版社.

蔡爱智，1978. 论芝罘连岛沙坝的形成［J］. 海洋与湖沼（1）：1-14.

曹耀华，王乃梁，任明达，1994. 松辽盆地下白垩统喇萨杏主力三角洲的形成条件及沉积模式演变［J］. 北京大学学报（自然科学版）（6）：694-702.

陈传诗，1998. 永城煤田二叠纪网状河流沉积体系［J］. 岩相古地理，18（2）：55-62.

陈吉余，2010. 中国海岸侵蚀概要［M］. 北京：海洋出版社.

陈建强，周洪瑞，王训练，2015. 沉积学及古地理学教程（第二版）［M］. 北京：地质出版社.

陈丽华，缪昕，于众，1986. 扫描电镜在地质上的应用［M］. 北京：科学出版社.

成都地质学院普通地质教研室，1978. 动力地质学原理［M］. 北京：地质出版社.

成都地质学院陕北队，1976. 沉积物粒度分析及其应用［M］. 北京：地质出版社.

丹尼尔，1980. 砂岩地层圈闭勘探技术［M］. 北京：石油工业出版社.

董光荣，李保生，高尚玉，等，1983. 鄂尔多斯高原的第四纪古风成沙［J］. 地理学报（4）：341-347+450-451.

杜恒俭，陈华慧，曹伯勋，1981. 地貌学及第四纪地质学［M］. 北京：地质出版社.

杜远生，等，2022. 沉积地质学基础［M］. 武汉：中国地质大学出版社.

高善明，1981. 全新世滦河三角洲相和沉积模式［J］. 地理学报（3）：303-314.

高善明，李元芳，安凤桐，1989. 黄河三角洲形成和沉积环境［M］. 北京：科学出版社.

葛道凯，杨起，李宝芳，1999. 平顶山煤田山西组沉积体系与沉积模式［J］. 应用基础与工程科学学报.

顾家裕，1996. 塔里木盆地层序特征及其演化［M］. 北京：石油工业出版社.

何起祥，等，2006. 中国海洋地质学［M］. 北京：海洋出版社.

侯加根，焦巧平，幸华刚，等，2003. 大港段六拨油田网状河沉积及储层非均质性研究［J］. 石油实验地质（4）：399-402.

侯明才，杨田，田景春，等，2023. 吉尔伯特型三角洲沉积过程与沉积模式［J］. 沉积学报，41（5）：1281-1294.

季汉成，史燕青，2020. 现代沉积（第五版，富媒体）［M］. 北京：石油工业出版社.

焦巧平，侯加根，幸华刚，等，2004. 黄骅坳陷段六拨油田枣0油层组网状河沉积特征［J］. 石油勘探与开发（3）：72-74.

鞠俊成，张凤莲，喻国凡，等，2001. 辽河盆地西部凹陷南部沙三段储层沉积特征及含油气性分析［J］. 古地理学报（1）：63-70.

柯林森，卢恩，1991. 现代与古代河流沉积体系［M］. 裘亦楠，甘克文，等译. 北京：石油工业出版社.

科尼比尔，1982. 砂岩体油气田地貌学［M］. 北京：石油工业出版社.

赖内克，辛格，1979. 陆源碎屑沉积环境［M］. 北京：石油工业出版社.

李强，王庆魁，沈伟成，等，2006. 同一油田网状河与辫状河沉积微相的比较研究及其影响［J］. 石油地球物理勘探（S1）：80-85+142+147.

李成治，李本川，1981. 苏北沿海暗沙成因的研究［J］. 海洋与湖沼（4）：321-331.

李铁锋，任明达，潘懋，1993. 大同盆地晚新生代沉积特征及水文地质条件分析［J］. 沉积学报专刊.

李兴国，周宪城，1982. 孤岛油田两类河流相储集层及其开发效果分析［J］. 石油勘探与开发（2）：44-51.

里丁，1986. 沉积环境和相［M］. 周明鉴，陈昌明，等译. 北京：科学出版社.

鲁娜，沈丽惠，王小花，等，2022.武强油田强2—强19断块沙二段网状河形成及沉积特征［J］.化学工程与装备（6）：67-69.

缪昕，1981.石英颗粒表面"V"形撞击坑与化学溶蚀坑的鉴别［J］.地质科学（3）：291-293+302.

彭旸，Ronald J. Steel，龚承林，等，2023.潮汐沉积过程及沉积特征研究综述［J］.古地理学报，25（5）：1069-1089.

濮静娟，王长耀，1979.利用卫星遥感资料研究河口三角洲、湖泊的动态［J］.地理学报（1）：43-54.

裘亦楠，1997.石油开发地质文集［M］.北京：石油工业出版社．

裘亦楠，薛叔浩，应凤祥，1993.中国油气储层研究论文集（续一）［M］.北京：石油工业出版社．

任明达，1963.潮汐与海岸［J］.地理．

任明达，1965.秦皇岛—山海关滨海地区沉积相与海岸动态［J］.海洋文集．

任明达，1981.琼州海峡幅卫片的多光谱解译［J］.海洋与湖沼（3）：210-224.

任明达，1983.冲积扇比较沉积学——地下水和油气的富集规律［J］.沉积学报（4）：78-91.

任明达，李淑鸾，徐海鹏，1988.渤海现代海进现象剖析［J］.海洋学报（中文版）（1）：67-75.

任明达，梁绍霖，1965.秦皇岛地区砾石质沿岸堤的成因［J］.地质论评（3）：200-210+237+246.

任明达，柳林，王安龙，1990.粉砂淤泥质潮滩的多波段与多时相卫片解译［J］.海洋学报（中文版）（6）：741-748.

任明达，吕斯骅，张绪定，1990.中国海岸卫星遥感解译［M］.北京：海洋出版社．

任明达，缪昕，1984.石英砂表面的微结构——一种沉积环境标志［J］.地质论评（1）：36-41+97-98.

任明达，王昌桂，黄平中，1993.块状与层状砂岩油藏开发的比较沉积学研究［J］.沉积学报专刊．

任明达，王乃梁，1985.现代沉积环境概论［M］.北京：科学出版社．

任明达，徐海鹏，潘懋，等，1989.模式分析与低渗透块状砂岩油藏开发——玉门老君庙油田M油藏［J］.科学通报（10）：768-771.

任明达，张英泉，桑志达，等，1982.山西代县不对称地堑盆地的基底构造、沉积岩相和水文地质条件［J］.北京大学学报（自然科学版）（1）：115-126.

塞利，1985.沉积学导论［M］.吴贤涛，胡斌，译.北京：煤炭工业出版社．

施雅风，崔之久，苏珍，2006.中国第四纪冰川与环境变化［M］.石家庄：河北科学技术出版社．

孙永传，李蕙生，1986.碎屑岩沉积相和沉积环境［M］.北京：地质出版社．

谭启新，孙岩主编，1988.中国滨海砂矿［M］.北京：科学出版社．

陶国立，任明达，等，1993.酒西盆地鸭西白垩系油藏储层非均质性研究［J］.沉积学报专刊．

同济大学海洋地质系海洋地质教研室，1982.海洋地质学［M］.北京：地质出版社．

王剑，谭富文，付修根，等，2015.沉积岩工作方法［M］.北京：地质出版社．

王颖，1965.渤海湾北海岸动力地貌［J］.海洋文集．

王颖，2014.南黄海辐射沙脊群环境与资源［M］.北京：海洋出版社．

王颖，2021.海洋海岸科学研究与实践（上册）［M］.南京：南京大学出版社．

王绍鸿，1979.莱州湾西岸晚第四纪海相地层及其沉积环境的初步研究［J］.海洋与湖沼（1）：9-23.

王随继，任明达，1999.根据河道形态和沉积物特征的河流新分类［J］.沉积学报（2）：75-81.

王随继，任明达，2000.芒崖凹陷干旱气候背景下网状河流沉积体系及演化［J］.地球学报（1）：92-97.

王雅春，朱焕来，2015.油气数学地质［M］.北京：石油工业出版社．

吴崇筠，薛叔浩，1992.中国含油气盆地沉积学［M］.北京：石油工业出版社．

夏东兴，等，2009.海岸带地貌环境及其演化［M］.北京：海洋出版社．

夏东兴，刘振夏，王德邻，等，1993.渤海湾西岸海平面上升威胁的防治对策［J］.自然灾害学报（1）：

48−52.

夏正楷，任明达，等，1993.酒西盆地早白垩世古地理环境初步研究［J］.沉积学报专刊.

夏正楷，任明达，严大春，等，1993.吐哈盆地中侏罗统辫状河砂体露头物性预测模型研究［J］.沉积学报专刊.

谢庆宾，朱筱敏，管守锐，等，2003.中国现代网状河流沉积特征和沉积模式［J］.沉积学报（2）：219-227.

徐海鹏，任明达，孔繁德，1991.秦皇岛全新世海岸的演化和现代海岸的保护［J］.北京大学学报（自然科学版）（6）：747-757.

徐海鹏，任明达，潘懋，等，1993.青海尕斯库勒地区 E_3^1 油藏储层砂体微相沉积模式［J］.沉积学报专刊.

徐建红，任明达，夏正楷，1984.岩屑录井资料在油田沉积相研究中的应用［J］.应用基础与工程科学学报（1）：88-94.

徐建红，张树义，1993.试论数据库技术在油田沉积相研究中的应用［J］.沉积学报专刊.

薛权浩，等，2002.湖盆沉积地质与油气勘探［M］.北京：石油工业出版社.

严钦尚，许世远，等，1987.长江三角洲现代沉积研究［M］.上海：华东师范大学出版社.

杨景春，1985.地貌学教程［M］.北京：高等教育出版社.

杨秀森，任明达，贡东林，1995.玉门老君庙油田 M 层低渗透裂缝性块状砂岩油藏储层沉积学与开发模式［M］.北京：中国科学技术出版社.

杨秀森，唐世荣，贡东林，等，1989.玉门老君庙油田 M 层低渗透块状砂岩油藏开发沉积相［J］.石油勘探与开发（6）：64-71+55.

遥感技术展览会编辑组，1981.遥感进展［M］.北京：测绘出版社.

尹寿鹏，任明达，李晨兴，1997.机械式野外用微型渗透率仪及其在石油地质研究中的应用［J］.石油勘探与开发（1）：80-83+96.

尹寿鹏，任明达，王随继，1998.河流比较沉积学与河流砂岩油藏开发［J］.应用基础与工程科学学报（1）：30-40.

尹寿鹏，谢庆宾，管守锐，2000.网状河比较沉积学研究［J］.沉积学报（2）：221-226.

张秀莲，徐建红，王义才，等，1993.酒西（酒东）盆地白垩系白云岩岩类学研究［J］.沉积学报专刊.

赵澄林，李汉成，1997.现代沉积［M］.北京：石油工业出版社.

赵希涛，张景文，焦文强，等，1980.渤海湾西岸的贝壳堤［J］.科学通报（6）：279-281.

中国地理学会地貌专业委员会，1981.一九七七年地貌学术讨论会文集［C］.北京：科学出版社.

中国科学院遥感应用研究所，国家遥感中心研究发展部，1984.陆地卫星形象中国地学分析图集［M］.北京：科学出版社.

中科院南京地理与湖泊研究所，兰州地质研究所，南京地质古生物研究所，等，1989.云南断陷湖泊环境与沉积［M］.北京：科学出版社.

朱爱国，王加佳，帕尔哈提，2005.准噶尔盆地东部侏罗系网状河流相沉积［J］.新疆石油天然气（1）：1-5+99.

朱震达，陈治平，吴正，等，1981.塔克拉玛干沙漠风沙地貌研究［M］.北京：科学出版社.

宗永强，1987.韩江三角洲第四系沉积旋回［J］.热带地理（2）：117-127.

Reading，1996. Sedimentary Environments: Processes, Facies and Stratigraphy［M］. Blackwell Science.

Sha L P，1990. Sedimentological studies of the ebo-tidal deltasalong the West Frisian Islands, the Nethrlands［M］.欧洲教育出版集团.

Tillman，Wb，1987. Reservoir Sedimentology［M］. Society of conomic paleontologists and Mineralogists.